电子信息学科基础课程系列教材

——面向现代工程师培养

教育部高等学校电工电子基础课程教学指导委员会推荐教材

信号与系统实用教程

（第2版）

陈戈珩 付虹 于德海 编著

清华大学出版社

北 京

内容简介

本书阐述了信号与系统的基本概念及特性，介绍了信号与系统的基本分析方法。全书共分7章：第1章，信号与系统概述；第2章，连续信号与系统的时域分析；第3章，连续信号与系统的频域分析；第4章，连续信号与系统的复频域分析；第5章，离散信号与系统的时域分析；第6章，离散信号与系统的 z 域分析；第7章，线性系统的状态变量分析法。

全书简明易懂，风格独特，图文并茂，例题丰富，突出基本概念、分析方法的理解和应用。各章均有学习目标和学习小结，并附有层次分明的基础练习、综合练习、自测题及部分参考答案，可读性、实用性强。

本书适于作为普通地方高校通信、电子信息、测控技术与仪器、自动化、计算机网络等专业的本、专科教材和教学参考书，也可供成人教育学院、本科院校设置的二级职业技术学院、民办高校、高等职业学校、高等专科学校相关专业的教师和学生以及从事相关专业的工程技术人员使用。

图书在版编目(CIP)数据

信号与系统实用教程/陈戈珩，付虹，于德海编著. —2版. —北京：清华大学出版社，2015.9(2022.9重印)
电子信息学科基础课程系列教材
ISBN 978-7-302-40235-0

Ⅰ. ①信… Ⅱ. ①陈… ②付… ③于… Ⅲ. ①信号系统－高等学校－教材 Ⅳ. ①TN911.6

中国版本图书馆CIP数据核字(2015)第101283号

责任编辑：文 怡
封面设计：常雪影
责任校对：白 蕾
责任印制：曹婉颖

出版发行：清华大学出版社
网 址：http://www.tup.com.cn，http://www.wqbook.com
地 址：北京清华大学学研大厦A座　**邮 编**：100084
社 总 机：010-83470000　**邮 购**：010-62786544
投稿与读者服务：010-62776969，c-service@tup.tsinghua.edu.cn
质量反馈：010-62772015，zhiliang@tup.tsinghua.edu.cn
课件下载：http://www.tup.com.cn，010-83470236
印 装 者：北京九州迅驰传媒文化有限公司
经 销：全国新华书店
开 本：185mm×260mm　**印 张**：20.5　**字 数**：496千字
版 次：2007年2月第1版　2015年9月第2版　**印 次**：2022年9月第6次印刷
定 价：59.00元

产品编号：065026-02

《电子信息学科基础课程系列教材》
丛 书 序

电子信息学科是当今世界上发展最快的学科，作为众多应用技术的理论基础，对人类文明的发展起着重要的作用。它包含诸如电子科学与技术、电子信息工程、通信工程和微波工程等一系列子学科，同时涉及计算机、自动化和生物电子等众多相关学科。对于这样一个庞大的体系，想要在学校将所有知识教给学生已不可能。以专业教育为主要目的的大学教育，必须对自己的学科知识体系进行必要的梳理。本系列丛书就是试图搭建一个电子信息学科的基础知识体系平台。

目前，中国电子信息类学科高等教育的教学中存在着如下问题：

(1) 在课程设置和教学实践中，学科分立，课程分立，缺乏集成和贯通；

(2) 部分知识缺乏前沿性，局部知识过细、过难，缺乏整体性和纲领性；

(3) 教学与实践环节脱节，知识型教学多于研究型教学，所培养的电子信息学科人才不能很好地满足社会的需求。

在新世纪之初，积极总结我国电子信息类学科高等教育的经验，分析发展趋势，研究教学与实践模式，从而制定出一个完整的电子信息学科基础教程体系，是非常有意义的。

根据教育部高教司2003年8月28日发出的[2003]141号文件，教育部高等学校电子信息与电气信息类基础课程教学指导分委员会(基础课分教指委)在2004—2005两年期间制定了"电路分析"、"信号与系统"、"电磁场"、"电子技术"和"电工学"5个方向电子信息科学与电气信息类基础课程的教学基本要求。然而，这些教学要求基本上是按方向独立开展工作的，没有深入开展整个课程体系的研究，并且提出的是各课程最基本的教学要求，针对的是"2+X+Y"或者"211工程"和"985工程"之外的大学。

同一时期，清华大学出版社成立了"电子信息学科基础教程研究组"，历时3年，组织了各类教学研讨会，以各种方式和渠道对国内外一些大学的EE(电子电气)专业的课程体系进行收集和研究，并在国内率先推出了关于电子信息学科基础课程的体系研究报告《电子信息学科基础教程2004》。该成果得到教育部高等学校电子信息与电气学科教学指导委员会的高度评价，认为该成果"适应我国电子信息学科基础教学的需要，有较好的指导意义，达到了国内领先水平"，"对不同类型院校构建相关学科基础教学平台均有较好的参考价值"。

在此基础上，由我担任主编，筹建了"电子信息学科基础课程系列教材"编委会。编委会多次组织部分高校的教学名师、主讲教师和教育部高等学校教学指导委员会委员，进一步探讨和完善《电子信息学科基础教程2004》研究成果，并组织编写了这套"电子信息学科基础课程系列教材"。

在教材的编写过程中，我们强调了"基础性、系统性、集成性、可行性"的编写原则，突出了以下特点：

(1) 体现科学技术领域已经确立的新知识和新成果。

(2) 学习国外先进教学经验,汇集国内最先进的教学成果。

(3) 定位于国内重点院校,着重于理工结合。

(4) 建立在对教学计划和课程体系的研究基础之上,尽可能覆盖电子信息学科的全部基础。本丛书规划的14门课程,覆盖了电气信息类如下全部7个本科专业:

- 电子信息工程
- 通信工程
- 电子科学与技术
- 计算机科学与技术
- 自动化
- 电气工程与自动化
- 生物医学工程

(5) 课程体系整体设计,各课程知识点合理划分,前后衔接,避免各课程内容之间交叉重复,目标是使各门课程的知识点形成有机的整体,使学生能够在规定的课时数内,掌握必需的知识和技术。各课程之间的知识点关联如下图所示:

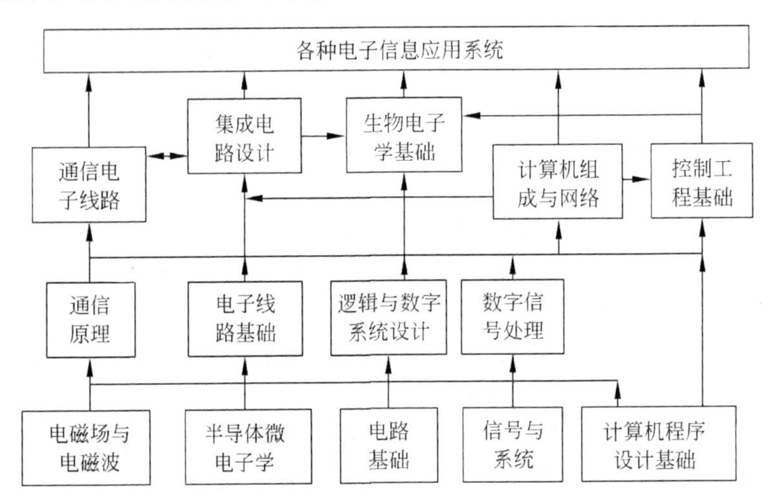

即力争将本科生的课程限定在有限的与精选的一套核心概念上,强调知识的广度。

(6) 以主教材为核心,配套出版习题解答、实验指导书、多媒体课件,提供全面的教学解决方案,实现多角度、多层面的人才培养模式。

(7) 由国内重点大学的精品课主讲教师、教学名师和教指委委员担任相关课程的设计和教材的编写,力争反映国内最先进的教改成果。

我国高等学校电子信息类专业的办学背景各不相同,教学和科研水平相差较大。本系列教材广泛听取了各方面的意见,汲取了国内优秀的教学成果,希望能为电子信息学科教学提供一份精心配备的搭配科学、营养全面的"套餐",能为国内高等学校教学内容和课程体系的改革发挥积极的作用。

然而,对于高等院校如何培养出既具有扎实的基本功,又富有挑战精神和创造意识的社会栋梁,以满足科学技术发展和国家建设发展的需要,还有许多值得思考和探索的问题。比如,如何为学生营造一个宽松的学习氛围?如何引导学生主动学习,超越自己?如何为学生

打下宽厚的知识基础和培养某一领域的研究能力？如何增加工程方法训练，将扎实的基础和宽广的领域才能转化为工程实践中的创造力？如何激发学生深入探索的勇气？这些都需要我们教育工作者进行更深入的研究。

提高教学质量，深化教学改革，始终是高等学校的工作重点，需要所有关心我国高等教育事业人士的热心支持。在此，谨向所有参与本系列教材建设工作的同仁致以衷心的感谢！

本套教材可能会存在一些不当甚至谬误之处，欢迎广大的使用者提出批评和意见，以促进教材的进一步完善。

王志功

2008年1月

第2版前言

本书的第一版已出版并投入教学使用8年。为了更有效提高教学质量、更好地适应教学内容和课程体系改革，针对8年来的各院校师生实际教学使用情况以及读者给出的建议，编者对第一版内容进行了部分修改和调整，作为第二版出版。

20世纪80年代后，信号与信息处理技术在各个学科领域的应用更加广泛，但是国内外各高校本科的信号与系统课程基本内容和范围大体上已经趋于稳定。在8年来的教学实践中，第一版教材被普遍认为能较好地满足当前普通地方院校的教学需要。鉴于上述情况，本次修订对教材整体格局，风格没有大的变动，仅对教材的部分内容进行了修订、调整和补充。保持了前版的内容精致化、结构逻辑化、公式图表化、应用案例化、方法要点化、练习分层化等特色；再次明确突出够用性和实用性的教学理念，以教学内容结构化、逻辑化、教学方法通俗化、案例化使新版教材更具可读性、实用性。

与第一版对比，第二版的调整、补充、修改如下：

(1) 第一版中第4章的4.8系统函数，第二版调整为4.6系统函数。

(2) 第一版中第4章的4.6 LTI线性系统的各种模拟图，第二版调整为4.7 LTI线性系统的各种模拟图。

(3) 第一版中第4章的4.7信号流图，第二版调整为4.8信号流图。

(4) 第二版中第6章的6.3节Z变换的性质与应用的表6-2移序性中增加了左移序1公式及通式。共计四个移序特性及通式。

(5) 部分习题及答案。

全书经陈戈珩教授、付虹教授和于德海教授完成修改、调整、补充，是王宏志教授主审、定稿。参加本版修订工作的还有应红霞、宁立全、吕洪武、郭昕刚。此外，本书在改版及审核过程中得到了学院、课程组，以及各相关单位许多同行的大力支持和帮助，特在此向他们表示衷心的感谢。

由于编者水平有限，书中可能存在一些问题和不妥之处，敬请读者予以批评指正，有关建议和指导请发送至如下电子邮箱，谢谢！

E-mail：chengeheng@mail.ccut.edu.cn

编　者

于长春工业大学

2015年8月

第1版前言

目前,"信号与系统"课程是国内通信、电子、信息、测控、计算机网络等专业的重要的专业基础核心课程之一,也是众多热门学科硕士研究生、博士研究生入学考试的必考科目,因此,实用的"信号与系统"教材是每个从事这门课程教学的教师和学习这门课的学生所关注的焦点。国内有关"信号与系统"的教材很多,从分类上看,有本科、高职高专、自学考试等方面的教材,但内容有的太过高深,有的太过薄浅,实用性不强,而且大多还深受经典教材的影响,过于注重理论体系完整性,对数学理论的物理概念、工程意义没有很好地联系、总结,使绝大部分学生误认为这门课就是数学,同时对简洁实用的具体应用方法更是没有系统介绍,真正适合普通地方院校教学的教材很少,对于如何突出信号与系统的通俗性、逻辑性和实用性等环节,并没有给出行之有效的方法。

本书作者以20年的一线教学实践经验和体会为基础,面向21世纪人才培养需求,结合高校教学改革的形势和要求,针对普通地方高校学生的基本情况、特点和认识规律,对普通地方高校的"信号与系统"课程的教学提出了一种新的教学理念和教学方式,即:

教学内容结构化、逻辑化——注重知识的完整性、逻辑性和连贯性;在严谨说明基础理论的前程下,强调实用性,大胆丢弃已详细完成的公式理论推导和纯数学运算过程,强调数学理论的物理概念和工程意义的理解,注重结果的分析和实际有效应用,本着方便学生掌握和理解信号与系统的基本方法,并能很好地应用所学知识解决实际问题的原则,对传统的内容结构进行了适当调整、分配和整合,使课程知识结构紧凑、合理,更具逻辑性。

教学方法通俗化、案例化——公式理解形象化,应用内容案例化,具体方法口诀化;针对课程中理论公式多而且难于理解的特点,采用形象对应法,帮助学生正确记忆公式,灵活掌握公式,深刻理解公式,真正达到会用的目的。用一个或几个实际的案例将书中各章节的重要知识点贯穿起来,并归纳总结成具体的步骤口诀,使学生能够掌握理论知识和物理概念的综合应用。在教材的可读性、实用性编排上,更是突出了普通地方院校需求这一层次。

各知识点多样化的实例及习题练习有助于培养和开发学生的创新和发散思维以及从各种角度分析和求解问题的能力。

本教材的主要特色:

- **内容精致化**——本书定位于服务普通地方高校信号与系统课程的教学。在内容方面，严格按照本科教学大纲要求，依据普通高校电信、电气类等专业培养方案和目标，根据课程内容特点和学生接受知识的规律，精减了数学理论方面的已详细完成的公式理论推导部分；对物理概念不清晰、不实用的经典数学方法只作为知识点案例介绍，并说明其局限性，重点放在对工程实用方法全面具体的介绍上。
- **结构逻辑化**——本书在教学内容的结构安排上，本着方便学生掌握和理解，并能很好地应用所学知识解决问题的原则，对传统的内容结构进行了适当的调整、分配、整合，使得课程知识结构紧凑、合理，更具逻辑性。以信号与系统概述为切入，以信号与系统综述为收尾。将输入-输出法的连续信号与系统的三大域分析，离散信号与系统时域和变换域分析，以及连续和离散系统状态变量分析安排成7章内容。另一方面为了增强本书的可读性和实用性，在每章开始处加入了本章学习目标，在每章结束处加入了本章学习小结。
- **公式图表化**——本书将常用信号、性质、常用信号的变换和变换性质等数学结论均以对应图表形式表示，使学生直接利用图表完成对信号与系统的分析，有利于培养学生的工程意识。
- **应用案例化**——用一个或几个实际的案例将书中各章节的重要知识点贯穿起来，完成一个或多个的综合案例的分析，注重数学理论的物理概念、工程意义的理解和总结，在应用介绍时注重对问题求解过程的说明以及思路和分析过程的讲解，对于典型应用都给出了逻辑步骤，力图培养学生的创新意识和开放性思维。通过一个或几个案例的分析来展示利用各种分析方法对问题求解的过程，这在目前国内信号与系统教材应用实例中实属少见。
- **方法实用化**——依据作者多年实践教学经验，将典型的分析方法归纳总结成具体的步骤口诀，针对具体问题给出了许多简捷、实用方法，使学习者轻松掌握理论知识和物理概念的综合应用，合理运用知识点和重要公式。
- **练习分层化**——打破传统的习题模式，分为基础练习和综合练习层次，并附有各层次的自测题。
- **手段网络化**——提供了学生用和教师用两类课件。学生课件有电子笔记、实例解答等；教师课件有电子教案、教学演示文稿、教学纪要等。

为了配合双语教学的有效进行，对正文首次出现的重点名词和术语给出了英文词汇及缩写，使读者在阅读时能够直接接触和熟悉相应的英文词汇，为今后阅读相关的英文文献打下基础。在索引中，关键名词以汉字的拼音字母顺序排列，以方便读者查找。

本书由陈戈珩、付虹、于德海编著，王宏志，阎智义、姜长泓、宋宇、宁立全、吕洪武、金星、尤传富、应红霞、朱洪秀、赵凤全等参编并审核。同时在本书编写和出版过程中得到了编者所在学院、课程组以及各相关单位的许多同志的大力支持和帮助，特在此向他们表示衷心的感谢。

由于作者水平有限，书中难免存在内容、结构和文字表述等一些问题和不妥之处，敬请读者批评指正，请使用如下电子邮箱地址联系，谢谢！

E-mail：chengeheng@mail.ccut.edu.cn

编　者

长春工业大学

2007年1月

目录

第1章 信号与系统概述

本章学习目标

- 掌握信号的基本概念、分类及描述。
- 掌握系统的基本概念、分类及特性。
- 了解信号与系统的分析方法。

1.1 信号与系统

1.1.1 广义信号与系统

宇宙中的一切事物都处在不停地运动中，物质的一切运动或状态的变化，从广义上说都是一种信号(signal)，即信号是物质运动或变化的表示形式，信号中含有物质运动或变化的信息(information)，信息一般可以定义为物质运动或变化的状态和方式。例如，机械振动产生力信号、位移信号以及噪声信号，雷电过程产生声、光信号，人和动物的大脑、心脏运动分别产生脑电、心电信号，电气系统随参数变化产生电磁信号等。信号的传输和处理要由许多不同功能的单元组织起来的一个复杂系统来完成。从广义上说，系统(system)是一个由若干个相互关联的单元组合而成的具有某种功能以达到某些特定目的的有机整体，它能对给定的激励(excitation)信号产生响应(response)信号。例如，宇宙、太阳系、地球、生态组织、动物的神经组织、人体等自然系统，社会、国家、民族、政治机构、经济结构、企事业管理机构等非物理系统，人为建立的通信系统、控制系统、计算机网络等物理系统。

如今信号与系统(signal and system)的概念出现在范围极广泛的各种领域中，与这些概念有关的理论和方法在很多科学领域中起着重要的作用，如天文、地理、生物、政治、经济、通信、航空、宇航、化学、声学、光学、医学、地质学、过程控制、能源产生与分配、语音图像处理等方面。虽然在

各个不同领域中所出现的信号与系统的物理性质很不相同,但是可以将信号与系统概念广义地概括为

- 信号是可以表示为一个或几个独立变量函数的物理量,该函数一般都包含了关于某些现象性质的信息。
- 系统是能对给定激励做出响应,而产生出另外的信号来达到特定目的的若干单元的组合整体。

例如,汽车系统:司机脚踏油门的压力信号是汽车系统的激励,汽车加速行驶的速度信号是汽车系统的响应。所以汽车是在油门压力信号激励下,产生加速响应的整体。再如电系统:电路是在电源信号激励(电压、电流信号)下,在电路各支路中或元件上产生所需要的另一些电压和电流信号响应的整体。这里随时间变化的电压、电流称为电信号,电路可以称为电系统。

1.1.2 信号的传输与处理

为保证人类社会群体活动的协调和有序性,人们之间就必须相互交流并传递信息,信息是需要用某种物理形式表达的,用来表达信息的语言、文字、图像、数据和编码等物理形式称为消息(message)。例如,电话中传送的声音是消息,电报中传送的电文是消息,电视中看到的图像是消息,雷达中测出的目标距离、方位、速度等数据也是消息。人类通过传递各种消息,使受信者获取各种不同的信息。由于消息一般是不便于直接传输的,因此需要将消息转换成随时间变化的电压、电流、电磁波等,即电信号(electronic signal)。电信号不仅有利于远距离传输,还便于获取、加工处理、存储和提取等。借助于以电信号作为信息的传输载体,可以实现消息的远距离传送,即信息的远距离传递。从广义上说,一切信息的传输过程都可以看成是通信,一切完成信息传输任务的系统都是通信系统。

由此可见,信号是由消息转换而来的,与消息一一对应,即信号代表着消息,是消息的传递形式,是通信传输的客观对象。消息中所含有实质性的内容是信息,因此,通信系统中信号传输的目的在于信息的传递。

1. 信号的传输

对无线电电子学技术发展和应用来讲,远距离不失真传送消息是无线电通信的主要任务,通信也就是信号的传输,即把待发消息也就是实际的物理量,如声、光、位移、速度等非电信号转换成一定规律的电信号(电压、电流、电磁波等),然后将其传送出去,最后在接收端将此信号还原成原始待发消息。以一个电视传输系统为例。在这个系统中,所要传输的信息包含在一些配有声音的画面之中。在传输这些画面(待发消息)时,首先要利用电视摄像机把画面的光线色彩转变成图像信号,并利用话筒把声音信号转变成伴音信号,这些就是电视传输系统要传输的全电视信号,它是带有信息的原始信号。然后把这些信号送入电视发射机,发射机能够产生一种反映上述信号变化的、便于信道传输的高频电信号。最后天线将这些高频电信号转换为电磁波发射出去,并在空间传播。电视接收者用接收天线截获该电磁波的一小部分能量,把它转变成为高频电信号送入电视接收机。接收机的作用刚好与发射机作用相反,它能从接收的高频电信号中恢复出原来的全电视信号,即图像信号和伴音信号,并把这两种信号分别送入显像管和喇叭,使接收者能收听并看到配着伴音的画面(还原消息)。这个过程可以用如图1-1所示一个简明的方框图表示,这个图也可以表示一般通信系统的组成,其中转换器(transducer)是指把消息转换成电信号或者反过来把电信号还原成消息的装置,如摄像机和显像管、话筒和喇叭之类。信道(channel)是指信号传输的通道,在

有线电话中它是一对导线；在利用电磁波传播的无线电通信中，它可以是电磁波传播的空间、卫星通信中的人造卫星，也可以是波导或同轴电缆；在光通信中则可以是光纤。其实也可以将发射机和接收机看成是信道的一部分。因此通信系统的主要工作是消息到信号的转换、信号的处理和信号的传输。

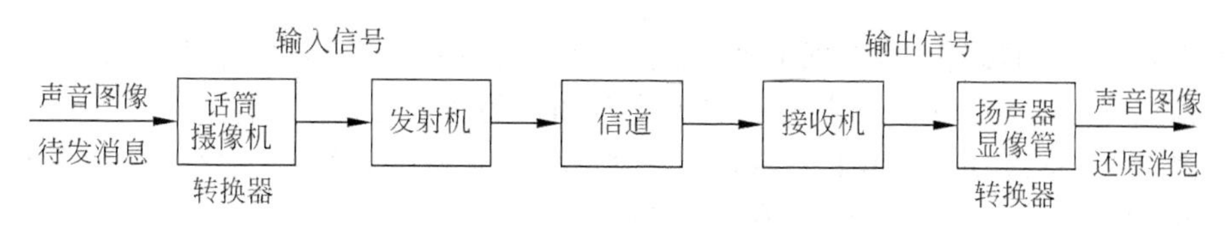

图 1-1　通信系统的组成

现代信号传输理论与技术的不断发展对信号的要求也日益提高，随之形成了信号处理这门学科。

2. 信号的处理

在信号传输的过程中，不可避免地会混入噪声和干扰。当传输距离较远、信号微弱时，有用信号会淹没在噪声和干扰中，这就需要对接收到的信号进行处理，滤除混杂的噪声和干扰。有时又需要将信号变换成易于分析与识别的形式，以便于估计和提取它的特征参量。信号的处理是对信号进行某种加工、变换，目的是为了更好地传输、分析信号。近年来高速电子计算机的发展和应用，更加促进了信号处理技术的研究与发展。而信号处理的应用已经遍及航天、气象、测地、地球资源考察等许多科学技术领域中。例如：在航空、航天通信中抑制背景噪声，使领航员和宇航员的声音和图像清晰；从月球或火星探测器发来的电视信号被淹没在噪声中，可以应用信号处理技术对其进行恢复、提纯、识别；另外，恢复已经污损的信号使旧唱片、影片翻新，星球探测、矿藏勘探、地震测量、识别和测量农作物的种类和长势以及核试验监测中所获得数据的分析，医学的心电、脑电的分析，语音、虹膜、指纹等识别处理以及各种类型的数据通信等都需要信号处理技术。

信号传输和信号处理有着密切的联系，但由于其特点不同，所以形成了相对独立的学科体系。信号与系统分析是它们的共同理论基础。

1.1.3　信号与系统的分析

由图 1-1 所示的信号传输过程可见，为保证信号不失真传输，对传输信号的信道就要有一定的要求。这里要求了解信道的特性对信号的影响，也就是信号通过系统传输后将产生什么样的响应，即系统分析(system analysis)；要求了解信号的时间、频率特性，即信号分析(signal analysis)。这就是信号与系统分析总体研究的内容。

信号与系统分析理论的研究服务于解决信号传输与信号处理方面的实际问题。这一系列的概念、分析技术和方法论已经应用到了广泛的科学技术领域，甚至已经超出了通常隶属于常规科学的工程技术领域。信号与系统的分析是研究信号特性和信号传输或处理的一般规律的方法论。

总之，研究信号的时间、频率特性称为信号分析；研究系统特性和在已知激励下求解响应问题称为系统分析；而给定系统特性和功能要求去设计实现系统称为系统综合(synthesis)。系统分析是系统综合的基础。

1.2 信号的概念及分类

1.2.1 消息、信息和信号的概念及其相互关系

为了强调信号的概念,将前面的消息、信息和信号的定义及其关系概括如下:

- 信息(information)——指受信者预先不知道的新内容。
- 消息(message)——用来表示信息的物理形式,例如,声音、文字、图像、编码、数据等,真正要传送的是包含在消息中的信息。
- 信号(signal)——是消息的表现形式,可将之看作是运载消息的工具。它是带有消息的随时间变化的物理量。例如,电、光、声、电磁波等。

若用电来传送消息,则发信者应把消息转换成随时间变化的电压或电流,这种带有消息的随时间变化的电压或电流就是电信号。在各种信号中,电信号是一种最便于传输、处理与控制的信号,正是由于这一特点,许多非电信号(如温度、压力、位移、转矩、流量等)都要通过传感器变换成电信号,用于分析、传输、处理和控制等。因此研究电信号具有十分重要的意义。在本书中,若无特殊说明,"信号"一词均指电信号。

消息、信息和信号三者的关系就是借助于某种信号形式,传送各种消息,使受信者获取消息中的信息。例如,巴塞罗那奥运会远在西班牙国土上进行,现场的记者用摄像机、话筒记录下现场实况的大量图像和声音——消息,这其中包括比赛进程、运动员活动、地域风光等——信息,发信者把图像、声音(消息)转换成电磁波等——电信号,通过卫星电视、广播等传送到世界各地。

1.2.2 信号的分类

由于文字、图像、语言、数据等消息的复杂性,所以传送的信号也是多种多样的,但无论信号多么复杂,终归可以表示成时间的函数。因此"信号"与"函数"常常相互通用。

信号随时间变化规律是多种多样的,可以大致分类如下:

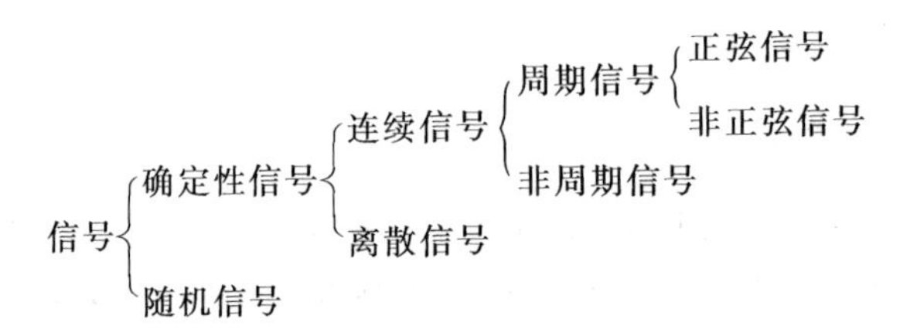

1. 确定性信号和随机信号

按信号是否可以预知划分,可以将信号分为确定性信号和随机信号。

- **确定性信号**(determinate signal)是可以表示成确定的时间函数的信号,即对于给定的一个时刻,信号都有一个确定的函数值与之对应,如 $f(t)=3e^{-t}$、$f(t)=2\cos 2\pi t$ 等。
- **随机信号**(random signal)是只能知道在某时刻取某一数值的概率,不能表示成确定的时间函数的信号。在任意时刻,由于信号的取值不确定,所以只能估计取某一数值的概率大小和了解其统计特性。随机信号带有"不确定性"和"不可预知性",要应用概率统计的方法进行研究。电子系统中的起伏热噪声、雷电干扰信号就是两种典

型的随机信号。

严格来讲，除了实验室专用设备发出的有规律的信号外，通信系统传输的实际信号都是随机信号。因为通信是信息的传递，对于受信者事先并不知道信息的内容，这就存在着“不确定性”和“不可预知性”。此外，在信号的传输过程中不可避免的干扰和噪声也会使信号产生不确定性畸变。但是因为有些实际信号与确定性信号特性相近，在一定条件下可以近似表示为某种确定性信号，所以确定性信号的分析仍然具有重要的意义。研究确定信号是研究随机信号的基础。本书只讨论确定性信号。

2. 连续信号和离散信号

按信号是否是时间连续的函数划分，可以将信号分为连续时间信号和离散时间信号，简称连续信号和离散信号。

- **连续信号**(continuous-time signal)是指在某一时间范围内，对于一切时间值除了有限个间断点外都有确定的函数值的信号，即能表示为连续时间 t 函数 $f(t)$。如生物的生长与时间的关系以及一年四季温度的变化等都是随连续时间 t 变化的连续时间信号。连续时间信号的时间一定是连续的，但是幅值不一定是连续的(存在有限个间断点)。如世界人口的变化、银行存款余额等。
- **离散信号**(discrete-time signal)是指在某些不连续时间(也称离散时刻)定义函数值的信号，又称为离散数值序列。在离散时刻以外的时间，信号是无定义的。离散信号的时间不连续、幅值可连续也可不连续。通常表示为 n 或 k 的函数 $f(n)$ 或 $f(k)$。在离散信号中相邻离散时刻的间隔可以是相等的，也可以是不相等的。一般不特殊说明的离散信号的时间间隔是相等的，也称为均匀间隔的离散信号。

幅值随时间连续变化的连续时间信号(也就是时间、幅值均连续的信号)称为模拟信号(analog signal)。如日常用电的电压信号，24 小时的温度信号等。

为了方便研究或处理信号，人们常常将连续信号进行抽样，抽样又称采样，即只取有代表性的离散时刻的信号数值。抽样后得到的离散信号(也就是时间离散、幅值连续的信号)称为抽样信号(sampling signal)。

将幅值量化后并以二进制代码表示的离散信号(也就是时间和幅值均离散的信号)称为数字信号(digital signal)。

模拟信号数字化的过程如图 1-2 所示。时间、幅值均连续的模拟信号如图 1-2(a)所示，经过等间距采样变成时间离散、幅值连续的抽样信号如图 1-2(b)所示，再经过量化后的离散信号如图 1-2(c)所示，以二进制对量化的幅度编码得到的数字信号如图 1-2(d)所示。

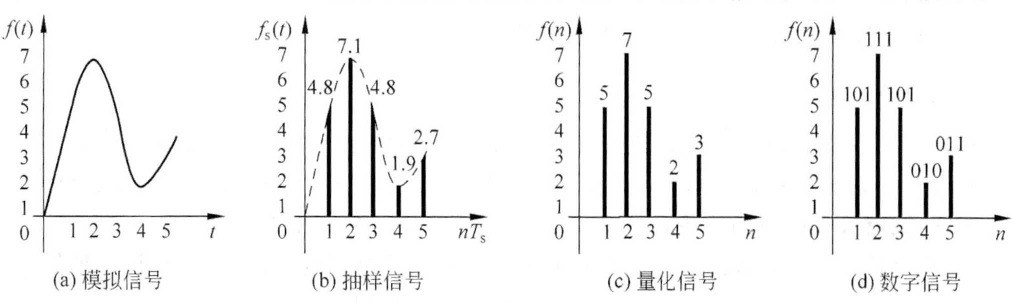

图 1-2　模拟信号数字化过程

3. 周期信号和非周期信号

按信号是否具有重复性,可以将信号划分为周期信号和非周期信号。

- **周期信号**(periodic signal)是按一定时间间隔 T 或 N 重复着某一变化规律的连续或离散信号。最典型的连续周期信号是正弦信号,正弦信号是指正弦函数的信号,一般是指正弦函数和余弦函数信号的统称。除正弦函数信号以外的连续周期函数信号称为非正弦周期信号。

  连续周期信号 $f(t)$满足:

$$f(t) = f(t+mT), \quad m = 0, \pm 1, \pm 2, \cdots \tag{1-1}$$

  时间间隔 T 称为最小正周期,简称连续周期信号的周期。

  离散周期信号 $f(k)$满足:

$$f(k) = f(k+mN), \quad m = 0, \pm 1, \pm 2, \cdots \tag{1-2}$$

  时间间隔 N(或最小整数 N)称为最小正周期,简称离散周期信号的周期。

- **非周期信号**(non-periodic signal)是不满足周期信号特性的、不具有重复性的连续或离散信号。

  当周期信号的周期为无穷大时,周期信号就变成了非周期信号。

  为了与非周期信号相区别,一般将连续周期信号表示成 $f_T(t)$,将离散周期信号表示成 $f_N(k)$。

连续正弦信号一定是周期信号,而离散正弦信号不一定是周期的。两个连续周期信号之和不一定是周期信号,而两个离散周期信号之和一定是周期的,其周期为两个离散周期信号周期的最小公倍数。

判断两个连续周期信号之和是否为周期信号的方法可概括为要点 1.1。

要点 1.1

两个连续周期信号 $x(t)$、$y(t)$的周期分别为 T_1 和 T_2,若其周期之比 T_1/T_2 为有理数,则其和信号 $x(t)+y(t)$仍然是周期信号,其周期为 T_1 和 T_2 的最小公倍数。

判断离散正弦信号是否为周期信号的方法可概括为要点 1.2。

要点 1.2

离散正弦信号为 $x(k)=A\sin\beta k$。

当 $2\pi/\beta$ 为整数时,$x(k)$为周期 $N=2\pi/\beta$ 的周期离散信号。

当 $2\pi/\beta$ 为有理数时,$x(k)$为周期 $N=M(2\pi/\beta)$的周期离散信号。M 取使 N 为整数的最小整数。

当 $2\pi/\beta$ 为无理数时,$x(k)$为非周期离散信号。

4. 一维信号和 n 维信号

按信号可以表示成一个或 n 个变量的函数划分,将信号分为一维信号和 n 维信号。

从数学表达式来看,信号可以表示为一个或多个变量的函数,称为一维或多维函数。

- **一维信号**(one dimension signal)是指信号只是一个变量的函数。如 $f(t)=2t\mathrm{e}^{-2t}$,$f(t)$是 t 的一维函数。语音信号可表示为声压随时间变化的函数,它是一维信号。
- **n 维信号**(n-dimension signal)是指信号是 n 个变量的函数。

  静止平面图像每个点(像素)具有不同的光强度,任一点又是二维平面坐标中两个变

量的函数，即 $f(x,y)$，这是二维信号；而运动的平面图像信号则是三维平面坐标中三个变量的函数，即 $f(x,y,t)$，它是三维信号；当然还有更多维变量的函数信号。

5. 时限信号和非时限信号

按信号的持续时间划分，可以将信号分为时限信号和非时限信号。

- **时限信号**(limited time signal)是存在于有限时间范围内的信号。
- **非时限信号**(unlimited time signal)是存在于无限长时间的信号。非时限信号又可以细分为有始信号、有终信号和无始无终信号。有始信号有时称为因果信号，也称有始无终信号。

图1-3给出了几种简单信号波形。图1-3(a)、(b)、(c)、(d)、(e)、(g)和(h)均是一维确定性信号，而图1-3(f)是随机信号。图1-3(a)、(b)、(c)、(d)、(g)和(h)是连续信号，其中(b)和(c)是幅值不连续的连续信号。图1-3(e)是离散信号。图1-3(c)是周期信号，图1-3(a)、(b)、(d)、(e)、(g)和(h)是非周期信号。图1-3(b)、(d)是时限信号。图1-3(a)、(e)是有始无终信号，图1-3(g)是无始无终信号，图1-3(h)是有终信号。

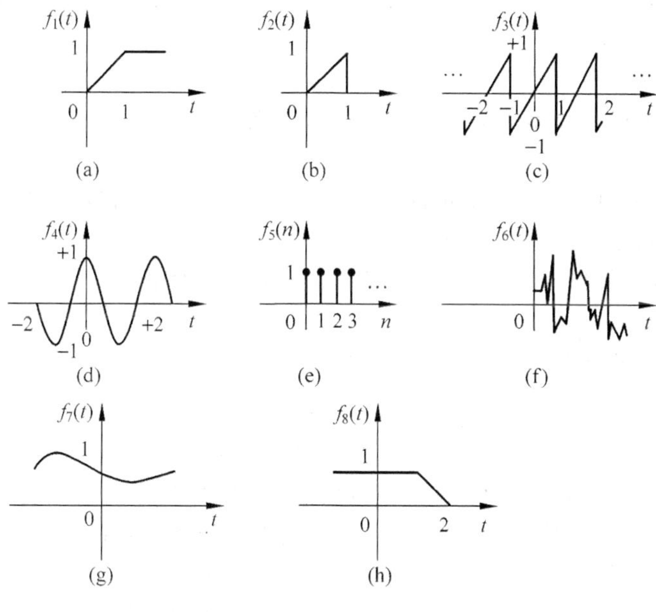

图1-3 各种信号

6. 能量信号和功率信号

按信号的能量特性划分，又可以将信号分成能量信号和功率信号。

- **能量信号**(energy signal)是指信号 $f(t)$ 的能量 E 有界，即 $E<\infty$，此时功率 $P=0$。能量信号有时也称为能量有限信号。
- **功率信号**(power signal)是指信号 $f(t)$ 的功率 P 有界，即 $P<\infty$，此时能量 $E=\infty$。功率信号有时也称为功率有限信号。

一般情况下，直流信号和周期信号都是功率信号，时限信号为能量信号；而非周期信号可能是能量信号，也可能是功率信号。有些信号既不属于能量信号也不属于功率信号，如 $f(t)=\mathrm{e}^t$、$f(t)=t$。

除以上划分的信号以外,信号还可分为调制信号、载波信号、已调信号等,在第3章中将予以介绍。本书仅涉及连续和离散时间的确定性一维信号。

1.2.3 信号的描述及特性

信号可以用两种方式描述或表示,即函数描述和波形描述。

1. 函数描述

信号可以表示成一个或几个变量的函数。如:$f(t)=t, t>0$。

2. 波形描述

信号可以表示成随时间变化的图形,如图1-4所示的信号 $f(t)=t$, $t>0$ 的波形。

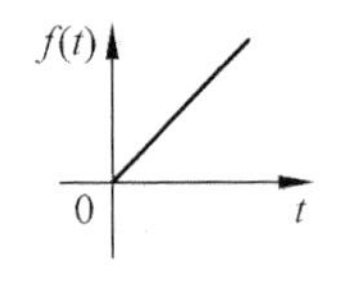

图1-4 信号的图形表示

3. 信号的特性

信号特性可以从两个方面来描述,即信号的时间特性和信号的频率特性。

- **信号的时间特性**:任何信号都可以表示为随时间变化的函数。主要表现在其波形的幅值大小、持续时间长短、变化速率快慢、波动速度及重复周期的大小等随时间改变。
- **信号的频率特性**:任何信号可以分解为许多不同频率的正弦分量之和。主要表现在各频率正弦分量所占比重的大小、主要频率分量所占有的频率范围等都不相同。

不同形式的信号具有各自不同的时间特性和频率特性,而信号的时间特性和频率特性有着密切的联系,且都包含有信号的全部信息。

对信号特性的分析研究是信号传输、处理和检测的理论基础。

1.3 系统的概念及分类

通过以上介绍可知,人类在进行各种信息交换过程中,信号与系统是密不可分、相辅相成地作为一个整体存在的。信号是信息的载体,是系统传输处理的客观对象。信号的产生、传输、处理和存储都需要系统,能够产生、传输、处理和存储信号的物理装置常称为系统。

系统有较多的含义和种类。例如:太阳系、生态系统和动物的神经组织等可称为自然系统,供电网、运输系统、计算机网络等可称为人工系统;电气系统、机械系统、声学系统和光学系统等属于物理系统,而生物系统、化学系统、政治体制系统、经济结构系统、生产组织系统等属于非物理系统。本书仅研究电子学领域中的电系统。

电系统是指能产生电信号并对电信号进行传输、加工、处理和存储的电路或网络,简称为系统。

在电子学领域中常常利用通信系统、控制系统和计算机系统进行信号的传输和处理。通信系统则可以认为是为了传送信息由各种不同的单元电路组成的装置(或用来加工、处理、传输各种信号的装置)。

1.3.1 系统的定义及表示

1. 系统的定义

在给定激励信号(输入信号)作用下,实现特定功能以得到所需要的响应信号(输出信号)的若干单元部件的组合整体。

2. 系统的表示

系统可以表示成如图1-5所示的系统框图形式。

由于图1-5所示的系统只有一个输入信号和一个输出信号，故称为单输入-单输出系统。另外还有单输入-多输出系统、多输入-单输出系统和多输入-多输出系统。

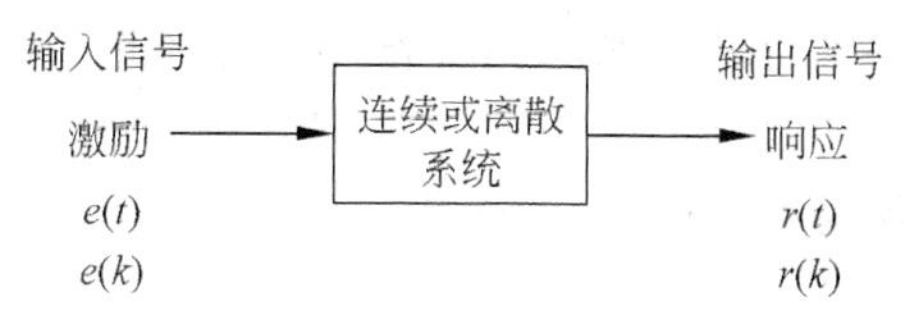

图1-5 系统框图

系统的输入信号 $e(t)$ 或 $e(k)$ 也称激励，输出信号 $r(t)$ 或 $r(k)$ 也称响应。

系统的功能是在激励 $e(t)$ 或 $e(k)$ 作用下产生响应 $r(t)$ 或 $r(k)$。系统输入与输出关系可以简单地表示为 $e(t)\to r(t)$ 或 $e(k)\to r(k)$，也可以简记为 $r(t)=H[e(t)]$。

同一系统在不同激励作用下，可以产生不同的响应；不同的系统在相同的激励作用下，可以产生不同的响应。这说明不同的系统功能各异。

在电子学领域中，信号、电路、网络与系统三者有着十分密切的联系。离开信号，电路、网络与系统就失去了意义。电路、网络与系统都是为处理或传输信号而由一些元器件构成的某种组合整体。结构简单的组合整体称电路，多个电路可以称为网络，复杂的网络可以称为系统。系统可能是某个具体网络(如滤波器)，也可能是多功能复杂的设备(如通信系统)。系统所关心的是全局性问题，而电路、网络所关心的是细节、局部的问题。虽然电路、网络与系统含义不完全相同，但由于大规模集成化技术的发展，制成了各种复杂的系统部件，使得器件、电路、网络与系统这些名词有时很难区分。在讨论系统理论时，系统常常指网络本身，因此就本书讨论的范围而言，对电路、网络、系统不予区分，相互通用，统统称其为电系统。

实际的电系统均由电子元器件组成的电路或网络构成，虽然不区分电路、网络、系统，但是"系统分析"和"电路分析"却有差别，具体表现在

- 系统分析主要是研究系统外部特性，关心输入与输出之间的关系，分析系统的功能和特性，判断系统能否与给定信号匹配，能否完成传输和处理给定信号的任务。
- 电路分析则是研究电路内部特性，关心电路内部的局部结构和参数，如 R、L、C 的数值、连接方式和各元件或支路的电压、电流和功率。

1.3.2 系统的分类及特性

要求不同的系统实现对不同信号的传输、加工和处理，可以对系统进行如下分类。

1. 线性系统和非线性系统

按照组成系统的元件是否为线性元件，将系统划分为线性系统和非线性系统。

- **线性系统**(linear system)就是全部由线性元件组成的系统。具有齐次性、叠加性、微积分性、频率保持特性以及响应可分解性。
- **非线性系统**(non-linear system)就是含有非线性元件的系统。不具有齐次性、叠加性等特性，如二极管、整流器等。

线性系统的齐次性表示系统激励改变为原来的 K 倍时，系统的响应也相应地改变为原

来的 K 倍。这里的 K 为任意常数。即如果激励 $e(t)$ 产生的响应为 $r(t)$，则激励 $ke(t)$ 产生的响应为 $kr(t)$。可以用符号表示为

若 $e(t)\to r(t)$，则

$$ke(t)\to kr(t) \tag{1-3}$$

线性系统的叠加性表示当有几个激励同时作用于系统时，系统的总响应为各个激励分别作用于系统产生的响应之和。即如果激励 $e_1(t)$ 产生响应为 $r_1(t)$，激励 $e_2(t)$ 在同一系统产生的响应为 $r_2(t)$，则在激励 $e_1(t)+e_2(t)$ 作用下系统响应为 $r_1(t)+r_2(t)$。可以用符号表示为

若 $e_1(t)\to r_1(t)$，$e_2(t)\to r_2(t)$，则

$$e_1(t)+e_2(t)\to r_1(t)+r_2(t) \tag{1-4}$$

一般情况下，具有叠加性的系统同时也具有齐次性，电系统就具有这样的特性。将式(1-3)与式(1-4)合并，可得线性系统的线性特性为

若 $e_1(t)\to r_1(t)$，$e_2(t)\to r_2(t)$，则

$$k_1e_1(t)+k_2e_2(t)\to k_1r_1(t)+k_2r_2(t) \tag{1-5}$$

线性系统的微分、积分性表示如果激励 $e(t)$ 产生的响应为 $r(t)$，激励的微分 $e'(t)$ 或积分 $\int_0^t e(\tau)\mathrm{d}\tau$ 产生的响应就为原来响应的微分 $r'(t)$ 或积分 $\int_0^t r(\tau)\mathrm{d}\tau$。可以用符号表示为

若 $e(t)\to r(t)$，则

$$e'(t)\to r'(t) \tag{1-6}$$

若 $e(t)\to r(t)$，则

$$\int_0^t e(\tau)\mathrm{d}\tau \to \int_0^t r(\tau)\mathrm{d}\tau \tag{1-7}$$

线性系统特性可以概括为要点1.3。

> **要点1.3**
>
> 如果激励 $e(t)\to r_{zs}(t)$ 响应，则线性系统的特性可表示如下。
>
> (1) 齐次性：$ke(t)\to kr_{zs}(t)$。
>
> (2) 线性特性：$k_1e_1(t)+k_2e_2(t)\to k_1r_{1zs}(t)+k_2r_{2zs}(t)$。
>
> (3) 微分、积分性：$e'(t)\to r'_{zs}(t)$，$\int_0^t e(\tau)\mathrm{d}\tau \to \int_0^t r_{zs}(\tau)\mathrm{d}\tau$。
>
> (4) 频率保持特性：信号通过线性系统后不会产生新的频率分量。
>
> (5) 响应可分解性：$r(t)=r_{zs}(t)+r_{zi}(t)$。

要点1.3中的 $r_{zs}(t)$ 为零状态响应(zero-state response)，$r_{zi}(t)$ 为零输入响应(zero-input response)，$r(t)$ 为全响应(total response)。

- 零状态响应是系统初始状态为零时，仅由外加激励单独作用产生的系统响应。
- 零输入响应是外加激励为零时，仅由系统初始状态单独作用产生的系统响应。
- 系统全响应为系统零输入响应与系统零状态响应之和。

注意：在齐次性、叠加性和微分、积分性质中的响应实质应是零状态响应。

2. 连续时间系统和离散时间系统

按照系统激励、响应信号(或系统传输、处理的信号)是连续时间信号还是离散时间信

号，将系统划分为连续时间系统和离散时间系统。

- **连续时间系统**(continuous-time system)：系统的激励、响应均为连续时间函数的系统。
- **离散时间系统**(discrete-time system)：系统的激励、响应均为离散时间函数的系统。

连续系统的激励和响应分别表示为 $e(t)$ 和 $r(t)$ 或 $e(t)$ 和 $y(t)$，如 R、L、C 组成的电路，三极管组成的放大电路等属于连续时间系统。离散系统的激励和响应分别表示为 $e(k)$ 和 $r(k)$ 或 $e(k)$ 和 $y(k)$，如单片机和计算机等都属于离散时间系统。在工程实际中，往往连续时间信号和离散时间信号都存在于同一个系统中，该系统称为混合系统，如用计算机控制的自动控制系统和数字通信系统等都属于此类系统。

3. 非时变(时不变)和时变系统

按照组成系统的元器件参数是否随时间变化，将系统划分为时变和非时变(时不变)系统。

- **非时变(时不变)系统**(time-invariant system)：组成系统的元器件参数不随时间变化的系统。时不变系统具有时不变特性，线性时不变系统(linear time-invariant system)可以简单写成 LTI 系统。
- **时变系统**(time varying system)：组成系统的元器件参数随时间变化的系统。

时不变系统的时不变特性表示如果激励 $e(t)$ 产生的零状态响应为 $r(t)$，则当激励延迟一段时间为 $e(t-t_0)$ 时，其响应也延迟相同的时间为 $r(t-t_0)$。可以用符号表示为

若 $e(t)\rightarrow r(t)$，则

$$e(t-t_0)\rightarrow r(t-t_0) \tag{1-8}$$

将式(1-5)与式(1-8)合并，可得线性时不变系统特性为

若 $e_1(t)\rightarrow r_1(t)$，$e_2(t)\rightarrow r_2(t)$，则

$$k_1e_1(t-t_1)+k_2e_2(t-t_2)\rightarrow k_1r_1(t-t_1)+k_2r_2(t-t_2) \tag{1-9}$$

线性时不变系统的特性概括为要点 1.4。

> **要点 1.4**
>
> 时不变特性：
>
> 若 $e(t)\rightarrow r(t)$，则 $e(t-t_0)\rightarrow r(t-t_0)$。
>
> 线性时不变系统(LTI)特性：
>
> 若 $e_1(t)\rightarrow r_1(t)$，$e_2(t)\rightarrow r_2(t)$，则 $k_1e_1(t-t_1)+k_2e_2(t-t_2)\rightarrow k_1r_1(t-t_1)+k_2r_2(t-t_2)$。

离散 LTI 系统特性只要将上面各式中变量 t 改为 k(或 n)，结论与连续 LTI 系统特性相同。

例 1-1　判断下列系统是否为线性的、时不变系统。

(1) $y(t)=x(t)-x(1-t)$

(2) $y(t)=3x(t)+4t$

(3) $y''(t)+2y(t)y'(t)+y(t)=x(t)$

(4) $y(t)=ax(t)+b$　(a 和 b 为实常数)

解：

(1) 已知

$$x_1(t)\rightarrow y_1(t)=x_1(t)-x_1(1-t),\quad x_2(t)\rightarrow y_2(t)=x_2(t)-x_2(1-t)$$

则

$$ax_1(t)+bx_2(t)\to[ax_1(t)+bx_2(t)]-[ax_1(1-t)+bx_2(1-t)]$$
$$=[ax_1(t)-ax_1(1-t)]+[bx_2(t)-bx_2(1-t)]$$
$$=ay_1(t)+by_2(t)$$

所以该系统为线性系统。

又已知

$$x(t)\to y(t)=x(t)-x(1-t)$$

则 $x(t-\tau)\to x(t-\tau)-x(1-t-\tau)$，而 $y(t-\tau)=x(t-\tau)-x(1-t+\tau)$，显然

$$x(t-\tau)\to x(t-\tau)-x(1-t-\tau)\neq y(t-\tau)$$

所以该系统为时变系统。

(2) 已知 $x_1(t)\to y_1(t)=3x_1(t)+4t$，$x_2(t)\to y_2(t)=3x_2(t)+4t$

则 $ax_1(t)+bx_2(t)\to 3[ax_1(t)+bx_2(t)]+4t$，而 $ay_1(t)+by_2(t)=a[3x_1(t)+4t]+b[3x_2(t)+4t]$

显然

$$ax_1(t)+bx_2(t)\to 3[ax_1(t)+bx_2(t)]+4t\neq ay_1(t)+by_2(t)$$

所以该系统为非线性系统。

又已知

$$x(t)\to y(t)=3x(t)+4t$$

则

$$x(t-\tau)\to 3x(t-\tau)+4t\text{，而 }y(t-\tau)=3x(t-\tau)+4(t-\tau)$$

显然

$$x(t-\tau)\to 3x(t-\tau)+4t\neq y(t-\tau)$$

所以该系统为时变系统。

(3) 判断以微分方程描述的系统是否具有线性性，可以直接观察微分方程中是否含有因变量与其各阶导数乘积，是否含有因变量或其导数的高次方项(不低于二次方)。

因为 $y''(t)+2y(t)y'(t)+y(t)=x(t)$ 中有 $2y(t)y'(t)$ 项，所以该系统为非线性系统。

观察 $y''(t)+2y(t)y'(t)+y(t)=x(t)$，显然有 $x(t-\tau)\to y(t-\tau)$，所以该系统为非时变系统。

(4) 因为 $y(t)=ax(t)+b$，所以该系统为非零状态系统，其全响应 $y(t)$ 可以分解为零输入响应 $y_{zi}(t)=b$ 和零状态响应 $y_{zs}(t)=ax(t)$，显然零输入响应和零状态响应均能满足线性性，所以该系统为线性系统。

由于激励与零状态响应 $y_{zs}(t)=ax(t)$ 满足 $x(t-\tau)\to y(t-\tau)$，所以该系统为非时变系统。

4. 集中参数系统和分布参数系统

按照组成系统的元件是否为集中参数元件和分布参数元件，将系统划分为集中参数系统和分布参数系统。

- **集中参数系统**(lumped parameter system)：全部由集中参数元件组成的系统。如 R、L、C 组成的电路等。
- **分布参数系统**(distributed parameter system)：含有分布参数元件的系统，如传输

线、波导、天线组成的系统等。

集中参数系统具有系统工作波长 λ 远远大于系统尺寸 L 的特性。可以表示为

$$\lambda = \frac{c}{f} \gg L \tag{1-10}$$

其中 c 为光速 3×10^8 米/秒(m/s)；f 为系统工作频率，单位为赫兹(Hz)；λ 为系统工作波长，单位为米(m)。

5. 静态系统和动态系统

按照组成系统的元件是否为有记忆元件，将系统划分为动态系统和静态系统。

- **静态系统**(static system)：全由无记忆元件组成的系统。系统的输出值仅取决于该时刻的系统输入，与系统过去的状态无关。如全部由电阻元件组成的系统就是静态系统，也称即时系统。
- **动态系统**(dynamic system)：含有记忆元件的系统。系统的输出值不仅取决于该时刻的输入，还与系统过去状态有关。如电感、电容或寄存器组成的系统为动态系统，也称记忆系统。

6. 因果系统和非因果系统

按照系统是否具有物理可实现性，将系统划分为因果系统和非因果系统。

- **因果系统**(causal system)：激励信号作用后才产生响应的系统。即系统在无激励之前无响应或系统响应不可能出现在激励作用之前。因果系统是物理可实现、可制造的。实际系统都是因果系统。
- **非因果系统**(non-causal system)：系统的响应出现在激励作用之前的系统。即系统在没有激励之前就有响应了。非因果系统是物理上不可实现、不可制造的。

7. 有源系统和无源系统

按照系统内是否含有独立电源，将系统划分为有源系统和无源系统。

- **有源系统**(active system)：系统内含有独立电源的系统。
- **无源系统**(passive system)：系统内不含有独立电源的系统。

8. 稳定系统和非稳定系统

按照系统对有界激励是否产生有界响应，将系统划分为稳定系统和非稳定系统。

- **稳定系统**(stable system)：对有界激励作用产生有界响应的系统。
- **非稳定系统**(non-stable system)：对有界激励作用产生无界响应的系统。

例 1-2　判断以下系统的线性、时不变、动态(记忆)、因果、稳定性。

(1) $y(t)=[\cos(2t)]x(t)$　　(2) $y(t)=x(t-1)+x(1-t)$　　(3) $y(t)=x(t/4)$

解：

(1) 因为有 $kx(t)\to ky(t)$，所以系统是线性的。

因为$[\cos(2t)]x(t-\tau)\neq y(t-\tau)=\cos[2(t-\tau)]x(t-\tau)$，所以系统是时变的。

因为 $y(t)$只与当时的激励 $x(t)$有关，所以系统是无记忆的。

无记忆系统一定是因果系统。

因为 $\cos(2t)$有界，如果 $x(t)$有界，则 $y(t)$也一定有界，所以系统是稳定的。

(2) 因为有 $kx(t)\to ky(t)$，所以系统是线性的。

因为有 $x(t-\tau)\to x(t-\tau-1)+x(1-t-\tau)\neq y(t-\tau)=x(t-\tau-1)+x(1-t+\tau)$，所以

系统是时变的。

因为 $y(0)=x(0-1)+x(1-0)$,输出与以前和以后的输入有关,所以系统是有记忆的。

因为 $y(-1)=x(-2)+x(2)$,所以系统是非因果的。

因为 $x(t)$有界时,$x(t-1)$和 $x(1-t)$均有界,则 $y(t)$也必有界,所以系统是稳定的。

(3) 因为有 $kx(t)\to ky(t)$,所以系统是线性的。

因为 $x(t-\tau)\to x\left(\frac{t}{4}-\tau\right)\neq y(t-\tau)=x\left(\frac{t-\tau}{4}\right)$,所以系统是时变的。

因为响应 $y(-1)=x\left(-\frac{1}{4}\right)$与以后的激励有关,所以系统是记忆的,也是非因果系统。

因为如果 $x(t)$有界,则 $y(t)=x(t/4)$也一定有界,所以系统是稳定的。

除了特殊要求外,都要求获得稳定系统。一般无源系统都是稳定系统,而反馈系统可能稳定,也可能不稳定。

本书研究的系统是线性的、非时变的、连续或离散的、集中参数的、动态的、有源或无源的、稳定的、因果的系统。

1.3.3 系统的数学模型描述

分析任何一个物理系统,首先需要建立描述该系统特性的数学模型。所谓数学模型就是系统特性的数学抽象,是以数学表达式或用具有理想特性的符号组合成图形(也就是第2章将要介绍的模拟图)来表征系统的特性。然后用数学方法求出它的解答,还可以对所得结果作出物理解释、赋予物理意义。以上系统的划分也可以认为是按照系统数学模型的差异作出的。描述连续系统的数学模型是激励、响应的微分方程(differential equation),描述离散系统的数学模型是激励、响应的差分方程(difference equation),描述线性系统的数学模型是线性方程,描述非时变系统的方程是常系数方程。由此可见:

- 描述线性非时变连续动态系统的数学模型为激励、响应的线性常系数微分方程。
- 描述线性非时变离散动态系统的数学模型为激励、响应的线性常系数差分方程。

概括来说,系统分析的过程是从实际的物理问题抽象为数学模型,经数学解析后再回到物理实际的过程。系统分析的主要任务是研究在给定激励下系统将产生何等响应的问题及系统本身的特性问题。系统分析的实质是求解 LTI 连续时间系统的线性常系数微分方程或求解 LTI 离散时间系统的线性常系数差分方程。

1.4 线性时不变系统分析方法概述

在系统分析中,线性时不变系统的分析具有十分重要的意义。具体原因体现在以下三个方面:

- 许多实用的系统都是线性时不变系统,还有一些非线性系统或时变系统在限定范围或指定条件下,也具有线性时不变系统的特性。因此也能用线性非时变系统分析方法进行分析研究。
- 线性时不变系统的分析方法已经日趋完善和成熟,而非线性系统与时变系统的分析目前还是存在较多的困难,还没有总结出令人满意的、具有普遍意义的分析方法。实用的非线性系统与时变系统的分析方法还大多是在线性时不变系统的分析方法

基础上引申得来的。

- 就系统综合而言，线性时不变系统是易于综合实现的，因此工程上许多重要问题的解决都是基于逼近线性系统模型来进行设计实现的。

为了便于读者对以后各章节内容的学习和理解，这里简要地概述线性时不变系统分析方法的主要内容。

简言之，系统分析就是建立表征系统的数学方程并求出其解答。

基于描述系统的方法有输入-输出描述（外部）和状态变量描述（内部），系统分析方法也分为输入-输出法（外部法）和状态变量法（内部法）。

1.4.1　输入-输出法（input-output method）（外部法）

系统的输入-输出描述是对给定的系统建立其激励与响应之间的直接关系。即对连续系统的描述是激励、响应的线性常系数微分方程，对离散系统是激励、响应的线性常系数差分方程。关注的是系统输入（激励）与输出（响应）变量的关系，而不关心系统内部的情况。对于研究无线电技术中常遇到的单输入-单输出系统是很有用的。只要求解一个 n 阶线性常系数微分或差分方程就可以获得系统响应。

1. 连续时间系统

系统数学描述（数学模型）为激励、响应的线性常系数微分方程。系统分析就是求响应，即求解激励、响应的线性常系数微分方程获得响应。系统零输入响应可以通过求解齐次微分方程获得，系统零状态响应可以通过求解非齐次微分方程获得。系统全响应为系统零输入响应与系统零状态响应之和。

由于求解激励、响应的微分方程的方法不同，系统分析分成三大域分析，即时域分析、频域分析和复频域分析。

1）时域分析法（time-domain analysis method）

经典法是应用高等数学方法求解线性常系数微分方程。

由于激励信号的复杂性，使得高等数学经典法求解非齐次微分方程较为困难。

工程上利用卷积积分法（convolution integral method）求解非齐次微分方程。卷积法是应用图解的方法或应用卷积性质求解非齐次微分方程获得零状态响应。

求响应途径是先将复杂激励分解成若干个冲激信号（impulse signal）或若干个阶跃信号（step signal）；再求出其中每一个冲激信号或阶跃信号激励下的响应；最后叠加这全部若干个冲激响应或阶跃响应，得到复杂激励作用于系统的零状态响应。用该方法求响应的实质是叠加定理。

2）频域分析法（frequency-domain analysis method）

求响应途径是先将复杂激励信号分解成若干个不同频率、不同幅值的正弦信号；利用电路理论的分析方法求出每个正弦信号激励下的响应；最后叠加这全部若干个正弦信号激励下的响应，得到复杂激励作用于系统的零状态响应。用该方法求响应的实质是傅里叶变换（Fourier transformer）。

傅里叶变换可以将系统激励、响应的微分方程变成代数方程，使求解零状态响应得以简化，但是它是以两次变换为代价的（需要正变换和反变换）。由于傅里叶反变换比较困难，所以限制了应用这种方法求零状态响应。但是傅里叶变换对于研究信号的频率特性及系统的频率特性具有十分重要的作用和意义。

3) 复频域分析法(complex frequency-domain analysis method)

求响应途径是将复杂激励信号分解成许多复指数信号；求出每个复指数信号激励下的响应；叠加全部复指数信号激励下的响应，得到复杂激励的响应。用该方法求响应的实质是拉普拉斯变换(Laplace transformer)。

拉普拉斯变换也可以将系统激励、响应的微分方程变成代数方程，使求解响应得以简化，但它也是以两次变换为代价的(需要正变换和反变换)。由于拉普拉斯反变换是十分容易的，且对微分方程进行拉普拉斯变换时自动引入了初值，所以常常使用这种方法求连续系统的全响应。连续系统的频域分析和复频域分析也称连续系统的变换域分析。而离散系统的分析方法与连续系统分析方法有平行相似性。

2. 离散时间系统

系统数学描述(模型)为激励、响应的线性常系数差分方程。系统分析就是求响应，即求解激励、响应的线性常系数差分方程。

由于求解激励、响应的线性常系数差分方程的方法不同，系统分析也可分成两大域分析，即时域分析和 z 域分析。

1) 时域分析(time-domain analysis)

经典法是应用高等数学方法求解线性常系数差分方程。

由于激励信号的复杂性，使高等数学经典法求解非齐次差分方程较为困难。

工程上利用卷积和法求解非齐次差分方程获得零状态响应。卷积和法是应用卷积图解法或性质等其他方法求解非齐次差分方程。

卷积和法求系统响应途径是将复杂激励分解成冲激序列；求出每一个冲激激励下的响应；叠加全部冲激响应，得到复杂激励作用下系统零状态的响应。用该方法求响应的实质也是叠加定理。

2) z 域分析(z-domain analysis)

求响应方法的实质是 z 变换(z-transformer)。

z 变换是将激励、响应的差分方程变成代数方程使求解响应得以简化，但它也是以两次变换为代价的(需要正变换和反变换)。由于反 z 变换也是十分容易的，且对差分方程进行 z 变换时也自动引入了初值，所以也常常使用这种方法求离散系统的全响应。

由于输入-输出法只是把输入变量与输出变量联系起来，它不利于从系统内部观察系统的各种问题，更不利于分析多输入-多输出系统，而以系统内部变量为基础的状态变量分析方法具有其独到之处。

1.4.2 状态变量法(state variable method)(内部法)

系统的状态变量描述是以两组方程来描述系统，即状态方程和输出方程。

1. 状态方程

它描述状态变量(系统内部某些具有“记忆”性质的变量)与激励之间的关系。对于线性非时变连续系统，状态方程是一阶常系数微分方程组；对于线性非时变离散系统，状态方程是一阶常系数差分方程组。

2. 输出方程

它描述系统响应与状态变量和激励之间的关系，输出方程是代数方程组。

状态变量法可以通过求解状态方程，即系统 n 个一阶线性常系数微分或差分方程组来获取系统内部多个变量的情况，同时可以通过输出方程获得多输入-多输出系统的响应。

求解状态方程的方法不同，也可分成两大域分析，即时域和变换域分析，也就是连续系统的时域分析和复频域分析或离散系统的时域分析和 z 域分析。

状态变量法揭示了系统内部变量的数学结构，关注的是系统内部变量的研究，它用于分析线性非时变系统，特别是用于分析多输入-多输出系统更显示它的优越性。此外，状态变量法非常适于计算机求解，而且它不仅适用于线性非时变系统的分析，也便于推广应用于时变系统和非线性系统分析。

本章学习小结

1. 信号的基本概念、分类及描述

(1) 信号是带有消息的随时间变化的物理量。是消息的表现形式，是运载消息的工具。

(2) 信号有确定性信号和随机信号、连续信号和离散信号、周期信号和非周期信号、能量信号和功率信号、一维信号和多维信号等。

(3) 信号有函数描述和图形描述两种，具有时间特性和频率特性，但都包含着信号的全部信息。

2. 系统的基本概念、分类及特性

(1) 系统是若干单元按一定规则相互连接并完成确定功能的有机整体。电系统是指对电信号进行产生、加工处理、传输和储存的电路(网络)或设备(含软硬件设备)。

(2) 系统可分为连续系统、离散系统，线性系统、非线性系统，时变系统、非时变系统，动态系统、静态系统，因果系统、非因果系统等。

(3) 线性时不变系统(LTI)特性：系统中各元件参量不随时间变化，同时满足叠加性、齐次性，且具有微分性、积分性和频率保持性；因果系统的响应出现在激励之后，是物理可实现和可制造的。

3. 系统的分析方法

系统分析关心的是系统的功能和特性，研究已知激励作用下求系统响应的方法。系统分析有内部法(状态变量法)和外部法(输入-输出法)，时域分析法和变域分析法。

习题练习1

基础练习

1-1　判断下列信号是否为周期信号，若是，确定其周期。

(1) $f_1(t)=\sin 2t+\cos 3t$　(2) $f_2(t)=\cos 2t+\sin \pi t$

1-2　判断下列序列是否为周期信号，若是，确定其周期。

(1) $f_1(k)=\sin\left(\frac{3\pi}{4}k\right)+\cos\left(\frac{\pi}{2}k\right)$

(2) $f(k)=\sin(2k)$

1-3　试判断下列论断是否正确：

(1) 两个周期信号之和必为周期信号；

(2) 非周期信号一定是能量信号；

(3) 能量信号一定是非周期信号；

(4) 两个功率信号之和必为功率信号；

(5) 两个功率信号之积必为功率信号；

(6) 能量信号与功率信号之积必为能量信号；

(7) 随机信号必然是非周期信号。

1-4　判断下列系统是否为线性系统。

(1) $y(t)=x(t)-x(2-t)$

(2) $y(t)=2x(t)-t$

(3) $y''(t)+y(t)y'(t)-2y(t)=x(t)$

(4) $y(t)=2x(t)-3$

综合练习

1-5　系统响应为 $y(t)$、激励为 $x(t)$，判断下列系统是否为线性时不变系统。

(1) $y(t)=2x(t)-3$　(2) $y(t)=x(t-1)-x(t+2)$

1-6　已知系统的微分方程，试判断下列各系统是线性还是非线性系统，是时变系统还是非时变系统。

(1) $\frac{\mathrm{d}r(t)}{\mathrm{d}t}+2r(t)=e(t+1)$

(2) $\frac{\mathrm{d}^2r(t)}{\mathrm{d}t^2}+2\frac{\mathrm{d}r(t)}{\mathrm{d}t}+2r^2(t)=\frac{\mathrm{d}e(t)}{\mathrm{d}t}+2e(t)$

(3) $\frac{\mathrm{d}^2r(t)}{\mathrm{d}t^2}+3r(t)\frac{\mathrm{d}r(t)}{\mathrm{d}t}+r(t)=2e(t)$

(4) $2t\frac{\mathrm{d}^2r(t)}{\mathrm{d}t^2}+3r(t)=e^2(t)$

(5) $t^2\frac{\mathrm{d}r(t)}{\mathrm{d}t}+\sin3tr(t)=t^2e(t)$

1-7　某线性时不变系统，具有非零初始状态，已知：激励为 $e(t)$ 时系统全响应为 $r_1(t)=[\mathrm{e}^{-t}+2\cos(t)]\varepsilon(t)$；

若初始状态不变，激励为 $2e(t)$ 时的系统全响应为 $r_2(t)=3[\cos(t)]\varepsilon(t)$。

求：在同样初始状态条件下，

(1) 激励为 $3e(t)$ 时的系统全响应 $r_3(t)$；

(2) 激励为 $3e(t-1)$ 时的系统全响应 $r_4(t)$。

1-8　设线性时不变系统中，初始状态一定，

当输入为 $f(t)$ 时则全响应为 $(3\mathrm{e}^{-t}+2\mathrm{e}^{-2t})\varepsilon(t)$；

当输入为 $2f(t)$ 时则全响应为 $(5\mathrm{e}^{-t}+3\mathrm{e}^{-2t})\varepsilon(t)$；

求当输入为 $2f(t)+f'(t)$ 时的全响应。

1-9　某线性时不变系统，在相同的初始状态下，输入为 $e(t)$时，响应为 $r(t)=(2\mathrm{e}^{-3t}+\sin 2t)\varepsilon(t)$；输入为 $2e(t)$时，响应为 $r(t)=(\mathrm{e}^{-3t}+2\sin 2t)\varepsilon(t)$。试求：

(1) 初始状态增大一倍，输入为$\frac{1}{2}e(t)$时的系统全响应；

(2) 初始状态不变，输入为 $e(t-t_0)$时的系统全响应。

自测题

1. 连续时间信号与高等数学中的连续函数的关系(　　)。
   a. 完全不同　　b. 是同一个概念　　c. 不完全相同　　d. 无法回答
2. 模拟信号先经过(　　)，才能转化为数字信号。
   a. 信号幅度的量化　　b. 信号时间上的量化
   c. 幅度和时间的量化　　d. 抽样
3. 两个周期信号之和的周期是(　　)。
   a. 两个周期信号中周期最大者　　b. 两个周期信号中周期最小者
   c. 两个周期信号中周期的最小公倍数　　d. 两个周期信号中周期的最大公约数
4. 一个周期正弦波电压信号其幅度为5V，周期为2s，初相为$\frac{\pi}{6}$，该信号的表达式为(　　)。
   a. $f(t)=5\sin\left(2\pi t+\frac{\pi}{6}\right)$　　b. $f(t)=5\sin\left(2\pi t-\frac{\pi}{6}\right)$
   c. $f(t)=5\sin\left(2\pi t+\frac{\pi}{3}\right)$　　d. $f(t)=5\sin\left(\pi t+\frac{\pi}{6}\right)$
5. 以下叙述正确的是(　　)。
   a. 信号通过线性系统，其频率分量的幅度、频率、相位都可能发生改变
   b. 信号通过线性系统，其频率分量的幅度、频率、相位都保持不变
   c. 信号通过线性系统，其频率分量的幅度、相位可能发生改变，但不会产生新的频率分量
   d. 信号通过线性系统，其频率分量的幅度可能发生改变，频率、相位都不会变化
6. 一个非零初始状态的LTI系统，若激励 $f(t)$增大 K 倍，初始状态不变，则(　　)。
   a. 全响应 $y(t)$也增大 K 倍　　b. 仅零状态响应增大 K 倍
   c. 仅零输入响应增大 K 倍　　d. 全响应不变
7. 描述 n 阶LTI连续系统的数学模型是(　　)。
   a. n 阶线性代数方程　　b. n 阶线性微分方程
   c. n 阶常系数线性微分方程　　d. n 阶常系数微分方程
8. 一个连续系统 $f(t)$为输入，$y(t)$为输出，系统方程为 $t^2y''(t)+y'(t)+y^2(t)=f(t)$，则系统为(　　)。
   a. 非线性时不变系统　　b. 非线性时变系统
   c. 线性时变系统　　d. 线性时不变系统
9. 线性时不变系统的方程为 $y'(t)+ay(t)=f(t)$，在非零输入 $f(t)$作用下，其响应为 $y(t)=(1-\mathrm{e}^{-t})\varepsilon(t)$，当方程为 $y'(t)+ay(t)=f'(t)+2f(t)$的响应为(　　)。
   a. $y(t)=(1-2\mathrm{e}^{-t})\varepsilon(t)$　　b. $y(t)=(2-\mathrm{e}^{-t})\varepsilon(t)$

c. $y(t)=2(1-\mathrm{e}^{-t})\varepsilon(t)$　　d. $y(t)=\mathrm{e}^{-t}\varepsilon(t)$

10. 已知某系统的输入 $f(t)$与输出 $y(t)$的关系为 $y(t)=|f(t)|$,则系统为(　　)。

a. 非线性时不变系统　　b. 非线性时变系统

c. 线性时变系统　　d. 线性时不变系统

11. 已知某系统的输入 $f(t)$与输出 $y(t)$的关系为 $y(t)=\int_0^t f(x)\mathrm{d}x$, 则系统为(　　)。

a. 非线性时不变系统　　b. 非线性时变系统

c. 线性时变系统　　d. 线性时不变系统

第2章

连续信号与系统的时域分析

本章学习目标

- 掌握典型信号特性及信号的运算与变换。
- 了解LTI连续系统数学模型的建立及系统响应的时域经典法求解。
- 理解并掌握LTI连续系统响应的分类及各种响应的意义。
- 了解信号的时域分解的意义，深刻理解并掌握LTI连续系统的冲激响应和阶跃响应的意义及求取方法。
- 掌握卷积积分的方法、意义、性质及其应用。

2.1 引言

第1章着重介绍了信号与系统的基本概念及分析方法。从本章开始分别从时域到变换域的角度进行信号分析和系统分析。

本章将研究连续时间信号的基本特性，特别是引入两个奇异信号作为基本信号，使一般信号的描述、运算与变换等变得更加清晰、简单和方便，也为求取连续系统响应提供了另一条途径。

系统分析的主要任务之一是求给定激励下的系统响应。一个物理系统总可以由数学模型描述其工作状态(情况)，求系统响应的最经典方法就是建立描述LTI连续系统的数学模型，即激励、响应的线性常系数微分方程，求解该方程获得系统响应，从而完成系统分析的任务。

LTI连续系统可以表示成图2-1的框图形式，系统激励为$e(t)$，系统响应为$r(t)$。

图2-1　系统框图

但是由于激励信号的复杂性，应用高等数学经典法解非齐次微分方程求零状态响应较为困难。本章将依据信号的可分解特性(即任意复杂信号可由简单基本信号组成),利用卷积积分法(也称叠加积分法(superposition integral method))求解非齐次微分方程,从而获得系统零状态响应。时域求系统零状态响应的途径可以概括为

(1) 将复杂激励信号分解成简单基本信号(若干冲激信号或若干阶跃信号);

(2) 求出组成该复杂信号的每一个简单基本信号(冲激信号或阶跃信号激励下)的响应;

(3) 叠加全部简单基本信号(冲激响应或阶跃响应),得到复杂激励信号的响应。

以上就是在复杂激励信号作用下,系统时域分析的基本方法。工程上,卷积积分法在时域分析中占有重要的地位。

由于整个系统的分析,即微分方程求解(求响应)过程是在以时间 t 为自变量的函数下进行,因此称为系统的时域分析。又因为在这里只研究信号(函数)的时域特性,所以称为信号的时域分析。本章在信号与系统分析中所用到的独立变量均为时间,因此称为信号与系统的时域分析。

2.2 典型的基本信号

本节所介绍的信号都是理想的典型信号,虽然与实际的信号有一定的差距,但是它们能够简明而方便地表述电系统的激励和响应。这些理想的典型信号对理论分析和工程应用是很有实际意义的。

2.2.1 奇异信号

有些信号函数或其各阶导数都有一个或多个间断点,在间断点上的导数用一般方法不好确定。这样的信号函数统称为奇异信号(singularity signal)。其中主要是单位阶跃信号和单位冲激信号。

1. 单位阶跃函数(信号)(unit step function or signal)

1) 单位阶跃信号的定义及表示

单位阶跃信号用符号 $\varepsilon(t)$ 表示,波形表示如图 2-2(a)所示,函数表示为

$$\varepsilon(t)=\begin{cases}1, & t>0\\ 0, & t<0\end{cases} \tag{2-1}$$

由式(2-1)可以看出,在 $t=0$ 时刻,信号无定义,其值发生跃变,即 $\varepsilon(0^-)=0$,$\varepsilon(0^+)=1$。

单位阶跃信号的物理实现如图 2-2(b)所示,即:理想开关把单位值的直流电压或电流在 $t=0$ 时刻接入一个端口电路。所以单位阶跃信号也称开关信号。

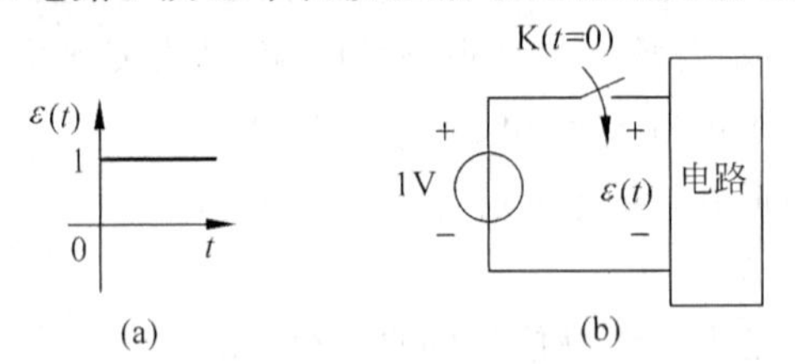

图 2-2 单位阶跃信号及物理实现

2）单位阶跃信号特性

延迟的阶跃信号：如果单位直流电源的接入时间为 $t=\tau$，且 $\tau>0$，可以用延迟的（沿时间轴向右平移 τ）单位阶跃信号表示，波形如图 2-3 所示，函数表示为

$$\varepsilon(t-\tau)=\begin{cases}1, & t>\tau\\ 0, & t<\tau\end{cases} \tag{2-2}$$

一般的阶跃信号，即幅值不为 1 的直流电源接入电路，可以表示为

$$f(t)=A\varepsilon(t) \tag{2-3}$$

阶跃信号的代数和是指若干阶跃信号以及延迟的阶跃信号的加或减运算。

阶跃信号的代数和表示的信号如图 2-4 所示。

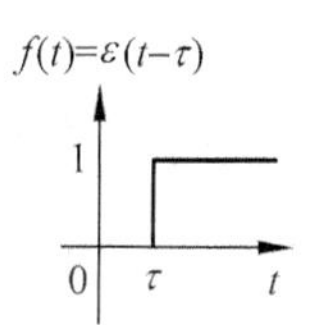

图 2-3　延迟的单位阶跃信号

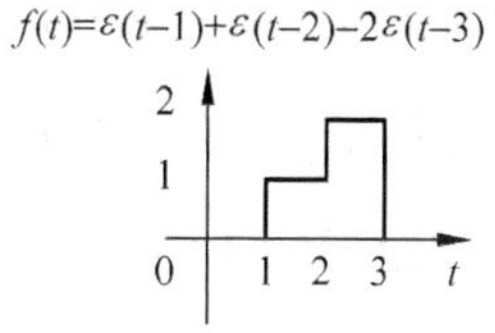

图 2-4　利用阶跃信号表示的信号

信号 $f(t)=\varepsilon(t-1)+\varepsilon(t-2)-2\varepsilon(t-3)$ 表明当 $t<1$ 和 $t>3$ 时，$f(t)=0$，是 t 在 1～3 范围内的时限信号。

阶跃信号与任意信号的乘积：利用阶跃信号与任意信号相乘表示的有始信号如图 2-5 所示。

信号 $f(t)=t\varepsilon(t-1)$ 表明当 $t<1$ 时，$f(t)=0$；当 $t>1$ 时，$f(t)=t$，是 $t=1$ 开始的有始信号。再例如，信号 $f(t)=\mathrm{e}^{-2t}\varepsilon(t)$ 表示当 $t<0$ 时，$f(t)=0$；当 $t>0$ 时，$f(t)=\mathrm{e}^{-2t}$，即 $f(t)$ 是 $t>0$ 的有始（单边）信号。以上内容可以概括为要点 2.1。

要点 2.1
利用阶跃信号可以起始或截止任意信号（使该信号具有单边或时限特性）。

2. 单位冲激函数（信号）(unit impulse function or signal)

1）单位冲激信号的定义及表示

单位冲激信号用符号 $\delta(t)$ 表示，函数表示为

$$\begin{cases}\delta(t)=0, & t\neq 0\\ \int_{-\infty}^{+\infty}\delta(t)\,\mathrm{d}t=1, & t=0\end{cases} \tag{2-4}$$

波形如图 2-6 所示。

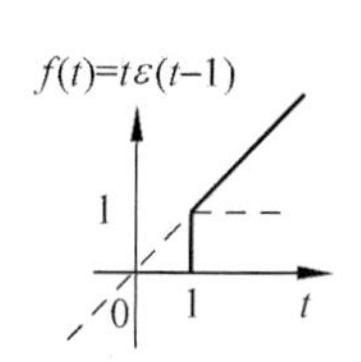

图 2-5　利用阶跃信号表示的有始信号

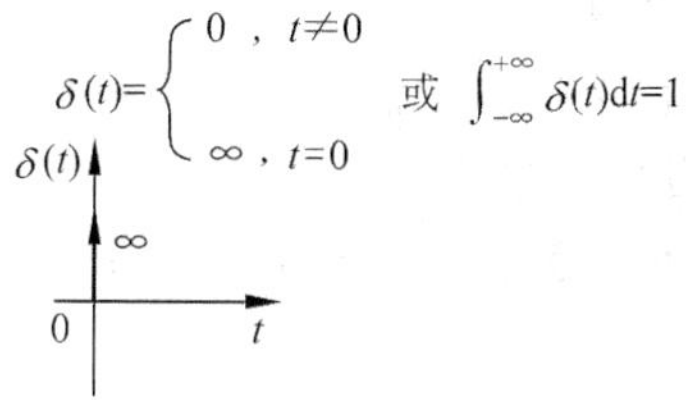

图 2-6　单位冲激信号

式(2-4)也称为 Dirac 定义式。

单位冲激信号 $\delta(t)$表示当 $t\neq 0$ 时，$\delta(t)$幅值为 0，即 $\delta(t)=0$；当 $t=0$ 时，$\delta(t)$幅值为 ∞，即 $\delta(t)=\infty$，但是信号 $\delta(t)$的积分为 1，也称 $\delta(t)$的强度为 1。

$\delta(t)$的定义基于广义函数的概念，不符合普通函数的定义，函数与自变量之间没有明确的关系。

现实中某些物理现象需要用一个时间极短，但取值极大的数学模型来描述。如：力学中瞬间作用的冲击力，电学中的雷击和闪电，数字通信中的抽样脉冲等。冲激信号的概念就是以这类实际问题而引出的，其数学引出方式很多，可以是矩形脉冲引出、三角脉冲引出、抽样脉冲引出等。现在以矩形脉冲引出单位冲激信号。

2）单位冲激信号的矩形脉冲的引出

宽度为 τ、高度为$\dfrac{1}{\tau}$、其面积为 1 的矩形脉冲信号 $f(t)$如图 2-7(a)所示，在脉冲宽度 τ 减小变化过程中，矩形脉冲信号面积不变，脉冲幅度必然增加，如图 2-7(b)所示。当脉冲宽度 $\tau\to 0$ 时，脉冲幅度$\dfrac{1}{\tau}\to\infty$，矩形脉冲信号演变为单位冲激信号 $\delta(t)=\lim\limits_{\tau\to 0}f(t)$，如图 2-7(c)所示，可用式(2-4)和图 2-6 表示其定义和波形。

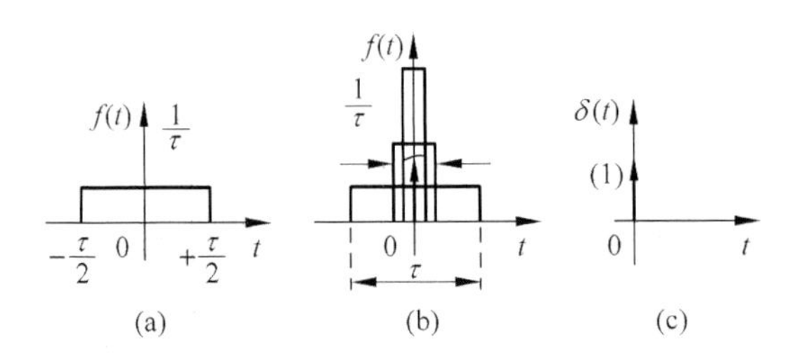

图 2-7 单位冲激信号的引出过程

由此可见，当 $t=0$ 时，$\int_{-\infty}^{+\infty}\delta(t)\,\mathrm{d}t=1$，说明单位冲激信号具有有限的面积，且面积为 1，有时也称单位冲激信号的冲激强度为1；当 $t=0$ 时，$\delta(t)$ 幅值为 ∞，说明单位冲激信号具有无穷的能量。

3）单位冲激信号特性

延迟的单位冲激信号是指当单位冲激信号出现在 $t=t_0$，且 $t_0>0$ 时，(即 $\delta(t)$沿时间轴向右平移 t_0)，表示为 $\delta(t-t_0)$；当冲激信号强度 A 不为 1 时就是一般的冲激信号，表示为 $f(t)=A\delta(t)$，也可以认为是单位冲激信号的 A 倍。延迟的一般冲激信号如图 2-8 所示，图 2-8 中的(A)表示冲激强度。

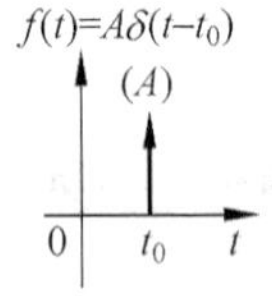

图 2-8 延迟的冲激信号

依据单位冲激信号的定义可以得到单位冲激信号的一系列性质，读者可以自行证明。

单位冲激信号的积分等于单位阶跃信号，即

$$\varepsilon(t)=\int_{-\infty}^{t}\delta(\tau)\,\mathrm{d}\tau \tag{2-5}$$

单位阶跃信号的微分等于单位冲激信号，即

$$\delta(t)=\frac{\mathrm{d}\varepsilon(t)}{\mathrm{d}t} \tag{2-6}$$

单位冲激信号为偶函数，即

$$\delta(t)=\delta(-t)\ \text{或}\ \delta(t-r)=\delta(r-t) \tag{2-7}$$

单位冲激信号具有抽样(筛选)特性，即

$$f(t)\delta(t)=f(0)\delta(t),\quad f(t)\delta(t-t_0)=f(t_0)\delta(t-t_0) \tag{2-8}$$

式(2-8)表明 $\delta(t)$ 具有把信号 $f(t)$ 在某时刻的值抽样(筛选)出来作为自己强度的能力。由此可以获得以下两个重要的积分结果，即

$$\int_{-\infty}^{+\infty}\delta(t)f(t)\mathrm{d}t=f(0) \tag{2-9}$$

$$\int_{-\infty}^{+\infty}\delta(t-t_0)f(t)\mathrm{d}t=f(t_0) \tag{2-10}$$

单位冲激信号具有时间尺度变换特性(也称比例性)，即

$$\delta(at)=\frac{1}{|a|}\delta(t) \tag{2-11}$$

冲激函数的性质可概括为要点 2.2。

> **要点 2.2**
>
> 冲激信号的性质：
>
> (1) 与阶跃信号关系 $\delta(t)=\dfrac{\mathrm{d}\varepsilon(t)}{\mathrm{d}t}$，　$\varepsilon(t)=\int_{-\infty}^{t}\delta(t)\mathrm{d}\tau$
>
> (2) 偶函数性 $\delta(t)=\delta(-t)$，　$\delta(t-r)=\delta(r-t)$
>
> (3) 抽样性 $f(t)\delta(t)=f(0)\delta(t)$，　$f(t)\delta(t-t_0)=f(t_0)\delta(t-t_0)$
>
> $$\int_{-\infty}^{+\infty}\delta(t)f(t)\mathrm{d}t=f(0),\quad \int_{-\infty}^{+\infty}\delta(t-t_0)f(t)\mathrm{d}t=f(t_0)$$
>
> (4) 比例性 $\delta(at)=\dfrac{1}{|a|}\delta(t)$

4) 冲激偶(doublet)的定义

冲激偶为单位冲激信号的导数，函数表示为

$$\delta'(t)=\frac{\mathrm{d}\delta(t)}{\mathrm{d}t} \tag{2-12}$$

单位冲激偶波形表示如图 2-9 所示。

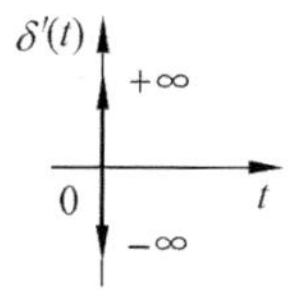

图 2-9　单位冲激偶

冲激偶的特性如下：

单位冲激偶的积分等于单位冲激信号，即

$$\delta(t)=\int_{-\infty}^{t}\delta'(\tau)\mathrm{d}\tau \tag{2-13}$$

单位冲激偶的抽样性，即

$$\int_{-\infty}^{+\infty} f(t)\delta'(t)\mathrm{d}t = -f'(0) \tag{2-14}$$

$$\int_{-\infty}^{+\infty} f(t)\delta^{(n)}(t)\mathrm{d}t = (-1)^n \left.\frac{\mathrm{d}^n f(t)}{\mathrm{d}t^n}\right|_{t=0} \tag{2-15}$$

单位冲激偶包含的面积等于零,即

$$\int_{-\infty}^{+\infty} \delta'(t)\mathrm{d}t = 0 \tag{2-16}$$

2.2.2 指数信号

在电路理论过渡过程学习中曾遇到过衰减指数信号 $\mathrm{e}^{\frac{-t}{\tau}}$,其中 τ 是时间常数。一般指数信号可以表示为

$$f(t) = A\mathrm{e}^{\alpha t}\varepsilon(t) \tag{2-17}$$

其中 A 和 α(指数因子)为实常数,所以式(2-17)表示的信号称为实指数信号,简称指数信号(exponential signal)。$\alpha>0$ 时,$f(t)$ 为增长的指数信号;$\alpha<0$ 时,$f(t)$ 为衰减的指数信号;$\alpha=0$ 时,$f(t)$ 为直流信号。$|\alpha|$ 的大小反映了指数信号增长或衰减的速度,电路理论中的时间常数 $\tau=\frac{1}{|\alpha|}$。仅存在于 $t\geqslant0$ 或 $t\leqslant0$ 时间范围内的指数信号称为单边指数信号,实际中常遇到的都是衰减的指数信号,即 $t\geqslant0$ 的单边指数信号。单边增长和衰减的指数信号如图 2-10 所示。τ 越小,则 $|\alpha|$ 越大,信号增长或衰减得快;τ 越大,则 $|\alpha|$ 越小,信号增长或衰减得慢。

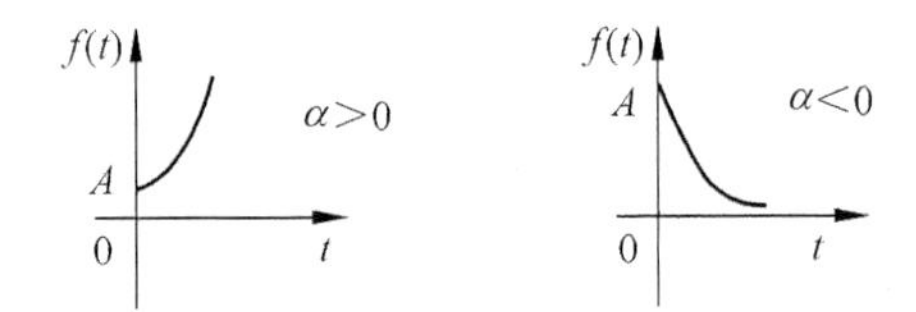

图 2-10 单边增长和衰减的指数信号

指数信号在信号与系统分析理论中是一个非常重要的信号,因为对指数信号的微分或积分还是指数信号,所以很容易进行数学分析。

2.2.3 正弦信号

在电路理论的正弦稳态分析学习中,已经介绍了许多正弦信号的知识,这里由 sin、cos 表示的信号统称为正弦信号(sinusoid signal),一般表示为

$$f(t) = A\cos(\omega t+\theta) \tag{2-18}$$

其中,A 为振幅,ω 为角频率,θ 为初相角。角频率 ω、频率 f 和周期 T 的关系为 $\omega=2\pi f=\frac{2\pi}{T}$,角频率 ω 的单位为弧度/秒(rad/s)、频率 f 的单位为赫兹(Hz)、周期 T 的单位为秒(s)。单边正弦信号的波形如图 2-11 所示,函数表示为

$$f(t) = A[\cos(\omega t+\theta)]\varepsilon(t) \tag{2-19}$$

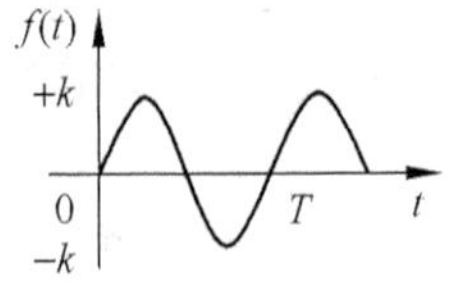

图 2-11 单边正弦信号

有时会常遇到指数衰减的正弦信号,函数表示为

$$f(t)=k\mathrm{e}^{-\alpha t}\cos(\omega t+\theta)\varepsilon(t) \tag{2-20}$$

对正弦信号的微分和积分也还是正弦信号。

2.2.4　复指数信号

实际上并不存在复指数信号，只是为了理论研究方便才引出这样一种信号，它是包含了许多种信号形式的理想信号。

复指数信号(complex exponential signal)可以表示为

$$f(t)=k\mathrm{e}^{st}=k\mathrm{e}^{(\sigma+\mathrm{j}\omega)t}=k\mathrm{e}^{\sigma t}\cos\omega t+\mathrm{j}k\mathrm{e}^{\sigma t}\sin\omega t \tag{2-21}$$

其中 $s=\sigma+\mathrm{j}\omega$，当 k 为实数时，$f(t)$的实部和虚部分别为变幅正弦信号。

$$\omega=0\begin{cases}\sigma>0, & \text{表示升指数信号}\\ \sigma=0, & \text{表示直流信号}\\ \sigma<0, & \text{表示降指数信号}\end{cases}\qquad \omega\neq 0\begin{cases}\sigma>0, & \text{表示指数增长幅的正弦信号}\\ \sigma=0, & \text{表示等幅的正弦信号}\\ \sigma<0, & \text{表示指数衰减幅的正弦信号}\end{cases}$$

对应 $\omega\neq 0$ 时的复指数信号如图 2-12 所示。

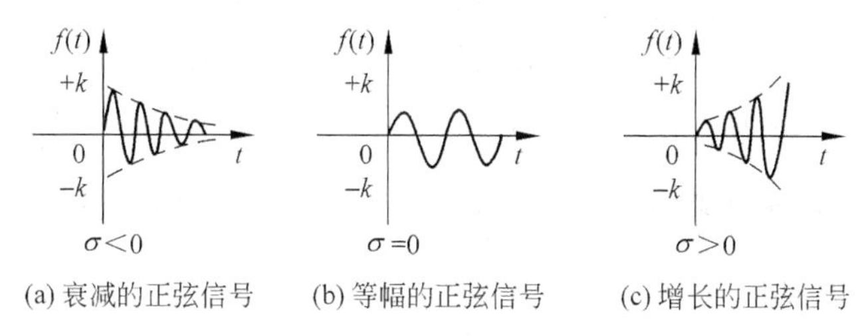

图 2-12　复指数信号

2.2.5　抽样信号

抽样信号(sampling signal)以符号 $\mathrm{Sa}(t)$表示。函数表示为

$$\mathrm{Sa}(t)=\frac{\sin t}{t} \tag{2-22}$$

其波形如图 2-13 所示。

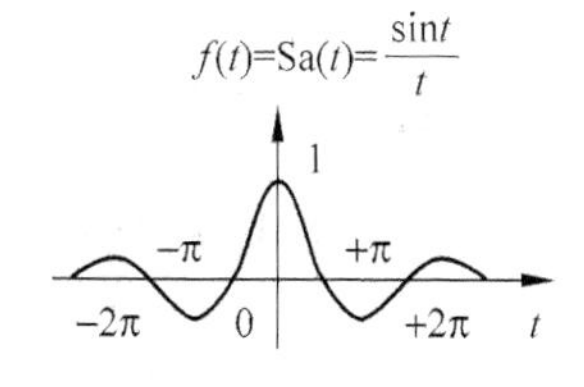

图 2-13　抽样信号

抽样信号具有以下特性：

(1) 抽样信号是偶函数，即 $\mathrm{Sa}(t)=\mathrm{Sa}(-t)$。

(2) 抽样信号在 $t=k\pi$(k 为非零整数)时刻，函数值为 0。

(3) 抽样信号在 $t=0$ 时刻存在一个重要极限$\lim\limits_{t\to 0}\dfrac{\sin t}{t}=1$。

(4) 抽样信号 $\mathrm{Sa}(t)$曲线下的面积为 π，即$\int_{-\infty}^{+\infty}\mathrm{Sa}(t)\mathrm{d}t=\pi$。

2.2.6　斜坡信号

斜坡信号(ramp signal)是指在某一时刻后呈现正比例增长的信号(正斜率直线信号)。函数表示为

$$f(t)=kt\varepsilon(t) \tag{2-23}$$

其中 k 为非零实数，也称斜率。式(2-23)表示信号 $f(t)$是 $t=0$ 时刻后的正斜率直线信号。

当比例(斜率)$k=1$时,称单位斜坡信号,以符号$R(t)$表示。函数表示为

$$R(t)=t\varepsilon(t) \tag{2-24}$$

其波形如图2-14所示。

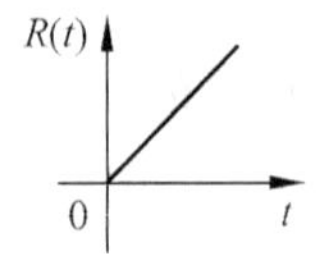

图 2-14 单位斜坡信号

单位斜坡信号的导数等于单位阶跃信号,即

$$\frac{\mathrm{d}R(t)}{\mathrm{d}t}=\varepsilon(t) \tag{2-25}$$

2.2.7 门信号

门信号(gate signal)也称门函数或窗函数,它是典型的有始有终的时限信号。门宽为τ的门信号以符号$g_\tau(t)$表示,函数表示为

$$g_\tau(t)=\varepsilon\left(t+\frac{\tau}{2}\right)-\varepsilon\left(t-\frac{\tau}{2}\right) \tag{2-26}$$

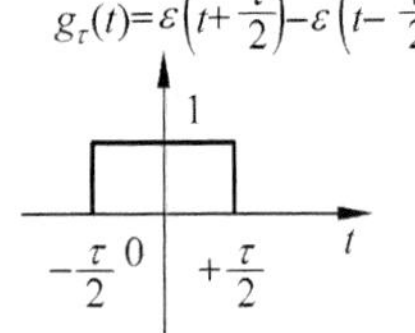

图 2-15 门信号

门信号的波形如图2-15所示。

任何一个非时限信号均可以通过乘以门信号变成一个时限信号。例如:时限信号$f(t)=t\left[\varepsilon\left(t+\frac{\tau}{2}\right)-\varepsilon\left(t-\frac{\tau}{2}\right)\right]$的获取如图2-16所示。图2-16(a)所示的非时限信号与图2-16(b)所示的门信号相乘可获得如图2-16(c)所示的时限信号。

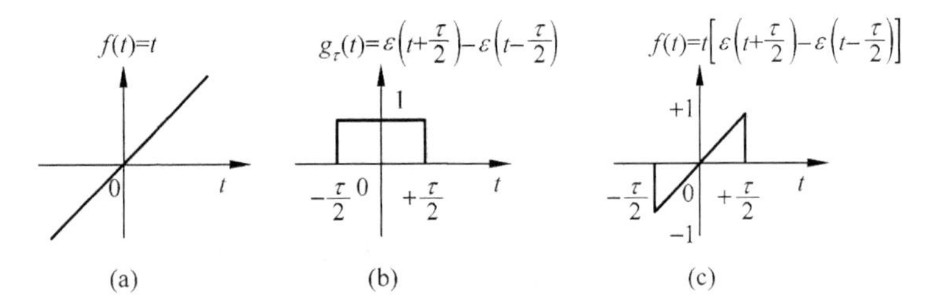

图 2-16 时限信号的获取

2.2.8 符号函数

符号函数也称正负号函数,用符号sgn$t$表示,函数表示为

$$\mathrm{sgn}t=\varepsilon(t)-\varepsilon(-t) \tag{2-27}$$

还可以表示为

$$\mathrm{sgn}t=2\varepsilon(t)-1 \tag{2-28}$$

其波形表示如图2-17所示。

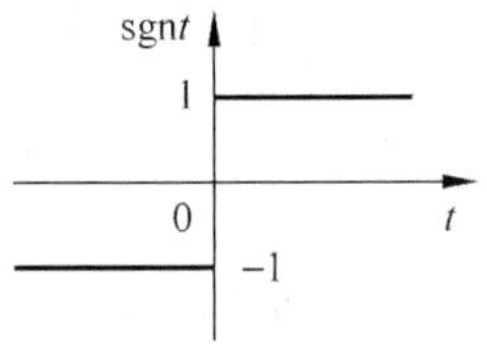

sgn$t$ 1 0 t −1

图 2-17 符号函数

2.3 信号的基本运算

2.3.1 信号的代数运算

信号的代数运算(相加、减、乘运算)实质就是函数的加、减、乘运算,即在对应区间上进行(相同一时间点)的函数值相加、相减、相乘。$f_1(t)$与$f_2(t)$的加、减、乘运算结果如图2-18所示。

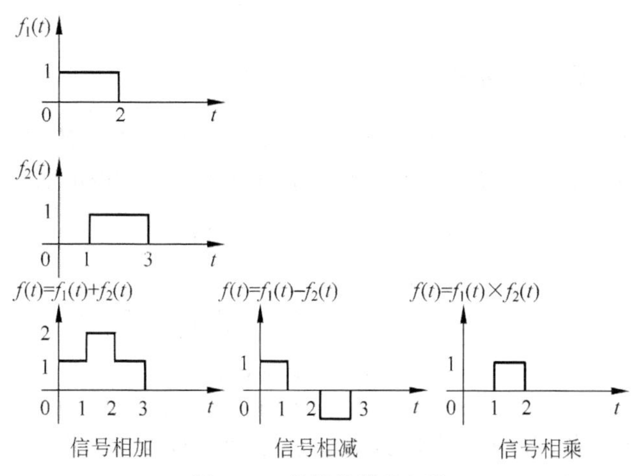

图 2-18　信号的代数运算

2.3.2　信号的微分与积分运算

信号的微分与积分运算实质就是函数的微分与积分运算。

1. 信号的微分(differentiation)

例如：信号 $f(t)=\varepsilon(t-1)-\varepsilon(t-2)$的微分，可以直接对信号函数式求导，根据阶跃信号与冲激信号的关系写出，即 $f'(t)=[\varepsilon(t-1)-\varepsilon(t-2)]'=\delta(t-1)-\delta(t-2)$。也可以直接对信号波形求导，结果如图 2-19(a)所示。

2. 信号的积分(integral)

例如：信号 $f(t)=\varepsilon(t)-\varepsilon(t-1)$的积分，直接由函数式积分写出，即

$$\int_0^t f(\tau)\mathrm{d}\tau=\varepsilon(t)\int_0^t \mathrm{d}\tau+\varepsilon(t-1)\int_t^1 \mathrm{d}\tau=t\varepsilon(t)-(t-1)\varepsilon(t-1)$$

积分结果如图 2-19(b)所示。

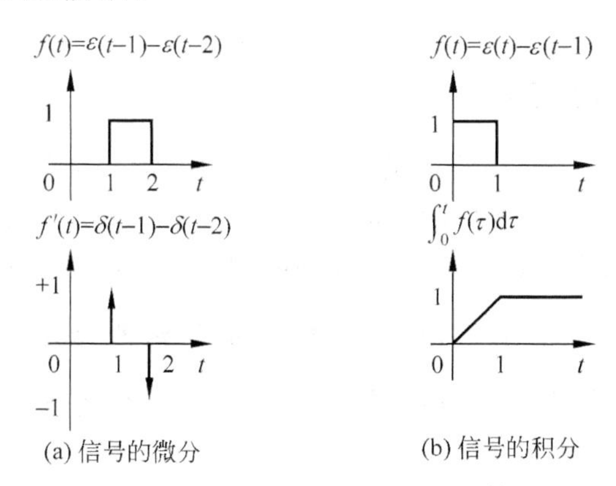

图 2-19　信号的微分与积分运算

信号的微分与积分运算的注意事项可概括为要点 2.3。

> **要点 2.3**
>
> (1) 对含间断点(带有跃变)的信号微分时，在每个间断点(跳变点)处(即阶跃位置)的微分结果一定是冲激信号，冲激强度为跳(跃)变幅值。
>
> (2) 对信号分段积分时，要考虑前一段的积分值对以后积分的影响。

2.3.3 信号的反褶或反转

信号的反褶(折)或反转(folding)是将信号以纵轴为对称轴反转180°,信号波形形状不变。已知信号为$f(t)$,反褶后信号为$f(-t)$。信号反褶的图形表示如图2-20所示。

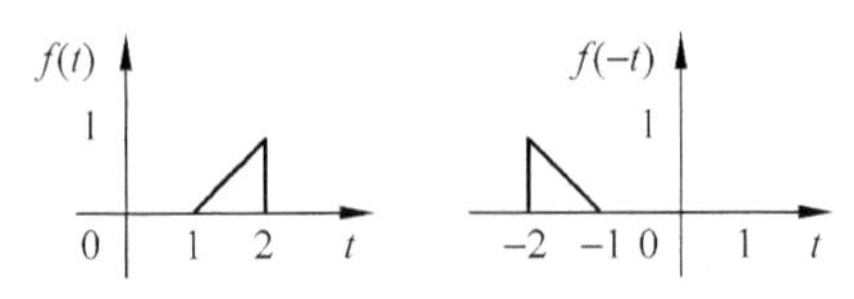

图2-20 信号的反褶

也可以说,$f(-t)$是$f(t)$关于纵轴且通过原点$t=0$的镜像。实际中对录制好的音像信号进行倒放的过程就是对信号反褶的过程。

2.3.4 信号的平移

信号的平移(time shift)也称信号的时移,是将信号沿着时间轴(横轴)向左或右平移,波形形状不变。当$t_0>0$时,信号$f(t)$向左平移t_0,表示为$f(t+t_0)$;信号$f(t)$向右平移t_0,表示为$f(t-t_0)$。对信号$f(t)$向左移1得到$f(t+1)$,信号$f(t)$向右移1得到$f(t-1)$,波形如图2-21所示。

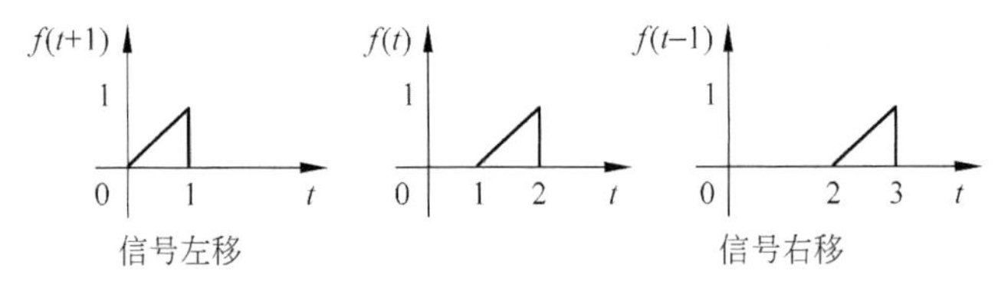

图2-21 信号的平移

2.3.5 信号的尺度变换

信号的尺度变换(time scaling)是指信号沿着时间轴(横轴)被压缩或扩展,波形高度(幅度)不变。对信号$f(t)$尺度变换后的信号表示为$f(at)$,a为不为零的实常数。

$$f(at)=\begin{cases}|a|>1, & \text{信号 } f(t) \text{ 在时间轴(横轴)被压缩 } a \text{ 倍} \\ |a|<1, & \text{信号 } f(t) \text{ 在时间轴(横轴)被扩展(拉伸)} a \text{ 倍}\end{cases}$$

对信号$f(t)$压缩2倍得到$f(2t)$和信号$f(t)$扩展2倍得到的$f\left(\frac{1}{2}t\right)$波形如图2-22所示。

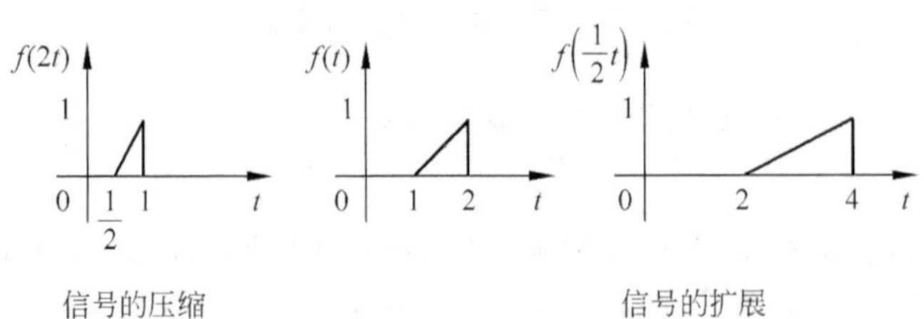

图2-22 信号的尺度变换

在实际信号传输过程中，为了提高传输效率，在发送端往往需要对信号进行时间“压缩”，在接收端就需要“扩展”被压缩的信号以得到原信号，这就是尺度变换的意义。信号在时间域被压缩后可以达到提高传输效率的目的，但必须以牺牲带宽资源为代价，有关内容将在第 3 章中介绍。

2.3.6 信号的综合变换

信号 $y(t)=f(at+b)$ 可以通过对信号 $f(t)$ 平移、反褶、压扩的方法或者反褶、平移、压扩的方法获得，可以概括为要点 2.4。

要点 2.4

实现信号 $y(t)=f\left(3-\frac{1}{2}t\right)$ 步骤如下：

- 方法 1，将信号 $f(t)$ 向左平移 3 得 $f(3+t)$→将 $f(3+t)$ 以纵轴为对称轴反褶得 $f(3-t)$→将 $f(3-t)$ 沿时间轴扩展 2 倍，得 $f\left(3-\frac{1}{2}t\right)$。
- 方法 2，将信号以纵轴为对称轴反褶得 $f(-t)$→$f(-t)$ 向右平移 3 得 $f(3-t)$→将沿时间轴扩展 2 倍，得 $f\left(3-\frac{1}{2}t\right)$。

要点 2.4 中的信号综合变换过程及结果如图 2-23 所示。

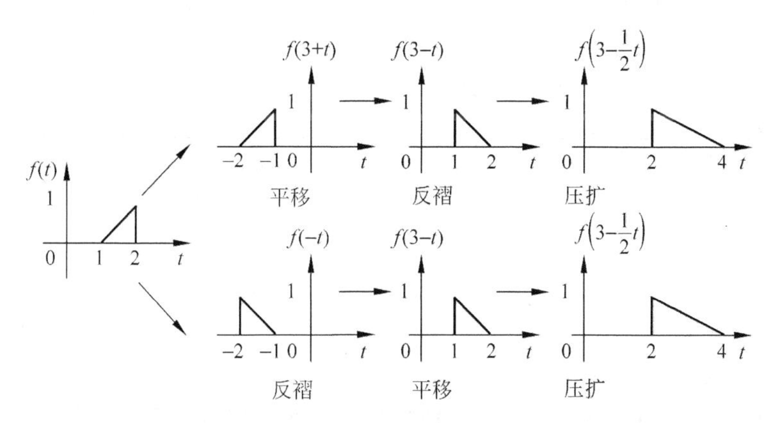

图 2-23　信号的综合变换

这里需要注意的是，如果采用第二种方法先反褶，则后平移的方向与原来应该移的方向相反即原来 $f(t-3)$ 是向右移，如先反褶后则应向左移；原来 $f(t+3)$ 是向左移，如先反褶则应向右移。

2.3.7 周期信号的对称性

对称(symmetry)信号并不都是周期信号，这里仅研究周期信号的对称性。

1. 偶函数信号与奇函数信号

偶函数信号具有偶对称(even symmetric)性，即信号与其反褶后的信号相同，是关于纵轴镜像对称，可以表示为 $f(t)=f(-t)$。

奇函数信号具有奇对称(odd symmetric)性，即信号与其反褶后的信号只在符号上不同,是关于原点对称的,可以表示为 $f(t)=-f(-t)$。周期偶函数信号与周期奇函数信号波形如图 2-24(a)所示。

2. 半波对称信号

1) 偶谐函数(even harmonic function)信号

任意半个周期波形与前(后)半个周期波形完全相同。可以表示为

$$f(t)=f\left(t+\frac{T}{2}\right) \tag{2-29}$$

2) 奇谐函数(odd harmonic function)信号

任意半个周期波形可由前半个周期波形沿横轴反褶后获得。可以表示为

$$f(t)=-f\left(t+\frac{T}{2}\right) \tag{2-30}$$

偶谐函数信号与奇谐函数信号波形如图 2-24(b)所示。

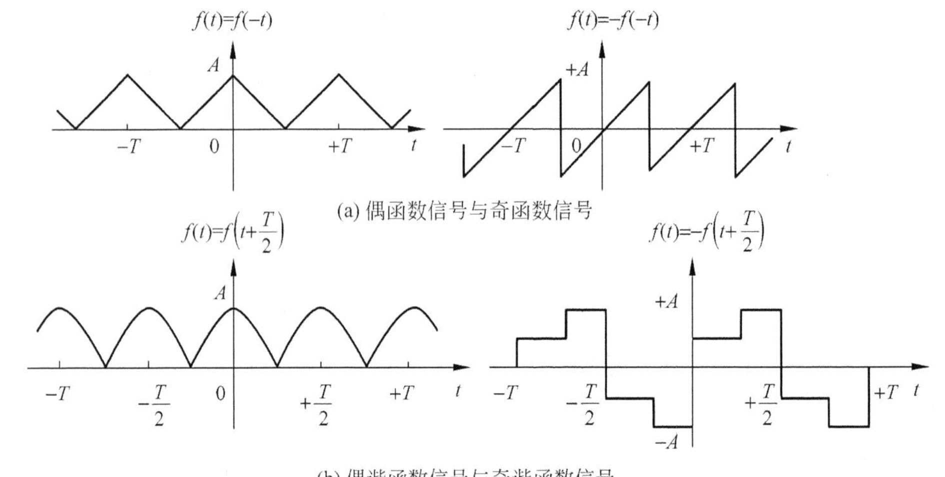

(b) 偶谐函数信号与奇谐函数信号

图 2-24　对称信号和半波对称信号

3. 周期非奇非偶函数信号

偶对称和奇对称是互相排斥的,如果信号是一个偶对称信号与一个奇对称信号之和,则该信号就称为非奇非偶函数信号,它不具有对称性。一般的非奇非偶函数信号总可以分解为一个偶分量(偶对称部分)与一个奇分量(奇对称部分)的叠加,即

$$f(t)=f_e(t)+f_o(t) \tag{2-31}$$

由于偶分量可以表示成 $f_e(t)=f_e(-t)$,奇分量可以表示成 $f_o(t)=-f_o(-t)$,则

$$f(-t)=f_e(-t)+f_o(-t)=f_e(t)-f_o(t) \tag{2-32}$$

由式(2-31)和式(2-32)可得信号的奇、偶分量如下:

$$f_o(t)=\frac{1}{2}[f(t)-f(-t)] \tag{2-33}$$

$$f_e(t)=\frac{1}{2}[f(t)+f(-t)] \tag{2-34}$$

可以用以下实例加深理解。

例 2-1　将如图 2-25(a)所示的时限信号和如图 2-25(b)所示的周期信号分解为偶分量与奇分量。

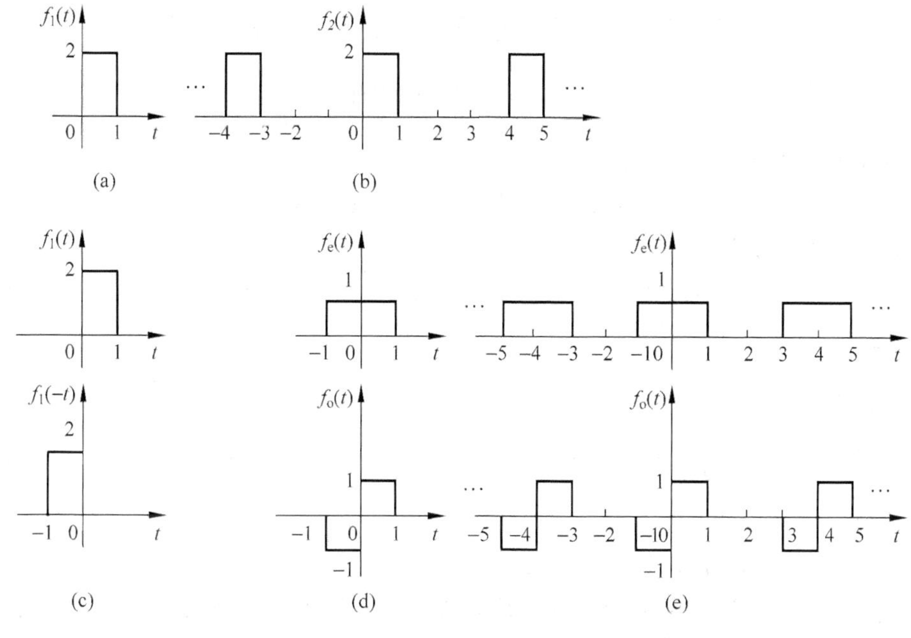

图 2-25　例 2-1 的各种信号

解：

对于时限信号 $f_1(t)$、原信号 $f_1(t)$ 及其反褶信号 $f_1(-t)$ 如图 2-25(c)所示。根据 $f_e(t)=\frac{1}{2}[f(t)+f(-t)]$和 $f_o(t)=\frac{1}{2}[f(t)-f(-t)]$，获得偶分量 $f_e(t)$和奇分量 $f_o(t)$，如图 2-25(d)所示。

对于周期信号 $f_2(t)$，其奇分量 $f_o(t)$、偶分量 $f_e(t)$的分解如图 2-25(e)所示。

2.3.8　信号的分解与合成

复杂信号可以表示成许多基本信号的代数和形式，即信号可以分解成一系列简单信号之和，或者说可以用一系列简单信号合成复杂信号。可以从不同角度分解信号，例如，将其分解为偶分量与奇分量之和(2.3.7 节中已经介绍过)，分解为奇异信号(阶跃信号或冲激信号)之和，分解为直流分量与各次谐波之和，分解为复指数信号之和。本章仅介绍前两种分解形式，后两种分解形式将在第 3 章和第 4 章中介绍。

把信号分解(表示)成一系列阶跃信号之和的形式称为叠加积分形式，或称杜阿美尔积分(Duhamel integral)。

把信号分解(表示)成一系列冲激信号之和的形式称为叠加积分形式，或称卷积积分(convolution integral)。信号的时域分解与合成如下：

1. 简单信号的分解与合成

现有三种简单信号，如图 2-26 所示。

根据信号的运算特性，可分别将其表示(或分解)为如下形式。

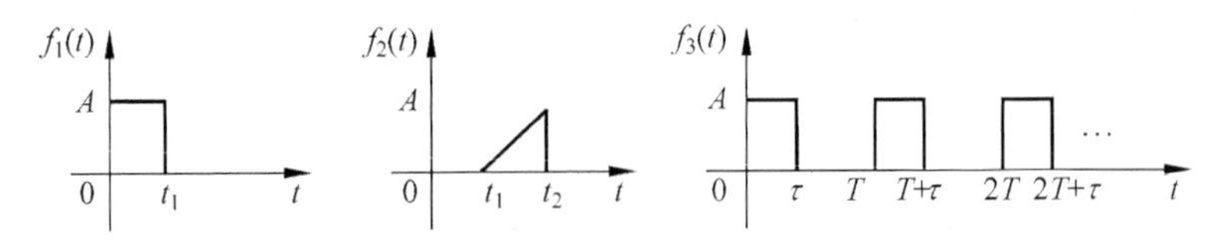

图 2-26　三种简单信号

单个脉冲信号为

$$f_1(t) = A[\varepsilon(t) - \varepsilon(t - t_1)] \tag{2-35}$$

单个三角波信号为

$$f_2(t) = (kt + b)[\varepsilon(t - t_1) - \varepsilon(t - t_2)] \tag{2-36}$$

其中 $k = \dfrac{A}{t_2 - t_1}$。

有始周期脉冲信号为

$$f_3(t) = A\sum_{n=0}^{\infty}[\varepsilon(t - nT) - \varepsilon(t - nT - \tau)] \tag{2-37}$$

2. 复杂信号的分解与合成

1) 任意信号表示为阶跃信号的形式

对于一个任意函数的信号,不能像上述有规律的脉冲那样简单地用奇异函数信号之和来表示了。图 2-27 中的光滑曲线代表一个任意有始函数信号 $f(t)$,这样的函数信号可以用一系列阶跃信号之和来近似表示它。先做如下规定:

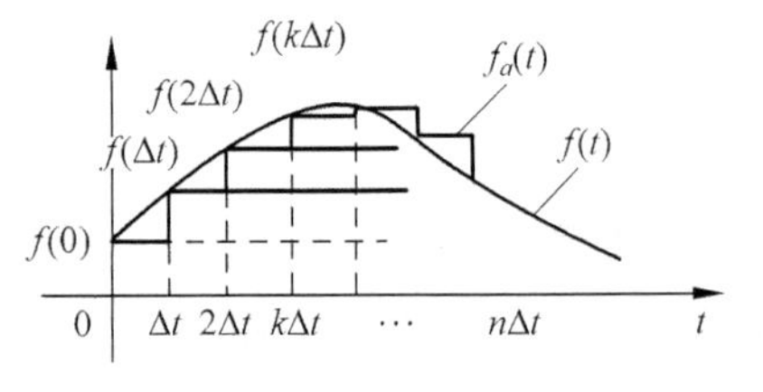

图 2-27　一系列阶跃信号近似表示复杂信号

设在 $0 \sim t$ 区间,分成 n 等份,每隔一个 Δt 加一个幅度为 $f(k\Delta t) - f(k\Delta t - \Delta t)$ 的阶跃信号,形成如图 2-27 所示的阶梯函数 $f_a(t)$。$f_a(t)$ 只是近似表示了信号 $f(t)$。当 $t=0$ 时,$f(t)$ 的起始值为 $f(0^+)$,在 $t=\Delta t$ 处所加的第一个阶跃的高度为

$$\Delta f(t) = f(\Delta t) - f(0^+)$$

此阶跃信号可表示为

$$f_1(t) = [f(\Delta t) - f(0^+)]\varepsilon(t - \Delta t) = \frac{\Delta f(t)}{\Delta t}\bigg|_{t=\Delta t}\Delta t\varepsilon(t - \Delta t)$$

其中 $\dfrac{\Delta f(t)}{\Delta t}\bigg|_{t=\Delta t}$ 为 $t=\Delta t$ 处函数增量与自变量之比,即为 $t=0$ 和 $t=\Delta t$ 处曲线上两点的连线的斜率。同理,在 $t=k\Delta t$ 处所加的第 k 个阶跃的高度为

$$\Delta f(t) = f(k\Delta t) - f(k\Delta t - \Delta t)$$

此阶跃信号可表示为

$$f_k(t) = [f(k\Delta t) - f(k\Delta t - \Delta t)]\varepsilon(t - k\Delta t) = \frac{\Delta f(t)}{\Delta t}\bigg|_{t=k\Delta t}\Delta t\varepsilon(t - k\Delta t)$$

即

$$t = 0\text{ 时},f_0(t) = f(0^+)u(t)$$

$$t = \Delta t\text{ 时},f_1(t) = [f(\Delta t) - f(0^+)]\varepsilon(t - \Delta t) = \frac{\Delta f(t)}{\Delta t}\bigg|_{t=\Delta t}\Delta t\varepsilon(t - \Delta t)$$

$$t = 2\Delta t \text{ 时}, f_2(t) = [f(2\Delta t) - f(\Delta t)]\varepsilon(t - 2\Delta t) = \left.\frac{\Delta f(t)}{\Delta t}\right|_{t=2\Delta t} \Delta t\varepsilon(t - 2\Delta t)$$

…

$$t = k\Delta t \text{ 时}, f_k(t) = [f(k\Delta t) - f((k-1)\Delta t)]\varepsilon(t - k\Delta t) = \left.\frac{\Delta f(t)}{\Delta t}\right|_{t=k\Delta t} \Delta t\varepsilon(t - k\Delta t)$$

阶梯函数是将上述阶跃函数信号 $f_0(t)$、$f_1(t)$、…、$f_k(t)$、…、$f_n(t)$叠加起来的和的形式。即

$$f_a(t) = f_1(t) + f_2(t) + f_3(t) + \cdots + f_k(t) = f(0^+)\varepsilon(t) + \sum_{k=1}^{n} \left.\frac{\Delta f(t)}{\Delta t}\right|_{t=k\Delta t} \Delta t\varepsilon(t - k\Delta t) \tag{2-38}$$

用一系列阶跃信号近似可表示任意的复杂信号，见图 2-27 所示。

$f_a(t)$与 $f(t)$的近似程度完全取决于 Δt 的大小。Δt 愈小，$f_a(t)$愈接近于 $f(t)$。当 Δt 无限趋小而成为 $\mathrm{d}\tau$ 时，式(2-38)中不连续变量 $k\Delta t$ 成为连续变量 τ；代表阶跃高度的函数增量 $\Delta f(t)$成为无穷小量 $\Delta f(\tau)$；因而$\left.\frac{\Delta f(t)}{\Delta t}\right|_{t=\Delta t}=\frac{\mathrm{d}f(\tau)}{\mathrm{d}\tau}=f'(\tau)$；对各项取和就变成取积分，以上说明可简单表示如下：

$\Delta t \to 0$ 时，$f_a(t) = f(t)$

$$\Delta t \to \mathrm{d}\tau;\ k\Delta t \to \tau;\ \sum \to \int;\ \left.\frac{\Delta f(t)}{\Delta t}\right|_{t=k\Delta t} = f'(\tau) = \frac{\mathrm{d}f(\tau)}{\mathrm{d}\tau}$$

这时 $f_a(t)$也就成为 $f(t)$，即

$$f(t) = f(0)\varepsilon(t) + \int_0^t f'(\tau)\varepsilon(t - \tau)\mathrm{d}\tau \tag{2-39}$$

这就是在时域中把任意信号分解成无限多个阶跃信号叠加的叠加积分表示式，称为信号的杜阿美尔积分表示式。式(2-39)中的 τ 仅是一个过渡的定积分的积分变量。

2) 任意信号表示为冲激信号的形式

如图 2-28 所示的光滑曲线代表一个任意有始函数信号 $f(t)$，这样的函数信号可以用一系列冲激信号之和来近似表示它。先用如图 2-28(a)所示的方法以脉冲信号相叠加来近似表示这个信号，先做如下规定：

在 $0 \sim t$ 区间，有 n 个脉宽均为 Δt 的矩形脉冲，脉冲高度分别为脉冲左侧边所在 t 的函数值；当 Δt 很小时，可以再把这些脉冲分别用一些冲激信号来近似表示，左侧边所在 t 为冲激位置，脉冲的面积为冲激强度。

这样第一个脉冲信号 $f_0(t)$可以近似地表示成 $f_0(t) \approx f(0)\Delta t\delta(t)$，以此类推，第 k 脉冲信号 $f_k(t)$可以近似地表示成 $f_k(t) \approx f(k\Delta t)\Delta t\delta(t - k\Delta t)$。这一系列冲激信号如图 2-28(b)所示，为了表示得更为形象，图中把各冲激信号表示成高低不一，它们的高度分别比例于所代表的脉冲面积。这个冲激序列近似地代表了连续函数信号 $f(t)$。

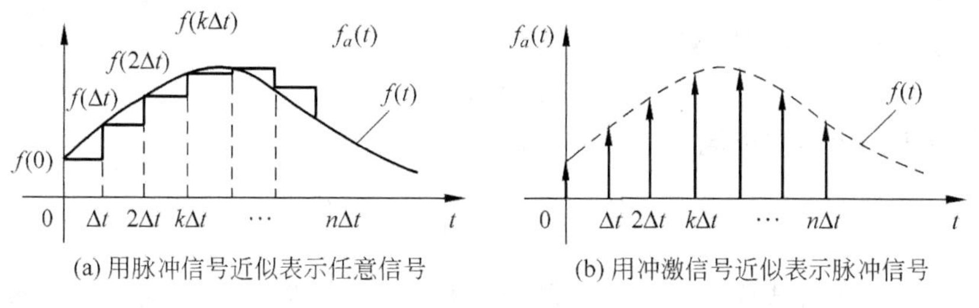

图 2-28　一系列冲激信号近似表示复杂信号

以上说明可表示如下：

$t=0$ 时，$f_0(t)=f(0^+)\Delta t\delta(t)$

$t=\Delta t$ 时，$f_1(t)=f(\Delta t)\Delta t\delta(t-\Delta t)$

$t=2\Delta t$ 时，$f_2(t)=f(2\Delta t)\Delta t\delta(t-2\Delta t)$

…

$t=k\Delta t$ 时，$f_k(t)=f(k\Delta t)\Delta t\delta(t-k\Delta t)$

n 个脉冲信号之和 $f_a(t)$ 近似表示信号 $f(t)$，即

$$f_a(t)=f_1(t)+f_2(t)+f_3(t)+\cdots+f_k(t)=\sum_{k=0}^{n}f(k\Delta t)\Delta t\delta(t-k\Delta t) \tag{2-40}$$

$f_a(t)$ 与 $f(t)$ 的近似程度完全取决于 Δt 的大小：

$$\Delta t\to 0 \text{ 时}, f_a(t)=f(t)$$

$$\Delta t\to \mathrm{d}\tau;\ k\Delta t\to\tau;\ \sum\to\int$$

$$f_a(t)=f(t)=\int_0^t f(\tau)\delta(t-\tau)\mathrm{d}\tau \tag{2-41}$$

这就是在时域中把任意信号分解成无限多个冲激信号相叠加的叠加积分表示形式，即信号的卷积积分表示式。

综上所述，任意的复杂信号均可由一系列简单的信号(冲激信号或阶跃信号)组成，或者说任意的复杂信号均可用一系列冲激信号或阶跃信号叠加表示，这就是信号的时域分析结论。

2.4 线性时不变(LTI)连续系统的描述

系统的描述是指以数学表达式或理想特性的符号组合而成的图形来表征系统的物理特性，也称系统模型。系统模型的建立是系统分析中非常重要的问题，特别是对于一些复杂的系统，涉及许多专业方面的知识。本节仅讨论简单线性时不变(LTI)连续系统的模型建立，为复杂系统的模型建立奠定基础。

2.4.1 LTI 连续系统的数学模型

LTI 连续系统的数学模型为线性常系数微分方程。

依据电路理论的基尔霍夫电流、电压定律(KCL、KVL)，电阻、电感、电容元件上的电压与电流的关系，可以建立电系统描述电压、电流关系的动态方程。

1. 电系统的数学模型的建立

在如图 2-29 所示的 RLC 串联电路中，激励为电压源 $e(t)$，响应为支路电流 $i(t)$。

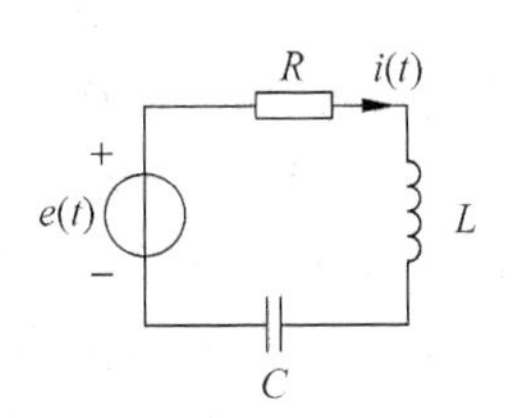

图 2-29 RLC 串联电路

依据基尔霍夫电压定律(KVL)建立方程

$$u_R+u_L+u_C=e(t) \tag{2-42}$$

依据元件上的电压与电流关系可以得到

$$u_R=iR;\ u_L=L\frac{\mathrm{d}i}{\mathrm{d}t};\ i_C=C\frac{\mathrm{d}u_C}{\mathrm{d}t} \tag{2-43}$$

将式(2-43)中的三个等式代入式(2-42)得 $iR+L\frac{\mathrm{d}i}{\mathrm{d}t}+\frac{1}{C}\int i\mathrm{d}t=e(t)$，对其两边求导，结果为

$$L\frac{\mathrm{d}^2 i}{\mathrm{d}t^2}+R\frac{\mathrm{d}i}{\mathrm{d}t}+\frac{1}{C}i=\frac{\mathrm{d}e(t)}{\mathrm{d}t} \tag{2-44}$$

可见这是二阶(second-order)线性常系数微分方程，它就是描述激励为 $e(t)$、响应为电流 $i(t)$的 RLC 串联(二阶)系统的数学模型，简称系统方程。

由此可以推广至 n 阶 LTI 系统，写成如式(2-45)所示的一般表示形式。

2. n 阶 LTI 系统的数学模型

n 阶 LTI 系统的数学模型为激励 $e(t)$、响应 $y(t)$的 n 阶线性常系数微分方程为

$$\begin{aligned}&y^{(n)}(t)+a_{n-1}y^{(n-1)}(t)+\cdots+a_1y'(t)+a_0y(t)\\&=b_me^{(m)}(t)+b_{m-1}e^{(m-1)}(t)+\cdots+b_1e'(t)+b_0e(t)\end{aligned} \tag{2-45}$$

求系统响应只要求解此方程即可。

一般来说，只要具备了电路理论的知识，就可以较容易地对电路系统建立描述它的数学模型。在第 4 章中还将会学习到另一种建立线性系统方程的简单方法。

2.4.2　LTI 连续系统的时域模型(模拟)图

由前所述可知，对一个系统的数学描述是十分重要的，它是系统分析求响应的重要理论基础。由于很多实际需要，例如：一些高阶系统的数学处理较为困难，往往需要对它们进行模拟实验(仿真)，使之结果很容易观察。当系统的参数或输入信号改变时，很容易通过实验(仿真)观察到系统响应将如何改变，从而便于确定最佳系统参数及系统最佳工作条件。随着计算机仿真技术的发展和普及，采用计算机仿真技术对系统进行分析已经成为系统分析和设计的重要手段。

系统除了可以抽象为数学模型以外，还可以借助一些能够反映输入激励与输出响应关系的理想运算单元组合来表示(描述)系统，即用模拟图表示系统，并使其与被模拟系统的数学模型相对应，从而实现对系统的计算机仿真。通过计算机仿真实验可以更加快捷、方便地获得系统分析结果，对于实际物理系统的设计与调试具有重要的意义。

系统的模拟就是采用几种基本运算器的组合来描述系统。

这里研究的系统模拟仅仅是指数学意义上的模拟，即系统微分方程的模拟，因此系统模拟就是用基本运算器组合起来的、实现系统方程的图，也称系统模拟图(system simulation graph)。一个基本运算器只能完成一种运算功能，因此需要用若干个运算器组合来实现系统的微分方程模拟。

1. 基本运算器

可以用来实现系统微分方程模拟的基本运算器有加法器(summer)、倍乘器(scalar multiplier)和积分器(integrator)等。几种基本运算器符号及实现的运算功能如图 2-30 所示。

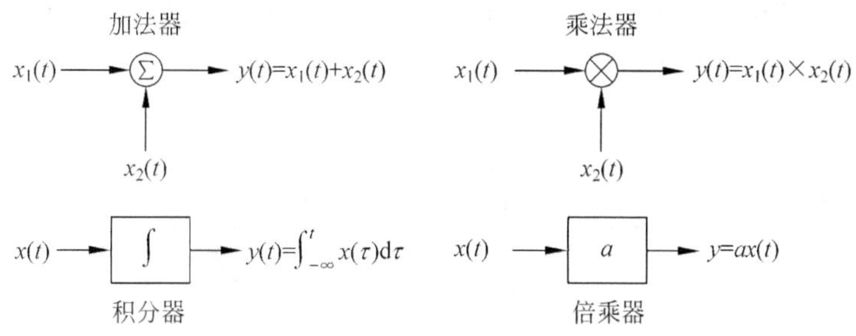

图 2-30　基本运算器

2. LTI 连续系统的时域模拟

连续系统的时域模拟也称为直接模拟(direct simulation)。

1) 一阶系统微分方程的模拟

以一阶系统微分方程 $y'+ay=x$ 为例。可以写成 $y'=-ay+x$。一阶系统微分方程的模拟图,如图 2-31 所示。

可见模拟图加法运算器的输出与系统方程有严格的对应关系。

2) 二阶系统微分方程的模拟

以二阶微分方程 $y''+a_1y'+a_0y=x$ 为例。可以写成

$$y''=-a_1y'-a_0y+x$$

二阶系统微分方程的模拟图如图 2-32 所示。

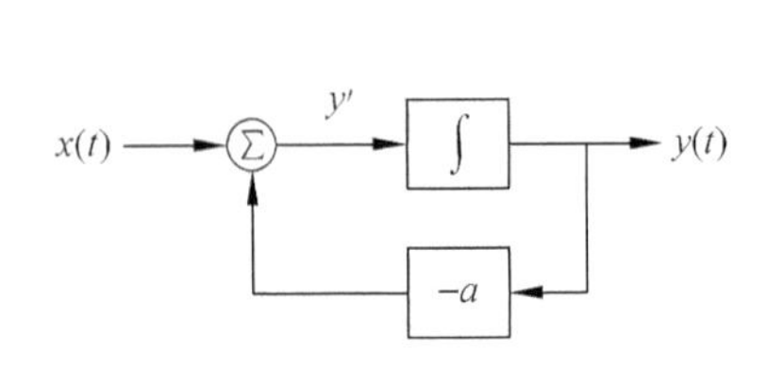

图 2-31 一阶系统模拟图

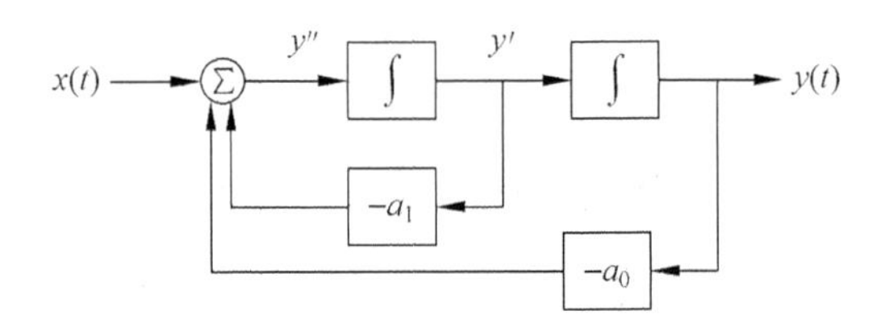

图 2-32 二阶系统模拟图

一般二阶微分方程

$$y''+a_1y'+a_0y=b_1x'+b_0x$$

可以表示成

$$q''+a_1q'+a_0q=x \text{ 及 } b_1q'+b_0q=y$$

二阶系统微分方程的模拟图如图 2-33 所示。

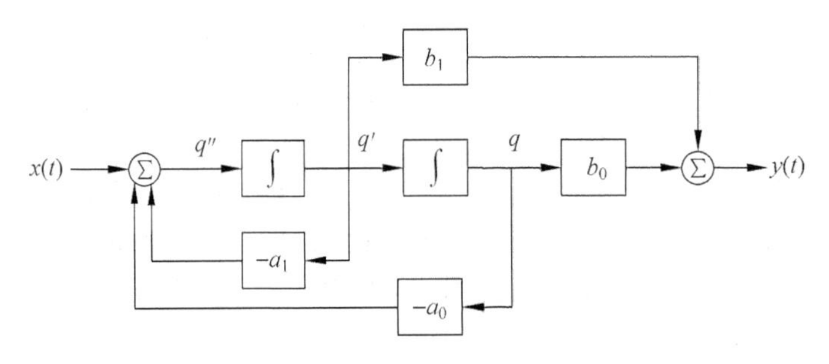

图 2-33 一般二阶系统模拟图

3. 子系统之间的连接

一个子系统往往由若干个子系统有机组合而成。子系统之间的连接方式一般为串联和并联两种形式。子系统连接如图 2-34 所示。

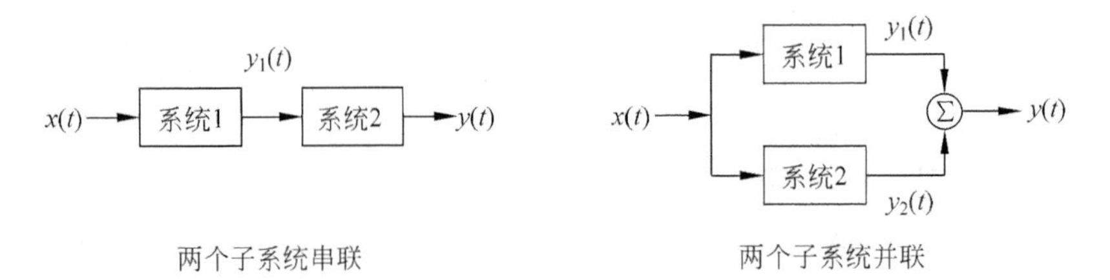

图 2-34 子系统的连接

由图 2-34 可知：

两个子系统串联(in series simulation)时，系统 1 的激励为 $x(t)$，响应为

$$y_1(t) = H_1[x(t)]$$

而 $y_1(t)$为系统 2 的激励，则系统总响应为

$$y(t) = H_2[y_1(t)] = H_2\{H_1[x(t)]\}$$

两个子系统并联(parallel simulation)时，$y_1(t)$为系统 1 的响应，$y_2(t)$为系统 2 的响应，则系统总响应为

$$y(t) = y_1(t) + y_2(t) = H_1[x(t)] + H_2[x(t)]$$

由两个子系统的串联、并联关系，可以推导出多个子系统的串联、并联和混联时系统的输入输出关系。

2.5　LTI 连续系统的响应

建立描述系统的数学模型是为了求出系统响应，从而完成系统分析的任务。时域求系统响应方法为高等数学的经典法和工程上的卷积积分法。

2.5.1　LTI 连续系统响应的经典法

求线性系统响应即系统分析，实质是求解线性常系数系统微分方程。应用高等数学求解微分方程的方法称为经典法。微分方程的一般形式为

$$\begin{aligned} &y^{(n)}(t) + a_{n-1}y^{(n-1)}(t) + \cdots + a_1 y'(t) + a_0 y(t) \\ =&b_m e^{(m)}(t) + b_{m-1}e^{(m-1)}(t) + \cdots + b_1 e'(t) + b_0 e(t) \end{aligned} \tag{2-46}$$

高等数学中经典法求线性常系数微分方程的解的结论是：通解(齐次解)$y_Q(t)$加特解 $y_T(t)$。即式(2-46)方程的解为

$$y(t) = y_Q(t) + y_T(t) \tag{2-47}$$

通解(齐次解)是齐次微分方程的解，式(2-46)等号右边为零时就是齐次微分方程，即

$$y^{(n)}(t) + a_{n-1}y^{(n-1)}(t) + \cdots + a_1 y'(t) + a_0 y(t) = 0。\tag{2-48}$$

特解是满足式(2-46)微分方程的特殊解。

一个 n 阶微分方程需要 n 个初始条件(initial condition)才能求出它的全解。典型的初始条件记为：$y(0)$、$y'(0)$、$y''(0)$、…、$y^{(n-1)}(0)$等，表示 $t=0$ 时的响应及其各阶连续导数值，且得出的解在 $t \geqslant 0$ 时有效。

求解 LTI 连续系统的微分方程时需要从已知的系统初始状态 $y(0^-)$、$y'(0^-)$、$y''(0^-)$、…、$y^{(n-1)}(0^-)$，求出系统的初始值 $y(0^+)$、$y'(0^+)$、$y''(0^+)$、…、$y^{(n-1)}(0^+)$来确定待定系数，从而求出微分方程的全解即系统响应。

为了简化解题步骤，特归纳出奇次解的几种可能形式如表 2-1 所示，几种典型激励对应的特解的形式如表 2-2 所示。

高等数学中已经介绍了很多有关求解微分方程的方法，这里不再赘述，可以直接应用表 2-1和表 2-2 的结论求解微分方程。本章将重点介绍以响应的不同意义分类求取响应的方法。

表 2-1 几种齐次解形式

方程阶次	方程形式	特征根	齐次解形式 $y_Q(t)$
一阶	$y'+ay=0$	$\lambda=-a$ 实根	$Ae^{\lambda t}$
二阶	$y''(t)+a_1y'(t)+a_0y(t)=0$	λ_1、λ_2 单实根	$A_1e^{\lambda_1 t}+A_2e^{\lambda_2 t}$
		λ 为二重实根	$(A_1+A_2t)e^{\lambda t}$
		$\lambda=\alpha+j\beta$ 为共轭复根	$(A_1\cos\beta t+A_2\sin\beta t)e^{\alpha t}$

表 2-2 几种典型激励对应的特解形式

激励 $x(t)$	特解 $y_T(t)$
C(常数)	B(常数)
$e^{\alpha t}$	$ce^{\alpha t}$(α 不是特征根) $(c_1t+c_0)e^{\alpha t}$(α 是单特征根) $(c_2t^2+c_1t+c_0)e^{\alpha t}$($\alpha$ 是二重特征根)
t^p	$c_0+c_1t+c_2t^2+\cdots+c_pt^p$
$\cos\beta t$ 或 $\sin\beta t$	$c_1\cos\beta t+c_2\sin\beta t$

2.5.2 LTI连续系统响应的分类及其意义

系统响应的种类很多,意义也各不同,掌握系统响应的分类及其意义对深刻理解并掌握系统分析方法具有重要的意义。

1. 按响应的起因分类

零输入响应为系统激励为零,仅由系统初始储能(初始值)产生(决定)的响应。具有齐次微分方程的解形式,比较容易求取。

零状态响应为系统初始状态为零(即无初始储能),仅由系统激励产生(决定)的响应。具有非齐次微分方程的解形式。随着激励信号变得复杂,系统零状态响应的求取也就是求非齐次微分方程的解也变得较为困难。

系统全响应(total response)等于零输入响应(zero input response)与零状态响应(zero state response)之和。

2. 按系统特性和输入信号形式分类

自然响应是响应的变化规律取决于系统特征根。或者说,自然响应取决于系统本身的参数特性及初始条件,具有齐次解形式。

强迫响应是响应的形式取决于外加激励的形式。或者说,强迫响应取决于激励的形式及系统自身的特性,具有特解形式。

系统全响应等于自然响应(natural response)与强迫响应(forced response)之和。

3. 按响应的变化形式分类

暂态响应为随着时间的增长,最终趋于零的响应。

稳态响应为随着时间的增长,最终趋于恒定或保持为某个稳态函数的响应。

系统全响应等于暂态响应(transient response)与稳态响应(steady-state response)之和。

根据响应的物理意义进行系统分析也就是求系统响应,可以简化求响应的方法。

2.5.3　LTI 连续系统零输入响应和零状态响应

1. 零输入响应

前面已经给出过定义，即零输入响应是系统激励为零，仅由系统初始储能(初始值)产生(决定)的响应。也就是满足微分方程式(2-48)的解。因此它具有齐次微分方程的解形式，零输入响应只与系统的结构和参数有关，即与系统数学模型齐次微分方程的常系数有关；其待定系数大小要由系统在 0^+ 时刻的初始值 $y_{zi}(0^+)$ 及其各阶导数 $y_{zi}^{(k)}(0^+)$ 确定。LTI 连续系统零输入条件下，系统内部结构和参数不变，则有

$$\begin{cases} y(0^+) = y_{zi}(0^+) = y_{zi}(0^-) = y(0^-) \\ y^{(k)}(0^+) = y_{zi}^{(k)}(0^+) = y_{zi}^{(k)}(0^-) = y^{(k)}(0^-) \end{cases} \tag{2-49}$$

这里的 $y(0^-)$、$y'(0^-)$、…、$y^{(n-1)}(0^-)$ 称为 n 阶系统的初始状态。所以零输入响应只要依据系统在 0^+ 时刻的初始值，求解齐次微分方程即可。

例 2-2　已知某系统的数学模型为 $y'+3y=x$，激励为 $x=e^{-2t}\varepsilon(t)$，系统的初始状态为 $y(0^-)=2$，求系统零输入响应 $y_{zi}(t)$。

解：

系统零输入响应满足齐次微分方程 $y'+3y=0$，特征根 $\lambda=-3$，则零输入响应(齐次解)的形式为

$$y_{zi}(t) = Ae^{-3t}\varepsilon(t)$$

由初始条件求出待定系数 $y_{zi}(0^+)=y(0^-)=A=2$，所以系统零输入响应为

$$y_{zi}(t) = 2e^{-3t}\varepsilon(t)$$

2. 零状态响应

零状态响应是系统初始状态为零($y(0^-)=y'(0^-)=\cdots=y^{(n-1)}(0^-)=0$)，仅由系统激励产生(决定)的响应。因此它具有非齐次微分方程的解形式，零状态响应等于通解加特解即 $y_{zs}(t)=y_{zsQ}(t)+y_{zsT}(t)$，也需要求解非齐次微分方程。

1) 齐次解 $y_{zsQ}(t)$

齐次解 $y_{zsQ}(t)$ 满足式(2-48)，它的求解与零输入响应 $y_{zi}(t)$ 的求解方法相同，只是待定系数确定方法不同，$y_{zsQ}(t)$ 待定系数是由系统零状态初始值 $y_{zs}(0^+)$ 和 $y_{zs}^{(k)}(0^+)$ 来确定。因为 $y(t)=y_{zi}(t)+y_{zs}(t)$，所以 $y(0)=y_{zi}(0)+y_{zs}(0)$，考虑到响应 $y(t)$ 在 $t=0$ 时刻可能存在冲激或阶跃函数分量，且 $y_{zs}(0^-)=0$，$y_{zi}(0^+)=y(0^-)$，$y(0^-)=y_{zi}(0^-)+y_{zs}(0^-)$，$y(0^+)=y_{zi}(0^+)+y_{zs}(0^+)$，$y^{(k)}(0^+)=y_{zi}^{(k)}(0^+)+y_{zs}^{(k)}(0^+)$，则 $y_{zs}(0^+)=y(0^+)-y(0^-)$。同理可以推得

$$\begin{cases} y'_{zs}(0^+) = y'(0^+) - y'(0^-) \\ y_{zs}^{(k)}(0^+) = y^{(k)}(0^+) - y^{(k)}(0^-) \end{cases} \tag{2-50}$$

2) 特解 $y_{zsT}(t)$

特解 $y_{zsT}(t)$ 取决于激励形式，满足式(2-46)非齐次微分方程，其特解形式的确定参见表 2-2。

例 2-3　已知某二阶系统的数学模型为 $y''+3y'+2y=x'-x$，系统的初始状态为 $y(0^-)=0$，$y'(0^-)=0$，初始值为：$y(0^+)=0$，$y'(0^+)=1$。求当激励为 $x(t)=\varepsilon(t)$ 时系统的零状态响应 $y_{zs}(t)$。

解：

零状态响应为 $y_{zs}(t)=y_{zsQ}(t)+y_{zsT}(t)$。

求齐次解 $y_{zsQ}(t)$：

由齐次微分方程 $y''+3y'+2y=0$ 的特征根为 $\lambda_1=-1,\lambda_2=-2$，可得齐次解形式为 $y_{zsQ}(t)=(c_1\mathrm{e}^{-t}+c_2\mathrm{e}^{-2t})\varepsilon(t)$。

求特解 $y_{zsT}(t)$：

由表2-2可知，$y_{zsT}(t)=B$，将其代入微分方程 $y''+3y'+2y=x'-x$ 得

$$2B=\delta(t)-\varepsilon(t)\text{，对 } t>0\text{，则 } 2B=-1, B=-\frac{1}{2}, y_{zsT}(t)=-\frac{1}{2}$$

系统零状态响应为

$$y_{zs}(t)=y_{zsQ}(t)+y_{zsT}(t)=\left(c_1\mathrm{e}^{-t}+c_2\mathrm{e}^{-2t}-\frac{1}{2}\right)\varepsilon(t)$$

可见，需要利用零状态响应初值 $y_{zs}(0^+)$ 及 $y'_{zs}(0^+)$ 确定待定系数 c_1 和 c_2。

因为

$$y_{zs}(0^+)=y(0^+)-y(0^-)=0-0=0$$
$$y'_{zs}(0^+)=y'(0^+)-y'(0^-)=1-0=1$$

所以可得到方程

$$\begin{cases}y_{zs}(0^+)=c_1+c_2-\dfrac{1}{2}=0\\ y'_{zs}(0^+)=-c_1-2c_2=1\end{cases}$$

解得 $c_1=2, c_2=-\dfrac{3}{2}$，则系统的零状态响应为 $y_{zs}(t)=\left(2\mathrm{e}^{-t}-\dfrac{3}{2}\mathrm{e}^{-2t}-\dfrac{1}{2}\right)\varepsilon(t)$。

从上例可见，高等数学经典法求系统零状态响应是很繁琐的，因此需要寻求时域求零状态响应的简便方法。由前面分析计算可见，用高等数学的经典法求零状态响应(求非齐次微分方程的解)有困难，主要是由于激励信号很复杂。如果将复杂激励信号分解为简单信号，求出各简单信号的响应，利用线性系统的叠加特性实现零状态响应的求取，就是叠加积分法或称卷积积分法。具体思想体现为

(1) 将复杂信号分解成简单基本信号 $\begin{cases}\text{许多的冲激信号}\\ \text{许多的阶跃信号}\end{cases}$；

(2) 求出每一个简单信号作用于系统的响应，冲激响应或阶跃响应；

(3) 叠加全部的冲激响应或阶跃响应，得到复杂激励信号作用于系统的零状态响应。

复杂信号的时域分解(分解成许多的冲激信号和阶跃信号)的工作在2.3.9节已经介绍过。现在关键问题是：求出冲激信号或阶跃信号的响应。如果能求出这些简单信号的响应(冲激响应和阶跃响应)，复杂信号的响应就是这些简单信号响应(即冲激响应和阶跃响应)的叠加。

2.6 冲激响应和阶跃响应

在2.3.8节中讨论了信号可以分解成冲激信号或阶跃信号之和形式，通过上一节的学习可知，为了求出复杂激励下的系统零状态响应，就需要分别计算出系统的冲激响应和阶跃响应。系统冲激响应和阶跃响应不但反映系统本身的特性，同时它们又是利用卷积积分法

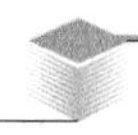

求零状态响应的关键，所以它们是系统分析的重要桥梁。研究和分析冲激响应和阶跃响应具有重要意义。

在激励为冲激信号 $\delta(t)$ 或阶跃信号 $\varepsilon(t)$ 时，系统的零状态响应分别为冲激响应 $h(t)$ 和阶跃响应 $r_\varepsilon(t)$。

LTI 连续系统的框图如图 2-35 所示。

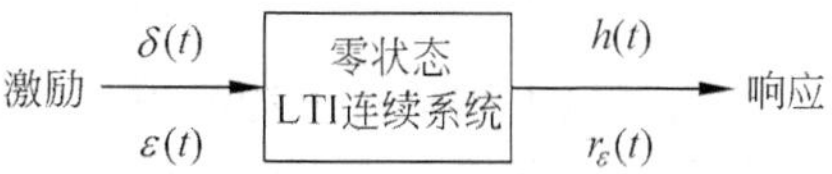

图 2-35 LTI 连续系统框图

2.6.1 冲激响应

冲激响应(impulse response)也称单位冲激响应，是在激励为单位冲激信号的作用下系统的零状态响应。记为 $h(t)$，也可以表示为

$$\delta(t) \to h(t) \tag{2-51}$$

描述 LTI 系统的一般微分方程为

$$\begin{aligned} &y^{(n)}(t) + a_{n-1}y^{(n-1)}(t) + \cdots + a_1 y'(t) + a_0 y(t) \\ &= b_m e^{(m)}(t) + b_{m-1}e^{(m-1)}(t) + \cdots + b_1 e'(t) + b_0 e(t) \end{aligned}$$

当激励为 $e(t)=\delta(t)$ 时，响应 $y(t)=h(t)$，则上式可以表示为

$$\begin{aligned} &h^{(n)}(t) + a_{n-1}h^{(n-1)}(t) + \cdots + a_1 h'(t) + a_0 h(t) \\ &= b_m\delta^{(m)}(t) + b_{m-1}\delta^{(m-1)}(t) + \cdots + b_1\delta'(t) + b_0\delta(t) \end{aligned} \tag{2-52}$$

式(2-52)可以理解为冲激响应是冲激信号及其各阶导数作为系统的激励，单独作用于系统时产生响应的线性叠加。设 $h_1(t)$ 满足

$$h_1^{(n)}(t) + a_{n-1}h_1^{(n-1)}(t) + \cdots + a_1 h_1'(t) + a_0 h_1(t) = \delta(t) \tag{2-53}$$

即 $\delta(t) \to h_1(t)$，应用系统的线性特性，则有

$$\begin{aligned} &b_m\delta^{(m)}(t) + b_{m-1}\delta^{(m-1)}(t) + \cdots + b_1\delta'(t) + b_0\delta(t) \to \\ &h(t) = b_m h_1^{(m)}(t) + b_{m-1}h_1^{(m-1)}(t) + \cdots + b_1 h_1'(t) + b_0 h_1(t) \end{aligned} \tag{2-54}$$

式(2-53)表明，由于 $\delta(t)$ 的作用仅存在于 $t=0$ 时刻，相当于在 $t=0$ 时刻冲激信号 $\delta(t)$ 给系统注入能量，存入系统的储能元件中，相当于系统在 $t=0^+$ 时的初值。$t>0$ 过后，由于 $\delta(t)=0$，即输入为零，冲激响应的意义就是在 $t=0^+$ 时的初值存在下的零输入响应。因此，也可以说单位冲激响应是单位冲激信号产生的初值作用下的零输入响应。单位冲激响应的形式与零输入响应形式相同，求解方法也与求零输入响应的方法相似。只是待定系数的确定方法不同而已，具体求待定系数方法将在例 2-4 中介绍。

由上面的分析可知，时域求解单位冲激响应可归结为求零输入响应，即求齐次微分方程的解。

例 2-4 求系统方程为 $y''(t)+3y'(t)+2y(t)=e(t)$ 的单位冲激响应。

解：

根据冲激响应定义，系统方程又可以表示为 $h''(t)+3h'(t)+2h(t)=\delta(t)$，单位冲激响应 $h(t)$ 的形式为零输入响应形式，即 $h(t)=(a\mathrm{e}^{-t}+b\mathrm{e}^{-2t})\varepsilon(t)$。

为求待定系数 a、b，将系统方程等式两端同时积分，表示为

$$\int_{0^-}^{0^+} h''(\tau)\mathrm{d}\tau + 3\int_{0^-}^{0^+} h'(\tau)\mathrm{d}\tau + 2\int_{0^-}^{0^+} h(\tau)\mathrm{d}\tau = \int_{0^-}^{0^+} \delta(t)\mathrm{d}t = 1$$

为使系统方程 $h''(t)+3h'(t)+2h(t)=\delta(t)$ 成立，由奇异函数平衡可知：$h''(t)$ 中应含有 $\delta(t)$ 项，$h'(t)$ 就应含有 $\varepsilon(t)$ 项，$h(t)$ 必然含有斜变项 $R(t)=t\varepsilon(t)$，则 $h(t)$ 在 $t=0$ 处连续，有 $h(0^+)=h(0^-)$，$\int_{0^-}^{0^+} h(\tau)\mathrm{d}\tau=0$。所以，系统方程积分结果为

$$h'(0^+)-h'(0^-)+3[h(0^+)-h(0^-)]+0=1$$

因为LTI系统因果性,响应不会出现在激励之前,所以$h(0^-)=0,h'(0^-)=0$,则

$$h(0^+)=h(0^-)=0,h'(0^+)=1$$

现在可以将以上结果代入冲激响应及其一阶导数表示式中,求出单位冲激响应表示式中的待定系数了。即将$h(0^+)=h(0^-)=0,h'(0^+)=1$代入以下表达式中:

$$h(t)=(a\mathrm{e}^{-t}+b\mathrm{e}^{-2t})\varepsilon(t),\quad h'(t)=(-a\mathrm{e}^{-t}-2b\mathrm{e}^{-2t})\varepsilon(t)+(a\mathrm{e}^{-t}+b\mathrm{e}^{-2t})\delta(t)$$

得到系数方程组

$$\begin{cases}a+b=0\\-a-2b=1\end{cases}$$

由此可解得$a=1,b=-1$。

系统单位冲激响应为$h(t)=(\mathrm{e}^{-t}-\mathrm{e}^{-2t})\varepsilon(t)$。

例2-5 求系统方程为$y''(t)+3y'(t)+2y(t)=e'(t)+3e(t)$的单位冲激响应$h_a(t)$。

解:

由线性系统特性得

$$e'(t)\rightarrow y'(t),e'(t)+3e(t)\rightarrow y'(t)+3y(t)$$

所以

$$\delta(t)\rightarrow h(t),\delta'(t)+3\delta(t)\rightarrow h_a(t)=h'(t)+3h(t)$$

根据上题中冲激响应的结果为

$$h(t)=(\mathrm{e}^{-t}-\mathrm{e}^{-2t})\varepsilon(t)$$

则有

$$h_a(t)=h'(t)+3h(t)=(2\mathrm{e}^{-t}-\mathrm{e}^{-2t})\varepsilon(t)$$

以上方法可以推广至LTI高阶系统。可以得到对于n阶系统,当$\delta(t)\rightarrow h(t)$时,对于系统微分方程

$$h^{(n)}(t)+a_{n-1}h^{(n-1)}(t)+\cdots+a_1h'(t)+a_0h(t)=\delta(t)$$

单位冲激响应$h(t)$的一系列初值为

$$\begin{cases}h^{(n-1)}(0^+)=1\\h^{(n-2)}(0^+)=h^{(n-3)}(0^+)=\cdots=h'(0^+)=h(0^+)=0\end{cases}\tag{2-55}$$

由例2-4和例2-5可见,时域求单位冲激响应实质是求零输入响应,即求齐次微分方程的解,只要求出冲激激励作用下的初值$h(0^+)$、$h'(0^+)$、$h''(0^+)\cdots$即可。

时域求单位冲激响应的步骤可以概括为要点2.5。

要点2.5

时域求单位冲激响应步骤如下所述。

(1) 建立激励、响应的微分方程,变为齐次微分方程形式;

(2) 写出冲激响应的形式,即微分方程齐次解形式;

(3) 求出系统在单位冲激信号作用下的初值:

$$h^{(n-1)}(0^+)=1$$
$$h^{(n-2)}(0^+)=h^{(n-3)}(0^+)=\cdots=h'(0^+)=h(0^+)=0$$

代入冲激响应及其导数表达式中,求出待定系数;

(4) 将待定系数代入冲激响应形式获得冲激响应。

2.6.2 阶跃响应

阶跃响应(step response)也称单位阶跃响应,是在激励为单位阶跃信号的作用下系统的零状态响应。记为 $r_\varepsilon(t)$,也可以表示为

$$\varepsilon(t) \to r_\varepsilon(t) \tag{2-56}$$

以二阶系统 $y''(t)+3y'(t)+2y(t)=e(t)$为例,当 $t>0$ 时,系统方程可以写成

$$r_\varepsilon'(t)+3r_\varepsilon'(t)+2r_\varepsilon(t)=\varepsilon(t)=1$$

对上面方程两边求导数,得 $r_\varepsilon'''(t)+3r_\varepsilon''(t)+2r_\varepsilon'(t)=0$。这也是齐次微分方程。该齐次微分方程解的形式(系统阶跃响应)为 $r_\varepsilon(t)=(c_0+c_1\mathrm{e}^{-t}+c_2\mathrm{e}^{-2t})\varepsilon(t)$,其中 c_0、c_1、c_2 由阶跃信号激励产生的初值决定。求阶跃信号激励产生的初值方法这里不再赘述。因此,时域求解单位阶跃响应也可以归结为求带一个零特征根的齐次微分方程的解。

实际上只要求出单位冲激响应,就可以根据单位冲激响应和单位阶跃响应的关系求出单位阶跃响应。

2.6.3 单位冲激响应和单位阶跃响应的关系

因为 $\delta(t)\to h(t)$,$\varepsilon(t)\to r_\varepsilon(t)$,所以

$$\delta(t)=\frac{\mathrm{d}\varepsilon(t)}{\mathrm{d}t}\to h(t)=\frac{\mathrm{d}r_\varepsilon(t)}{\mathrm{d}t} \tag{2-57}$$

则

$$r_\varepsilon(t)=\int_0^t h(\tau)\mathrm{d}\tau \tag{2-58}$$

由此将时域求单位阶跃响应方法概括为要点 2.6。

要点 2.6

时域求单位阶跃响应方法:$r_\varepsilon(t)=\int_0^t h(\tau)\mathrm{d}\tau$,即冲激响应的积分。

由于时域求单位冲激信号或单位阶跃信号激励作用下的初值比较麻烦,因此求单位冲激响应或单位阶跃响应也较为繁复。实际上第 5 章有更容易、更简便、更实用,且物理意义明确的方法来求单位冲激响应或单位阶跃响应。故而不在时域重点研究它们了,本章需要它们来求零状态响应时,可以作为已知条件使用。

2.7 叠加积分法求零状态响应

在上一节中已经解决了冲激响应或阶跃响应的求取问题。现在就可以进一步利用叠加原理,把系统对激励信号的各冲激分量或各阶跃分量的响应进行叠加以求取系统零状态响应。即用叠加积分法或称卷积积分法求复杂激励作用下的系统零状态响应。

2.7.1 卷积积分和杜阿美尔积分求零状态响应

1. 卷积积分求零状态响应

由 2.3.8 节内容可知,复杂激励信号 $e(t)$可以近似表示为一系列冲激信号的线性组合,即可以表示为

$$e(t) \approx \sum_{k=0}^{n} e(k\Delta t)\Delta t\delta(t-k\Delta t) \tag{2-59}$$

因为 $\delta(t) \rightarrow h(t)$,$e(t) \rightarrow r(t)$,所以

$$e(t) \approx \sum_{k=0}^{n} e(k\Delta t)\Delta t\delta(t-k\Delta t) \rightarrow r(t) \approx \sum_{k=0}^{n} e(k\Delta t)\Delta t h(t-k\Delta t) \tag{2-60}$$

当时间间隔 Δt 无限趋小,Δt 以微分量 $\mathrm{d}\tau$ 表示,离散时间变量 $k\Delta t$,变成连续时间变量 τ,式(2-60)近似求和等式变成精确的积分等式。即

当 $\Delta t \rightarrow 0$ 时,$\Delta t \rightarrow \mathrm{d}\tau, k\Delta t \rightarrow \tau, \sum \rightarrow \int$

则复杂激励信号 $e(t)$的零状态响应为

$$r_{zs}(t) = \int_{0^-}^{t} e(\tau)h(t-\tau)\mathrm{d}\tau \tag{2-61}$$

积分下限的 0^- 是为了适应 $h(t)$在 0 点存在冲激的情况,若 $h(t)$不含冲激项,积分下限取零即可。式(2-61)的积分运算称为卷积积分。式(2-61)又可以表示为

$$r_{zs}(t) = e(t) * h(t) \tag{2-62}$$

式(2-62)表示系统零状态响应等于系统激励与单位冲激响应的卷积。

2. 杜阿美尔积分求零状态响应

同样由 2.3.8 节的内容可知,复杂激励信号 $e(t)$也可以近似表示为一系列阶跃冲激信号的线性组合,即可以表示为

$$e(t) \approx e(0^+)\varepsilon(t) + \sum_{k=1}^{n} \left.\frac{\Delta e(t)}{\Delta t}\right|_{t=k\Delta t} \Delta t\varepsilon(t-k\Delta t) \tag{2-63}$$

因为 $\varepsilon(t) \rightarrow r_\varepsilon(t)$,$e(t) \rightarrow r(t)$,所以

$$e(t) \approx e(0^+)\varepsilon(t) + \sum_{k=1}^{n} \left.\frac{\Delta e(t)}{\Delta t}\right|_{t=k\Delta t} \Delta t\varepsilon(t-k\Delta t) \rightarrow$$

$$r(t) \approx e(0^+)r_\varepsilon(t) + \sum_{k=1}^{n} \left.\frac{\Delta e(t)}{\Delta t}\right|_{t=k\Delta t} \Delta t r_\varepsilon(t-k\Delta t) \tag{2-64}$$

当时间间隔 Δt 无限趋小,Δt 以微分量 $\mathrm{d}\tau$ 表示,离散时间变量 $k\Delta t$,变成连续时间变量 τ,即

当 $\Delta t \rightarrow 0$ 时,$\Delta t \rightarrow \mathrm{d}\tau, k\Delta t \rightarrow \tau, \sum \rightarrow \int, \left.\frac{\Delta e(t)}{\Delta t}\right|_{t=k\Delta t} = e'(\tau) = \frac{\mathrm{d}e(\tau)}{\mathrm{d}\tau}$,式(2-64)近似求和等式变成精确的积分等式。

复杂激励信号 $e(t)$的零状态响应为

$$r_{zs}(t) = e(0^+)r_\varepsilon(t) + \int_{0^+}^{t} e'(\tau)r_\varepsilon(t-\tau)\mathrm{d}\tau = \int_{0^-}^{t} e'(\tau)r_\varepsilon(t-\tau)\mathrm{d}\tau \tag{2-65}$$

式(2-65)的积分运算称为杜阿美尔积分。式(2-65)又可以表示为

$$r_{zs}(t) = e'(t) * r_\varepsilon(t) \tag{2-66}$$

式(2-66)表示系统零状态响应等于系统激励的导数与单位阶跃响应的卷积。

由以上分析可见,只要已知激励、单位冲激响应或单位阶跃响应,就可以通过式(2-61)或式(2-65)积分公式求出零状态响应,从而避免了求解非齐次微分方程的麻烦。实质上叠加积

分法也是求解非齐次微分方程解的另一种方法。可以将以上分析结论概括为要点 2.7。

> **要点 2.7**
>
> 复杂激励信号 $e(t)$的零状态响应为
>
> $$r_{zs}(t)=\int_{0^-}^{t}e(\tau)h(t-\tau)\mathrm{d}\tau=e(t)*h(t)\qquad \sim \text{卷积积分}$$
>
> 复杂激励信号 $e(t)$的零状态响应为
>
> $$r_{zs}(t)=e(0^+)r_\varepsilon(t)+\int_{0}^{t}e'(\tau)r_\varepsilon(t-\tau)\mathrm{d}\tau=\int_{0^-}^{t}e'(\tau)r_\varepsilon(t-\tau)\mathrm{d}\tau=e'(t)*r_\varepsilon(t)$$
>
> ～ 杜阿美尔积分

由以上分析可见，时域求系统的零状态响应，实质就是求激励与单位冲激响应的卷积，或激励的导数与单位阶跃响应的卷积。应用卷积积分简称卷积是系统时域分析的基本手段，为了对卷积运算有更深入的了解，下面将对卷积运算以及卷积的性质进行进一步的研究。

2.7.2　卷积、卷积图解法

1. 卷积的数学形式

如式(2-61)所示的卷积积分公式是数学上一种称为卷积(convolution)的运算方法的应用。两个具有公共变量 t 的函数 $f_1(t)$和 $f_2(t)$相卷积而称为第三个相同变量 t 的函数 $f(t)$，这种运算关系是由下式定义的：

$$f(t)=f_1(t)*f_2(t)=\int_{-\infty}^{t}f_1(\tau)f_2(t-\tau)\mathrm{d}\tau \tag{2-67}$$

因为研究的信号是有始信号，所以还可以写成

$$f(t)=f_1(t)*f_2(t)=\int_{0}^{t}f_1(\tau)f_2(t-\tau)\mathrm{d}\tau \tag{2-68}$$

可以直接应用式(2-68)卷积的数学公式求卷积运算，这种方法称为解析法，也称为公式法，但存在积分上下限难以确定的问题。可以借助于卷积的图解分析解决这个问题。另外，卷积图解法使人更容易理解系统零状态响应的物理意义，也可以使枯燥的数学符号生动活泼起来，卷积的运算变得容易。

2. 卷积的几何意义

一般来说，对式(2-68)的具体化是较为困难的，故而借助于图解法说明其真实意义。由卷积一般公式 $f(t)=f_1(t)*f_2(t)=\int_0^t f_1(\tau)f_2(t-\tau)\mathrm{d}\tau$，卷积图解法求卷积过程如下：

(1) 变量代换，将 t 变量函数 $f_1(t)$变成 τ 变量函数 $f_1(\tau)$，t 变量函数 $f_2(t)$变成 τ 变量函数 $f_2(\tau)$，即 $t\rightarrow\tau$，$f_1(t)\rightarrow f_1(\tau)$，$f_2(t)\rightarrow f_2(\tau)$；

(2) 对其中一个信号 $f_2(\tau)$反褶得 $f_2(-\tau)$(也可以是 $f_1(-\tau)$，因为卷积存在交换律)；并对反褶的信号 $f_2(-\tau)$移位 t，得到 $f_2(t-\tau)$；

(3) 对乘积 $f_1(\tau)f_2(t-\tau)$求积分，$f_1(t)*f_2(t)=\int_0^t f_1(\tau)f_2(t-\tau)\mathrm{d}\tau$。可见当 t 不同时，积分结果($f_1(\tau)f_2(t-\tau)$下面积)也不相同。

卷积图解法求卷积的过程如图 2-36 所示。当 $t=-1$ 时，乘积 $f_1(\tau)f_2(t-\tau)$对于所有 τ 值均为零，因此 $f_1(\tau)f_2(t-\tau)$的积分为零(曲线下面积 $r(-1)=0$)；如图 2-36(a)所示。

当 $t=1$ 时，乘积 $f_1(\tau)f_2(t-\tau)$ 除了 $0<\tau<1$ 外均为零，因此 $f_1(\tau)f_2(t-\tau)$ 的积分(曲线下面积)为 $r(1)=r_1$。以此类推，图 2-36(c)和图 2-36(d)各为 $t=3$ 和 $t=5$ 的情形，其相应的卷积积分值分别为 $r(3)=r_3$ 和 $r(5)=r_5$，将这些积分值按照变量 t 作出如图 2-36(e)所示的曲线，就是 $f_1(t)$ 与 $f_2(t)$ 的卷积结果 $f(t)$。当 $f_1(t)=e(t)$ 代表系统激励，$f_2(t)=h(t)$ 代表系统单位冲激响应时，$f(t)=r_{zs}(t)$ 就是代表系统在 $f_1(t)=e(t)$ 激励下的零状态响应。

由以上的卷积过程可以看出卷积的几何意义为 $f_1(\tau)f_2(t-\tau)$ 曲线下的面积，该面积是 t 的函数。

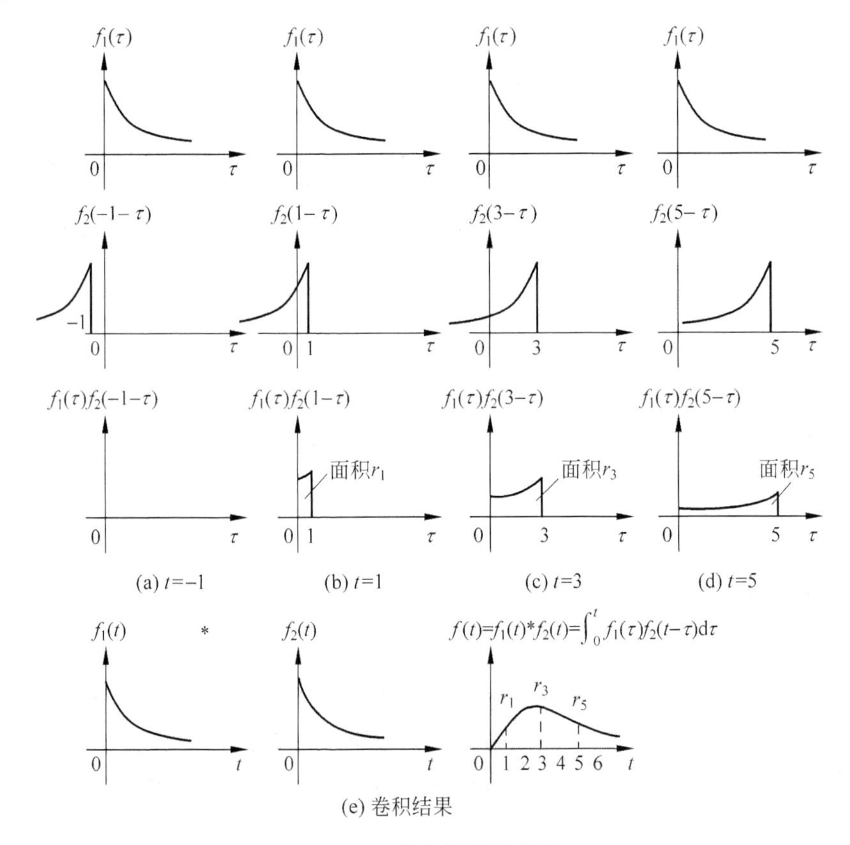

图 2-36　卷积的图解说明

3. 图解法卷积的运算步骤

将以上卷积过程简单概括成以下步骤。

(1) 变量代换，$t\to\tau$，$f_1(t)\to f_1(\tau)$，$f_2(t)\to f_2(\tau)$；

(2) 对其中一个信号反褶 $f_1(-\tau)$ 或者 $f_2(-\tau)$(因为卷积存在交换律)；

(3) 对反褶的信号移位 t，$f_1(t-\tau)$ 或者 $f_2(t-\tau)$；

(4) 对 $f_1(\tau)f_2(t-\tau)$ 或者 $f_1(t-\tau)f_2(\tau)$ 做积分运算，$f_1(t)*f_2(t)=\int_0^t f_1(\tau)f_2(t-\tau)\mathrm{d}\tau$。

以上运算过程的关键在于积分的上下限的确定。信号不同，积分的上下限也不同，为了清楚地认识卷积过程及积分限的确定，下面以具体实例说明。

例 2-6　两个有始无终信号的卷积，即一个区间的卷积。

已知：两个信号 $f_1(t)=\mathrm{e}^{-t}\varepsilon(t)$，$f_2(t)=2\mathrm{e}^{-2t}\varepsilon(t)$，求：$f(t)=f_1(t)*f_2(t)$。

解：

应用公式：

$$f(t)=f_1(t)*f_2(t)=\int_0^t f_1(\tau)f_2(t-\tau)\mathrm{d}\tau=2\int_0^t \mathrm{e}^{-\tau}\mathrm{e}^{-2(t-\tau)}\mathrm{d}\tau=2\mathrm{e}^{-2t}[\mathrm{e}^t-1]\varepsilon(t),$$

卷积过程如图 2-37 所示。

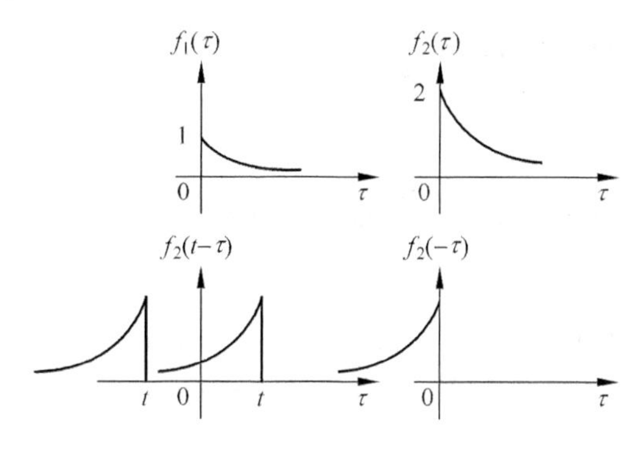

图 2-37　例 2-6 卷积图解

例 2-7　一个有始有终信号与一个有始无终信号的卷积，即两个区间的卷积。

两个信号 $f_1(t)=\varepsilon(t)-\varepsilon(t-1)$，$f_2(t)=\mathrm{e}^{-t}\varepsilon(t)$，求：$f(t)=f_1(t)*f_2(t)$。

解：

应用公式 $f(t)=f_1(t)*f_2(t)=\int_0^t f_1(\tau)f_2(t-\tau)\mathrm{d}\tau$

当 $0<t<1$ 时，

$$f(t)=f_1(t)*f_2(t)=\int_0^t \mathrm{e}^{-(t-\tau)}\mathrm{d}\tau=\mathrm{e}^{-t}(\mathrm{e}^t-1)=1-\mathrm{e}^{-t}$$

当 $t>1$ 时，

$$f(t)=f_1(t)*f_2(t)=\int_0^1 \mathrm{e}^{-(t-\tau)}\mathrm{d}\tau=\mathrm{e}^{-t}(\mathrm{e}^1-1)$$

所以

$$f(t)=f_1(t)*f_2(t)=(1-\mathrm{e}^{-t})[\varepsilon(t)-\varepsilon(t-1)]+(\mathrm{e}^{-(t-1)}-\mathrm{e}^{-t})\varepsilon(t-1)$$

卷积过程如图 2-38 所示。

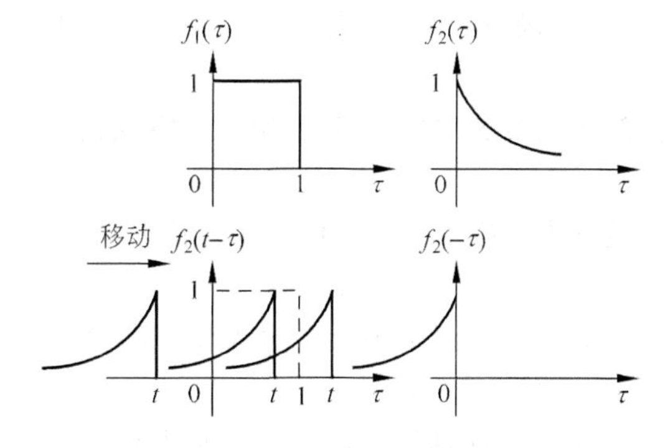

图 2-38　例 2-7 卷积图解

例 2-8 两个有始有终信号的卷积,即三个区间的卷积。

两个信号 $f_1(t)=\varepsilon(t)-\varepsilon(t-2)$,$f_2(t)=2[\varepsilon(t)-\varepsilon(t-1)]$,求:$f(t)=f_1(t)*f_2(t)$。

解:

应用公式 $f(t)=f_1(t)*f_2(t)=\int_0^t f_1(\tau)f_2(t-\tau)\mathrm{d}\tau$

当 $0<t<1$ 时,$f_1(t)*f_2(t)=\int_0^t 2\mathrm{d}\tau=2t$

当 $1<t<2$ 时,$f_1(t)*f_2(t)=\int_{t-1}^t 2\mathrm{d}\tau=2$

当 $2<t<3$ 时,$f_1(t)*f_2(t)=\int_{t-1}^2 2\mathrm{d}\tau=2(3-t)$

所以

$$f_1(t)*f_2(t)=2t[\varepsilon(t)-\varepsilon(t-1)]+2[\varepsilon(t-1)-\varepsilon(t-2)]+2(3-t)[\varepsilon(t-2)-\varepsilon(t-3)]$$

卷积过程如图 2-39 所示。

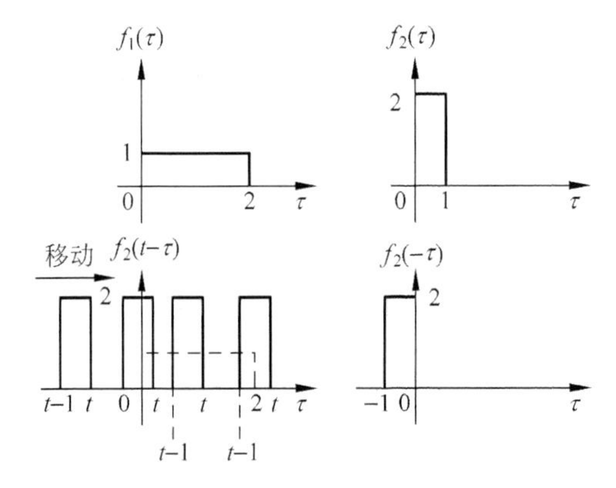

图 2-39 例 2-8 卷积图解

通过以上卷积实例可见,对两个时限信号的卷积,为了定出积分上下限,正确标出反褶后信号平移 t 的位置(边界)非常重要,概括规定如下:

1) 标 t 原则

(1) 待反褶的信号全部在纵轴的右半边,且一边紧贴在纵轴上,反褶后信号函数以右边界为 t,否则以纵轴为 t;

(2) 待反褶的信号全部在纵轴的左半边,且一边紧贴在纵轴上,反褶后信号以左边界为 t,否则以纵轴为 t;

(3) 待反褶的信号以纵轴为对称轴反褶后信号以纵轴为 t。

2) 积分上下限

按以上标 t 原则的积分上限选择两个函数右边界值中的最小的值,积分下限选择两个函数左边界值最大的值。

可见卷积图解法是借助于图形计算卷积积分的一种基本方法。与直接应用定义的公式法相比,图解法更容易理解系统零状态响应的物理意义以及积分上下限的确定。

当信号与冲激信号卷积时,由于冲激信号的选择性质使这类的卷积运算十分简单。即

冲激信号 $\delta(t)$ 与任意信号 $f(t)$ 的卷积结果为原信号 $f(t)$；延迟的冲激信号 $\delta(t-t_0)$ 与任意信号 $f(t)$ 的卷积结果为原信号延迟，与冲激信号延迟相同，即 $f(t-t_0)$。

任意信号与冲激信号卷积特性可概括为要点 2.8。

> **要点 2.8**
> 冲激信号与任意信号的卷积：
> (1) $\delta(t)*f(t)=f(t)$
> (2) $\delta(t-t_0)*f(t)=f(t-t_0)$

例 2-9　求下列信号的卷积：(1)$e^{-2t}\varepsilon(t)*\delta(t)$；(2)$e^{-2t}\varepsilon(t)*\delta(t-2)$。

解：

应用要点 2.8 结论可得

(1) $e^{-2t}\varepsilon(t)*\delta(t)=e^{-2t}\varepsilon(t)$；

(2) $e^{-2t}\varepsilon(t)*\delta(t-2)=e^{-2(t-2)}\varepsilon(t-2)$。

2.7.3　卷积的性质与应用

卷积是一种数学运算，它具有一些有用的性质。卷积性质的应用，可以使卷积运算得以大大简化。这些性质中有一些与代数中乘法运算的性质相似，例如卷积服从交换律、结合律和分配律等，但是另外也有一些自身独特的性质，如微分性和积分性等。

1. 卷积性质

1) 交换律

$$f_1(t)*f_2(t)=f_2(t)*f_1(t) \tag{2-69}$$

2) 分配律

$$f_1(t)*[f_2(t)+f_3(t)]=f_1(t)*f_2(t)+f_1(t)*f_3(t) \tag{2-70}$$

3) 结合律

$$f_1(t)*[f_2(t)*f_3(t)]=[f_1(t)*f_2(t)]*f_3(t) \tag{2-71}$$

4) 积分性

$$f_1(t)*\int_{-\infty}^{t}f_2(t)\mathrm{d}t=\int_{-\infty}^{t}f_1(t)*f_2(t)\mathrm{d}t=\left[\int_{-\infty}^{t}f_1(t)\mathrm{d}t\right]*f_2(t) \tag{2-72}$$

5) 微分性

若 $f(t)=f_1(t)*f_2(t)$，则

$$f'(t)=f_1(t)*f_2'(t)=f_1'(t)*f_2(t) \tag{2-73}$$

将式(2-72)和式(2-73)综合结果微积分性为

$$f_1(t)*f_2(t)=\left[\int_{-\infty}^{t}f_1(\tau)\mathrm{d}\tau\right]*f_2'(t)=f_1'(t)*\int_{-\infty}^{t}f_2(\tau)\mathrm{d}\tau \tag{2-74}$$

6) 延时性

若 $f(t)=f_1(t)*f_2(t)$，则

$$f_1(t-t_1)*f_2(t-t_2)=f(t-t_1-t_2) \tag{2-75}$$

现将卷积特殊的性质概括为要点 2.9。

> **要点 2.9**
>
> 若 $f(t)=f_1(t)*f_2(t)$，则卷积的微分、积分性为
>
> (1) $f'(t)=f_1(t)*f_2'(t)=f_1'(t)*f_2(t)$
>
> (2) $f_1(t)*f_2(t)=\left[\int_{-\infty}^{t}f_1(\tau)\mathrm{d}\tau\right]*f'_2(t)=f'_1(t)*\int_{-\infty}^{t}f_2(\tau)\mathrm{d}\tau$
>
> (3) $f_1(t-t_1)*f_2(t-t_2)=f(t-t_1-t_2)$

2. 卷积性质的应用

卷积分配律反映了系统的叠加性，可以用来求若干子系统并联后，总系统的冲激响应。利用卷积的结合律，可以用来求若干子系统串联后，总系统的冲激响应。

如图2-40所示的系统是两个子系统的串联和并联，图中子系统的冲激响应分别为 $h_1(t)$ 和 $h_2(t)$。

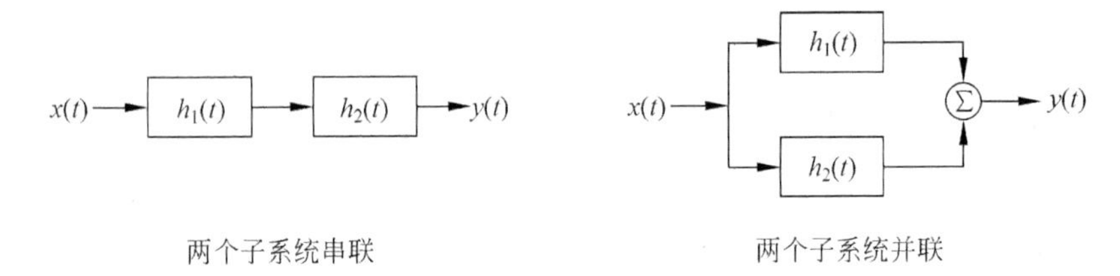

图 2-40　子系统的连接

(1) 两个子系统的串联的系统响应为

$$y(t)=[x(t)*h_1(t)]*h_2(t)=x(t)*[h_1(t)*h_2(t)]=x(t)*h(t)$$

则系统的总冲激响应可表示为

$$h(t)=h_1(t)*h_2(t) \tag{2-76}$$

(2) 两个子系统的并联的系统响应为

$$y(t)=x(t)*h_1(t)+x(t)*h_2(t)=x(t)*[h_1(t)+h_2(t)]=x(t)*h(t)$$

则系统的总冲激响应可表示为

$$h(t)=h_1(t)+h_2(t) \tag{2-77}$$

可以将以上内容概括为要点2.10。

> **要点 2.10**
>
> 若干子系统的串联构成的系统总冲激响应为各子系统冲激响应的卷积。
>
> 两个子系统的并联构成的系统总冲激响应为各子系统冲激响应之和。

应用卷积性质有时可以使求零状态响应的卷积运算简化。

例 2-10　通过卷积的微积分性质求例2-8的两信号卷积结果。

解：

$f_1(t)=\varepsilon(t)-\varepsilon(t-2)$，$f_2(t)=2[\varepsilon(t)-\varepsilon(t-1)]$，求：$f(t)=f_1(t)*f_2(t)$。

$$\begin{aligned}f_1(t)*f_2(t)&=f'_1(t)*\int_0^t f_2(\tau)\mathrm{d}\tau=[\delta(t)-\delta(t-2)]*\left[\int_0^t 2\mathrm{d}\tau\right]\varepsilon(t)+\left[\int_t^1 2\mathrm{d}\tau\right]\varepsilon(t-1)\\&=[\delta(t)-\delta(t-2)]*2[t\varepsilon(t)-(t-1)\varepsilon(t-1)]\end{aligned}$$

$$f_1(t)*f_2(t)=2[t\varepsilon(t)-(t-1)\varepsilon(t-1)]-2[(t-2)\varepsilon(t-2)-(t-3)\varepsilon(t-3)]$$

可见结果与例 2-8 的运算结果一致。

例 2-11　求下列信号的卷积(1)$e^{-t}\varepsilon(t)*\delta'(t)$；(2)$e^{-2t}\varepsilon(t)*\delta'(t-1)$。

解：

应用冲激信号与任意信号卷积特性和卷积微分性质

(1) $e^{-t}\varepsilon(t)*\delta'(t)=[e^{-t}\varepsilon(t)]'*\delta(t)=[e^{-t}\varepsilon(t)]'=\delta(t)-e^{-t}\varepsilon(t)$；

(2) $e^{-2t}\varepsilon(t)*\delta'(t-1)=[e^{-2t}\varepsilon(t)]'*\delta(t-1)=\delta(t-1)-2e^{-2(t-1)}\varepsilon(t-1)$。

2.8　LTI 连续系统时域分析实例

通过求齐次微分方程的解获得零输入响应；通过叠加积分法求非齐次微分方程的解获得零状态响应；通过零输入响应与零状态响应叠加获得系统全响应，这就完成了 LTI 连续系统的时域分析。

例 2-12　RC 电路如图 2-41 所示，已知：$R=1\Omega$，$C=1\text{F}$，$u_C(0^+)=1\text{V}$，求 $u_C(t)$。

解：

(1) 建立系统方程。

依据 KVL：$iR+u_C(t)=e(t)$，$i=C\dfrac{du_C}{dt}$

$$RC\frac{du_C(t)}{dt}+u_C(t)=e(t)$$

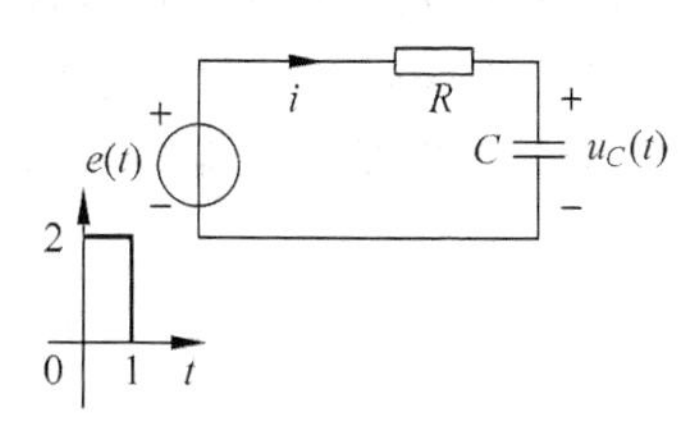

图 2-41　例 2-12 电路图

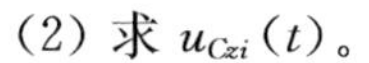
(2) 求 $u_{Czi}(t)$。

齐次微分方程 $RC\dfrac{du_C(t)}{dt}+u_C(t)=0$，零输入响应形式 $u_{Czi}(t)=ke^{-\frac{1}{RC}t}\varepsilon(t)$

又因为 $u_C(0^+)=1\text{V}$ 以及 $RC=1\text{s}$，所以 $u_{Czi}(t)=e^{-t}\varepsilon(t)$

(3) 求 $u_{Czs}(t)$。

$u_{Czs}(t)=e(t)*h(t)$，系统方程：$h'(t)+h(t)=\delta(t)$

单位冲激响应形式：$h(t)=ke^{-t}\varepsilon(t)$

依据式(2-55)，$h(0^+)=1$ 和 $h(0^-)=0$(因果系统)

可解出待定系数 $k=1$，则 $h(t)=e^{-t}\varepsilon(t)$

$$u_{Czs}(t)=e(t)*h(t)=e'(t)*r_\varepsilon(t)$$

$$r_\varepsilon(t)=\int_0^t h(\tau)d\tau=-(e^{-t}-1)\varepsilon(t)=(1-e^{-t})\varepsilon(t)$$

$$\begin{aligned}u_{Czs}(t)&=e'(t)*r_\varepsilon(t)=2[\delta(t)-\delta(t-1)]*(1-e^{-t})\varepsilon(t)\\&=2(1-e^{-t})\varepsilon(t)-2[1-e^{-(t-1)}]\varepsilon(t-1)\end{aligned}$$

(4) 求全响应。

$$u_C(t)=u_{Czs}(t)+u_{Czi}(t)=(2-e^{-t})\varepsilon(t)-2[1-e^{-(t-1)}]\varepsilon(t-1)$$

$$u_C(t)=u_{Czs}(t)+u_{Czi}(t)=2[\varepsilon(t)-\varepsilon(t-1)]-e^{-t}\varepsilon(t)+2e^{-(t-1)}\varepsilon(t-1)$$

暂态响应：$-e^{-t}\varepsilon(t)+2e^{-(t-1)}\varepsilon(t)$

稳态响应：$2[\varepsilon(t)-\varepsilon(t-1)]$

自然响应：$-e^{-t}\varepsilon(t)+2e^{-(t-1)}\varepsilon(t)$

受迫响应：$2[\varepsilon(t)-\varepsilon(t-1)]$

说明：

- 在电路理论分析时，换路定律为 $i_L(0^-)=i_L(0^+)$，$u_C(0^-)=u_C(0^+)$，即由于电源不能供以无穷大功率，因此在一瞬间电感电流或电容电压不能发生跃变。但是这里在冲激信号和阶跃信号激励下，可以假定能够提供无限大的功率，即在一瞬间能使电感电流或电容电压发生跃变。所以有 $h(0^+)=1\neq h(0^-)=0$，$u_C(0^+)=1\neq u_C(0^-)=0$。
- 有些复杂激励可以通过对激励的近似分解来实现求响应的近似计算，可以采用数值计算方法，这需要依靠计算机辅助分析实现。

本章学习小结

1. 信号的时域分析

1) 奇异信号

奇异信号是指单位冲激信号和单位阶跃信号，它们是两个非常重要的信号，深刻理解并应用单位冲激信号和单位阶跃信号，对信号与系统的分析具有十分重要的意义。

(1) 单位冲激信号和单位阶跃信号的定义。

单位阶跃信号的函数表示和图形表示：

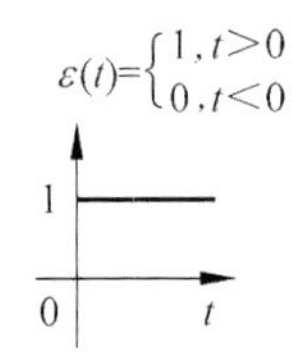

单位冲激信号的函数表示和图形表示：

$$\delta(t)=\begin{cases}0, & t\neq 0\\ \infty, & t=0\end{cases} \text{或} \int_{-\infty}^{+\infty}\delta(t)\mathrm{d}t=1$$

∞

0　　t

(2) 单位冲激信号和单位阶跃信号的重要特性。

冲激信号与阶跃信号关系 $\delta(t)=\dfrac{\mathrm{d}\varepsilon(t)}{\mathrm{d}t}$，$\varepsilon(t)=\int_{-\infty}^{t}\delta(\tau)\mathrm{d}\tau$；

偶函数性 $\delta(t)=\delta(-t)$，$\delta(t-r)=\delta(r-t)$；

选择性 $\int_{-\infty}^{+\infty}\delta(t)f(t)\mathrm{d}t=f(0)$，$\int_{-\infty}^{+\infty}\delta(t-t_0)f(t)\mathrm{d}t=f(t_0)$；

比例性 $\delta(at)=\dfrac{1}{|a|}\delta(t)$；

乘积性 $f(t)\delta(t)=f(0)\delta(t)$，$f(t)\delta(t-t_0)=f(t_0)\delta(t-t_0)$。

$\delta(t)$具有选择、比例、乘积等性质，$\varepsilon(t)$是开关信号，它的平移、反褶可以用来表示任意信号的起始或截止。

2) 信号的表示与运算

(1) 信号可以表示为函数表达式，也可以用直观形象的波形表示。二者相互对应，可以相互转换。

(2) 信号的运算与变换包括代数运算(加、减、乘)、微分与积分、平移、反褶、比例以及信号的分解与合成(一系列冲激信号或阶跃信号相叠加)等。

2. 系统的时域分析

1) LTI 连续系统的数学描述(模型)及数学模拟

n 阶 LTI 连续系统的数学描述：激励、响应的 n 阶线性常系数微分方程。

n 阶 LTI 连续系统的数学模拟：三种基本运算器(加法器、积分器和倍乘器)构成的微分方程直接模拟图。

系统的数学描述与数学模拟相互对应,可以相互转换。

2) 系统响应

动态系统含有储能元件,系统在某一时刻的输出不仅与该时刻的激励有关,还与该时刻之前的系统储能有关。动态系统在初始储能和外加激励共同作用下产生的响应为系统全响应。系统全响应＝零输入响应＋零状态响应；系统全响应＝自然响应＋受迫响应；一般情况下,系统全响应＝暂态响应＋稳态响应。

零输入响应是系统激励为零,仅由系统初始条件(初值)产生(决定)的响应。具有齐次微分方程的解形式。

零状态响应是系统初始条件(初值)为零,仅由系统激励产生(决定)的响应。具有非齐次微分方程的解形式。

(1) 零状态响应可以通过叠加积分(卷积积分法)获得,这是本章研究的重点内容。

$$r_{zs}(t) = e(t) * h(t) = \int_{0^-}^{t} e(\tau)h(t-\tau)\mathrm{d}\tau$$

或

$$r_{zs}(t) = e'(t) * r_\varepsilon(t) = e(0^+)r_\varepsilon(t) + \int_{0}^{t} e'(\tau)r_\varepsilon(t-\tau)\mathrm{d}\tau = \int_{0^-}^{t} e'(\tau)r_\varepsilon(t-\tau)\mathrm{d}\tau$$

(2) 零输入响应可以通过系统的零输入初始值确定待定系数求解系统齐次微分方程获得。

3) 单位冲激响应和单位阶跃响应

单位冲激响应是冲激信号激励作用下系统的零状态响应,单位阶跃信号是单位阶跃信号激励作用下系统的零状态响应。简记为

$$\delta(t) \rightarrow h(t), \varepsilon(t) \rightarrow r_\varepsilon(t)$$

两者关系为

$$h(t) = r'_\varepsilon(t), r_\varepsilon(t) = \int_{0}^{t} h(\tau)\mathrm{d}\tau$$

冲激响应和阶跃响应均可以通过求解齐次微分方程的方法获得。

4) 子系统的串联和并联连接

若干子系统有机连接可以组成一个大的系统。

串联子系统构成的系统总冲激响应为各子系统冲激响应的卷积。

并联子系统构成的系统总冲激响应为各子系统冲激响应的之和。

5) 卷积图解法或性质求卷积积分

卷积图解法可以使卷积运算直观化,卷积性质的应用可以使卷积运算简单化。卷积的重要性质如下：

$$f(t) * \delta(t) = f(t)$$

$$\delta(t-t_0)*f(t)=f(t-t_0)$$

$$f_1(t)*f_2'(t)=f_1'(t)*f_2(t)$$

$$f_1(t)*f_2(t)=\left[\int_{-\infty}^{t}f_1(\tau)\mathrm{d}\tau\right]*f_2'(t)=f_1'(t)*\int_{-\infty}^{t}f_2(\tau)\mathrm{d}\tau$$

$$f(t-t_1-t_2)=f_1(t-t_1)*f_2(t-t_2)$$

习题练习 2

基础练习

2-1　确定并画出图 T2-1 中各波形的偶分量和奇分量。

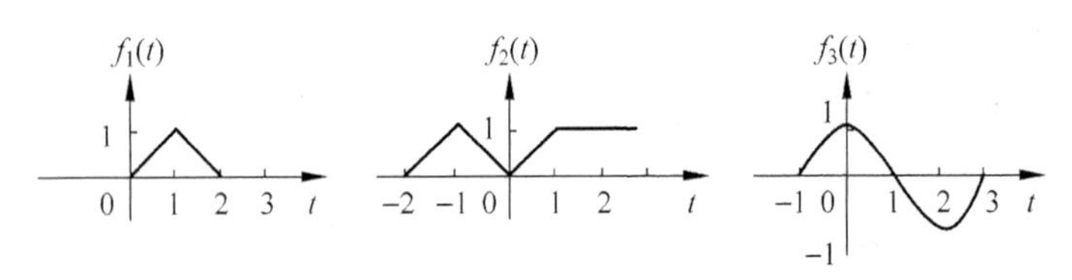

图　T2-1

2-2　画出下列各信号的波形图。

(1) $t\varepsilon(t)$　　(2) $(t-1)\varepsilon(t)$

(3) $t\varepsilon(t-1)$　　(4) $(t-1)\varepsilon(t-1)$

2-3　画出下列各信号的波形图。

(1) $\varepsilon(-t+3)$　　(2) $\varepsilon(-2t+3)$

(3) $\varepsilon(-2t+3)-\varepsilon(-2t-3)$　　(4) $t\varepsilon(2t-1)$

(5) $\left(1-\frac{|t|}{3}\right)[\varepsilon(t+1)-\varepsilon(t-1)]$

2-4　试求下列函数的函数值。

(1) $\int_{-\infty}^{+\infty}f(t-t_0)\delta(t)\mathrm{d}t$　　(2) $\int_{-\infty}^{+\infty}f(t_0-t)\delta(t)\mathrm{d}t$

(3) $\int_{-\infty}^{+\infty}\delta(t-t_0)\varepsilon\left(t-\frac{t_0}{2}\right)\mathrm{d}t$　　(4) $\int_{-\infty}^{+\infty}\delta(t-t_0)\varepsilon(t-2t_0)\mathrm{d}t$

2-5　试求下列函数值。

(1) $\int_{-\infty}^{+\infty}\sin(\omega t+\theta)\delta(t)\mathrm{d}t$　　(2) $\int_{-\infty}^{+\infty}\delta(-2t-3)(3t^2+t-5)\mathrm{d}t$

(3) $\int_{-\infty}^{+\infty}\delta(-t-3)(t+4)\mathrm{d}t$　　(4) $\int_{-\infty}^{+\infty}\delta(t^2-4t+3)\mathrm{d}t$

(5) $\int_{-2}^{+2}\delta(t^2-4t+3)\mathrm{d}t$　　(6) $\frac{\mathrm{d}}{\mathrm{d}t}[\mathrm{e}^{-t}\varepsilon(t)]\Big|_{t=1}$

(7) $\int_{0}^{+\infty}(t^2-2)\delta(t+1)\mathrm{d}t$　　(8) $\int_{2}^{+\infty}(2t+1)\delta(-2t+2)\mathrm{d}t$

2-6　计算卷积 $f_1(t)*f_2(t)$。

(1) $f_1(t)=f_2(t)=\varepsilon(t)$

(2) $f_1(t)=\varepsilon(t)-\varepsilon(t-1),f_2(t)=\varepsilon(t)-\varepsilon(t-2)$

(3) $f_1(t)=\mathrm{e}^{-t}\varepsilon(t),f_2(t)=\varepsilon(t)$

(4) $f_1(t)=\sin 2\pi t[\varepsilon(t)-\varepsilon(t-1)]$, $f_2(t)=\varepsilon(t)$

2-7　用图解法分别求图 T2-2 信号的卷积 $f(t)=f_1(t)*f_2(t)$，并绘出所得结果。

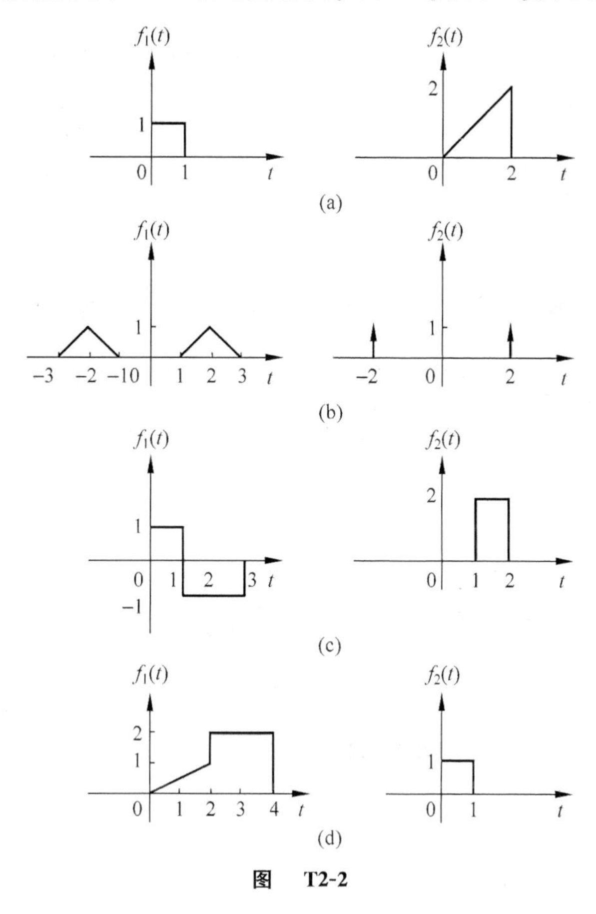

图　T2-2

2-8　已知 LTI 系统的激励为 $e(t)=\varepsilon(t-2)-\varepsilon(t-3)$，冲激响应为 $h(t)=\mathrm{e}^{-t}\varepsilon(t)$，求系统零状态响应 $r_{zs}(t)$。

综合练习

2-9　写出如图 T2-3 所示各波形的函数表达式。

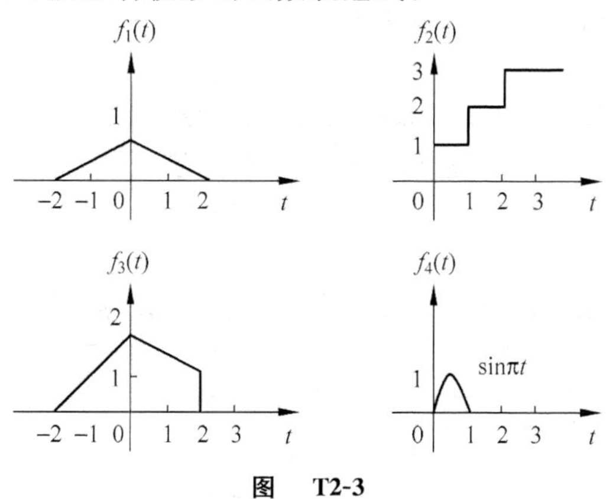

图　T2-3

2-10　已知信号 $f(t)$ 的波形如图 T2-4 所示，试画出下列各信号的波形。

(1) $f(2t+1)$　　(2) $f\left(1-\frac{1}{2}t\right)$

(3) $f(2-t)\varepsilon(t+1)$　　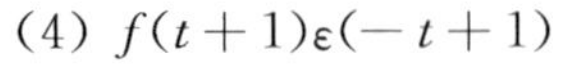
(4) $f(t+1)\varepsilon(-t+1)$

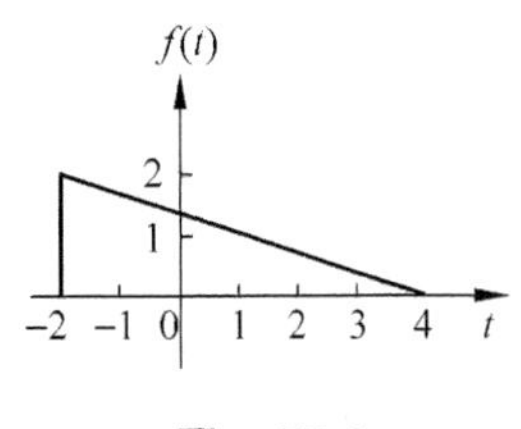

图　T2-4

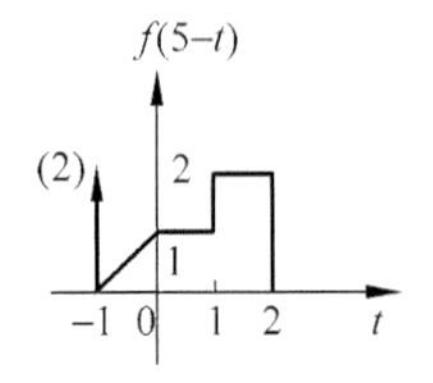

图　T2-5

2-11　已知 $f(5-t)$ 的波形图如图 T2-5 所示，试画出 $f(2t+4)$ 的波形。

2-12　(1) 已知 $f_1(t)$ 和 $f_2(t)$ 如图 T2-6(a) 所示，求 $f_1\left(\frac{t}{2}\right)*f_2(3t)$。

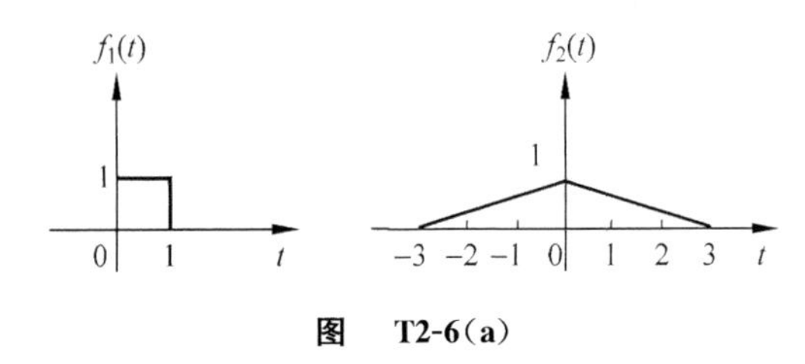

图　T2-6(a)

(2) 已知 $f_3(t)$ 和 $f_4(t)$ 如图 T2-6(b) 所示，求 $f(t)=f_3(t)*f_4(t)$ 及 $f(1)$ 值。

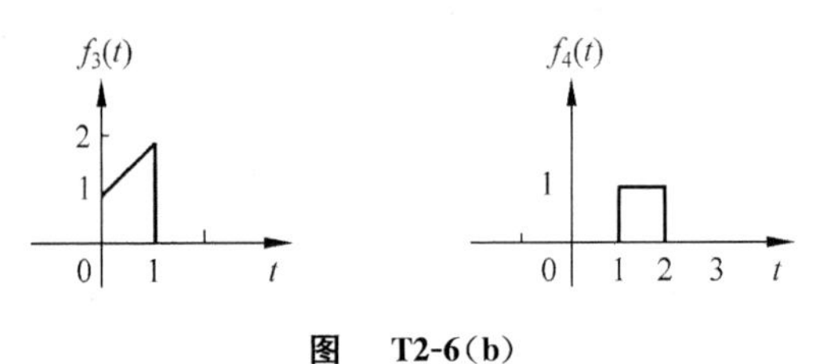

图　T2-6(b)

2-13　已知：

(1) $f_1(t)*t\varepsilon(t)=(t+e^{-t}-1)\varepsilon(t)$

(2) $f_2(t)*[e^{-t}\varepsilon(t)]=(1-e^{-t})\varepsilon(t)-[1-e^{-(t-1)}]\varepsilon(t-1)$

求 $f_1(t)$ 和 $f_2(t)$。

2-14　线性系统由图 T2-7 的子系统组合而成。设子系统的冲激响应分别为 $h_1(t)=\delta(t-1)$，$h_2(t)=\varepsilon(t)-\varepsilon(t-3)$，求组合系统的冲激响应 $h(t)$。

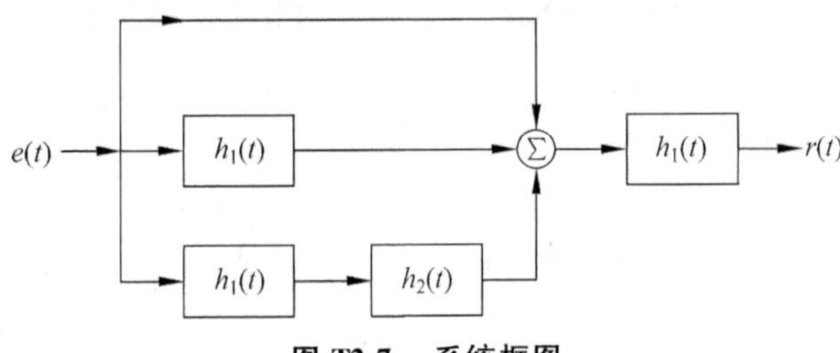

图 T2-7　系统框图

2-15　已知 $f_1(t)$ 和 $f_2(t)$ 的波形如图 T2-8 所示，设 $y(t)=f_1(t)*f_2(t)$，求 $t=6$ 时的 $y(t)$ 值。

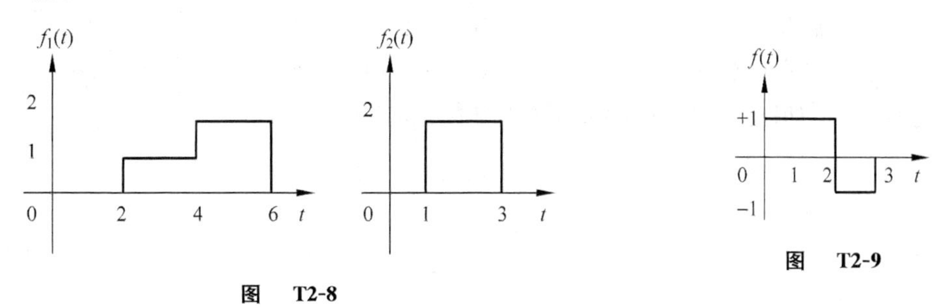

图　T2-8

图　T2-9

2-16　已知某线性系统的单位阶跃响应为 $r_\varepsilon(t)=(2\mathrm{e}^{-2t}-1)\varepsilon(t)$，求图 T2-9 的信号 $f(t)$ 激励下的零状态响应 $r_{zs}(t)$。

2-17　线性系统由图 T2-10 的子系统组合而成。设子系统的冲激响应分别为：$h_a(t)=\delta(t-1)$，$h_b(t)=\varepsilon(t)-\varepsilon(t-1)$，求组合系统的冲激响应 $h(t)$。

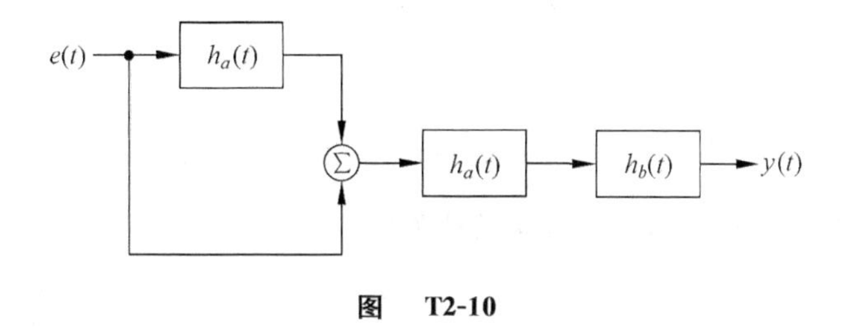

图　T2-10

自测题

1. 单位冲激信号 $\delta(t)$ 是（　　）。

   a. 奇函数　　b. 偶函数　　c. 非奇非偶函数　　d. 奇异函数，无奇偶性

2. 单位函数信号 $\varepsilon(t)$ 具有（　　）。

   a. 周期性　　b. 单边性　　c. 抽样性　　d. 截断性

3. 门函数 $G_\tau(t)$ 具有（　　）。

   a. 抽样性　　b. 单边性　　c. 时限性　　d. 周期性

4. 指数信号 $f(t)=\mathrm{e}^{\alpha t}\varepsilon(t)$，$\alpha$ 是决定信号随时间而（　　）的因子。

   a. 增长　　b. 衰减　　c. 增长或衰减　　d. 增长和衰减

5. 指数信号 $\mathrm{e}^{-3t}\varepsilon(t)$ 比 $\mathrm{e}^{-5t}\varepsilon(t)$ 衰减速度（　　）。

   a. 快　　b. 慢　　c. 相同　　d. 不一定

6. 单位冲激信号的导数冲激偶 $\delta'(t)$ 是（　　）。

   a. 偶函数　　b. 奇函数　　c. 非奇非偶函数　　d. 奇异函数，无奇偶性

7. 单位阶跃信号 $\varepsilon(t)$ 是物理量单位跃变现象，而单位冲激信号 $\delta(t)$ 是物理量产生单位跃变（　　）的现象。

   a. 幅度　　b. 速度　　c. 加速度　　d. 高度

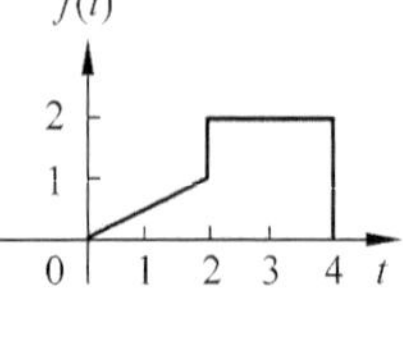

图　T2-11

8. 设有方波信号 $f(t)=\varepsilon(t+\tau)-\varepsilon(t-\tau)$，其积分 $f^{(-1)}(t)$ 为(　　)。

a. 一个常数　　b. 关于 τ 的函数

c. 矩形方波的面积　　d. 关于 t 的函数

9. $f(t)$ 波形如图 T2-11 所示，则 $f'(t)$ 的表示式为(　　)。

a. $\frac{1}{2}t[\varepsilon(t)-\varepsilon(t-2)]$　　b. $\delta(t-2)-2\delta(t-4)$

c. $\frac{1}{2}, 0\leqslant t\leqslant 2$　　d. $\frac{1}{2}[\varepsilon(t)-\varepsilon(t-2)]+\delta(t-2)-2\delta(t-4)$

10. 积分 $\int_{-\infty}^{+\infty}\cos\frac{\pi}{2}t\delta(t)\mathrm{d}t$ 的值为(　　)。

a. 0　　b. $\cos\frac{\pi}{2}t$　　c. 1　　d. $\frac{\sqrt{2}}{2}$

11. 公式 $\int_{-\infty}^{+\infty}f(x-t)\delta(t)\mathrm{d}t$ 可以简化为(　　)。

a. $f(x-t)$　　b. $f(x)\delta(t)$　　c. $f(x)$　　d. $f(x-t)\delta(t)$

12. 公式 $\int_{-\infty}^{+\infty}f(t)\delta'(t)\mathrm{d}t$ 等于(　　)。

a. $f'(0)$　　b. $-f'(0)$　　c. $f(0)\delta(t)$　　d. $f(0)\delta'(t)$

13. 积分 $\int_{-\infty}^{+\infty}(1+\cos t)\delta\left(t-\frac{\pi}{2}\right)\mathrm{d}t$ 的值为(　　)。

a. 0　　b. 1　　c. 2　　d. 3

14. $\delta(-2t)=$(　　)。

a. $2\delta(t)$　　b. $\frac{1}{2}\delta(t)$　　c. $-2\delta(t)$　　d. $-\frac{1}{2}\delta(t)$

15. $\int_{-\infty}^{+\infty}f(t_0-t)\delta(t-t_0)\mathrm{d}t$ 的值为(　　)。

a. $f(2t_0)$　　b. $f(t_0)$　　c. $f(0)$　　d. $f(t)$

16. 系统冲激响应属于(　　)。

a. 全响应　　b. 零状态响应　　c. 零输入响应　　d. 稳态响应

17. 仅由系统本身的初始储能引起的响应为(　　)。

a. 零状态响应　　b. 阶跃响应　　c. 零输入响应　　d. 冲激响应

18. 冲激响应 $h(t)$ 与阶跃响应 $r_\varepsilon(t)$ 的关系为(　　)。

a. $h(t)=\delta(t)*r_\varepsilon(t)$　　b. $r_\varepsilon(t)=\int_{-\infty}^{t}h(\tau)\mathrm{d}\tau$

c. $h(t)=\delta'(t)*r_\varepsilon(t)$　　d. $h(t)=\int_{-\infty}^{t}r_\varepsilon(\tau)\mathrm{d}\tau$

19. 系统冲激响应 $h(t)=\mathrm{e}^{-2t}\varepsilon(t)$，则系统阶跃响应为(　　)。

a. $\frac{1}{2}(1+\mathrm{e}^{-2t})$　　b. $\frac{1}{2}(1+\mathrm{e}^{-2t})\varepsilon(t)$

c. $\frac{1}{2}(1-\mathrm{e}^{-2t})\varepsilon(t)$　　d. $\frac{1}{2}(1-\mathrm{e}^{-2t})$

20. $\delta(t) * 2 =$(　　)。

a. 2　　b. $2\delta(t)$　　c. $\frac{1}{2}\delta(t)$　　d. 1

21. $f(t)=\delta(t) * \mathrm{e}^{-2t}\varepsilon(t)$的值为(　　)。

a. $\frac{1}{2}\mathrm{e}^{-2t}\varepsilon(t)$　　b. $\frac{1}{2}(1-\mathrm{e}^{-2t})\varepsilon(t)$

c. $\mathrm{e}^{-2t}\varepsilon(t)$　　d. $\delta(t)$

22. $\delta(t) * \delta(t) =$(　　)。

a. $\varepsilon(t)$　　b. $t\varepsilon(t)$　　c. $\varepsilon'(t)$　　d. $\delta(t)$

23. $\delta(t-1) * \delta(t-2) =$(　　)。

a. $\varepsilon(t-2)$　　b. $\delta(t-1)$　　c. $\varepsilon(t-3)$　　d. $\delta(t-3)$

24. 按(　　)可以把系统全响应分解成为零输入响应和零状态响应。

a. 响应的变化规律　　b. 激励信号的形式

c. 系统的性质　　d. 引起响应的原因

25. 按系统的性质和激励信号的形式可以将系统全响应分解为(　　)。

a. 零状态响应和零输入响应　　b. 暂态响应和稳态响应

c. 自然响应和受迫响应　　d. 阶跃响应和冲激响应

26. 积分 $\int_{-\infty}^{+\infty}(t+1)\delta(-t)\mathrm{d}t$ 的值为(　　)。

a. 2　　b. 1　　c. 3　　d. 4

27. 积分$\int_{-\infty}^{+\infty}2(t^2+1)\delta(-2t-4)\mathrm{d}t$ 的值为(　　)。

a. 1　　b. 3　　c. 4　　d. 5

28. $\frac{\mathrm{d}}{\mathrm{d}t}\left[\cos\left(t+\frac{\pi}{4}\right)\delta(t)\right]$等于(　　)。

a. $\frac{1}{\sqrt{2}}\delta'(t)$　　b. $\frac{1}{\sqrt{2}}\delta(t)$

c. $\sin\left(t+\frac{\pi}{4}\right)\delta(t)$　　d. $\cos\left(t+\frac{\pi}{4}\right)\delta'(t)$

29. 公式$\int_{-\infty}^{+\infty}f(t)\delta^{(n)}(t)\mathrm{d}t$ 等于(　　)。

a. $(-1)^n \left.\frac{\mathrm{d}^n}{\mathrm{d}t^n}f(t)\right|_{t=0}$　　b. $f(0)\delta^{(n)}(t)$

c. $f(t)$　　d. $f(t)\delta^{(n-1)}(t)$

30. 已知 $f(t)=2\delta(t-3)$,则$\int_{0^-}^{+\infty}f(5-2t)\mathrm{d}t$ 的值为(　　)。

a. 2　　b. 0　　c. 1　　d. 3

31. 已知 $f(5-2t)=2\delta(t-3)$,则$\int_{0^-}^{+\infty}f(t)\mathrm{d}t$ 的值为(　　)。

a. 3　　b. 2　　c. 0　　d. 1

32. $\int_{-\infty}^{+\infty}(2t+2)\delta(2-t)\mathrm{d}t$ 的值为(　　)。

a. 0　　b. 4　　c. 6　　d. 7

33. $te^{-2t}\varepsilon(t)*\delta'(t)=$(　　)。

a. $te^{-2t}\varepsilon(t)$　　b. $e^{-2t}\varepsilon(t)-te^{-2t}\varepsilon(t)+te^{-2t}\delta(t)$

c. $e^{-2t}\varepsilon(t)$　　d. $(1-2t)e^{-2t}\varepsilon(t)$

34. 设 LTI 连续系统激励 $f(t)=\delta(t)+\varepsilon(t)$,冲激响应 $h(t)=e^{-t}\varepsilon(t)$,则零状态响应为(　　)。

a. $\varepsilon(t)$　　b. $e^{-t}\varepsilon(t)+(1-e^{-t})\varepsilon(t)$

c. $e^{-t}\varepsilon(t)$　　d. $\delta(t)$

35. 冲激响应的变化模式取决于(　　)。

a. 阶跃响应的模式　　b. 输入信号的形式

c. 输出信号的形式　　d. 系统的特征根

36. 某二阶系统的特征根为不等的负实根,则冲激响应为(　　)。

a. 欠阻尼型　　b. 临界阻尼型　　c. 无阻尼型　　d. 过阻尼型

37. 某二阶系统的冲激响应 $h(t)=te^{-t}\varepsilon(t)$,则该系统属于(　　)。

a. 欠阻尼型　　b. 临界阻尼型　　c. 无阻尼型　　d. 过阻尼型

38. 设 LTI 连续系统中,初始状态一定。

当输入为 $f(t)$时,全响应为$(3e^{-t}+2e^{-2t})\varepsilon(t)$

当输入为 $2f(t)$时,全响应为$(5e^{-t}+3e^{-2t})\varepsilon(t)$

当输入为 $f'(t)+f(t)$时,全响应为(　　)。

a. $-2e^{-2t}$　　b. $(e^{-t}-e^{-2t})\varepsilon(t)$

c. $e^{-t}-e^{-2t}$　　d. $3\delta(t)+e^{-t}\varepsilon(t)$

39. 设某一阶系统的特征根为 $\lambda=-1$,系统在输入 $f(t)=(1+e^{-2t})\varepsilon(t)$,全响应为 $y(t)=(1.5e^{-t}+1+2e^{-2t})\varepsilon(t)$,其中强迫响应为(　　)。

a. $(1+2e^{-2t})\varepsilon(t)$　　b. $(1.5e^{-t}+2e^{-2t})\varepsilon(t)$

c. $(1+e^{-t})\varepsilon(t)$　　d. 1

40. 二阶系统微分方程为 $y''(t)+2\xi\omega_0 y'(t)+\omega_0^2 y(t)=\omega_0^2 f(t)$,当(　　)时,系统工作在欠阻尼状态。

a. $\xi=1$　　b. $\xi>1$　　c. $0<\xi<1$　　d. $\xi=0$

41. 卷积$(1-e^{-2t})\varepsilon(t)*\delta'(t)*\varepsilon(t)$的结果为(　　)。

a. $(1-e^{-2t})\varepsilon(t)$　　b. $2(1-e^{-2t})\varepsilon(t)$

c. $(1-e^{-2t})\delta(t)$　　d. $t(1-e^{-2t})\varepsilon(t)$

42. 卷积 $e^{-3t}\varepsilon(t)*\dfrac{d}{dt}[e^{-t}\delta(t)]$的结果为(　　)。

a. $e^{-3t}\varepsilon(t)$　　b. $\delta(t)-3e^{-3t}\varepsilon(t)$

c. $e^{-3t}\delta(t)-3e^{-3t}\varepsilon(t)$　　d. $\dfrac{1}{3}(1-e^{-3t})\varepsilon(t)$

第3章

连续信号与系统的频域分析

本章学习目标

- 深刻理解周期信号和非周期信号频谱的概念及意义。
- 掌握傅里叶变换的主要性质及应用。
- 深刻理解系统函数的定义及物理意义。
- 掌握连续系统的频域分析法。
- 理解信号不失真传输条件的意义及信号通过理想滤波器的概念。
- 了解理想滤波器与实际滤波器的概念及特性。

3.1 引言

通信系统所要传输的信号是多种多样的,而且常常具有较为复杂的波形,求这样一些信号激励下的系统响应较为困难。从上一章的内容可知,为了求出一个复杂信号作用下的系统响应,可以先把这个信号分解成许多简单信号分量,例如阶跃信号、冲激信号。求系统响应时,将这些简单信号分量分别施加于系统并求出各个响应分量,然后再利用叠加原理合成这些响应分量,获得总响应。复杂信号不仅可以表示成为许多阶跃信号、冲激信号组合,也可以表示成许多不同频率、不同幅值的正弦信号或复指数信号的组合;即信号可以分解为许多不同频率、不同幅值的正弦分量或复指数分量。由电路理论可知,直流信号和正弦信号作用于线性系统的响应一般较容易求取,仿照上一章求复杂激励信号作用下的系统响应的方法,将组成复杂激励信号的各正弦信号分量或复指数信号分量分别施加于系统;并用电路理论中方法求出每个正弦信号分量或复指数分量激励下的响应;然后再利用叠加原理叠加这些响应分量求得总响应,从而完成系统分析任务。由于这里的信号分解后,信号的变量是频率,因此就把以时间 t 为变量的时域分析转换成以角频率 ω 为变量的频域分析。

综上所述,信号分析就是研究信号如何表示为各分量的叠加,从信号分量的组成考察信号的特性。如信号时域分析是将信号分解为许多阶跃信号、冲激信号分量的叠加来考察信号的时域特性,信号频域分析是将信号分解为许多不同频率、不同幅值的正弦信号分量或复指数信号分量的叠加来考察信号的频域特性。系统分析就是研究已知激励作用下如何求系统响应问题,根据信号变量是时间 t 还是角频率 ω,系统分析分为时域分析和频域分析。

本章将应用周期信号的傅里叶级数和非周期信号的傅里叶变换进行信号的分解,从频率角度认识并研究信号的频率特性。傅里叶变换可以将系统的时域微分方程变成频域的代数方程,并为系统的零状态响应求取开辟了另一条新的途径。同时还将研究信号通过系统时,系统频率特性对信号的影响。

本章在信号与系统分析中所用到的变量是频率,因此称为信号与系统的频域分析。由于整个系统的分析也就是微分方程求解(求响应)过程和系统频率特性分析是在以频率 ω 为自变量的函数下进行的,因此称为系统的频域分析。研究信号(函数)的频率特性,称为信号的频域分析。连续信号与系统的频域分析主要是利用傅里叶级数和傅里叶变换研究连续信号的频率特性、连续系统的频率特性以及频域求系统响应。

3.2 周期信号的分解与合成——傅里叶级数

3.2.1 傅里叶级数的三角函数形式

一个周期为 T 的周期信号 $f_T(t)$ 在一个周期 $\left[-\frac{T}{2},+\frac{T}{2}\right]$ 内满足狄利赫里(Dirichlet)条件,即连续或只有有限个间断点;只有有限个极值点;在一个周期内绝对可积 $\left(\int_{-\frac{T}{2}}^{+\frac{T}{2}}|f_T(t)|\mathrm{d}t=\text{有限值}\right)$。则该周期信号可以表示为

$$f_T(t)=\frac{a_0}{2}+\sum_{n=1}^{+\infty}(a_n\cos n\Omega t+b_n\sin n\Omega t)=\frac{a_0}{2}+\sum_{n=1}^{+\infty}A_n\cos(n\Omega t+\phi_n) \tag{3-1}$$

其中

$$\begin{cases}a_0=\dfrac{2}{T}\displaystyle\int_{-T/2}^{+T/2}f(t)\mathrm{d}t\\[2ex] a_n=\dfrac{2}{T}\displaystyle\int_{-T/2}^{+T/2}f(t)\cos n\Omega t\mathrm{d}t\\[2ex] b_n=\dfrac{2}{T}\displaystyle\int_{-T/2}^{+T/2}f(t)\sin n\Omega t\mathrm{d}t\end{cases} \tag{3-1a}$$

$$\begin{cases}A_n=\sqrt{a_n^2+b_n^2}\\[1ex] \phi_n=-\arctan\dfrac{b_n}{a_n}\\[2ex] \Omega=\dfrac{2\pi}{T}=2\pi f\end{cases} \tag{3-1b}$$

式(3-1)中 $\frac{a_0}{2}$ 为 $f_T(t)$ 在区间 $\left[-\frac{T}{2},+\frac{T}{2}\right]$ 的平均值,即信号的直流分量(direct component)。$a_n\cos n\Omega t+b_n\sin n\Omega t=A_n\cos(n\Omega t+\phi_n)$ 为一个正弦分量(n 为整数)。

$n=1$ 时,$A_1\cos(\Omega t+\phi_1)$ 称为 $f_T(t)$ 的基波分量(fundamental component)。

$n=2$ 时，$A_2\cos(2\Omega t+\phi_2)$称为 $f_T(t)$的二次谐波分量(harmonic component)。

……

以此类推，$A_n\cos(n\Omega t+\phi_n)$称为 $f_T(t)$的 n 次谐波分量。显然，直流分量的大小以及基波与各次谐波的幅值、相位取决于周期信号 $f_T(t)$。

从式(3-1)可以概括为要点 3.1。

要点 3.1

任意一个满足狄利赫里条件的周期信号均可以用一个直流分量、基波分量和一系列谐波分量之和表示。或者说任意一个满足狄利赫里条件的周期信号是由许多的不同频率、不同幅值的正弦分量组成的。

表示为

$$f_T(t)=\frac{a_0}{2}+\sum_{n=1}^{+\infty}(a_n\cos n\Omega t+b_n\sin n\Omega t)=\frac{a_0}{2}+\sum_{n=1}^{+\infty}A_n\cos(n\Omega t+\phi_n)$$

3.2.2　傅里叶级数的指数形式

三角函数形式的傅里叶级数含义比较明确，但是需要求三个系数，运算起来很不方便，因此经常采用只需要求一个系数的指数形式傅里叶级数。傅里叶级数的指数形式表示为

$$f_T(t)=\frac{1}{2}\sum_{n=-\infty}^{+\infty}\dot{A}_n e^{jn\Omega t} \tag{3-2}$$

其中

$$\dot{A}_n=\frac{2}{T}\int_{-\frac{T}{2}}^{+\frac{T}{2}}f_T(t)e^{-jn\Omega t}dt \tag{3-2a}$$

$$\dot{A}_n=a_n-jb_n=A_n e^{j\phi_n} \tag{3-2b}$$

由式(3-2)可见，周期信号可以表示成许多复指数信号分量叠加形式，即周期信号可以表示成许多不同频率、不同幅值的正弦信号(三角函数形式)或复指数信号(指数形式)的组合。

由上述讨论可知，同一个信号，既可以表示成三角函数形式的傅里叶级数，又可以表示成指数形式的傅里叶级数。二者形式不同，其实质完全一致。指数形式的傅里叶级数中存在负频率项，只是欧拉公式数学运算的结果，并不表示负频率的存在。只有把负频率项与相应的正频率项成对地合并起来，才是实际的频率分量。

3.2.3　周期信号的谐波分析及吉伯斯现象

在实际进行信号分析时不可能取无限多次谐波分量组成信号，而只能取有限多项谐波分量来近似表示信号，这样将不可避免地引入误差，随着所取谐波分量的项数增加，误差也会减小。这里以周期方波为例进行谐波分析。

1. 周期信号的谐波分析及合成

周期为 T 的方波如图 3-1 所示。

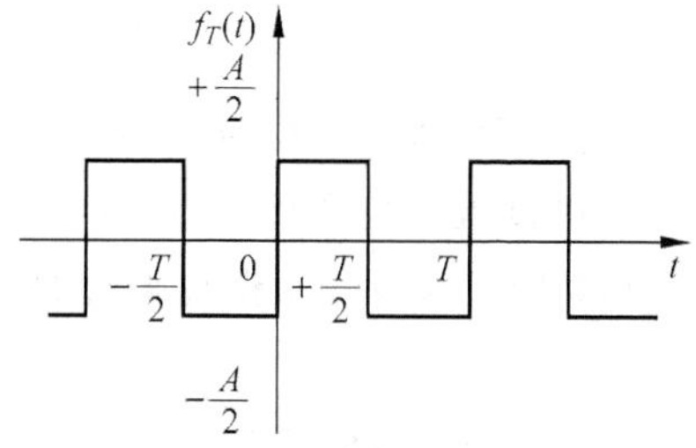

图 3-1　周期方波信号

利用式(3-1)可以将图 3-1 的方波表示成

$$f_T(t)=\frac{a_0}{2}+\sum_{n=1}^{+\infty}(a_n\cos n\Omega t+b_n\sin n\Omega t)$$

由式(3-1a)可以求得

$$a_0 = \frac{2}{T}\int_{-\frac{T}{2}}^{+\frac{T}{2}} f_T(t)\mathrm{d}t = 0$$

$$a_n = \frac{2}{T}\int_{-\frac{T}{2}}^{+\frac{T}{2}} f_T(t)\cos n\Omega t\,\mathrm{d}t = 0$$

$$b_n = \frac{2}{T}\int_{-\frac{T}{2}}^{+\frac{T}{2}} f_T(t)\sin n\Omega t\,\mathrm{d}t = \frac{2}{T}\int_{0}^{\frac{T}{2}} A\sin n\Omega t\,\mathrm{d}t = \frac{2A}{T}\left(\frac{-\cos n\Omega t}{n\Omega}\right)\Bigg|_0^{\frac{T}{2}}$$

$$= \begin{cases} \dfrac{2A}{n\pi} & (n = 1,3,5,\cdots) \\ 0 & (n = 2,4,6,\cdots) \end{cases}$$

即

$$a_0 = a_n = 0$$

n 为奇数时：$b_n = \dfrac{2A}{n\pi}$；n 为偶数时：$b_n = 0$。则周期方波的傅里叶级数可表示为

$$f_T(t) = \frac{2A}{\pi}\left(\sin\Omega t + \frac{1}{3}\sin 3\Omega t + \frac{1}{5}\sin 5\Omega t + \cdots\right) \tag{3-3}$$

由式(3-3)可见，图3-1所示信号的傅里叶级数表示式中只包括奇次谐波分量，即基波频率的奇数倍谐波分量。有限项正弦波合成方波的过程如图3-2所示。

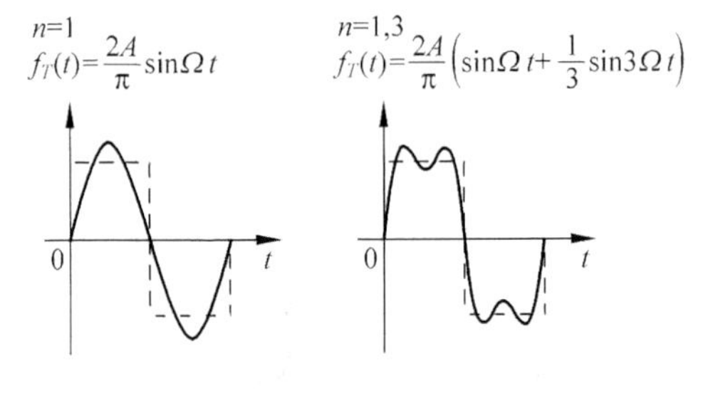

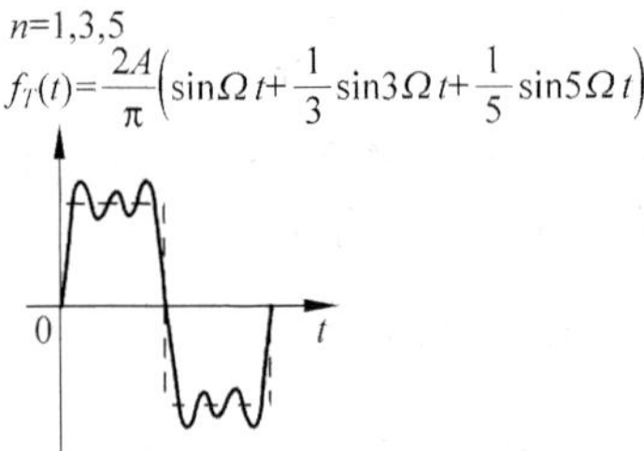

图3-2　有限项正弦波合成方波的波形

可见随着所取谐波项数的增加，合成信号的边沿更陡峭，顶部纹波增多，更趋平坦。合成波形更接近方波形状。通过以上分析可概括结论如下：

(1) 用基波及各次谐波来近似(组成)信号时，所取的谐波分量愈多，波形越接近原信号波形。

(2) 频率较低的谐波振幅较大，它们是组成方波的主体(含主要信息量)。

(3) 频率较高的谐波分量振幅较小,它们决定了方波的细节(含细节信息)。

由直流分量、基波分量以及具有不同幅值和相位的各次谐波的叠加可以在时域内构成原周期信号。

2. 吉伯斯现象

由如图 3-1 所示的具有不连续点的周期信号谐波合成如图 3-2 所示,可见,当选取傅里叶级数项数增多时,合成的波形虽在总趋势上更逼近原信号,但在不连续点两侧呈现起伏。随着项数的增多,起伏峰便靠近不连续点,但峰值的大小并不下降,且起伏在不连续点两侧呈衰减振荡形式的现象,这种现象称为吉伯斯现象。

3.2.4　周期信号的对称性与谐波分量的关系

由式(3-1a)可以看出,各频率分量的幅值(系数)a_0、a_n、b_n,取决于周期信号的波形 $f_T(t)$,并与其对称性有着密切的关系。了解并熟悉周期信号的对称性,不仅可以使傅里叶级数系数的计算较为简便,同时也可以迅速地判断出周期信号所包含的谐波分量。周期信号的对称性与傅里叶级数系数 a_0、a_n、b_n 的关系如表 3-1 所示。

表 3-1　周期信号的奇、偶性与傅里叶系数的关系

$f(t)$的对称条件	系数 a_0、a_n、b_n	谐波含量
偶函数 (关于纵轴对称) $f(t)=f(-t)$	$b_n=0$ $f_T(t)=\frac{a_0}{2}+\sum_{n=1}^{+\infty}a_n\cos n\Omega t$	直流分量 余弦分量
奇函数 (关于原点对称) $f(t)=-f(-t)$	$a_n=a_0=0$ $f_T(t)=\sum_{n=1}^{+\infty}b_n\sin n\Omega t$	只有正弦分量
偶谐函数 (半波重叠信号) $f\left(t\pm\frac{T}{2}\right)=f(t)$	$n=2,4,6,8,\cdots$ $f_T(t)=\frac{a_0}{2}+\sum_{n=1}^{+\infty}a_n\cos n\Omega t+b_n\sin n\Omega t$	直流分量 偶次谐波分量
奇谐函数 (半波镜像信号) $-f\left(t\pm\frac{T}{2}\right)=f(t)$	$n=1,3,5,7,\cdots$ $a_0=0$ $f_T(t)=\sum_{n=1}^{+\infty}a_n\cos n\Omega t+b_n\sin n\Omega t$	只有奇次谐波分量

表 3-1 中的偶谐函数信号(也称半波重叠信号)是用信号半个周期的波形向左或向右移半个周期与下半个周期波形重合,即 $f\left(t\pm\frac{T}{2}\right)=f(t)$,$n=\text{even}(2,4,6,8,\cdots)$,它只含偶次谐波分量。奇谐函数信号(也称半波镜像信号)是用信号半个周期的波形向左或向右移半个周期沿横轴反褶后与下半个周期波形重合,即 $-f\left(t\pm\frac{T}{2}\right)=f(t)$,$n=\text{odd}(1,3,5,7,\cdots)$,它含有奇次谐波分量。

为了使用方便,将几种典型周期信号的对称性及其所含谐波分量归纳成表 3-2。

表 3-2　几种典型周期信号的对称性及其所含谐波分量

信号名称	信号波形	特点	
		对称性	含谐波分量
矩形脉冲		偶函数	直流分量 余弦分量
对称方波		偶函数 奇谐函数	奇次谐波的余弦分量
		奇函数 奇谐函数	奇次谐波的正弦分量
锯齿波		奇函数	正弦分量
		去直流后 奇函数	直流分量 正弦分量
三角波		偶函数 去直流后 奇谐函数	直流分量 奇次谐波的余弦分量
		奇函数 奇谐函数	奇次谐波的正弦分量

续表

信号名称	信号波形	特　点	
		对称性	含谐波分量
半波整流		偶函数	直流分量、基波分量 偶次谐波的余弦分量
全波整流		偶函数	直流分量 偶次谐波的余弦分量

3.3　周期信号的频谱及特点

3.3.1　周期信号频谱的概念

为了直观而准确地表示信号中各频率分量的大小和相位，将各次谐波分量幅度大小或相位按频率的高低排列成谱线得到的图称为频谱(spectrum)。它从频域角度反映了信号所携带的信息。频谱可分为幅度谱和相位谱。

- 幅度谱(amplitude spectrum)：将信号各次谐波的振幅按频率高低排列的谱线(反映各次谐波的振幅随频率变化的关系)。横轴为 $n\Omega$，纵轴为 A_n。
- 相位谱(phase spectrum)：将信号各次谐波的相位按频率高低排列的谱线(反映各次谐波的相位随频率变化的关系)。横轴为 $n\Omega$，纵轴为 ϕ_n。

频谱图中每个垂直线称谱线，所在位置为 n 倍的基波频率，每个谱线的高度为该次谐波的振幅或相位。谐波幅度均为正值，因此幅度谱均是向上的谱线。下面给出几种周期信号的频谱。

1. 周期三角波(偶函数的奇谐信号)

如图 3-3 所示为周期三角波及其频谱。

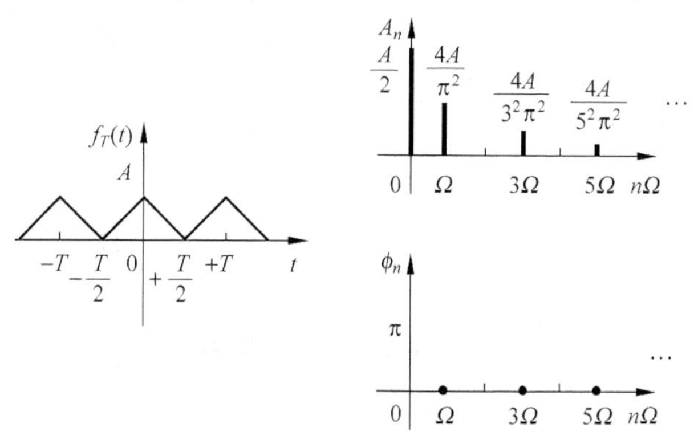

图 3-3　周期三角波及其频谱图

$n=1,3,5,7,\cdots$

$$f_T(t)=A\left[\frac{1}{2}+\frac{4}{\pi^2}\left(\cos\Omega t+\frac{1}{3^2}\cos 3\Omega t+\frac{1}{5^2}\cos 5\Omega t+\cdots\right)\right] \tag{3-4}$$

2. 周期锯齿波(奇函数)

如图3-4所示为周期锯齿波及其频谱。

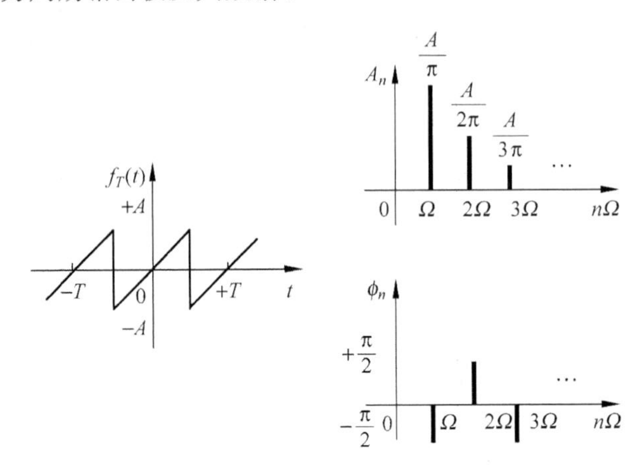

图3-4　周期锯齿波及其频谱图

$n=1,2,3,4,\cdots$

$$f_2(t)=\frac{A}{\pi}\left[\sin\Omega t-\frac{1}{2}\sin 2\Omega t+\frac{1}{3}\sin 3\Omega t-\cdots\right]$$

$$=\frac{A}{\pi}\left[\cos\left(\Omega t-\frac{\pi}{2}\right)+\frac{1}{2}\cos\left(2\Omega t-\frac{\pi}{2}+\pi\right)+\frac{1}{3}\cos\left(3\Omega t-\frac{\pi}{2}\right)+\cdots\right] \tag{3-5}$$

3. 全波整流波形(偶函数的偶谐信号)

如图3-5所示为全波整流信号及其频谱。

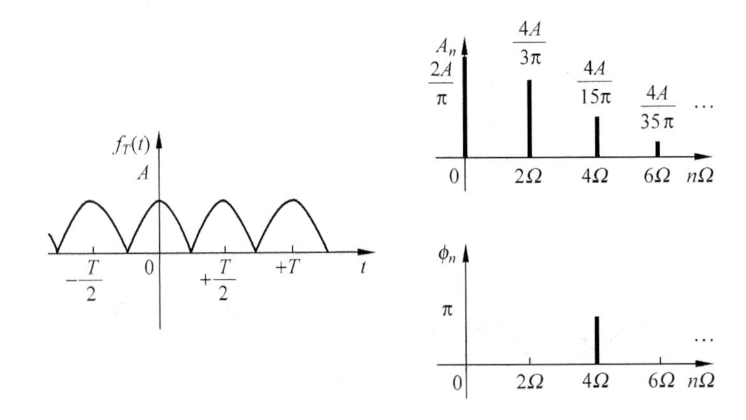

图3-5　全波整流波形及其频谱图

$n=2,4,6,8\cdots$

$$f_3(t)=\frac{2A}{\pi}+\frac{4A}{\pi}\left[\frac{1}{3}\cos2\Omega t-\frac{1}{15}\cos4\Omega t+\frac{1}{35}\cos6\Omega t-\cdots\right]$$

$$=\frac{2A}{\pi}+\frac{4A}{\pi}\left[\frac{1}{3}\cos2\Omega t+\frac{1}{15}\cos(4\Omega t+\pi)+\frac{1}{35}\cos6\Omega t+\frac{1}{63}\cos(8\Omega t+\pi)+\cdots)\right] \tag{3-6}$$

3.3.2　周期信号的频谱特点

由图 3-3、图 3-4 和图 3-5 可以看出周期信号的频谱的一些特点，它们是：

- 频谱由离散的谱线组成，且每个谱线为一个谐波分量，称为频谱具有离散性；
- 谱线只在基波频率的整数倍上出现，称为频谱具有谐波性；
- 随频率增加各次谐波的振幅下降，当谐波次数趋于无穷大时，谐波振幅将趋于零，称为频谱具有衰减性。

以上内容可概括为要点 3.2。

要点 3.2

周期信号的频谱特点是离散的、谐波的、衰减的。

3.3.3　周期 T、脉宽 τ 与频谱的关系

通过脉宽为 τ 周期为 T 的矩形脉冲信号来说明信号周期 T、脉宽 τ 与频谱的关系。

1. 脉宽为 τ 周期为 T 的矩形脉冲信号的频谱

周期矩形脉冲信号如图 3-6(a)所示。利用傅里叶级数的指数形式求其频谱。过程如下：

$$f_T(t)=\frac{1}{2}\sum_{n=-\infty}^{+\infty}\dot{A}_n\mathrm{e}^{\mathrm{j}n\Omega t}$$

$$\dot{A}_n=\frac{2}{T}\int_{-\frac{T}{2}}^{+\frac{T}{2}}f_T(t)\mathrm{e}^{-\mathrm{j}n\Omega t}\mathrm{d}t=\frac{2}{T}\int_{-\frac{\tau}{2}}^{+\frac{\tau}{2}}A\mathrm{e}^{-\mathrm{j}n\Omega t}\mathrm{d}t=\frac{2A}{-\mathrm{j}Tn\Omega}[\mathrm{e}^{-\mathrm{j}n\Omega\tau/2}-\mathrm{e}^{\mathrm{j}n\Omega\tau/2}]$$

$$=\frac{2A\tau}{T}\frac{\sin n\Omega\tau/2}{n\Omega\tau/2}$$

因为$\dot{A}_n=A_n\mathrm{e}^{\mathrm{j}\phi_n}$，所以

当 $0<\frac{n\Omega\tau}{2}<\pi$ 时，即：$0<n\Omega<\frac{2\pi}{\tau}$时，$\dot{A}_n=\frac{2A\tau}{T}\frac{\sin n\Omega\tau/2}{n\Omega\tau/2}>0$，即

$$A_n=\frac{2A\tau}{T}\frac{\sin n\Omega\tau/2}{n\Omega\tau/2},\phi_n=0;$$

当 $\pi<\frac{n\Omega\tau}{2}<2\pi$ 时，即：$\frac{2\pi}{\tau}<n\Omega<\frac{4\pi}{\tau}$时，$\dot{A}_n=\frac{2A\tau}{T}\frac{\sin n\Omega\tau/2}{n\Omega\tau/2}<0$，即

$$A_n=\frac{2A\tau}{T}\frac{\sin n\Omega\tau/2}{n\Omega\tau/2},\phi_n=-\pi。$$

周期矩形脉冲信号的频谱如图 3-6(b)所示，周期矩形脉冲信号的相位频谱如图 3-6(c)所示。

由图 3-6(b)可见，周期矩形脉冲信号的幅度谱外包络为抽样函数$\frac{\sin x}{x}$。

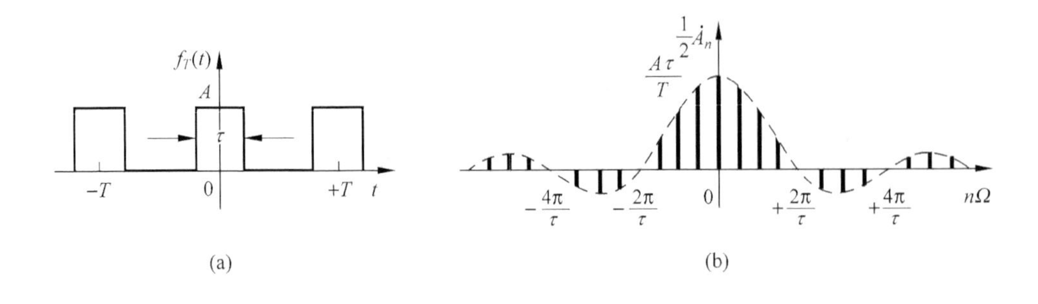

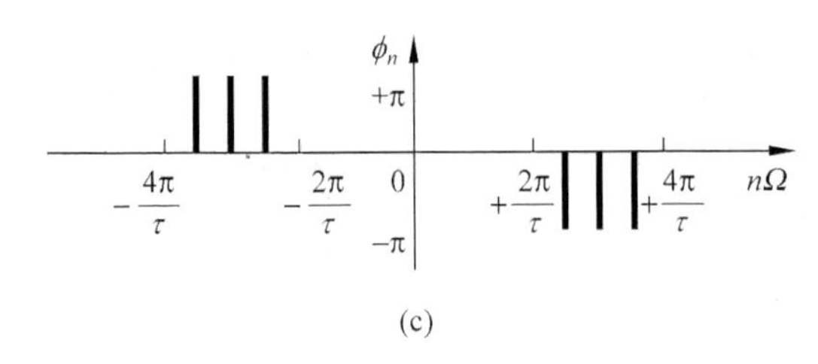

图 3-6 周期矩形脉冲信号及其频谱图

由前面分析可知，周期信号可以由直流分量和一系列虚指数信号组成；在指数形式的傅里叶级数中，由于每对相同 n 值的正负倍基波频率合成一个余弦信号(谐波分量)，所以其频谱图的谱线在频率轴的负半轴也存在，这样的频谱称为双边频谱。但这并不意味着有负频率的存在，$-n\Omega$ 只是把第 n 次谐波正弦分量分解成两个虚指数后出现的数学形式。只有幅度谱为实数时才可以将幅度谱和相位谱画在一起，如图 3-6(b)所示。也可以只画正频率轴的单边频谱，周期矩形脉冲信号的单边频谱图如图 3-7 所示。其中图 3-7(a)所示为幅度频谱，图 3-7(b)所示为相位频谱。

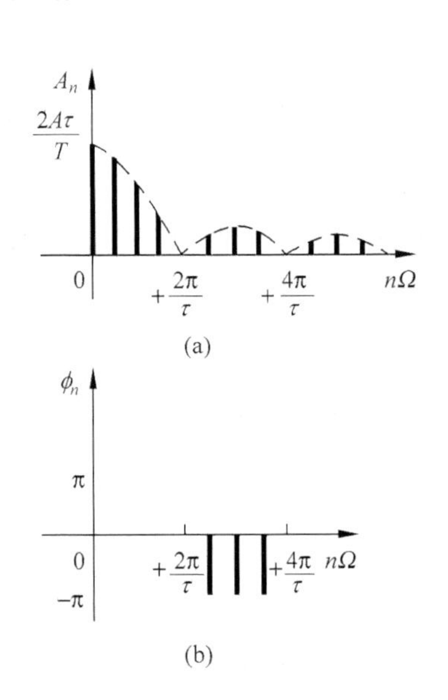

图 3-7 周期矩形脉冲信号的单边频谱图

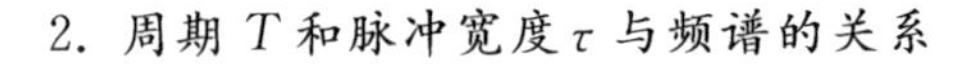
2. 周期 T 和脉冲宽度 τ 与频谱的关系

图 3-8 给出了不同周期、不同脉宽的周期矩形脉冲信号及其频谱。

其中基波频率为 $\Omega=\frac{2\pi}{T}$，幅度各次谐波幅度 A_n 正比于$\frac{2A\tau}{T}$。

当一周期脉冲信号及其频谱如图 3-8(a)所示时，通过观察周期脉冲信号及其频谱的变化可知：

(1) 当信号的周期不变，脉冲宽度减小时，如图 3-8(b)所示，频谱幅度减小，相邻谱线间隔不变，频谱包络线过零点的频率增高，频谱幅度收敛速度变慢，频率分量增多。

(2) 当信号的脉冲宽度不变，周期增大时，如图 3-8(c)所示，频谱幅度减小，谱线间隔变小，谱线加密，包络线过零点的频率不变；当周期无限增大时，离散谱变成连续谱，幅度趋近于零，但频谱包络形状不变(各次谐波分量的幅度之间的相对比例关系不变)。

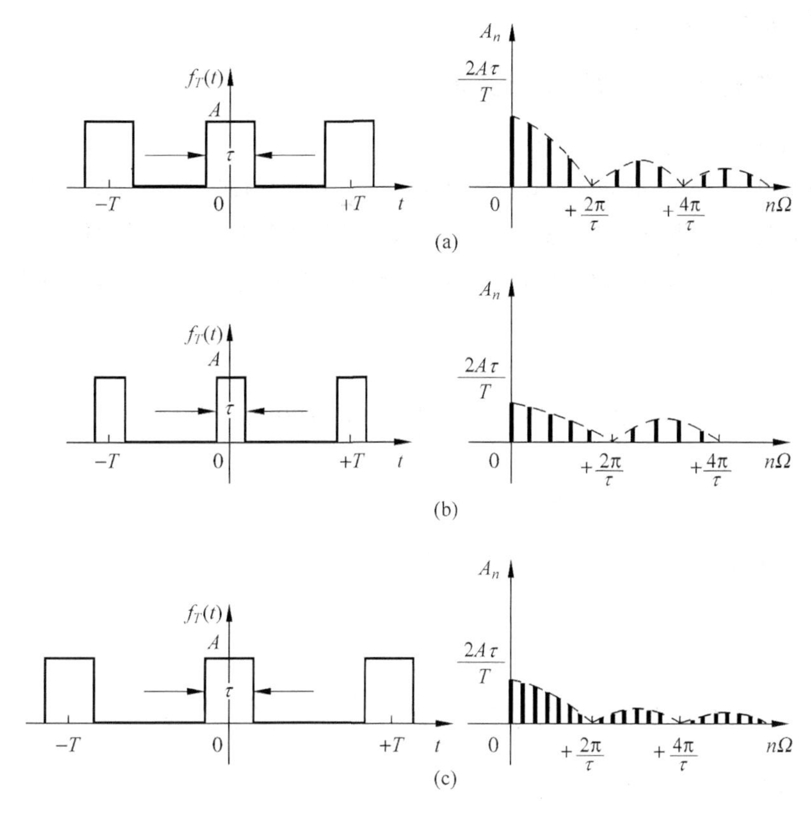

图 3-8　不同周期、不同脉宽的周期矩形脉冲信号及其频谱

(3) 从频谱图上可以看出，频率较低的谐波分量的幅度较大，即信号的主要信息集中在的低次谐波上，而频率较高的谐波分量的幅度较小，含有信号的细节信息，是可以根据近似程度加以忽略的。因此，定义信号频带宽度为频谱包络线第一个过零点对应的频率，即

$$B = \frac{2\pi}{\tau} \tag{3-7}$$

3. 信号的频带宽度与信号持续时间关系

由以上分析可知，信号的频带宽度与信号的持续时间成反比，反映了信号的时域特性和频域特性关系。即信号持续时间愈长，则信号的频带宽度愈窄。或者说信号在时域变化速度慢，则该信号在频域变化速度就快，反之亦然，即时域变化快的信号必定具有较宽的频带。这一内容对信号的传输具有十分重要的意义。以上内容可概括为要点 3.3。

> **要点 3.3**
> 信号的(时域)脉宽与信号的(频域)频宽成反比。

3.4　非周期信号的频谱——傅里叶变换

当周期信号的周期趋于无穷大，周期信号就变成了非周期信号。所谓无限大周期是指一个信号作用系统之前，前一个信号作用的效应已全部消失成为非周期信号。非周期信号的分解就是傅里叶变换，即将非周期信号表示成为一系列虚指数信号的连续和。从频域角

度认识非周期信号的频率特性。

3.4.1 非周期信号的傅里叶变换

1. 从傅里叶级数到傅里叶变换

由前面周期脉冲的频谱分析可知：当周期信号 $f_T(t)$的周期 T 趋于无限大时，其频谱的谱线间隔将趋于无穷小，由离散谱将变成连续谱，离散变量将变成连续变量，幅度趋近于零，但频谱包络形状不变，即各次谐波分量的幅度之间的相对比例关系不变。可以表示成以下过程：

$$\dot{A}_n=\frac{2}{T}\int_{-\frac{T}{2}}^{+\frac{T}{2}}f_T(t)\mathrm{e}^{-\mathrm{j}n\Omega t}\,\mathrm{d}t$$

$$\lim_{T\to\infty}\frac{T}{2}\dot{A}_n=\lim_{T\to\infty}\int_{-\frac{T}{2}}^{+\frac{T}{2}}f_T(t)\mathrm{e}^{-\mathrm{j}n\Omega t}\,\mathrm{d}t$$

$$T\to\infty,\quad \Omega=\frac{2\pi}{T}\to\mathrm{d}\omega,\quad n\Omega\to\omega$$

周期信号 $f_T(t)$变成非周期信号 $f(t)$，则有

$$F(\mathrm{j}\omega)=\lim_{T\to\infty}\frac{T}{2}\dot{A}_n=\int_{-\infty}^{+\infty}f(t)\mathrm{e}^{-\mathrm{j}\omega t}\,\mathrm{d}t \tag{3-8}$$

由式(3-8)可得 $F(\mathrm{j}\omega)=\lim\limits_{\Omega\to 0}\frac{\pi}{\Omega}\dot{A}_n=\frac{\pi\dot{A}_n}{\mathrm{d}\omega}$，$\dot{A}_n=\frac{F(\mathrm{j}\omega)}{\pi}\mathrm{d}\omega$。又因为周期信号可以用傅里叶级数的指数形式表示成 $f_T(t)=\frac{1}{2}\sum\limits_{n=-\infty}^{+\infty}\dot{A}_n\mathrm{e}^{\mathrm{j}n\Omega t}$。

当 $T\to\infty$，$\Omega=\frac{2\pi}{T}\to\mathrm{d}\omega$，$n\Omega\to\omega$，$\sum\to\int$，即周期信号 $f_T(t)$变成非周期信号，$f(t)$为

$$f(t)=\frac{1}{2\pi}\int_{-\infty}^{+\infty}F(\mathrm{j}\omega)\mathrm{e}^{\mathrm{j}\omega t}\,\mathrm{d}\omega \tag{3-9}$$

式中 $F(\mathrm{j}\omega)$称为信号 $f(t)$的频谱密度函数(frequency spectrum density function)，简称频谱函数或频谱。类似物质密度为单位体积的质量的定义，$F(\mathrm{j}\omega)$表示单位频率上的谐波幅度，反映了各次谐波无穷小幅度之间的相对比例关系。式(3-8)也称为傅里叶正变换，式(3-9)称为傅里叶反变换。以上内容可概括为要点 3.4。

要点 3.4

傅里叶正变换 $F(\mathrm{j}\omega)=\int_{-\infty}^{+\infty}f(t)\mathrm{e}^{-\mathrm{j}\omega t}\,\mathrm{d}t$

傅里叶反变换 $f(t)=\frac{1}{2\pi}\int_{-\infty}^{+\infty}F(\mathrm{j}\omega)\mathrm{e}^{\mathrm{j}\omega t}\,\mathrm{d}\omega$

也可以简单记作

$$\mathscr{F}[f(t)]=F(\mathrm{j}\omega)\quad 或\quad \mathscr{F}^{-1}[F(\mathrm{j}\omega)]=f(t)$$

也可以用双箭头来表示 $f(t)$与 $F(\mathrm{j}\omega)$是一对傅里叶变换，记作

$$f(t)\leftrightarrow F(\mathrm{j}\omega)\quad 或\quad f(t)\leftrightarrow F(\omega)$$

$f(t)$称为原函数，$F(\mathrm{j}\omega)$称为 $f(t)$的像函数。

像函数 $F(\mathrm{j}\omega)$也可以用复数表示为

$$F(\mathrm{j}\omega)=|F(\mathrm{j}\omega)|\mathrm{e}^{\mathrm{j}\phi(\omega)} \tag{3-10}$$

其中，$|F(\mathrm{j}\omega)|$代表非周期信号中各频率分量的幅度相对大小，称信号的幅频特性。$\phi(\mathrm{j}\omega)$代表了非周期信号中各频率分量的相位，称信号的相频特性。

式(3-9)傅里叶反变换公式表明：

(1) 非周期信号可以分解为无限多个频率为 ω、幅度为$\frac{F(\mathrm{j}\omega)}{\pi}\mathrm{d}\omega$ 的虚指数信号分量 $\mathrm{e}^{\mathrm{j}\omega t}$ 的连续和形式，由欧拉公式 $\cos\omega t=\frac{\mathrm{e}^{\mathrm{j}\omega t}+\mathrm{e}^{-\mathrm{j}\omega t}}{2}$，$\sin\omega t=\frac{\mathrm{e}^{\mathrm{j}\omega t}-\mathrm{e}^{-\mathrm{j}\omega t}}{2\mathrm{j}}$可知，每一对$\pm\omega$ 的 $\mathrm{e}^{\mathrm{j}\omega t}$分量对应一个正弦分量，即一个非周期信号可以表示成无限多个幅度为无限小的复指数谐波之和，而其中每一个分量的复振幅为无穷小，即$\dot{A}_n=\frac{F(\mathrm{j}\omega)}{\pi}\mathrm{d}\omega$。$F(\mathrm{j}\omega)$反映了各次谐波无穷小幅度之间的相对比例关系。

(2) 周期信号的能量是集中在一些谐波分量中；非周期信号的能量是分布在所有频率分量中，每个频率分量的能量为无穷小。

2. 傅里叶变换存在的条件

在上面的推导傅里叶变换时并未遵循严格的数学步骤。从理论上讲，非周期信号$f(t)$也应满足一定的条件才能存在傅里叶变换。一般来说，傅里叶变换存在的充分条件是满足绝对可积即$\int_{-\infty}^{+\infty}|f(t)|\mathrm{d}t<\infty$。但这并不是必要条件，当引入广义函数的概念后，使许多不满足绝对可积条件的函数也存在傅里叶变换。

3.4.2　单个矩形脉冲信号 $g_\tau(t)$的频谱

单个矩形脉冲信号 $g_\tau(t)$如图 3-9 所示。信号脉宽为 τ，也称门宽为 τ。

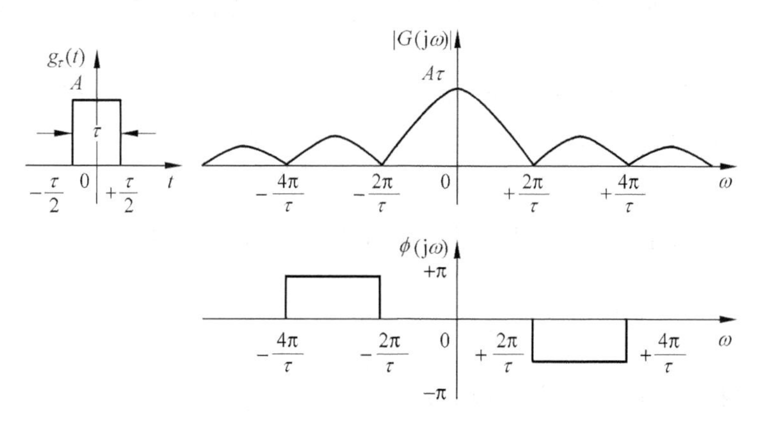

图 3-9　单个矩形脉冲信号及其频谱图

根据式(3-8)，可得

$$G(\mathrm{j}\omega)=\int_{-\frac{T}{2}}^{+\frac{T}{2}}A\mathrm{e}^{-\mathrm{j}\omega t}\mathrm{d}t=\frac{A}{-\mathrm{j}\omega}\left[\mathrm{e}^{-\mathrm{j}\frac{\omega\tau}{2}}-\mathrm{e}^{\mathrm{j}\frac{\omega\tau}{2}}\right]=A\tau\frac{\sin\left(\frac{\tau}{2}\omega\right)}{\frac{\tau}{2}\omega} \tag{3-11}$$

因为

$$G(j\omega)=|G(j\omega)|e^{j\phi(j\omega)}$$

所以当 $0<\frac{\tau}{2}\omega<\pi$,即 $0<\omega<\frac{2\pi}{\tau}$时,$\phi(j\omega)=0$;当 $\pi<\frac{\tau}{2}\omega<2\pi$,即$\frac{2\pi}{\tau}<\omega<\frac{4\pi}{\tau}$时,$\phi(j\omega)=-\pi$。一般当$\frac{4n\pi}{\tau}<\omega<\frac{2(2n+1)\pi}{\tau}$时,$\phi(j\omega)=0$;当$\frac{2(n+1)\pi}{\tau}<\omega<\frac{2(2n+2)\pi}{\tau}$时,$\phi(j\omega)=-\pi$,$(n=0,1,2,\cdots)$。

可以得到如图 3-9 所示的单个脉冲信号及其频谱。

通过观察分析图 3-9 所示的单个脉冲信号及其频谱可知:

(1) 非周期单个矩形脉冲频谱与周期矩形脉冲的频谱包络形状相同,均为抽样函数信号 $\mathrm{Sa}(x)=\frac{\sin x}{x}$形状。这是因为非周期信号的周期为无穷大,各个频率分量的实际振幅为无穷小,已无法画出了,因此必须用其频谱密度函数做出,它反映了各频率分量振幅相对大小。

(2) 周期矩形脉冲的复振幅为$\dot{A}_n=\frac{2A\tau}{T}\mathrm{Sa}\left(\frac{\tau}{2}n\Omega\right)$,非周期矩形脉冲信号的频谱密度函数为 $G(j\omega)=A\tau\,\mathrm{Sa}\left(\frac{\tau}{2}\omega\right)$,由此可见非周期性脉冲信号的频谱和由该脉冲按一定周期 $T=\frac{2\pi}{\Omega}$重复后所构成的周期信号的复振幅$\dot{A}_n$之间,只要知道一个,另一个就可以由 ω 和 $n\Omega$ 的互换并乘以或除以$\frac{2}{T}$得到。即存在关系$\dot{A}_n=\frac{2}{T}G(j\omega)|_{\omega=n\Omega}$。

可见,只要知道非周期信号的频谱,就可以利用以上关系求出该非周期信号变成周期信号后的复振幅。这个结论也适用于其他形状的脉冲信号。

(3) 周期矩形脉冲信号频谱的一些特点在单个矩形脉冲信号频谱中仍然保留,例如脉宽与频宽成反比。

(4) 非周期单个脉冲信号的频谱为频率的连续函数,而且总体上也是呈衰减趋势。即非周期信号的频谱特点为连续的、收敛的。以上内容可概括为要点 3.5。

要点 3.5

(1) 非周期脉冲信号 $f(t)$的频谱密度函数 $F(j\omega)$与该非周期信号构成周期为 T 的周期信号复振幅的关系为

$$\dot{A}_n=\frac{2}{T}F(j\omega)|_{\omega=n\Omega}$$

(2) 非周期信号的频谱特点:连续的、衰减的。

3.4.3 常用信号的傅里叶变换

有些信号在实际应用中将常遇到,为了方便信号的分析与计算,这里直接给出一些常用信号的傅里叶变换的结果,列于表 3-3 以供查阅并应用,由于工程数学积分变换中已对这些常用信号的傅里叶变换做过详细推导,故推导过程从略。

表 3-3　常用信号的傅里叶变换

序号	信号名称	时域 $f(t)$	频域 $F(\mathrm{j}\omega)=\mathscr{F}[f(t)]$
1	单位冲激信号	$\delta(t)$	1
2	单位阶跃信号	$\varepsilon(t)$	$\pi\delta(\omega)+\frac{1}{\mathrm{j}\omega}$
3	单边指数信号	$\mathrm{e}^{-\alpha t}\varepsilon(t)$	$\frac{1}{\alpha+\mathrm{j}\omega}$
4	符号函数信号	$\mathrm{sgn}t=\varepsilon(t)-\varepsilon(-t)$	$\frac{2}{\mathrm{j}\omega}$
5	单位直流信号	1	$2\pi\delta(\omega)$
6	指数函数信号	$\mathrm{e}^{\mathrm{j}\omega_0 t}$ $\mathrm{e}^{-\mathrm{j}\omega_0 t}$	$2\pi\delta(\omega-\omega_0)$ $2\pi\delta(\omega+\omega_0)$
7	单位余弦信号	$\cos\omega_0 t$	$\pi[\delta(\omega-\omega_0)+\delta(\omega+\omega_0)]$
8	单位正弦信号	$\sin\omega_0 t$	$\mathrm{j}\pi[\delta(\omega+\omega_0)-\delta(\omega-\omega_0)]$
9	冲激序列信号	$\delta_T(t)=\sum_{n=-\infty}^{+\infty}\delta(t-nT)$	$\Omega\delta_\Omega(\omega)=\Omega\sum_{n=-\infty}^{+\infty}\delta(\omega-n\Omega),\Omega=\frac{2\pi}{T}$

此外，由于门信号及其频谱和抽样信号及其频谱在信号与系统的频域分析中的重要作用，同时也为了便于记忆和理解二者的对应关系，这里将这两种信号的频谱也作为常用信号的频谱给出，门信号及其频谱和抽样信号及其频谱如图 3-10 所示。在图 3-10(a)中，$g_\tau(t)$ 表示门宽为 τ 的时域门信号，其频谱为抽样信号 $\tau\mathrm{Sa}\left(\frac{\tau}{2}\omega\right)$。图 3-10(b)中时域抽样信号 $\omega_0\mathrm{Sa}\left(\frac{\omega_0}{2}t\right)$，其频谱 $G_{\omega_0}(\omega)$表示门宽为 ω_0 的频域门信号，注意这里乘了一个系数 2π。

将图 3-10 结果概括为要点 3.6，这实质是下一节中傅里叶变换性质中对称性的应用。

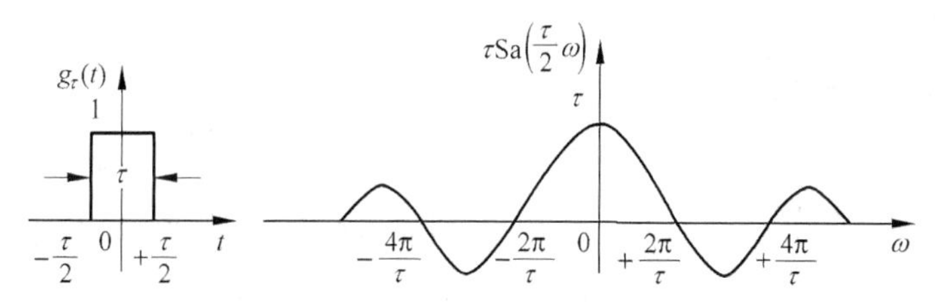

(a) 门信号及其频谱

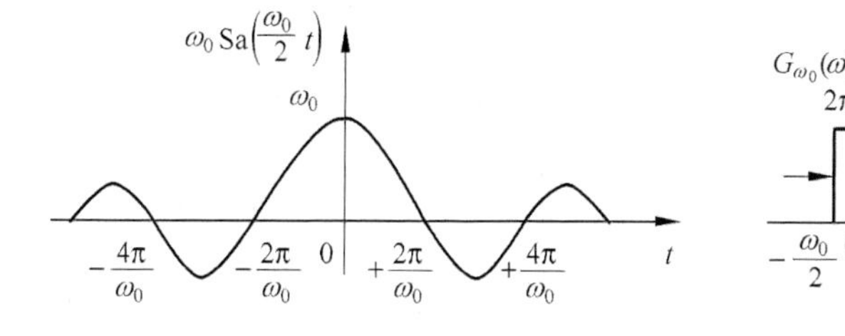

(b) 抽样信号及其频谱

图 3-10　门信号的频谱和抽样信号的频谱

要点 3.6

门信号的频谱：$g_\tau(t)\leftrightarrow\tau\,\mathrm{Sa}\left(\frac{\tau}{2}\omega\right)$

抽样信号的频谱：$\omega_0\,\mathrm{Sa}\left(\frac{\omega_0}{2}t\right)\leftrightarrow 2\pi G_{\omega_0}(\omega)$

3.5 傅里叶变换的性质及应用——信号的时域特性与频域特性的关系

傅里叶变换的性质揭示了信号的时域特性与其频域特性的对应关系。即信号在一个域的运算或变化，在另一个域所引起的效应，从而可使变换运算得以简化。由于工程数学积分变换中已对主要的傅里叶变换性质做过详细推导，故这里推导过程从略。

为了方便信号与系统的频域分析及应用，特将傅里叶变换的主要性质列于表3-4以供查阅并应用。

表3-4 傅里叶变换的主要性质

序号	性质名称	傅里叶变换对
1	线性特性 (linearity)	如果 $f_1(t)\leftrightarrow F_1(\omega)$，$f_2(t)\leftrightarrow F_2(\omega)$，则 $af_1(t)+bf_2(t)\leftrightarrow aF_1(\omega)+bF_2(\omega)$
2	时移特性 (time shifting)	如果 $f(t)\leftrightarrow F(\omega)$，则 $f(t-t_0)\leftrightarrow F(\omega)\mathrm{e}^{-\mathrm{j}\omega t_0}$
3	频移特性 (frequency shifting)	如果 $f(t)\leftrightarrow F(\omega)$，则 $f(t)\mathrm{e}^{\pm\mathrm{j}\omega_0 t}\leftrightarrow F(\omega\mp\omega_0)$
4	比例特性 (scaling)	如果 $f(t)\leftrightarrow F(\mathrm{j}\omega)$，则 $f(at)\leftrightarrow\frac{1}{\lvert a\rvert}F\left(\frac{\mathrm{j}\omega}{a}\right),\quad a\neq 0$
	时移和比例性综合 (synthesis)	$f(at+b)\leftrightarrow\frac{1}{\lvert a\rvert}F\left(\frac{\mathrm{j}\omega}{a}\right)\mathrm{e}^{\mathrm{j}\frac{b}{a}\omega}$
	时移、频移和比例性综合 (synthesis)	$f(at+b)\mathrm{e}^{\pm\mathrm{j}\omega_0 t}\leftrightarrow\frac{1}{\lvert a\rvert}F\left(\frac{\mathrm{j}\omega\mp\mathrm{j}\omega_0}{a}\right)\mathrm{e}^{\mathrm{j}\frac{b}{a}(\omega\mp\omega_0)},\quad a\neq 0$
5	对称特性 (symmetric)	如果 $f(t)\leftrightarrow F(\mathrm{j}\omega)$，且 $f(t)$ 为实偶函数，则 $F(t)\leftrightarrow 2\pi f(-\omega)=2\pi f(\omega)$
6	时域微分性 (differentiation in the time-domain)	如果 $\lvert t\rvert\to\infty$，$f(t)\to 0$，$f(t)\leftrightarrow F(\mathrm{j}\omega)$，则 $f'(t)\leftrightarrow\mathrm{j}\omega F(\omega)$ $f''(t)\leftrightarrow(\mathrm{j}\omega)^2F(\mathrm{j}\omega)$ … $f^{(n)}(t)\leftrightarrow(\mathrm{j}\omega)^nF(\mathrm{j}\omega)$
7	时域积分性 (integral in the time-domain)	如果 $f(t)\leftrightarrow F(\mathrm{j}\omega)$，则 $\int_{-\infty}^{t}f(t)\mathrm{d}t\leftrightarrow\pi F(0)\delta(\omega)+\frac{F(\mathrm{j}\omega)}{\mathrm{j}\omega}$

续表

序　号	性质名称	傅里叶变换对
8	频域微分性 (differentiation in the frequency-domain)	如果 $f(t)\leftrightarrow F(\mathrm{j}\omega)$,则 $tf(t)\leftrightarrow \mathrm{j}\dfrac{\mathrm{d}F(\mathrm{j}\omega)}{\mathrm{d}\omega}$ $(-\mathrm{j}t)^n f(t)\leftrightarrow F^{(n)}(\mathrm{j}\omega)$
9	频域积分性 (integral in the frequency-domain)	如果 $f(t)\leftrightarrow F(\mathrm{j}\omega)$,则 $\pi f(0)\delta(t)+\mathrm{j}\dfrac{f(t)}{t}\leftrightarrow \int_{-\infty}^{\omega}F(\mathrm{j}\omega)\mathrm{d}\omega$
10	卷积定理 (convolution theorem)	如果 $f_1(t)\leftrightarrow F_1(\omega)$,$f_2(t)\leftrightarrow F_2(\omega)$,则 时域卷积定理 $f(t)*f(t)\leftrightarrow F_1(\mathrm{j}\omega)F_2(\mathrm{j}\omega)$ 频域卷积定理 $f_1(t)f_2(t)\leftrightarrow \dfrac{1}{2\pi}F_1(\mathrm{j}\omega)*F_2(\mathrm{j}\omega)$

通过表 3-3、表 3-4 可以用形式相似的对应方法较容易地求出信号的频谱函数。以下是常用信号傅里叶变换及其性质的具体应用,即信号的频域分析。今后求信号的频谱密度函数、求信号频谱、求信号傅里叶变换都是指相同内容。

以下是一些应用实例。

例 3-1　求信号 $f(t)=\varepsilon(t)-\varepsilon(t-1)$的频谱密度函数。

解:

参见表 3-3、表 3-4 应用线性特性和时移特性求 $f(t)\leftrightarrow F(\mathrm{j}\omega)$。

$$f(t)=\varepsilon(t)-\varepsilon(t-1)$$

$$F(\omega)=\pi\delta(\omega)+\frac{1}{\mathrm{j}\omega}-\left[\pi\delta(\omega)+\frac{1}{\mathrm{j}\omega}\right]\mathrm{e}^{-\mathrm{j}\omega}=\frac{1}{\mathrm{j}\omega}[1-\mathrm{e}^{-\mathrm{j}\omega}]$$

例 3-2　已知: $f(t)\leftrightarrow F(\mathrm{j}\omega)$,求信号 $f(-2t+6)$的频谱密度函数。

解:

参见表 3-4 应用时移和比例性综合性求 $f(t)\leftrightarrow F(\mathrm{j}\omega)$。

$$f(-2t+6)\leftrightarrow \frac{1}{2}F\left(\frac{\mathrm{j}\omega}{-2}\right)\mathrm{e}^{-\mathrm{j}3\omega}$$

由傅里叶变换的比例特性可知: 时域信号的压缩或扩展,对应其频谱的扩展与压缩。这与前面在 3.3.3 节中得到的矩形脉冲脉宽与频宽成反比的结论是一致的。

例 3-3　已知: $f(t)\leftrightarrow F(\mathrm{j}\omega)$,即 $F(\mathrm{j}\omega)$如图 3-11(a)所示。求信号 $f_1(t)=f(t)\cos\omega_0 t$ 的频谱密度函数。

解:

先用欧拉公式将信号表示为 $f_1(t)=f(t)\cos\omega_0 t=\dfrac{1}{2}f(t)(\mathrm{e}^{\mathrm{j}\omega_0 t}+\mathrm{e}^{-\mathrm{j}\omega_0 t})$,再参见表 3-4应用频移性求 $f_1(t)\leftrightarrow F_1(\mathrm{j}\omega)$。

$$f_1(t)=f(t)\cos\omega_0 t\leftrightarrow \frac{1}{2}[F(\omega-\omega_0)+F(\omega+\omega_0)]=F_1(\mathrm{j}\omega)$$

信号 $f_1(t)=f(t)\cos\omega_0 t$ 的频谱 $F_1(\mathrm{j}\omega)$如图 3-11(b)所示。

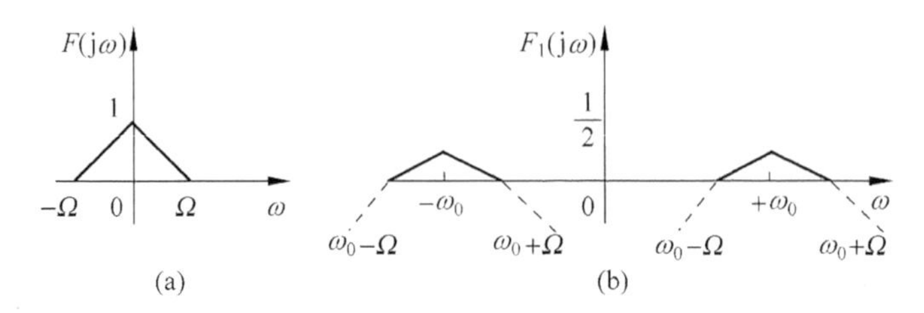

图 3-11　例 3-3 信号及其乘以余弦函数后的频谱图

由图 3-11 可见,信号乘以正弦信号实质为信号的频谱搬移过程,即将原信号的频谱向左、向右搬至正弦信号频率 ω_0 处,原信号的频谱形状不变,幅度为原频谱幅度的一半。

这种频谱搬移技术在通信系统中得到广泛的应用,诸如调幅、同步解调、变频等过程都是在频谱搬移基础上实现的。

例 3-4　求如图 3-12 的信号 $f_1(t)$和 $f_2(t)$的频谱密度函数。

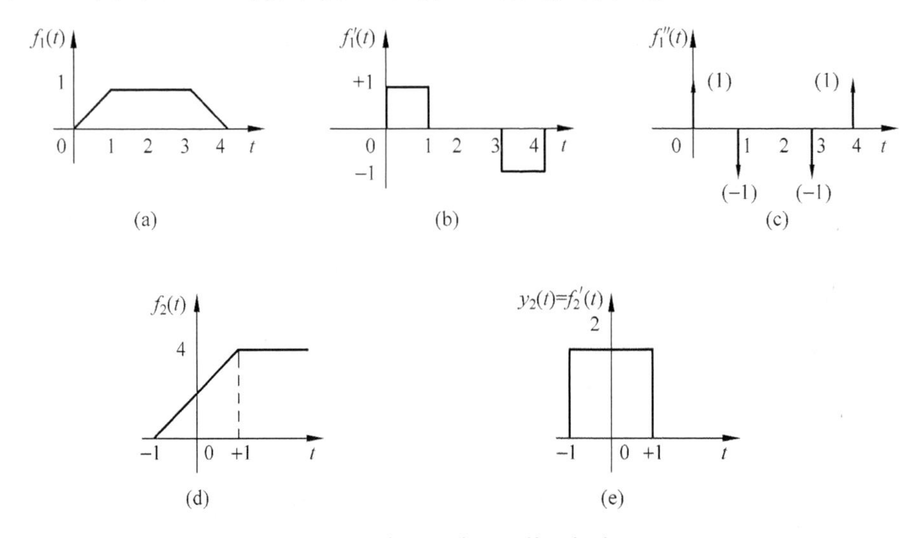

图 3-12　例 3-4 信号及其导数波形

解:

对图 3-12(a)所示信号应用微分性、时移性求 $f_1(t)\leftrightarrow F_1(\mathrm{j}\omega)$

分别对 $f_1(t)$求一阶和二阶导数的结果如下:

$$f_1'(t)=\varepsilon(t)-\varepsilon(t-1)-\varepsilon(t-3)+\varepsilon(t-4)$$

$$f_1''(t)=\delta(t)-\delta(t-1)-\delta(t-3)+\delta(t-4)$$

$$f_1''(t)\leftrightarrow(\mathrm{j}\omega)^2F_1(\mathrm{j}\omega)$$

对 $f_1(t)$求一阶和二阶导数波形分别如图 3-12(b)和图 3-12(c)所示。

其中

$$F_1(\mathrm{j}\omega)=\frac{1}{(\mathrm{j}\omega)^2}(1-\mathrm{e}^{-\mathrm{j}\omega}-\mathrm{e}^{-\mathrm{j}3\omega}+\mathrm{e}^{-\mathrm{j}4\omega})$$

对图 3-12(d)所示信号应用积分性、时移性求 $f_2(t)\leftrightarrow F_2(\mathrm{j}\omega)$。

因为如图 3-12(d)所示的信号 $f_2(t)$为非时限信号,所以不能直接用微分,可以应用积

分特性。如图 3-12(e)所示的信号为 $y_2(t)=f'_2(t)$，$f_2(t)=\int_{-\infty}^{t}y_2(t)\mathrm{d}t$。

由于 $y_2(t)$为门宽为 2 的脉冲，其傅里叶变换为 $Y_2(\omega)=4\mathrm{Sa}(\omega)$所以应用积分性得到信号 $f_2(t)$的傅里叶变换为

$$F_2(\mathrm{j}\omega)=\frac{1}{\mathrm{j}\omega}Y_2(\omega)+\pi Y_2(0)\delta(\omega)=\frac{4}{\mathrm{j}\omega}\mathrm{Sa}(\omega)+4\pi\delta(\omega)$$

例 3-5　求信号 $f(t)=g_2(t)\cos\frac{\pi}{2}t$ 的频谱密度函数。

解：

因为门信号为门宽为 2 的时域门，所以可以表示为

$$g_2(t)=f_1(t)=\varepsilon(t+1)-\varepsilon(t-1)$$

令 $f_2(t)=\cos\left(\frac{\pi}{2}t\right)$，应用表 3-3、表 3-4 时移性、对称性则有

$$f_1(t)=g_2(t)\leftrightarrow F_1(\mathrm{j}\omega)=2\mathrm{Sa}(\omega);\quad f_2(t)\leftrightarrow F_2(\mathrm{j}\omega)=\pi\left[\delta\left(\omega-\frac{\pi}{2}\right)+\delta\left(\omega+\frac{\pi}{2}\right)\right]$$

因为 $f(t)=f_1(t)\times f_2(t)$，应用频域卷积定理求 $f(t)\leftrightarrow F(\mathrm{j}\omega)$，则

$$\begin{aligned}F(\mathrm{j}\omega)&=\frac{1}{2\pi}[F_1(\mathrm{j}\omega)*F_2(\mathrm{j}\omega)]=\frac{1}{2\pi}\times 2\mathrm{Sa}(\omega)*\pi\left[\delta\left(\omega-\frac{\pi}{2}\right)+\delta\left(\omega+\frac{\pi}{2}\right)\right]\\&=\mathrm{Sa}\left(\omega-\frac{\pi}{2}\right)+\mathrm{Sa}\left(\omega+\frac{\pi}{2}\right)\end{aligned}$$

信号 $f(t)=g_2(t)\cos\frac{\pi}{2}t$ 的频谱 $F(\mathrm{j}\omega)$如图 3-13 所示，可见门信号 $g_2(t)$的频谱被分别搬移到$-\frac{\pi}{2}$和$\frac{\pi}{2}$位置。

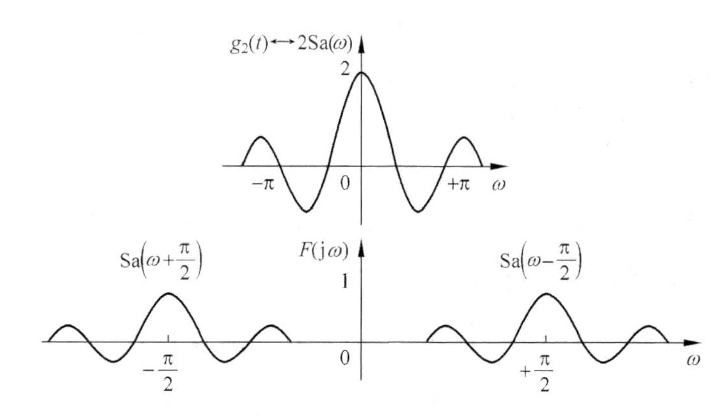

图 3-13　例 3-5 信号的频谱图

例 3-6　求 Sa(2t)的频谱。

解：

根据要点 3.6，$\omega_0\mathrm{Sa}\left(\frac{\omega_0}{2}t\right)\leftrightarrow 2\pi G_{\omega_0}(\omega)$与待求信号 Sa(2$t$)比较可知$\frac{\omega_0}{2}=2$，$\omega_0=4$，可得

$4\mathrm{Sa}(2t)\leftrightarrow 2\pi G_4(\omega)$，所以 $\mathrm{Sa}(2t)\leftrightarrow\frac{\pi}{2}G_4(\omega)$，即

$$\mathrm{Sa}(2t) \leftrightarrow \frac{\pi}{2}[\varepsilon(\omega+2)-\varepsilon(\omega-2)]$$

其中 $G_4(\omega)$为门宽为 4 的频域门。

由上分析计算可知,深刻理解并灵活应用常用信号的傅里叶变换和傅里叶变换的主要性质对求信号的频谱函数是非常重要的。

3.6 周期信号的傅里叶变换

在引入奇异函数之前,周期信号因为不满足绝对可积条件而无法讨论其傅里叶变换,只能通过傅里叶级数展开为谐波分量来研究其频谱性质。在引入奇异函数后,从极限的观点分析可知,周期信号也存在傅里叶变换。在此基础上能把非周期信号与周期信号的分析方法统一起来,使傅里叶变换的应用范围更加广泛。

由于周期信号的傅里叶级数为 $f_T(t)=\frac{1}{2}\sum_{n=-\infty}^{+\infty}\dot{A}_n e^{jn\Omega t}$,其中复振幅为

$$\dot{A}_n=\frac{2}{T}\int_{-\frac{T}{2}}^{+\frac{T}{2}} f_T(t)e^{-jn\Omega t}dt,\quad 且有\dot{A}_n=A_n e^{j\phi_n},\Omega=\frac{2\pi}{T}$$

又因为有 $e^{jn\Omega t}\leftrightarrow 2\pi\delta(\omega-n\Omega)$,则周期信号的傅里叶变换为

$$F(j\omega)=\mathscr{F}[f_T(t)]=\mathscr{F}\left[\frac{1}{2}\sum_{n=-\infty}^{+\infty}\dot{A}_n e^{jn\Omega t}\right]=\pi\sum_{n=-\infty}^{+\infty}\dot{A}_n\delta(\omega-n\Omega) \tag{3-12}$$

可见周期信号的频谱密度函数是由无限多个冲激(即一个冲激序列)组成的,各个冲激位于周期信号的各次谐波频率 $n\Omega$ 处,各个冲激强度分别为各次谐波复振幅$\dot{A}_n$ 的 π 倍。因此也称周期信号的频谱密度函数具有冲激序列的性质。显然,周期信号的频谱是一个离散的频谱,这一点与 3.3.2 节中的结论一致。然而,由于傅里叶变换是反映频谱密度的概念,因此周期信号的傅里叶变换不同于傅里叶级数,这里不是有限值,而是冲激函数,它表明在无穷小的频带范围内(谐波频率点上)具有无穷大的频谱值。

例 3-7 求均匀冲激序列的傅里叶变换。

解:

均匀冲激序列可以表示成 $\delta_T(t)=\sum_{n=-\infty}^{+\infty}\delta(t-nT)$ $(n=\cdots-2,-1,0,+1,+2\cdots)$

它是周期为 T 的周期信号。根据式(3-12)得

$$\delta_T(t)\leftrightarrow F(j\omega)=\pi\sum_{n=-\infty}^{+\infty}\dot{A}_n\delta(\omega-n\Omega)$$

因为傅里叶变换的复振幅为 $\dot{A}_n=\frac{2}{T}\int_{-\frac{T}{2}}^{+\frac{T}{2}} f_T(t)e^{-jn\Omega t}dt=\frac{2}{T}\int_{-\frac{T}{2}}^{+\frac{T}{2}}\delta(t)e^{-jn\Omega t}dt=\frac{2}{T}$

所以 $\quad\delta_T(t)\leftrightarrow F(j\omega)=\frac{2\pi}{T}\sum_{n=-\infty}^{+\infty}\delta(\omega-n\Omega)=\Omega\delta_\Omega(\omega)$

即均匀冲激序列的傅里叶变换还是冲激序列,简记为

$$\delta_T(t)\leftrightarrow\Omega\delta_\Omega(\omega) \tag{3-13}$$

式(3-13)中 $\delta_\Omega(\omega)$表示一个周期为 Ω 的冲激序列。即在频域 ω 轴上每隔 Ω 有一个强度为 Ω 的冲激,均匀冲激序列及其频谱如图 3-14 所示。

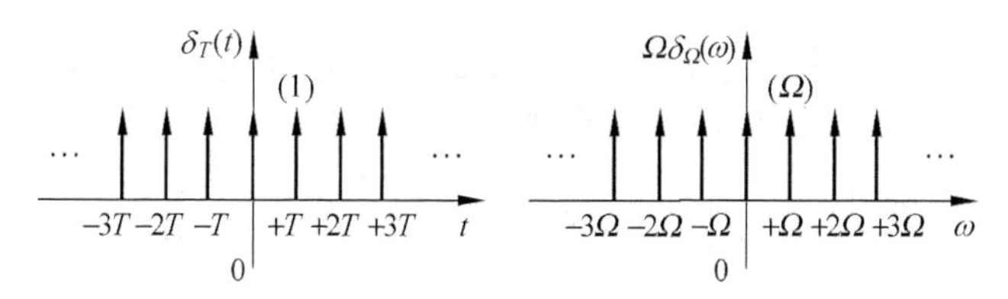

图 3-14　均匀冲激序列及其频谱

将以上内容概括为要点 3.7。

> **要点 3.7**
> (1) 周期信号的傅里叶变换(频谱)具有冲激谱特性。
> (2) 一个冲激序列的傅里叶变换仍是一个冲激序列。

事实上,直流、余弦、正弦信号的傅里叶变换(频谱函数)都属于周期信号的频谱函数情况,只是其傅里叶级数展开式中仅有一个分量而已。

总之,在引入了冲激函数后,使周期信号也存在傅里叶变换,从而对周期信号和非周期信号可以用相同的观点和方法进行分析运算,这给信号与系统的频域分析带来了很大方便。

3.7　信号的功率谱和能量谱

在前一节是用频谱来表征信号频率特性,本节将用另一种方法表征信号特性,即从能量角度考察信号时域和频域特性的关系。

3.7.1　周期信号的功率谱

周期信号具有无限大的能量,但其功率是有限的,所以周期信号称为功率信号,其重要参数为平均功率。由电路理论的结论可知,非正弦周期电压或电流信号的有效值为该电压或电流信号所含各次谐波分量有效值的平方和的平方根。其函数表示为

$$\left.\begin{aligned} I &= \sqrt{I_0^2 + \sum_{n=1}^{+\infty} I_n^2} \\ U &= \sqrt{U_0^2 + \sum_{n=1}^{+\infty} U_n^2} \end{aligned}\right\} \tag{3-14}$$

或表示为

$$\left.\begin{aligned} I &= \sqrt{I_0^2 + \frac{1}{2}\sum_{n=1}^{+\infty} I_{nm}^2} \\ U &= \sqrt{U_0^2 + \frac{1}{2}\sum_{n=1}^{+\infty} U_{nm}^2} \end{aligned}\right\} \tag{3-15}$$

如果该电流或电压作用于单位电阻(1Ω 电阻),则在一个周期内吸收平均功率

$$\begin{aligned} P &= \frac{1}{T}\int_{-T/2}^{+T/2} i^2(t)\,\mathrm{d}t = \frac{1}{T}\int_{-T/2}^{+T/2} u^2(t)\,\mathrm{d}t = I_0^2 + \sum_{n=1}^{+\infty} I_n^2 = U_0^2 + \sum_{n=1}^{+\infty} U_n^2 \\ &= U_0 I_0 + \sum_{n=1}^{+\infty} U_n I_n \cos\phi_n \end{aligned} \tag{3-16}$$

即周期信号的平均功率为该信号各次谐波分量功率之和,这一结论称为帕什瓦尔定理(Parseval's theorem)。如果写成一般形式就是

$$\overline{f^2(t)} = \frac{1}{T}\int_{-\frac{T}{2}}^{\frac{T}{2}} [f(t)]^2 \mathrm{d}t = \left(\frac{A_0}{2}\right)^2 + \frac{1}{2}\sum_{n=1}^{\infty} A_n^2 \tag{3-17}$$

以上 U_0、I_0、$\frac{1}{2}A_0$ 为信号中的直流分量,U_{nm}、I_{nm}、A_n 为信号中第 n 次谐波的振幅。式(3-16)、式(3-17)表明时域中信号功率与频域中的信号功率相等,且频域中的信号功率表示成为各谐波分量功率之和,其中每一个谐波分量的功率即表示为该谐波的方均值 $\frac{1}{2}A_n^2$。因此周期信号的功率分布在各次谐波分量中。

功率随频率的变化关系称信号的功率谱。周期信号的功率谱为 $P = \left(\frac{A_0}{2}\right)^2 + \frac{1}{2}\sum_{n=1}^{+\infty} A_n^2$,其形状与振幅谱的平方相同。

3.7.2 非周期信号的能量谱

非周期信号的能量是有限的,在 $-\infty < t < +\infty$ 平均功率为零,所以非周期信号称为能量信号。其重要参数为信号能量。信号在 1Ω 电阻上瞬时功率为 $f^2(t)$,在信号出现的全部时间内可以证明信号的总能量为

$$W = \int_{-\infty}^{+\infty} f^2(t)\mathrm{d}t = \frac{1}{2\pi}\int_{-\infty}^{+\infty} |F(\omega)|^2 \mathrm{d}\omega = \frac{1}{\pi}\int_{0}^{+\infty} |F(\mathrm{j}\omega)|^2 \mathrm{d}\omega \tag{3-18}$$

式(3-18)表明非周期信号在时域的能量与在频域的能量相等。这是帕什瓦尔定理对非周期信号的表示式,称为雷利定理(Rayleigh's theorem)。信号的能量可以从时域取积分获得,也可以从频域中取积分得到。

非周期信号是由无限多个振幅为无穷小的频率分量所组成,因此每个频率分量的能量也为无穷小,为了表明信号能量在各个频率分量中的分布情况,我们也利用分析振幅频谱类似方法,借助密度的概念来定义能量密度频谱函数(即单位频带内的能量),简称能量谱(energy frequency spectrum)。其函数表示为

$$G(\omega) = \frac{1}{\pi}|F(\omega)|^2 \tag{3-19}$$

由式(3-19)可见,非周期信号的能量谱与其幅度频谱的平方形状相同。对照式(3-18)和式(3-19)可将信号在整个频率范围的全部能量表示为

$$W = \int_{0}^{+\infty} G(\omega)\mathrm{d}\omega \tag{3-20}$$

式(3-20)表明非周期信号的能量分布在整个频率范围中,以上内容可以概括为要点 3.8。

要点 3.8

(1) 周期信号的平均功率为该信号各次谐波分量功率之和。

即 $P = \left(\frac{A_0}{2}\right)^2 + \frac{1}{2}\sum_{n=1}^{+\infty} A_n^2$。信号功率谱形状与其信号振幅谱的平方相同。

(2) 非周期信号的总能量 $W = \frac{1}{2\pi}\int_{-\infty}^{+\infty} |F(\omega)|^2 \mathrm{d}\omega$。信号能量谱形状与其信号幅度谱的平方相同,与相位谱无关。

3.8　调幅波及其频谱

3.8.1　调制的概念

调制(modulation)是用待传输的低频信号去控制一个高频振荡的振幅、频率或初相等参数之一的过程。

用低频信号去控制高频振荡的振幅称为调幅(amplitude-modulation,AM)。

用低频信号去控制高频振荡的频率称为调频(frequency modulation,FM)。

用低频信号去控制高频振荡的相位称为调相(phase modulation,PM)。

调频和调相都表现为总角度受到调变,所以统称为角度调制(angle modulation)。简称调角。

如果待传输的低频信号 $f(t)$ 称为调制信号(modulation signal),高频振荡信号 $A\cos\omega_0 t$ 称为载波信号(carrier wave signal),则二者乘积 $Af(t)\cos\omega_0 t$ 就称为已调信号。此时载波信号的幅度随调制信号变化,所以也称其为调幅波(amplitude-modulation wave),所以说载波信号起着运送低频信号的运载工具作用。

3.8.2　调制的目的

1. 有效传输信号

因为声音、图像、编码所转变的电信号的主要频率分量(即主要信息量)集中在低频段上,所以不能直接以电磁波形式辐射到空间进行远距离传播。只有当馈送到天线的电信号频率足够高,即信号的波长足够短,以使天线的尺寸可以与波长相比拟时,才会有足够的电磁波能量辐射到空间去。但是低频信号所对应的波长可以从十几千米到几十千米,要造出如此大的天线显然是不可能的。而且,即使有可能把这种低频信号辐射出去,各个电台所发出的信号也将在空间纠混在一起,相互干扰,使接收者无法获得所需要的信号。因此为了能将这种低频信号有效辐射出去,就必须把待传输的低频信号“托附”给高频振荡,借助于高频载波信号传输低频信号。

2. 高效传输信号

为了使接收者有效接收所需要的信号,不同电台可以使用不同的高频载波信号,接收者只要用一个具有带通特性选频网络,就可以避免干扰地接收所需电台信号。如果将若干个要传送的信号分别搬移到不同载波频率上,并使各个信号的频谱互不重叠,就可以在一个信道内同时传送多个信号。或者说将信道按频率划分成若干个频段,使每个频段内仅传输一路信号,实现信号互不重叠传送的传输方式称为频分复用,这样做可达到高效传输信号的目的。

3.8.3　调制定理

调制定理内容为:信号 $f(t)$ 乘以一个等幅高频振荡 $A\cos\omega_0 t$ 得到的已调信号 $Af(t)\cos\omega_0 t$,该已调信号的频谱相当于将信号 $f(t)$ 的频谱向左、向右搬至高频振荡频率 ω_0 处,信号 $f(t)$ 的频谱形状不变、幅度为原来的一半。其函数表示为

$$Af(t)\cos\omega_0 t \leftrightarrow \frac{A}{2}[F(\omega-\omega_0)+F(\omega+\omega_0)] \tag{3-21}$$

可见在已调信号频谱中保留有原信号的各频率分量,即原信号信息。

通过3.5节例3-3可知,调制定理是傅里叶变换中频移特性的应用,可以概括为要点3.9。

要点3.9

调制定理:调制信号在时域乘以一个等幅高频振荡,相当于在频域把调制信号的各频率分量均搬至高频振荡的频率上,调制信号的各频率分量幅度减半。

由前面3.8.1节的介绍可知,调幅的过程就是用调制信号控制高频载波信号的过程,即将调制信号乘以高频载波信号以实现频谱搬移。这个过程可以通过如图3-15(a)所示的乘法器来实现。

如果已知调制信号的频谱$F(\omega)$如图3-15(b)所示,载波信号的频谱$X(\omega)$如图3-15(c)所示;则已调信号$y(t)=Af(t)\cos\omega_0 t$的频谱$Y(\omega)$可以应用频域卷积定理获得,因为$x(t)=A\cos\omega_0 t\leftrightarrow X(\omega)=A\pi[\delta(\omega-\omega_0)+\delta(\omega+\omega_0)]$,所以

$$Y(\omega)=\frac{1}{2\pi}F(\omega)*X(\omega)=\frac{1}{2\pi}F(\omega)*A\pi[\delta(\omega-\omega_0)+\delta(\omega+\omega_0)]$$

即

$$Y(\omega)=\frac{1}{2}A[F(\omega-\omega_0)+F(\omega+\omega_0)] \tag{3-22}$$

已调信号的频谱$Y(\omega)$如图3-15(d)所示。可见调幅的过程就是频谱搬移的过程。

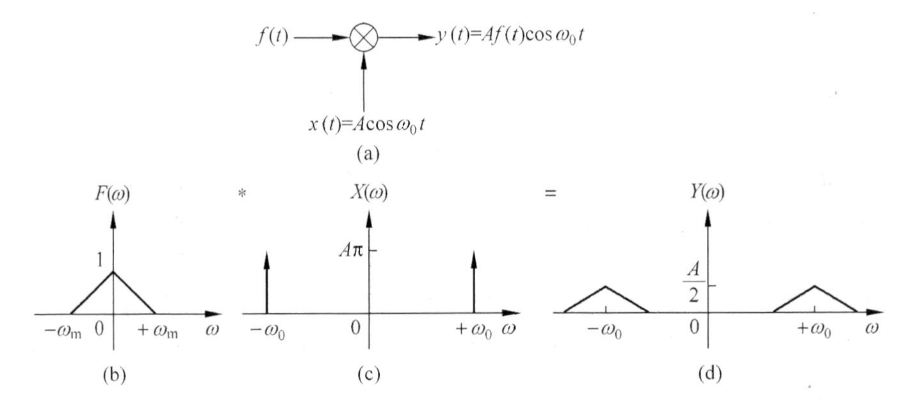

图3-15 调制过程

应用调制定理实现了把低频信号送到高频载波频率上,这种带有低频信号信息的高频已调波就能够较容易用天线发射出去。但是在接收端,需要从已调波中还原低频信号以获得所需要的低频信号信息,这个过程称为解调。

3.8.4 解调原理

解调是调制的逆过程,也就是从已调信号中恢复或提取出调制信号的过程。在解调时也要通过信号相乘实现频谱搬移,从而恢复原信号。对调幅信号的解调也称为检波,而对调频与调相信号的解调称为鉴频与鉴相。

1. 同步解调

同步解调是将已调信号乘以本地载波实现恢复调制信号的过程。这个过程可以通过如图3-16(a)所示的乘法器来实现。

已调信号为$y(t)=Af(t)\cos\omega_0 t$,频谱为$Y(\omega)$如图3-16(b)所示;已调信号乘以本地载

波后的信号 $y_1(t)$ 为

$$y_1(t) = Af(t)\cos^2\omega_0 t = \frac{A}{2}f(t)[1+\cos 2\omega_0 t] = \frac{A}{2}f(t) + \frac{A}{2}f(t)\cos 2\omega_0 t \tag{3-23}$$

则信号 $y_1(t)$ 的频谱为 $Y_1(\omega)$ 如图 3-16(c)所示，经过低通滤波器后的信号 $y_2(t)$ 的频谱为 $Y_2(\omega)$ 如图 3-16(d)所示，还原的调制信号为 $y_2(t)=\frac{A}{2}f(t)$。可见解调的过程也是频谱搬移的过程。

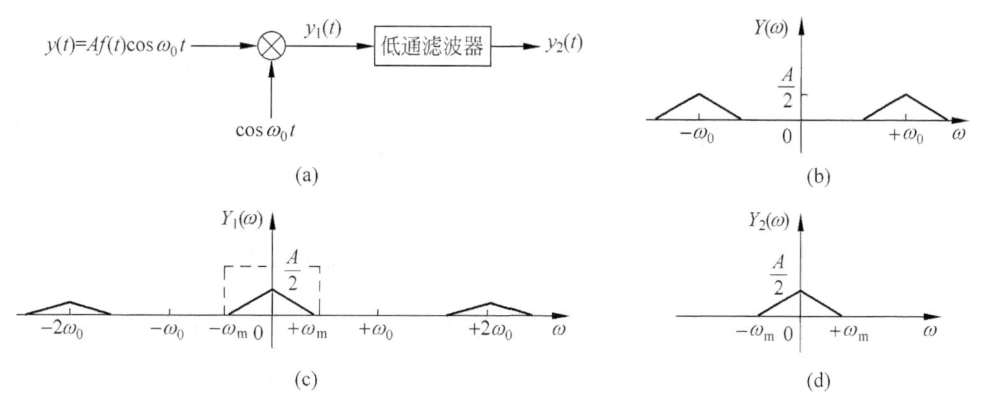

图 3-16　解调过程

由于上面的解调方式需要在接收端乘上一个本地载波，因此会使接收机复杂化。由于在实际中接收机数量很多，而发射机数目一般很少，因此为了在接收机端省去一个本地载波，故而实际中采取另一种解调方式，即包络解调。

2. 包络解调

在发射机上加一定强度的高频振荡(即载波信号)，可以实现包络解调(或检波)。只要 A 足够大，$A+e(t)>0$，已调信号的包络就为 $A+e(t)$，这里的 $e(t)$ 为调制信号。则已调信号可以表示为

$$f(t) = [A+e(t)]\cos(\omega_0 t+\varphi_0) \tag{3-24}$$

这时可以利用简单的包络检波器(即二极管 RC 电路)方便地提取已调信号的包络实现恢复调制信号。调制信号与调幅信号如图 3-17 所示。

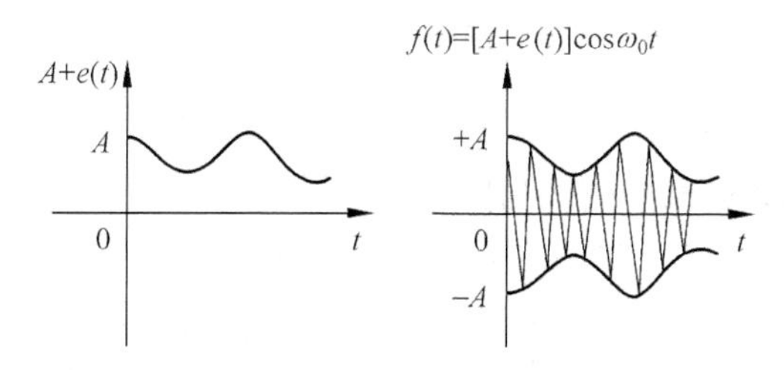

图 3-17　调制信号与调幅信号

3.8.5　调幅波的频谱

1. 调制信号为单一频率正弦信号

调制信号为单一频率正弦信号的调幅波，可以表示为

$$
\begin{aligned}
f(t) &= A_0[1+m\cos(\Omega t+\phi)]\cos(\omega_0 t+\varphi) \\
&= A_0\cos(\omega_0 t+\varphi)+\frac{m}{2}A_0\cos[(\omega_0+\Omega)t+\varphi+\phi] \\
&\quad +\frac{m}{2}A_0\cos[(\omega_0-\Omega)t+\varphi-\phi]
\end{aligned} \tag{3-25}
$$

式中 m 为调幅系数(modulation factor of amplitude)。单一频率正弦调制信号及其调幅波信号的频谱如图3-18所示。

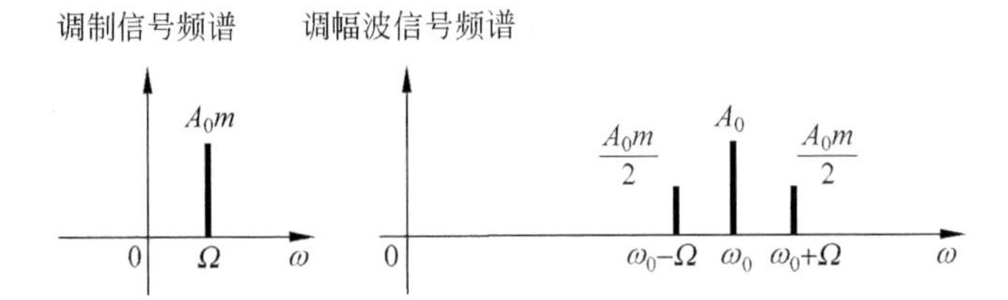

图3-18 单一频率正弦调制信号与调幅波信号的频谱

由图3-18可知,经单一频率正弦波调制后的调幅波也就是已调波信号的频谱由载频 ω_0、上边频 $\omega_0+\Omega$、下边频 $\omega_0-\Omega$ 三个不同频率的正弦波组成。上、下边频对称排列在载频(carrier frequency)高低两侧,可见上、下边频频谱结构与调制信号的频谱相同。

由于实际中一个信道总是同时传送许多信号,为了使普通接收机能利用它的选频网络选出希望接收信号的载波和边频分量,而不受其他信号的干扰,就必须使一个信号的频谱与另一个在频率上相邻近的信号的频谱彼此不相重叠,因此调幅波信号的频宽应为调制信号频率的2倍,即 $B_S=2\Omega$。

2. 调制信号为周期信号

周期信号是由许多不同频率的谐波分量组成,调制信号为周期信号的调幅波,可以表示为

$$
\begin{aligned}
f(t) &= A_0\left[1+\sum_{n=1}^{\infty}m_n\cos(\Omega_n t+\phi_n)\right]\cos(\omega_0 t+\varphi) \\
&= A_0\cos(\omega_0 t+\varphi)+\sum_{n=1}^{\infty}\frac{m_n}{2}A_0\cos[(\omega_0+\Omega_n)t+\varphi+\phi_n] \\
&\quad +\sum_{n=1}^{\infty}\frac{m_n}{2}A_0\cos[(\omega_0-\Omega_n)t+\varphi-\phi_n]
\end{aligned} \tag{3-26}
$$

周期调制信号及其调幅波的频谱如图3-19所示。

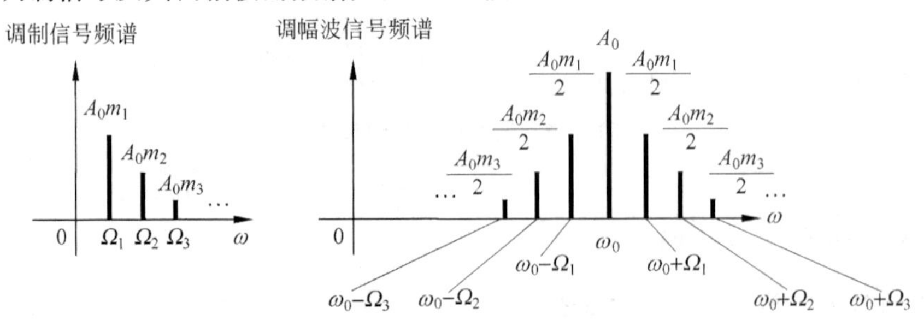

图3-19 周期调制信号与调幅波信号的频谱

如图 3-19 所示，经周期信号调制后的调幅波也就是已调波信号的频谱由一个载频和无数对上、下边频分量组成，在调制信号中有一个频率为 Ω_n、幅度为 $\frac{A_0 m_n}{2}$ 的分量，在调幅波中就有一对与之相应的上、下边频分量，它们分别为上边频 $\omega_0+\Omega_n$ 和下边频 $\omega_0-\Omega_n$。所有边频分量组成了两个频带，对称地排列在载频分量的高低两侧，这两个频带统称为边带，其中高于载频的那个边带称为上边带，低于载频的那个边带称为下边带，可见边带频谱结构与调制信号的频谱相同。

同样为了使一个信号的频谱与另一个在频率上相邻近的信号的频谱彼此不相重叠，已调波信号的频宽也应为调制信号的最高频率的 2 倍，即 $B_S=2\Omega_m$。

由以上分析可知，实际中在选取两个频率相近的调幅波载频时必须注意使两者载频之差应大于等于最高调制频率的 2 倍。例如普通广播电台频段在 50～4500Hz 时，音质尚可，因此规定两个相邻电台载频间隔为 9kHz。这样，就可以把若干个待传输的信号分别搬移到不同的载频上，实现在同一个信道中互不干扰地同时传送多个信号。

可以将以上内容概括为要点 3.10。

要点 3.10

（1）已调波（调幅波）的边带结构与调制信号的频谱相同，上、下边带对称排列在载频两侧。

（2）已调波（调幅波）的频宽为调制信号的最高频率的 2 倍，即 $B_S=2\Omega_m$。

3.8.6　调制与解调的实际应用

1. 频分复用与时分复用

复用是指将若干个彼此独立的信号合并成可以在同一个信道中传输的复合信号的方法，常见的信号复用按频率区分和按时间区分的方式分为频分复用和时分复用。

1) 频分复用（frequency division multiple Access，FDMA）

将若干个要传送的信号，分别搬移到不同载波频率上，并使各信号的频谱互不重叠，就可以在一个信道内同时传送多个信号。这种将信道按频率划分成若干个频段，使每个频段内限定仅传送一路信号，使信号互不干扰传送的传输方式称为频分复用，用这种方法构成的一个通信系统称为频分复用系统。频分复用的示意图如图 3-20 所示。

2) 时分复用（time division multiple access，TDMA）

如果载波信号不是前面所用到的高频正弦波，而是用离散脉冲串作为载波信号进行调幅，就称为脉冲幅度调制。这种脉冲幅度调制的已调信号具有不连续波形，它只在某些时间间隔内传送信号，因此在传送脉冲调制信号时只占用了信道的一部分时间，其他时间是空余的。这样就有可能在这空余时间间隔中传送别的脉冲调制信号。这种在同一信道中利用不同时间间隔同时传送多路信号，且使各路信号信息不发生混叠的传送信号方式称为时分复用。脉冲已调信号和表示时分复用法传送两路信号的示意图如图 3-21 所示。可见由两个信号分别调幅的脉冲序列或称脉冲已调信号，各占同一信道中不同时间间隔，把它们混合在一起，通过信道传送，然后在接收端用同一个与发射端同步的电子开关将二者分离，再经过低通滤波器就可以恢复原来各自的两路信号。

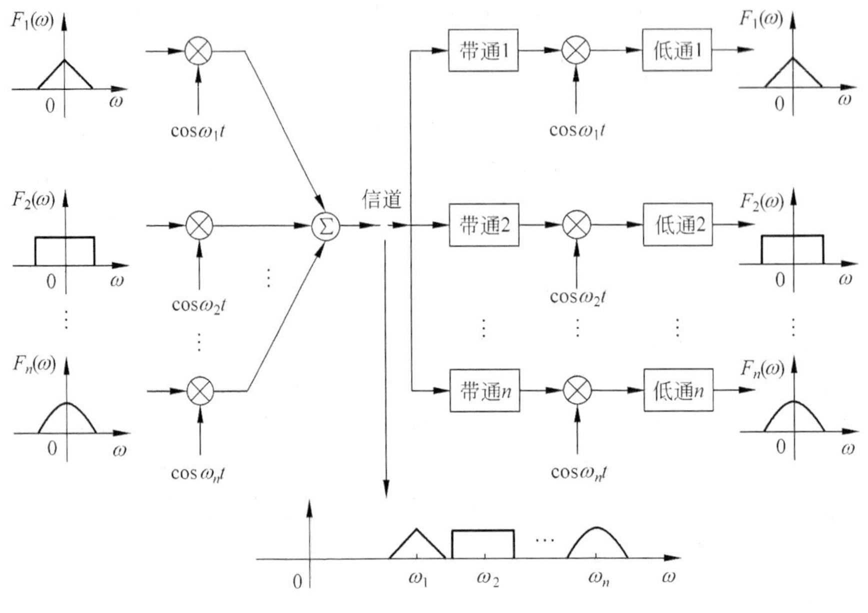

图 3-20 频分复用的示意框图

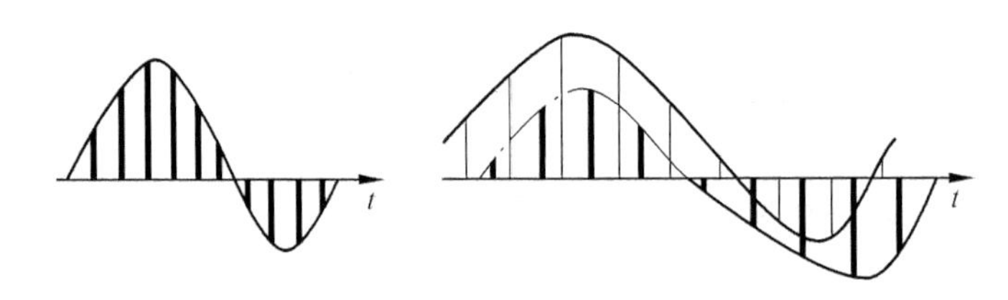

图 3-21 脉冲已调信号和两个信号的时分复用示意图

2. 三种信号传送方式的通信系统

1) 抑制载波调幅通信系统

由式(3-26)可以看出,调幅波信号的频谱中,除了上、下变频分量外,还有一个较大的载波分量,正是因为有了这个载波分量,就可以用很简单的设备检出调幅波中包含的调制信号。实际上调幅波频谱中只有边频分量才含有调制信号频谱,即真正待传输的信息,这些边频分量的功率只占调幅波总功率的一小部分,而不含信息的载波分量功率却占了调幅波总功率的一大部分。为了使用较小的发射功率更有效地传送信息,在一般的通信系统中,常常设法把载波分量抑制掉而不发射出去,仅发射上、下两个边带信号,即在调幅波的表达式中就只剩下调制信号与载波分量相乘项。这样的通信系统称为抑制载波调幅通信系统。

2) 单边带(single sideband,SSB)通信系统

但是在上、下两个边带中,只要保留任何一个,就可以完全地反映出调制信号的频谱结构,或者说就已经包含了信号中的全部信息量。因此,除了抑制载波外,还可以进一步滤除一个边带,只发射一个上边带或一个下边带。这样传送信号的方式称为单边带通信系统。这样做的好处是节省发射功率同时节省信道。因为发射的已调信号频带宽度压缩为原来的一半,从而在拥挤不堪的信道中,可以增加同时传送信号的数目,提高了传送效率。但是这些好处是以增加接收设备的复杂程度为代价而获得的。

3）残留边带（vestigial sideband，VSB）的单边带通信系统

由于要从调幅波中只取出一个边带发射，而完全滤除载波与另一个边带，实现起来技术难度相当大，所以又可以采用残留边带的单边带发送方式。即对一个边带不加抑制传送，对载波和另一个边带则大部分加以抑制而只传送一小部分。例如：电视信号以调幅波传送，全电视信号频带宽度为 0～6MHz。所以单边带调制信号频宽是 6MHz，我国规定的残留边带的宽度是 1.25MHz，合计起来，残留边带的单边带调幅波的频宽为 7.25MHz，另外加上调频伴音信号频带，因此相邻两个电视频道的间隔规定为 8MHz。

3.9　LTI 连续系统的频域分析

LTI 连续系统的频域分析法与 LTI 连续系统的时域分析法一样也是建立在线性系统的叠加性基础上。它与时域分析法的不同之处在于信号分解的基本信号不同，频域分析法中信号分解的基本信号是等幅正弦信号，即通过傅里叶级数或傅里叶变换可以将信号表示成一系列不同频率、不同幅值的正弦或复指数分量的叠加形式。仿照第 2 章求复杂激励信号作用下的系统零状态响应的方法，将组成复杂激励信号的各个正弦信号分量或复指数信号分量分别施加于系统，并用电路理论中正弦稳态分析（复数运算或相量运算）的方法求出每个正弦信号分量或复指数分量激励下的响应；然后再利用叠加原理叠加这些响应分量求得总响应，从而完成系统分析任务。这种应用正弦稳态分析方法来求任意信号作用系统的零状态响应，避开了求解微分方程的运算，这是一种变换域分析法，简称频域分析法，如图 3-22 所示。这种方法是把时域求响应的分析问题通过傅里叶级数或傅里叶变换转换成以频率为变量的频域分析问题。在频域中求出响应后还得再转换回时域，从而获得要求的时域响应结果。

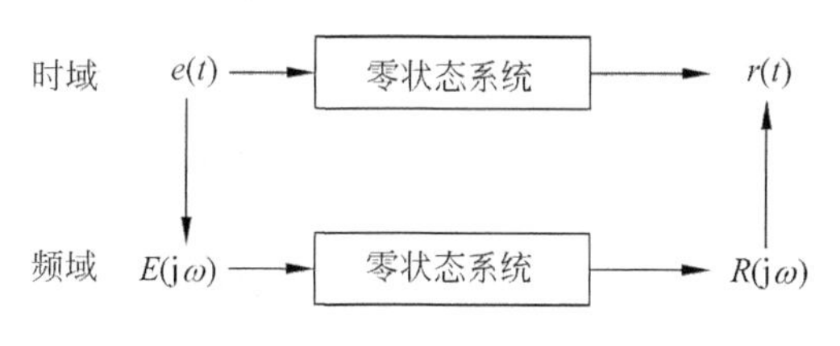

图 3-22　频域分析法

虽然通过频域分析法将时域中的微分方程转换成频域中的代数方程，从而简化了求响应的运算，但是这是以两次积分变换为代价的。在输入端将时域的激励信号 $e(t)$ 进行傅里叶变换，将之转换为频域中的信号 $E(\mathrm{j}\omega)$；在输出端则需要对频域中的响应 $R(\mathrm{j}\omega)$ 再进行傅里叶反变换回到时域得到 $r(t)$。由于傅里叶正变换受信号绝对可积的限制，而且傅里叶反变换的积分运算又很复杂，因此，在求取连续时间系统响应问题时，更多使用的是下一章中将介绍的复频域分析法，即拉普拉斯变换分析法，而并不常应用频域分析法。但是这并不影响频域分析法在系统分析中的重要地位。原因有三：其一，复频域分析法是频域分析法的推广，先研究频域分析法对进入复频域分析法比较方便；其二，信号的频谱具有明确的物理意义，在许多定性分析问题中应用频谱的概念来说明很方便，例如，研究信号通过系统的失真问题很容易由信号通过系统前后的频谱变化说明；其三，当系统内部结构无法确知时，一般不能直接获得反映系统特性的复频域系统函数 $H(s)$，拉普拉斯变换法就无法直接应用，

而同样反映系统特性的频域系统函数 $H(j\omega)$一般是可以通过测量获取的,此时应用傅里叶变换的频域分析法较为方便。此外,频域系统函数 $H(j\omega)$不仅反映系统本身的频率特性,而且把系统的零状态响应和激励直接联系起来,为在频域求系统零状态响应提供了简便的方法,因此频域系统函数 $H(j\omega)$在整个系统频域分析中占有十分重要的地位。

3.9.1 频域系统函数的定义及物理意义

系统频率特性及系统频域分析,即求响应是以时域卷积定理和叠加定理为依据。

1. 频域系统函数的定义

对于 LTI 零状态系统,输入(激励)为 $e(t)$,系统冲激响应为 $h(t)$,系统的零状态响应为 $r_{zs}(t)$。系统的时域分析结论为系统零状态响应可以通过激励与系统冲激响应卷积获得,可表示为

$$r_{zs}(t) = e(t) * h(t) \tag{3-27}$$

对于 LTI 零状态系统,$E(j\omega)$、$H(j\omega)$和 $R_{zs}(j\omega)$分别为输入(激励)$e(t)$和系统冲激响应 $h(t)$和系统零状态响应 $r_{zs}(t)$的频谱(像)函数。根据时域卷积定理,可以得到系统频域分析结论为系统零状态响应可以通过激励像函数与系统冲激响应像函数乘积获得,可表示为

$$R_{zs}(j\omega) = E(j\omega)H(j\omega) \tag{3-28}$$

式(3-28)中的 $H(j\omega)$就称为系统函数,或称为系统的频率响应,表明频域系统函数改变或过滤了输入信号在频域中的各频率分量(幅度和相位)的相对比例,其变化规律完全取决于系统函数,所以系统函数是频域分析中的核心。反映系统时域分析与系统频域分析关系如图 3-23 所示。

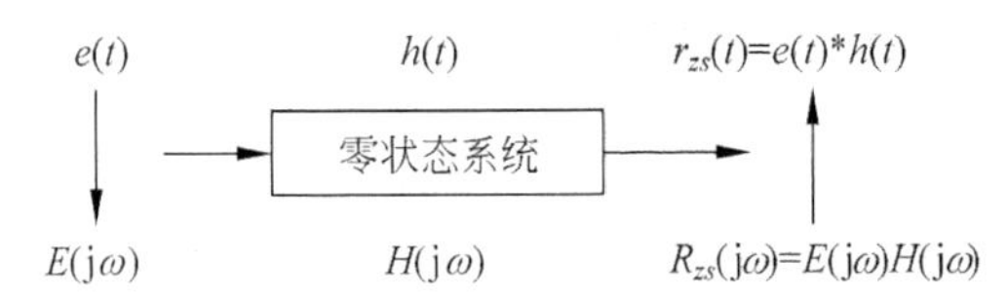

图 3-23 系统时域分析与系统频域分析的关系

图 3-23 中 $e(t)\leftrightarrow E(j\omega)$,$h(t)\leftrightarrow H(j\omega)$,$r_{zs}(t)\leftrightarrow R_{zs}(j\omega)$。

由式(3-28)还可以将系统函数写成

$$H(j\omega) = \frac{R_{zs}(j\omega)}{E(j\omega)} \text{或简写成} H(\omega) = \frac{R_{zs}(\omega)}{E(\omega)} \tag{3-29}$$

即系统函数 $H(j\omega)$等于系统零状态响应的频谱函数(像函数)$R_{zs}(j\omega)$与系统激励的频谱函数(像函数)$E(j\omega)$之比。

2. 系统函数的物理意义

通过以上分析可知,系统函数就是单位冲激响应的像函数。即单位冲激响应的频域形式为系统函数,系统函数的时域形式为单位冲激响应。也就是时域中单位冲激信号作为系统激励,产生的响应为冲激响应,频域中 1 作为系统激励,系统所产生的响应为系统函数,即

$$\delta(t) \to h(t), \quad 1 \to H(\omega)$$

系统函数取决于系统本身的结构及参数特性,与激励和响应无关。系统函数还可以表示为

$$H(\omega) = |H(\omega)| e^{j\phi(\omega)} \tag{3-30}$$

其中$|H(\omega)|$称为系统的幅频特性，为ω的偶函数；$\phi(\omega)$称为系统的相频特性，为ω的奇函数。幅频特性$|H(\omega)|$表征了系统对输入信号的放大特性，而相频特性$\phi(\omega)$表征了系统对输入信号的延时特性。也可以说，系统的作用改变了激励信号的频谱，系统的功能就是对激励信号的各频率分量幅度进行加权，并且使各频率分量都产生各自的相移。

3.9.2　系统函数的求法

系统函数的频域求取可以采用以下方法。

- 给定激励与零状态响应时，应用定义求取 $H(\omega)=\dfrac{R_{zs}(\omega)}{E(\omega)}$。
- 已知系统的单位冲激响应时，应用其物理意义求取 $H(\omega)=\mathscr{F}[h(t)]$。
- 已知系统的电路模型，应用相量法（电感以 $\mathrm{j}\omega L$ 表示，电容以$\dfrac{1}{\mathrm{j}\omega C}$表示，电压、电流以相量表示），依据电路理论的基本定理和基本方法（例如：基尔霍夫定律、叠加定理、戴维南定理、支路法、回路法、节点法等）求出 $H(\omega)=\dfrac{R_{zs}(\omega)}{E(\omega)}$。
- 给定系统微分方程时，对方程两端取傅里叶变换，求得 $H(\omega)=\dfrac{R_{zs}(\omega)}{E(\omega)}$。

根据傅里叶变换的微分性质，可以将时域中激励、响应的微分方程变成激励、响应的代数方程，从而简化了零状态响应的求取，但是以增加两次积分变换为代价的。将系统函数的定义和物理意义概括为要点 3.11。

> **要点 3.11**
>
> (1) 系统函数定义式为 $H(\omega)=\dfrac{R_{zs}(\omega)}{E(\omega)}$。
>
> (2) 系统函数 $H(\mathrm{j}\omega)\leftrightarrow h(t)$冲激响应。

例 3-8　(1) 已知电路模型如图 3-24 所示，求系统函数 $H(\omega)$。

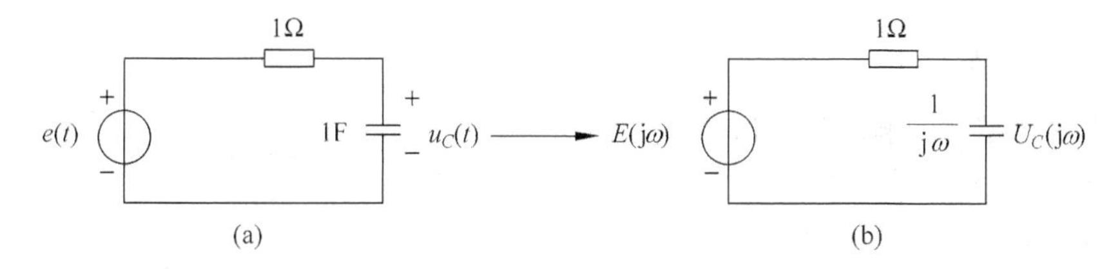

图 3-24　例 3-8 电路

(2) 系统方程 $y''(t)+5y'(t)+6y(t)=2e'(t)+3e(t)$，求系统函数 $H(\omega)$。

(3) 已知系统冲激响应 $h(t)=(1+\mathrm{e}^{-2t})\varepsilon(t)$，求系统函数 $H(\omega)$。

解：

(1) 将如图 3-24(a)所示的时域电路变换成如图 3-24(b)所示的频域电路，应用系统函数的定义及电路原理的方法可得

$$H(\omega)=\frac{R_{zs}(\omega)}{E(\omega)}=\frac{1}{E(\omega)}\times\frac{\frac{1}{\mathrm{j}\omega}}{1+\frac{1}{\mathrm{j}\omega}}\times E(\omega)=\frac{1}{1+\mathrm{j}\omega}$$

也可以令图 3-24(b)中的 $E(\mathrm{j}\omega)=1$,求取系统函数 $H(\mathrm{j}\omega)$,结果相同。因为 $\delta(t)\rightarrow h(t)$,$1\rightarrow H(\omega)$,即频域中 1 作为系统激励产生的响应就是系统函数。

(2) 将方程两边傅里叶变换并应用微分性质,$y(t)\leftrightarrow Y(\mathrm{j}\omega)$,$e(t)\leftrightarrow E(\mathrm{j}\omega)$

$$[(\mathrm{j}\omega)^2+5(\mathrm{j}\omega)+6]Y(\mathrm{j}\omega)=[2(\mathrm{j}\omega)+3]E(\mathrm{j}\omega)$$

$$H(\omega)=\frac{Y_{zs}(\omega)}{F(\omega)}=\frac{2(\mathrm{j}\omega)+3}{(\mathrm{j}\omega)^2+5(\mathrm{j}\omega)+6}$$

(3) 根据系统函数物理意义,对已知的系统冲激响应求取傅里叶变换即可获的系统函数。

$$h(t)\leftrightarrow H(\omega)=\pi\delta(\omega)+\frac{1}{\mathrm{j}\omega}+\frac{1}{2+\mathrm{j}\omega}$$

3.9.3 周期信号通过线性系统的稳态响应(分析)

周期信号存在于时间变量由 $-\infty$ 到 $+\infty$ 的区间中,因此,当这样的信号作用于系统时,系统已经到达一种稳定状态,这时的响应就是系统的稳态响应。周期信号作用于线性系统的分析,是依据线性系统的叠加性进行的。因为周期信号可以分解为一系列正弦信号之和,因此这种信号作用于线性系统,就等于一系列正弦信号同时作用于该线性系统。只要求得每个正弦信号单独作用于该系统的响应,然后将得到的所有响应分量叠加,就可以求得该信号作用于线性系统的总响应。具体分析步骤总结如下:

(1) 将周期信号傅里叶级数分解成为许多不同频率和不同幅值的正弦信号或者表示成各次谐波分量之和形式;

(2) 应用电路理论方法(直流稳态分析和正弦稳态分析的相量法)分别求出各次谐波单独作用于系统的响应;

注意:直流信号激励下,电感 L 相当短路,电容 C 相当断路;正弦信号激励下容抗 X_C 和

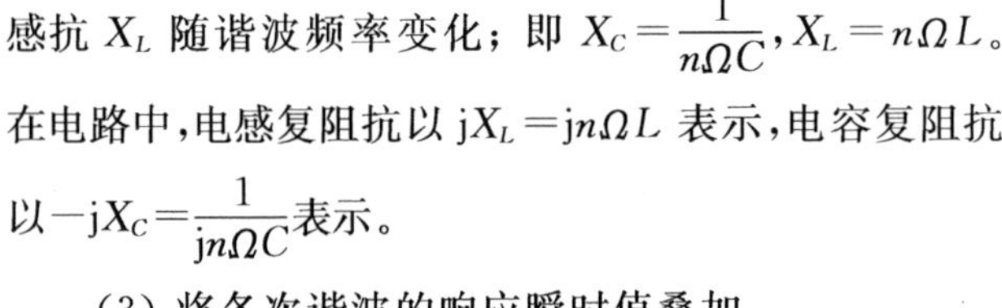
感抗 X_L 随谐波频率变化;即 $X_C=\dfrac{1}{n\Omega C}$,$X_L=n\Omega L$。在电路中,电感复阻抗以 $\mathrm{j}X_L=\mathrm{j}n\Omega L$ 表示,电容复阻抗以 $-\mathrm{j}X_C=\dfrac{1}{\mathrm{j}n\Omega C}$ 表示。

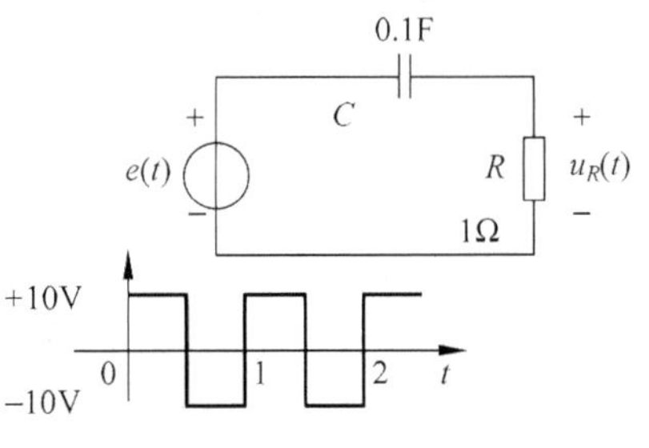

图 3-25 例 3-9 电路

(3) 将各次谐波的响应瞬时值叠加。

例 3-9 电系统及参数如图 3-25 所示。求:

(1) 电阻上的电压 $u_R(t)=$?

(2) 电阻消耗的功率 $P_R=$?

解:

(1) 分解激励信号 $e(t)=\dfrac{40}{\pi}\left[\sin\Omega t+\dfrac{1}{3}\sin 3\Omega t+\dfrac{1}{5}\sin 5\Omega t+\cdots\right]$

分压公式求得电阻电压:

$$\dot{U}_R(\omega)=\frac{R}{R+\frac{1}{\mathrm{j}\omega C}}\dot{E}=\frac{\mathrm{j}\omega RC}{1+\mathrm{j}\omega RC}\dot{E}=\frac{\mathrm{j}\omega\times 0.1}{1+\mathrm{j}\omega\times 0.1}\dot{E}$$

$$\Omega=\frac{2\pi}{T},\quad T=1\mathrm{s},\quad \Omega=2\pi\mathrm{rad/s}$$

求各次谐波响应:

$$\dot{U}_{R1} = \frac{j2\pi \times 0.1}{1 + j2\pi \times 0.1} \times \frac{40}{\pi} = 4.8\sqrt{2}\angle 57.9°\text{V}$$

$$\dot{U}_{R3} = \frac{j3 \times 2\pi \times 0.1}{1 + j3 \times 2\pi \times 0.1} \times \frac{40}{3\pi} = 2.65\sqrt{2}\angle 27.9°\text{V}$$

$$\dot{U}_{R5} = \frac{j5 \times 2\pi \times 0.1}{1 + j5 \times 2\pi \times 0.1} \times \frac{40}{5\pi} = 1.72\sqrt{2}\angle 17.6°\text{V}$$

$$\cdots$$

各次谐波响应的瞬时叠加得到电阻上的电压响应。

$$u_R(t) = 4.8\sqrt{2}\sin(\Omega t + 57.9°) + 2.65\sqrt{2}\sin(3\Omega t + 27.9°) + 1.72\sqrt{2}\sin(5\Omega t + 17.6°) + \cdots (\text{单位：V})$$

(2) 电阻上消耗的功率为 $P_R \approx 4.8^2 + 2.65^2 + 1.72^2 \approx 33\text{W}$。

可见激励电压信号与电阻上电压响应不但各次谐波振幅的相对比例改变了，而且各次谐波在时间轴上的相对位置也改变了。因此输出将不再是方波信号波形了。也就是说，信号在传输过程中(通过系统后)发生了失真。

3.9.4　非周期信号通过线性系统的暂态响应(分析)

非周期信号一般可以用有始函数 $e(t)\varepsilon(t)$ 来表示，它所包含的频率分量与无始无终的信号的频率分量不同，因此非周期信号作用于线性系统时产生的响应也将与周期信号作用时产生的响应不同。一般来说，这时的响应中除了含有与周期信号作用下产生的响应相同的分量外，还会出现因为 $t=0$ 时信号接入所产生的按指数规律衰减的暂态响应分量，因此从激励信号接入到系统进入稳态之间存在暂态过程。当激励信号为非周期信号时，系统零状态响应的求取仍然基于线性系统的叠加特性，与稳态分析相类似也可以将分析步骤总结如下：

(1) 将激励信号傅里叶变换 $e(t)\varepsilon(t) \leftrightarrow E(\omega)$，即将激励分解成一系列正弦(谐波)分量，某一频率为 ω 的正弦(谐波)分量复振幅是 $\frac{E(\omega)}{\pi}\text{d}\omega$；

(2) 求出系统函数 $H(\omega) = \frac{Y(\omega)}{E(\omega)}$；

(3) 求出各次谐波分量产生的响应，并叠加全部谐波分量产生的响应，获得系统零状态响应

$$\frac{Y(\omega)}{\pi}\text{d}\omega = H(\omega)\frac{E(\omega)}{\pi}\text{d}\omega$$

$$Y(\omega) = H(\omega)E(\omega)$$

(4) 由傅里叶反变换获得响应的时域形式 $y(t) = \mathscr{F}^{-1}[Y(\text{j}\omega)]$。

这种方法从数学处理角度说是先将激励由时域转换到频域，根据系统的频率特性在频域中进行计算，化时域微分运算为频域的代数运算，然后将响应结果再转换回时域得到要求取的响应。所以说这种变换域求响应的方法是以两次变换为代价的。

例 3-10　电系统如图 3-26 所示，求电容上的电压 $u_C(t)$。

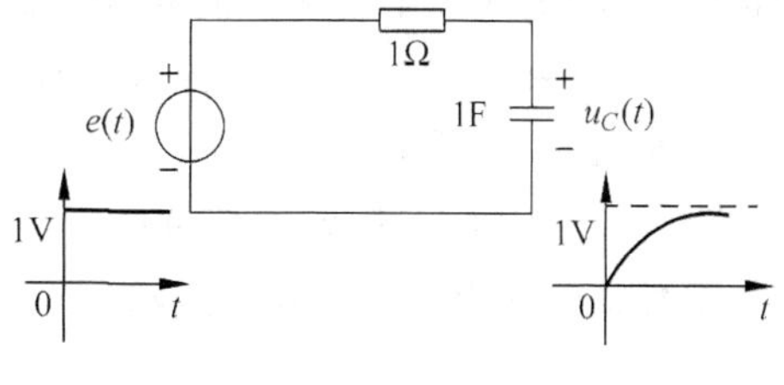

解：

将激励信号傅里叶变换 $e(t) \leftrightarrow E(\omega) = \frac{1}{\text{j}\omega} + \pi\delta(\omega)$

图 3-26　例 3-10 电路

求出系统函数 $H(\omega)=\dfrac{Y(\omega)}{E(\omega)}=\dfrac{\frac{1}{\mathrm{j}\omega}}{1+\frac{1}{\mathrm{j}\omega}}=\dfrac{1}{1+\mathrm{j}\omega}$

零状态响应的像函数为

$$Y(\omega)=U_C(\omega)=H(\omega)E(\omega)=\frac{1}{1+\mathrm{j}\omega}\left[\frac{1}{\mathrm{j}\omega}+\pi\delta(\omega)\right]$$

$$=\pi\delta(\omega)+\frac{1}{\mathrm{j}\omega}-\frac{1}{1+\mathrm{j}\omega}$$

傅里叶反变换得零状态响应的原函数形式为

$$y(t)=u_C(t)=\varepsilon(t)-\mathrm{e}^{-t}\varepsilon(t)=(1-\mathrm{e}^{-t})\varepsilon(t)\mathrm{V}$$

$u_C(t)$响应的波形显然与激励的波形不同,也就是说,信号在通过系统时,由于系统的频率特性对其的影响,使响应与激励的波形发生了变化。输出与输入的不同将取决于系统的特性:当时间常数 $\tau=RC$(系统的参数特性)愈小,输出信号波形愈接近输入信号波形,即失真愈小。

通过以上实例可知,一般线性系统的响应波形与激励波形不一样,也就是说,信号在通过系统传输过程中由于系统对它的影响而发生失真。在通信技术中除了某些情况下有意识用电路进行波形变换外,为了保证较高的通信质量,必须减小通信过程中的各类失真,即总是希望在信号传送过程中失真愈小愈好,因此需要针对信号在传输过程中产生失真的原因,研究信号通过系统不产生失真的理想条件。正确理解和掌握信号传输的不失真条件以及信号通过线性系统的特性,对于通信技术具有重要的实际意义。

3.9.5 系统不失真传输信号的条件

1. 造成失真的原因

(1) 由于系统对组成信号的各个频率分量的幅度衰减程度不同,所以使信号的各频率分量的相对比例关系发生了变化,这种失真称为幅度失真(amplitude distortion)。

(2) 由于系统使组成信号的各个频率分量的相位不与频率成正比,所以使信号的各个频率分量的相对位置发生变化,这种失真称为相位失真(phase distortion)。

但是在以上两种失真中信号并没有产生新的频率分量,因此称为线性失真(linear distortion)。

2. 理想不失真传输条件

1) 信号不失真传输

如果输入信号经过系统后,输出信号与输入信号相比,只有幅度大小和出现时间的不同,而信号的形状不变,就称为信号不失真传输。理想不失真传输系统如图3-27所示。

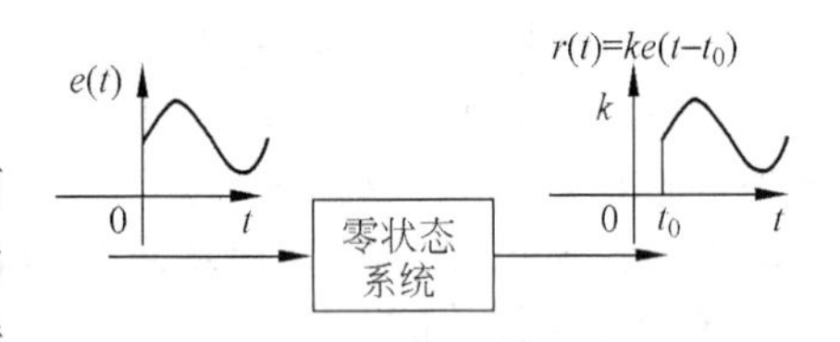

图3-27 理想不失真传输系统

2) 不失真传输系统的频率特性

设激励信号为 $e(t)$,响应信号为 $r(t)$,则系统不失真传输的响应为

$$r(t)=ke(t-t_0) \tag{3-31}$$

激励信号的频谱为 $E(\omega)$,响应信号的频谱为 $R(\omega)$,对式(3-24)取傅里叶变换并应用延时性质。

$$r(t)\leftrightarrow R(\omega),\quad e(t)\leftrightarrow E(\omega)$$
$$R(\omega)=kE(\omega)\mathrm{e}^{-\mathrm{j}\omega t_0}$$
$$H(\omega)=\frac{R(\omega)}{E(\omega)}=k\mathrm{e}^{-\mathrm{j}\omega t_0}=|H(\omega)|\mathrm{e}^{\mathrm{j}\phi(\omega)}$$

可见要使信号在通过线性系统不发生失真，要求系统函数为

$$H(\omega)=k\mathrm{e}^{-\mathrm{j}\omega t_0}\tag{3-32}$$

即系统的频率特性为

$$\left.\begin{aligned}|H(\omega)|&=k\\ \phi(\omega)&=-\omega t_0\end{aligned}\right\}\tag{3-33}$$

显然，欲使信号在通过线性系统时不产生失真，要求系统的幅频特性在整个频率范围中是一个常数；相频特性是一条通过原点的直线，理想不失真传输系统特性如图 3-28 所示。

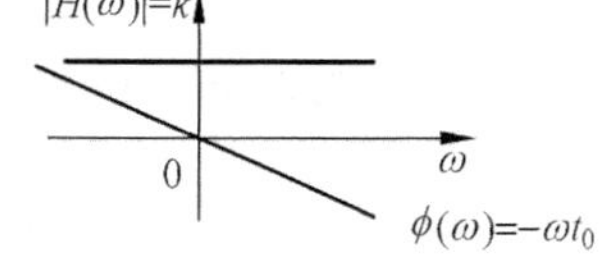

图 3-28　理想不失真传输系统特性

可以从物理概念上直观地解释这种不失真传输条件，由于系统函数的幅频特性 $|H(\omega)|$ 为常数，响应中的各频率分量幅度的相对大小将与激励信号的情况一样，所以没有幅度失真。为了保证信号在传输过程中不发生相位失真，必须使响应中各频率分量与激励中各对应分量滞后同样的时间，即各次谐波的相移必须与其频率成正比，反映到相频特性 $\phi(\omega)$ 就是一条过原点的直线。可以将以上内容概括为要点 3.12。

> **要点 3.12**
>
> 理想不失真传输系统的幅频特性：在整个频率范围内为常数(无限宽均匀通频带)。
>
> 理想不失真传输系统的相频特性：在整个频率范围内相移与频率成正比(过原点的直线)。
>
> $$\begin{cases}|H(\omega)|=k\\ \phi(\omega)=-\omega t_0\end{cases}$$

很明显，在传输有限频宽信号时，上述理想条件可以放宽，只要在信号占有频带范围内满足上述理想条件就可以了。

3.9.6　理想滤波器与实际滤波器及其响应

1. 滤波器(filter)

能使规定频率的信号通过，而其他频率信号受到抑制的系统(装置)。

2. 理想滤波器

系统的幅频特性和相频特性在某一频带内满足不失真传输条件，即系统幅频特性在某一频带内为常数，相频特性在某一频带内与频率成正比或为过原点的直线。

3. 理想低通滤波器的传输(频率)特性

在 $0\sim\omega_{\mathrm{H}}$ 频率范围内信号不失真传输，大于 ω_{H} 的所有频率信号完全受到抑制，其中 ω_{H} 为上限截止频率。理想低通滤波器的传输(频率)特性如图 3-29 所示。

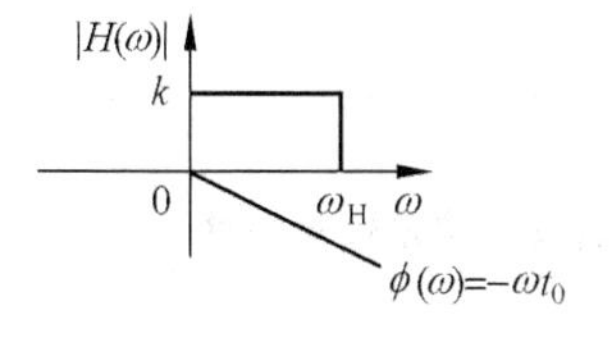

图 3-29　理想低通滤波器频率特性

4. 滤波器的分类

1) 按频率传输特性划分(以理想滤波器为例)

(1) 理想低通滤波器(LPF)

频率 $\omega < \omega_H$ 的信号通过,$\omega > \omega_H$ 信号被抑制(不通),LPF 幅频特性如图 3-30 所示。

(2) 理想高通滤波器 (HPF)

频率 $\omega > \omega_L$ 的信号通过,$\omega < \omega_L$ 信号被抑制(不通),HPF 幅频特性如图 3-31 所示,其中 ω_L 为下限截止频率。

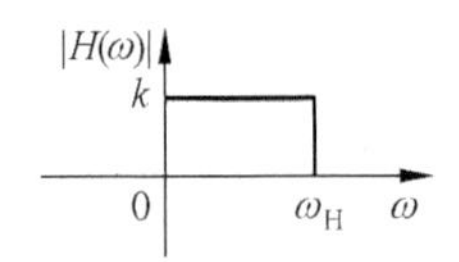

图 3-30 LPF 幅频特性

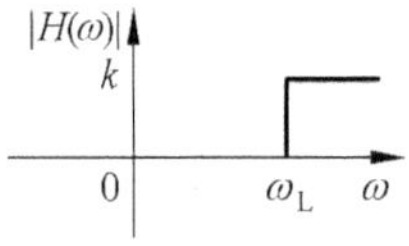

图 3-31 HPF 幅频特性

(3) 理想带通滤波器(BPF)

频率 $\omega_L < \omega < \omega_H$ 的信号通过,$\omega < \omega_L$ 且 $\omega > \omega_H$ 的信号被抑制(不通),BPF 幅频特性如图 3-32 所示。

(4) 理想带阻滤波器(BEF)

频率 $\omega < \omega_L$ 且 $\omega > \omega_H$ 的信号通过,$\omega_L < \omega < \omega_H$ 的信号被抑制(不通),BEF 幅频特性如图 3-33 所示。

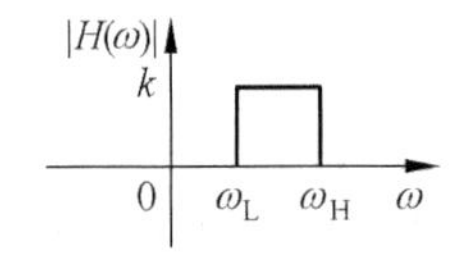

图 3-32 BPF 幅频特性

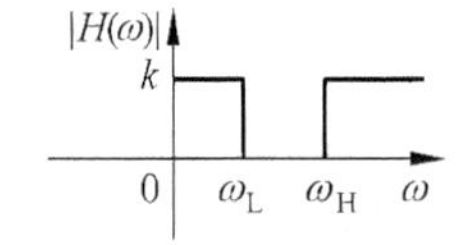

图 3-33 BEF 幅频特性

2) 按通带特性划分(低通滤波器为例)

(1) 巴特沃兹滤波器

通带平滑(最平坦型),过渡带陡度不严格(阶跃响应有过冲),边界逼近程度差。幅频特性如图 3-34 所示。

(2) 切比雪夫滤波器

通带纹波(起伏型),过渡带陡度严格(阶跃响应有过冲),边界逼近程度好。幅频特性如图 3-35 所示。

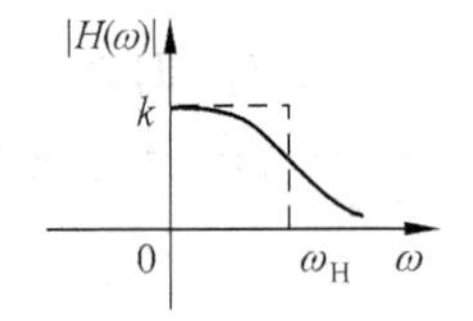

图 3-34 巴特沃兹滤波器幅频特性

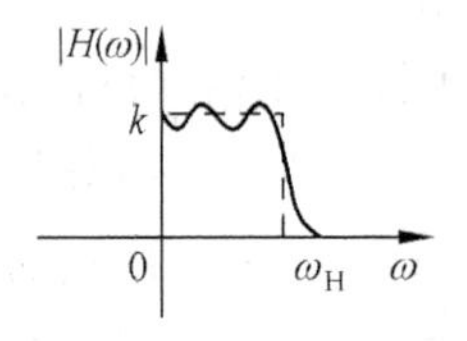

图 3-35 切比雪夫滤波器幅频特性

(3) 贝塞尔滤波器

通带平滑(较平坦型),过渡带陡度不严格(阶跃响应无过冲),边界逼近程度差。幅频特

性如图 3-36 所示。

5. 理想低通滤波器的冲激响应与阶跃响应

1) 理想低通滤波器的冲激响应

理想低通滤波器的频率特性(系统函数)可以表示为

$$H(\omega) = k\mathrm{e}^{-\mathrm{j}\omega t_0}[\varepsilon(\omega+\omega_0)-\varepsilon(\omega-\omega_0)] \tag{3-34}$$

根据傅里叶变换的对称特性和延时特性,得到系统冲激响应为

$$h(t) = \mathscr{F}^{-1}[H(\omega)] = \frac{k\omega_0}{\pi}\mathrm{Sa}[\omega_0(t-t_0)] \tag{3-35}$$

冲激响应的波形如图 3-37 所示。

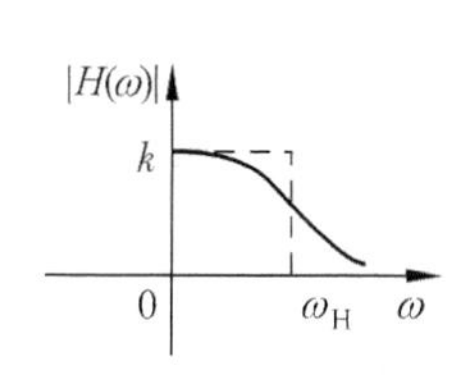

图 3-36　贝塞尔滤波器幅频特性

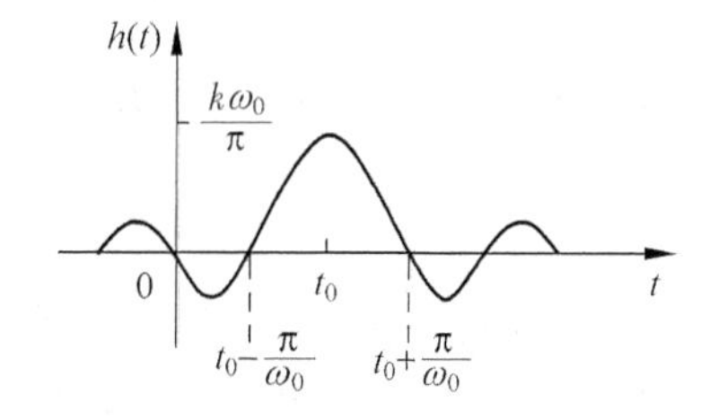

图 3-37　理想低通滤波器的冲激响应

从图 3-37 可以看出:

(1) 激励 $\delta(t)$在 $t=0$ 时刻作用于系统,而系统响应在 $t=t_0$ 时刻才达到最大峰值,这表明系统有延时作用;

(2) $h(t)$比 $\delta(t)$波形展宽了许多,这表示冲激信号的高频分量被滤波器衰减掉了;

(3) 在激励信号 $\delta(t)$作用前存在响应,即 $t<0$ 时,$h(t)\neq 0$,这表明理想低通滤波器是一个非因果系统,因此它是一个物理上不可实现的系统。

物理可实现系统的时域准则是:响应不能出现在激励加入之前,这就是因果系统条件。于是物理可实现系统的冲激响应 $h(t)$必须是单边的,即 $t<0$ 时,$h(t)=0$。

2) 理想低通滤波器的阶跃响应

系统的频率特性(系统函数)为 $H(\omega)=K\mathrm{e}^{-\mathrm{j}\omega t_0}[\varepsilon(\omega+\omega_0)-\varepsilon(\omega-\omega_0)]$。激励为阶跃信号 $\varepsilon(t)$,其傅里叶变换为 $E(\omega)$,表示成 $\varepsilon(t)\leftrightarrow\pi\delta(\omega)+\frac{1}{\mathrm{j}\omega}=E(\omega)$。则系统阶跃响应为

$$\begin{aligned}
r_\varepsilon(t) &= \mathscr{F}^{-1}[H(\omega)E(\omega)] \\
&= \mathscr{F}^{-1}\left\{K\mathrm{e}^{-\mathrm{j}\omega t_0}[\varepsilon(\omega+\omega_0)-\varepsilon(\omega-\omega_0)]\left[\pi\delta(\omega)+\frac{1}{\mathrm{j}\omega}\right]\right\} \\
&= \frac{1}{2\pi}K\left[\int_{-\omega_0}^{+\omega_0}\pi\delta(\omega)\mathrm{e}^{\mathrm{j}\omega(t-t_0)}\mathrm{d}\omega+\int_{-\omega_0}^{+\omega_0}\frac{\mathrm{e}^{\mathrm{j}\omega(t-t_0)}}{\mathrm{j}\omega}\mathrm{d}\omega\right] \\
&= K\left\{\frac{1}{2}+\frac{1}{2\pi}\int_{-\omega_0}^{+\omega_0}\left[\frac{\cos\omega(t-t_0)}{\mathrm{j}\omega}+\frac{\sin\omega(t-t_0)}{\mathrm{j}\omega}\right]\mathrm{d}\omega\right\}
\end{aligned} \tag{3-36}$$

根据冲激函数的抽样性以及欧拉公式展开,在考虑函数的奇偶性,可将式(3-36)简化成

$$r_\varepsilon(t) = K\left[\frac{1}{2}+\frac{1}{\pi}\int_0^{\omega_0(t-t_0)}\frac{\sin\omega(t-t_0)}{\omega(t-t_0)}\mathrm{d}\omega(t-t_0)\right] = K\left\{\frac{1}{2}+\frac{1}{\pi}\mathrm{Si}[\omega_0(t-t_0)]\right\} \tag{3-37}$$

令 $K=1$ 时的系统阶跃响应波形如图 3-38 所示。其中 $\mathrm{Si}(x)=\int_0^x \frac{\sin y}{y}\mathrm{d}y$ 为正弦积分函数。

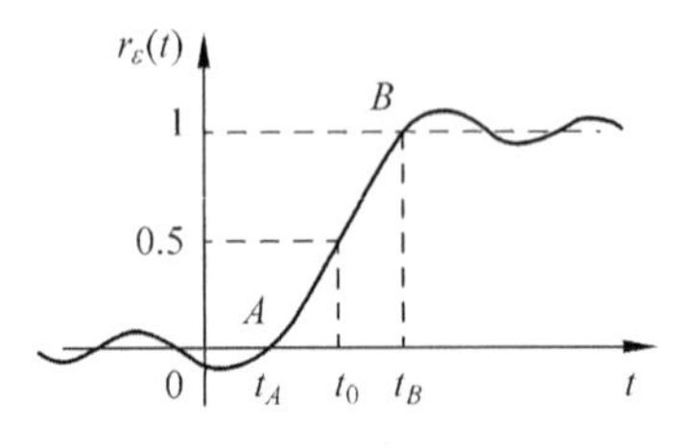

图 3-38 理想低通滤波器的阶跃响应

从图 3-38 可以看出：

(1) 滤波器的作用也使系统阶跃响应延时，如果从 $r_\varepsilon(t)=0.5$ 计算，则延时为 t_0；

(2) 阶跃响应存在上升(建立)时间，若以 $r_\varepsilon(t_A)=0$ 和 $r_\varepsilon(t_B)=1$ 为两端点计算，则上升时间为

$$t_0=t_B-t_A=\frac{3.84}{\omega_0} \tag{3-38}$$

若以 $r_\varepsilon(t)=0.1$ 和 $r_\varepsilon(t)=0.9$ 为两端点计算，则上升时间为

$$t_0=\frac{2.8}{\omega_0} \tag{3-39}$$

上面两式说明上升时间与系统带宽成反比；

(3) 在激励信号 $\varepsilon(t)$ 作用前存在响应，即 $t<0$ 时，$r_\varepsilon(t)\neq 0$，同样表明理想低通滤波器是一个非因果系统。

总之，理想低通滤波器的冲激响应和阶跃响应显然均违反了因果特性(因果性要求响应必须在激励之后)，即没有激励之前存在响应，这是无法做到的，除非系统存在预见性。因此理想低通滤波器在物理上是不可实现的。可以证明所有的理想(低通、高通、带通、带阻)滤波器均为非因果系统，都是在物理上无法实现的。

由于具有理想滤波特性的滤波器无法实现，因此实际的滤波器特性只能接近于理想特性。物理上可以实现的系统只能用其系统函数对理想特性的逼近来实现。当然所找到的系统函数与理想特性间的误差应在工程允许范围内。按照与理想特性逼近方式不同，选择不同的系统函数，设计出的滤波器也不同，有巴特沃兹滤波器、切比雪夫滤波器、贝塞尔滤波器等。将以上结论概括为要点 3.13。

> **要点 3.13**
>
> 理想滤波器由于其冲激响应和阶跃响应在 $t<0$ 均有响应，故而为非因果系统。即：理想滤波器是物理不可实现的系统。

6. 实际低通滤波器的频率特性

一个简单 RLC 组成的低通滤波器如图 3-39(a)所示，其系统函数为

$$H(\omega)=\frac{U_2(\omega)}{U_1(\omega)}=\frac{\dfrac{1}{\dfrac{1}{R}+\mathrm{j}\omega C}}{\mathrm{j}\omega L+\dfrac{1}{\dfrac{1}{R}+\mathrm{j}\omega C}}=\frac{1}{1-\omega^2 LC+\mathrm{j}\omega\dfrac{L}{R}} \tag{3-40}$$

取 $R=\sqrt{\dfrac{L}{C}}$，并定义 $\omega_0=\dfrac{1}{\sqrt{LC}}$，则式(3-40)可以写作

$$H(\omega)=\frac{1}{1-\left(\frac{\omega}{\omega_0}\right)^2+\mathrm{j}\,\frac{\omega}{\omega_0}}=|H(\omega)|\,\mathrm{e}^{\mathrm{j}\phi(\omega)} \tag{3-41}$$

简单 RLC 网络组成的低通滤波器的频率特性如图 3-39(b)所示。

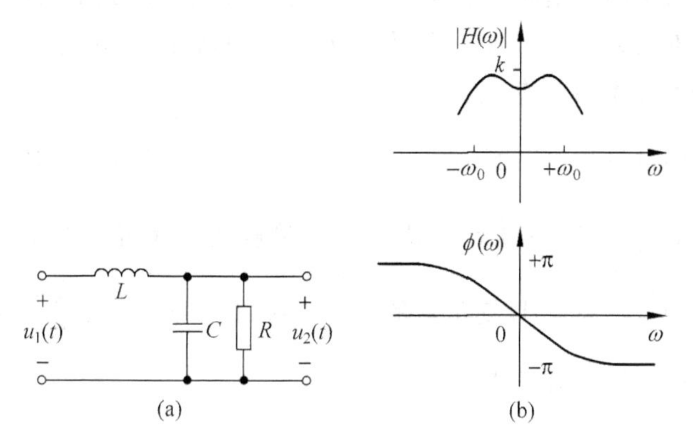

图 3-39　简单 RLC 低通滤波器及其频率特性

可见在传输有限频宽信号时，理想不失真条件可以放宽到在信号占有频带范围内满足不失真条件即可。

7. 实际低通滤波器的冲激响应

将式(3-41)傅里叶反变换可得单位冲激响应，如图 3-39 所示的简单 RLC 网络组成的低通滤波器的冲激响应如图 3-40 所示。

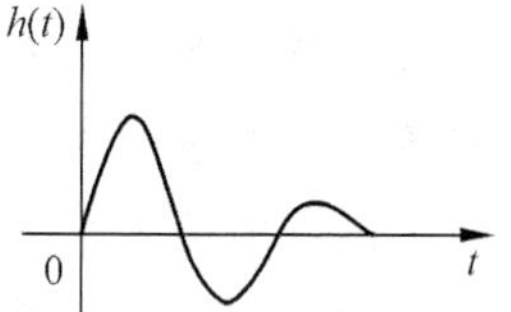

图 3-40　简单 RLC 低通滤波器的冲激响应

可见冲激响应波形与图 3-37 所示波形相似，但是起始时间是从 $t=0$ 开始。因此，简单 RLC 网络构成的低通滤波器是物理可实现的系统。

本章学习小结

1. 信号的频域分析

1) 满足狄利赫里条件的任意连续周期信号都可以展开为傅里叶级数。即：任意连续周期信号均可以表示成直流分量、基波分量和许多不同频率的谐波分量的叠加形式。其中各次谐波分量的大小、相位与频率的关系可以用频谱图来描述。频谱图方便地反映了信号的时域特性与频域特性的密切关系。

(1) 周期信号的频谱特点：离散的、谐波的、衰减的。

(2) 利用信号的奇偶特性可以分析其谐波含量。

(3) 信号脉宽与频宽成反比特性。

(4) 利用 $f_T(t)=\frac{a_0}{2}+\sum_{n=1}^{+\infty}A_n\cos(n\Omega t+\phi_n)$ 画出简单周期信号的频谱(幅度谱和相位谱)。

2) 非周期信号在满足绝对可积条件下，可以表示成无限多个频率为 ω，幅度为 $\frac{F(\mathrm{j}\omega)}{\pi}\mathrm{d}\omega$ 的虚指数信号分量 $\mathrm{e}^{\mathrm{j}\omega t}$ 的连续和形式，其中 $F(\mathrm{j}\omega)$ 为非周期信号 $f(t)$ 的傅里叶变换，也称频

谱密度函数,也可以用频谱图形式来反映信号 $f(t)$ 的频域特性。常用 $f(t)\leftrightarrow F(\mathrm{j}\omega)$ 表示一对正反傅里叶变换。

(1) 非周期信号的频谱特点:连续的、衰减的。

(2) 利用常用信号的傅里叶变换及其性质求非周期信号的频谱密度函数很重要。傅里叶变换性质更进一步揭示了信号在产生、传输及处理过程中,时域与频域特性的内在关系,从而奠定了信号与系统的理论基础。

(3) 已知非周期信号频谱密度函数 $F(\omega)$,利用 $\dot{A}_n=\frac{2}{T}F(\omega)\big|_{\omega=n\Omega}$ 的关系,

可以求出该非周期信号构成周期信号的复振幅 $\dot{A}_n$。继而可以求出周期信号的频谱 $F_T(\omega)=\pi\sum\limits_{n=-\infty}^{+\infty}\dot{A}_n\delta(\omega-n\Omega)$,周期信号的傅里叶级数 $f_T(t)=\frac{1}{2}\sum\limits_{n=-\infty}^{+\infty}\dot{A}_n\mathrm{e}^{\mathrm{j}n\Omega t}$。

(4) 周期信号的频谱具有冲激谱特性。

2. 系统的频域分析

1) 系统函数的概念及物理意义及频域求系统函数和零状态响应的方法。

系统函数 $H(\omega)=\frac{R_{zs}(\omega)}{E(\omega)}\leftrightarrow h(t)$ 冲激响应。

系统函数反映了系统自身结构和参数特性,与激励响应并无关系。

系统零状态响应为 $R_{zs}(\omega)=H(\omega)E(\omega)\leftrightarrow y_{zs}(t)$。

以上内容清楚表明,信号通过系统的响应为系统函数乘以输入信号,所以是系统函数(系统的频率特性)改变了信号各频率分量的振幅和相位的相对比例(或者说改变了信号的频谱结构),使信号通过系统后——响应发生了变化。变化规律完全取决于系统函数,故而系统函数是系统频域分析的核心。

2) 理想不失真系统传输条件,即理想不失真传输系统的频率特性。

$$H(\omega)=\frac{R_{zs}(\omega)}{E(\omega)}=|H(\omega)|\mathrm{e}^{\mathrm{j}\phi(\omega)}=k\mathrm{e}^{-\mathrm{j}\omega t_0}$$

$$|H(\omega)|=k,\quad \phi(\omega)=-\omega t_0$$

实际上系统只要在信号的有限频带宽度内满足以上条件即可。

3) 理想滤波器是非因果系统,是物理不可实现的系统。物理上可以实现的系统只能是用对理想特性的逼近来实现。

习题练习3

基础练习

3-1 试画出下列信号的幅度谱和相位谱。

(1) $f(t)=\cos(\omega_1 t)+\frac{1}{2}\cos\left(3\omega_1 t-\frac{\pi}{3}\right)+\frac{1}{5}\cos\left(5\omega_1 t-\frac{\pi}{3}\right)$

(2) $f(t)=1+2\sin\left(\pi t+\frac{\pi}{6}\right)-\sin(3\pi t)+\frac{1}{2}\cos\left(5\pi t-\frac{\pi}{4}\right)-\frac{1}{4}\cos(7\pi t)$

(3) $f(t)=1+2\sin\pi t-\sqrt{2}\sin 3\pi t-\frac{1}{2}\cos\left(4\pi t-\frac{\pi}{4}\right)$

(4) $f(t)=1+2\sin\left(\pi t+\frac{\pi}{6}\right)-\sin(2\pi t)+\frac{1}{2}\cos\left(4\pi t-\frac{\pi}{4}\right)-\frac{1}{4}\cos(5\pi t)$

3-2 利用信号的奇偶性,估判断图 T3-1 中信号的傅里叶级数所包含的谐波分量。

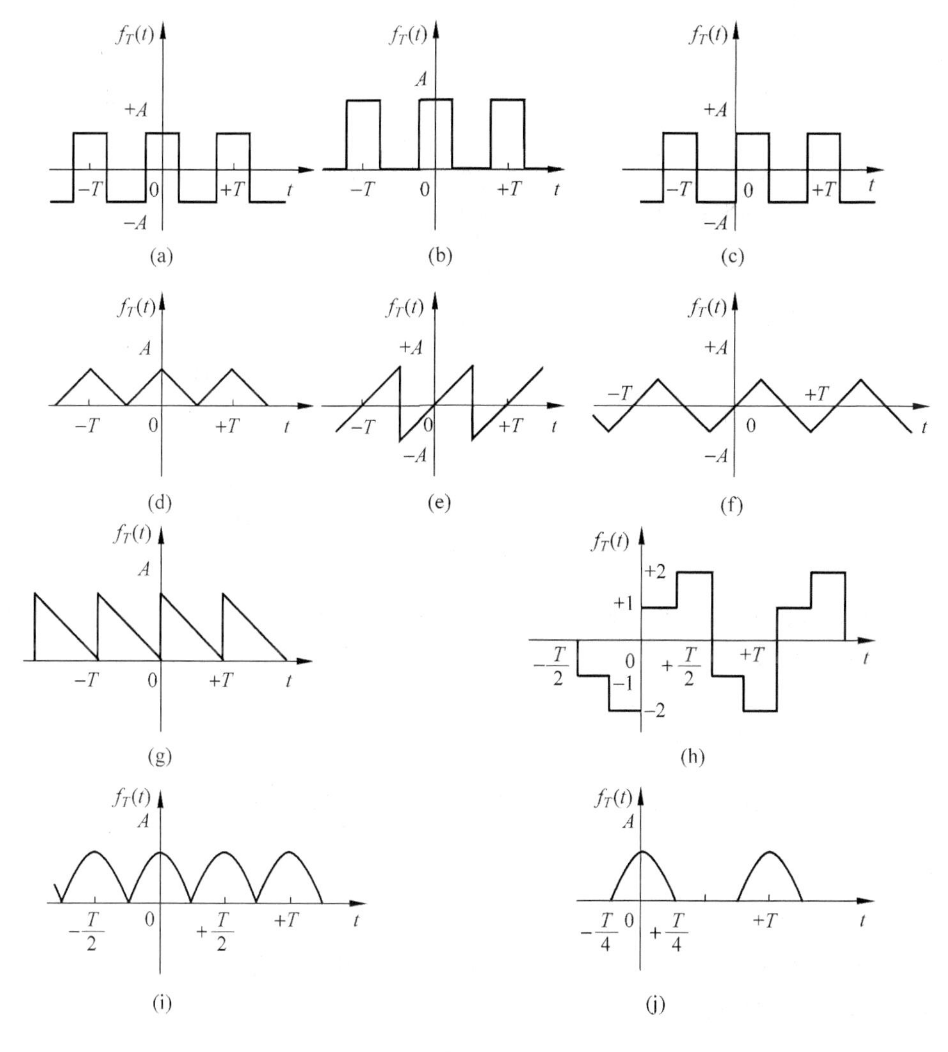

图 T3-1

3-3 已知 $f_1(t)$的傅里叶变换为 $F_1(\omega)$,$f_2(t)$为 $f_1(t)$经反褶后再沿时间轴右移 t_0 获得,如图 T3-2 所示。请用 $f_1(t)$的傅里叶变换 $F_1(\omega)$表示 $f_2(t)$的傅里叶变换 $F_2(\omega)$。

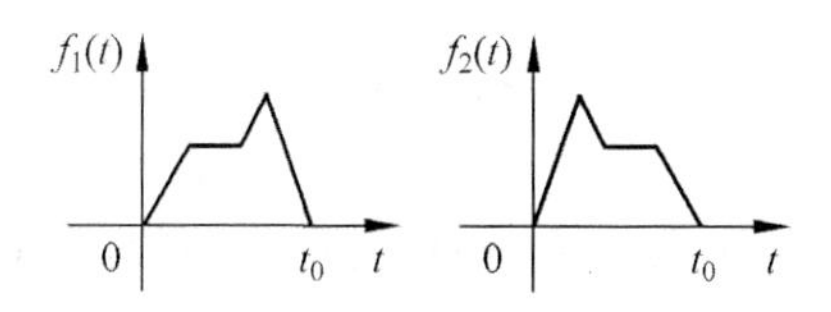

图 T3-2

3-4　利用傅里叶变换性质,求图 T3-3 中信号波形的频谱密度函数。

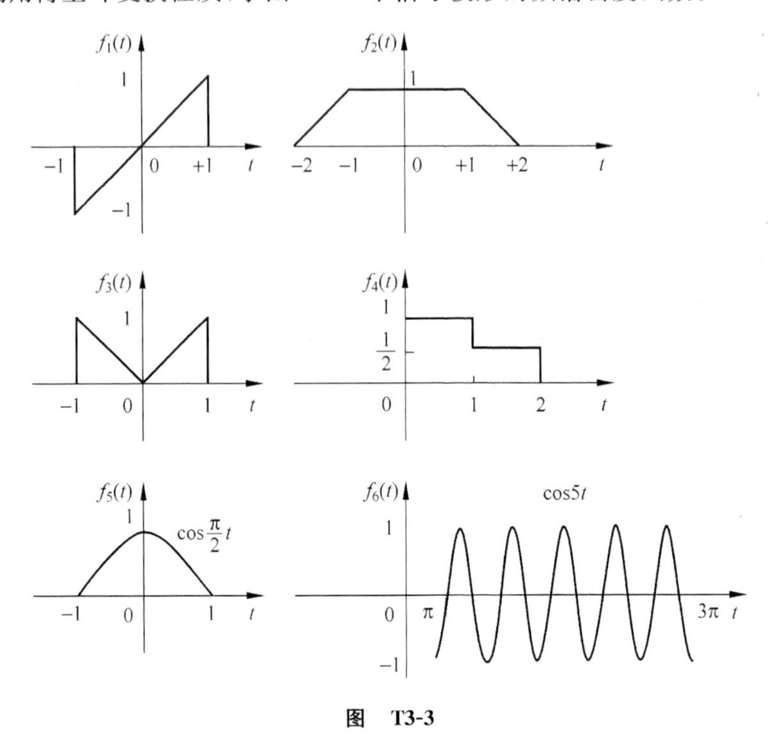

图　T3-3

3-5　已知 $f_1(t)$的傅里叶变换为 $F_1(\omega)$,将 $f_1(t)$按图 T3-4 所示关系构成周期信号 $f_2(t)$。求 $f_2(t)$的傅里叶变换 $F_2(\omega)$。

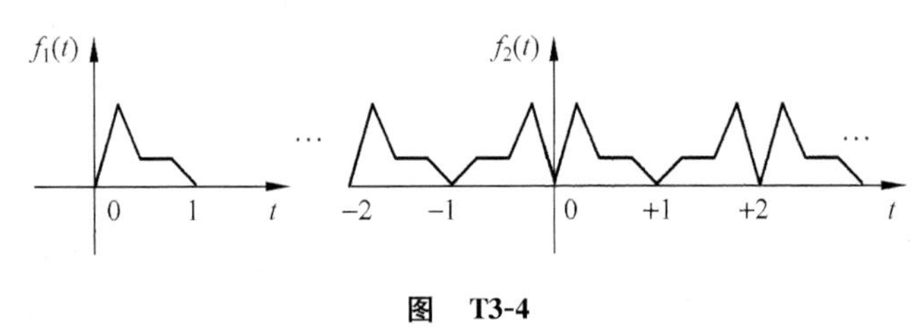

图　T3-4

3-6　若 $f(t)$的频谱 $F(\mathrm{j}\omega)$如图 T3-5 所示。利用卷积定理粗略画出 $f(t)\cos\omega_0 t$、$f(t)\mathrm{e}^{\mathrm{j}\omega_0 t}$、$f(t)\cos\omega_1 t$ 的频谱。

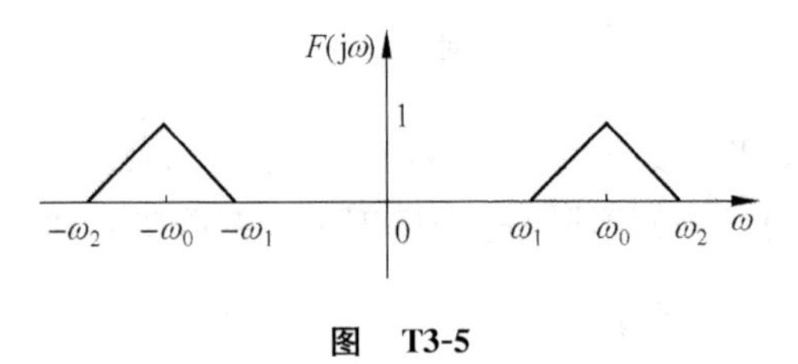

图　T3-5

3-7　LTI 连续系统的系统函数为 $H(\mathrm{j}\omega)=\dfrac{1-\mathrm{j}\omega}{1+\mathrm{j}\omega}$,求其单位冲激响应 $h(t)$、单位阶跃响应以及激励为 $e(t)=\mathrm{e}^{-2t}\varepsilon(t)$时的零状态响应。

3-8　假如一个 LTI 系统对于激励信号 $e(t)=[e^{-t}+e^{-3t}]\varepsilon(t)$ 的响应为

$$y(t)=[2e^{-t}-2e^{-4t}]\varepsilon(t)$$

(1) 求该系统的系统函数 $H(j\omega)=\dfrac{Y(j\omega)}{E(j\omega)}$。

(2) 确定该系统的单位冲激响应 $h(t)$。

(3) 写出描述该系统的微分方程。

3-9　已知 LTI 连续系统的系统方程为 $y''(t)+6y'(t)+8y(t)=2e(t)$，求系统的单位冲激响应 $h(t)$。

3-10　已知 LTI 连续系统的系统函数为 $H(j\omega)=\dfrac{j\omega}{(j\omega)^2+3j\omega+2}$，写出系统方程，求出系统单位冲激响应 $h(t)$。

综合练习

3-11　已知信号 $f(t)$ 的傅里叶变换为 $F(\omega)$，求下列信号的傅里叶变换。

(1) $tf(2t)$　　(2) $(t-2)f(t)$　　(3) $(t-2)f(-2t)$

(4) $t\dfrac{df(t)}{dt}$　　(5) $f(1-t)$　　(6) $(1-t)f(1-t)$

(7) $f(-2t-5)\cos t$　　(8) $f(t)\cos[3(t-4)]$　　(9) $\int_{-\infty}^{t}(t-2)f(4-2t)dt$

3-12　求下列信号的傅里叶变换。

(1) $\mathrm{Sa}3t$　　(2) $\mathrm{Sa}(2t-2)$　　(3) $\dfrac{\sin 2\pi(t-2)}{\pi(t-2)}$

(4) $\dfrac{2\alpha}{\alpha^2+t^2}$　　(5) $\left(\dfrac{\sin 2\pi t}{2\pi t}\right)^2$　　(6) $\dfrac{2\sin 2t}{t}\cos 1000t$

3-13　求下列频谱函数 $F(\omega)$ 的傅里叶反变换 $f(t)$。

(1) $F(j\omega)=\delta(\omega+\omega_0)-\delta(\omega-\omega_0)$　　(2) $F(j\omega)=2\mathrm{Sa}(2\omega)$

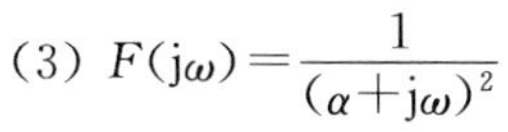

(3) $F(j\omega)=\dfrac{1}{(\alpha+j\omega)^2}$　　(4) $F(j\omega)=-\dfrac{2}{\omega^2}$

3-14　求如图 T3-6 所示的 $f(t)$ 的频谱密度函数 $F(j\omega)$。

3-15　求如图 T3-7 所示的周期信号的频谱密度函数。

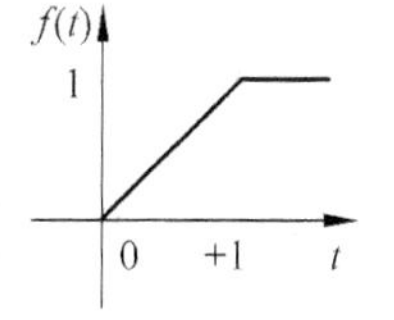

图　T3-6

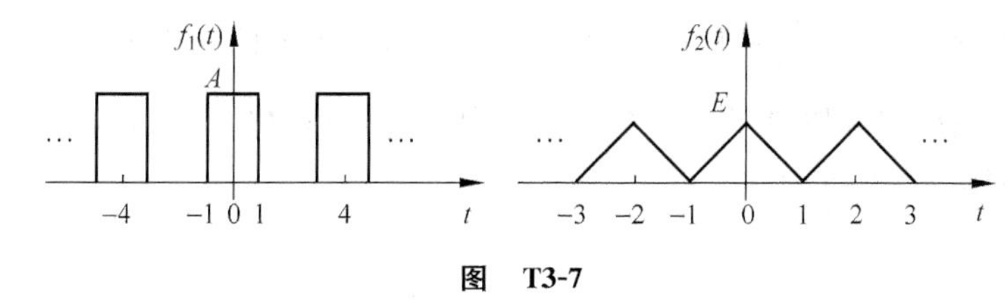

图　T3-7

3-16　求 $f(t)=\mathrm{Sa}(t)*\mathrm{Sa}(2t)$，并画出其频谱。

3-17　理想低通滤波器的频率特性 $H(j\omega)$ 的波形如图 T3-8 所示，求冲激响应 $h(t)$。

3-18　已知系统的频率响应如图 T3-9 所示，系统的激励 $e(t)=\dfrac{\sin 3t}{t}\times\cos 5t$，求系统响应 $y(t)$。

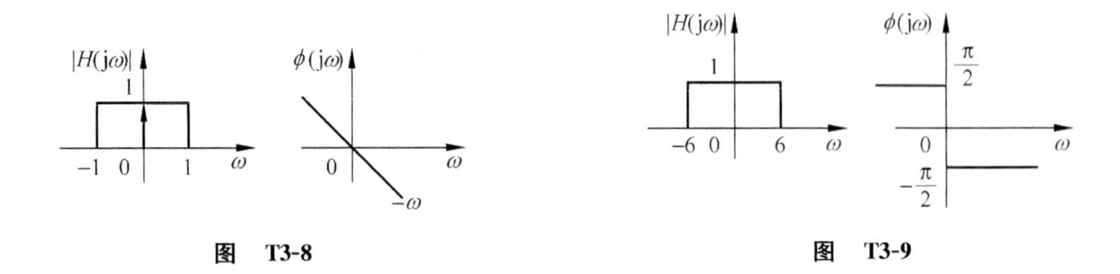

图 T3-8　　　　图 T3-9

3-19　图 T3-10 所示系统，已知激励 $e(t)$ 的傅里叶变换 $E(\mathrm{j}\omega)=G_4(\omega)$，子系统函数 $H(\mathrm{j}\omega)=\mathrm{j}\,\mathrm{sgn}(\omega)$。求系统的零状态响应 $y(t)$。

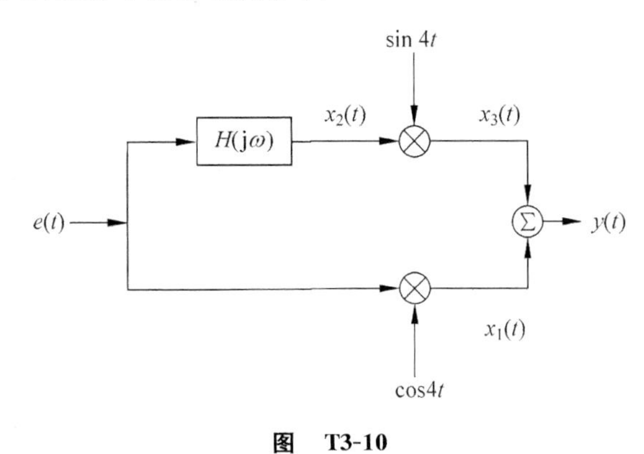

图 T3-10

3-20　一个因果线性时不变系统的频率响应 $H(\mathrm{j}\omega)=-2\mathrm{j}\omega$，当输入 $e(t)=(\sin\omega_0 t)\varepsilon(t)$ 时，求输出响应 $y(t)$。

3-21　已知信号 $e(t)=\sin\pi t+\cos3\pi t$，求该信号经过下列 LTI 系统后的输出响应 $y(t)$。

(1) $h(t)=\dfrac{\sin2\pi t}{\pi t}$

(2) $h(t)=\dfrac{\sin2\pi t}{\pi t}\cos4\pi t$

(3) $h(t)=\dfrac{\sin2\pi t\sin4\pi t}{\pi t^2}$

3-22　求激励 $e(t)=\dfrac{\sin2\pi t}{2\pi t}$ 通过如图 T3-11(a)所示系统的响应 $y(t)$。其中系统中理想带通滤波器的频率响应如图 T3-11 (b)所示，其相频特性 $\phi(\omega)=0$。再请分别画出 $x(t)$ 和 $y(t)$ 的频谱图，并注明坐标值。

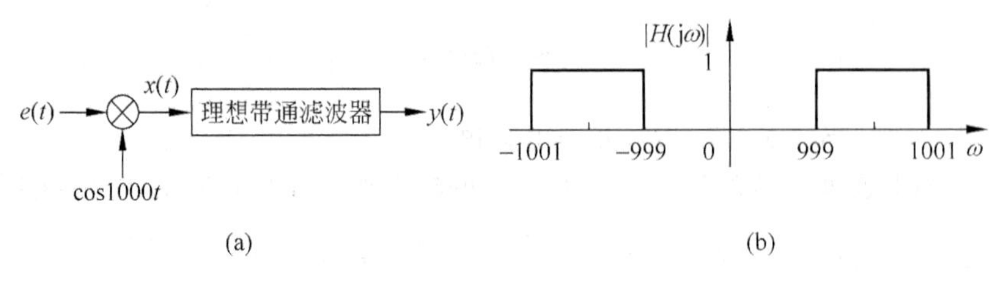

图 T3-11

3-23　抑制载波调幅接收系统如图 T3-12(a)所示，$e(t)=\dfrac{\sin t}{\pi t}$，$s(t)=\cos 1000t$，低通滤波器的频率特性如图 T3-12(b)所示，其相频特性 $\phi(\omega)=0$。求输出信号 $y(t)$。

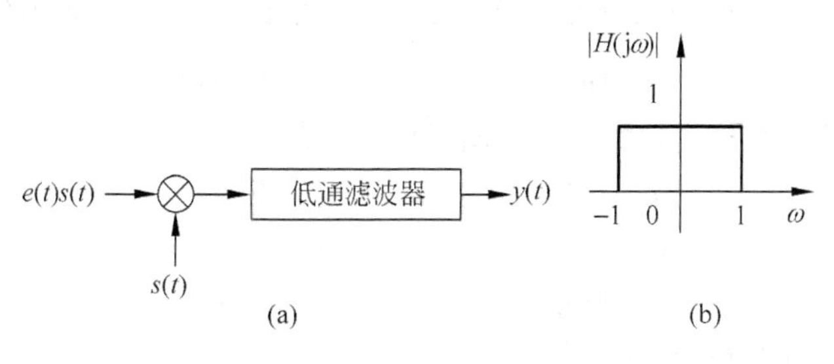

图　T3-12

3-24　某线性时不变系统的冲激响应 $h(t)=\dfrac{\sin\omega_c t}{2\pi t}$，式中 ω_c 为正实数，

(1) 求该系统的频率响应 $H(j\omega)$并画出幅频特性曲线。

(2) 若输入信号为 $f(t)=\sin 2\omega_c t+\cos\dfrac{\omega_c}{2}t$ 求系统的输出响应 $y(t)$。

3-25　某理想高通滤波器的系统函数为：$H(j\omega)=\begin{cases} e^{-j\omega t_d}, & |\omega|>\omega_c \\ 0, & |\omega|<\omega_c \end{cases}$，式中 ω_c 为滤波器的截止频率，t_d 为延迟时间，求该高通滤波器的冲激响应，并画出其波形。

3-26　已知信号 $f(t)=\dfrac{1}{2\pi}[1+\mathrm{Sa}(t)\cos 5t]$，

(1) 请画出 $f(t)$的频谱图；

(2) $f(-2t)$的频谱图；

(3) $y(t)=f(t)f(-2t)$的频谱图。

3-27　已知信号的波形如图 T3-13 所示，画出 $y(t)=f(t)\cos 10\pi t$ 的波形及其频谱图。

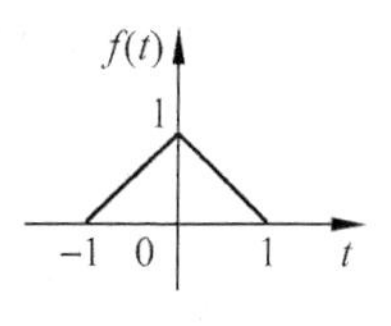

图　T3-13

自测题

1. 狄利赫里条件是傅里叶级数存在的(　　)。

a. 充分条件　　b. 必要条件　　c. 充要条件　　d. 以上均否

2. 当周期信号的周期增大时，频谱图中谱线的间隔(　　)。

a. 增大　　b. 减小　　c. 不变　　d. 无法回答

3. 当周期信号的持续时间减少时，频谱图中谱线的幅度(　　)。

a. 增大　　b. 减小　　c. 不变　　d. 无法回答

4. 若信号 $f(t)$的带宽为 $\Delta\omega$，则信号 $f(2t)$的带宽为(　　)。

a. $\Delta\omega$　　b. $2\Delta\omega$　　c. $\dfrac{1}{2}\Delta\omega$　　d. $4\Delta\omega$

5. 信号经时移后，其频谱函数的变化为(　　)。

a. 幅度频谱不变，相位频谱变化

b. 幅度频谱变化，相位频谱不变

c. 幅度频谱相位频谱均不变

d. 幅度频谱相位频谱均变化

6. 已知信号 $f(t)$刚好不失真通过某一系统,则信号 $f\left(\frac{1}{2}t\right)$ 能否不失真通过该系统。

a. 不能　　b. 能　　c. 不一定　　d. 无法回答

7. 信号的频带宽度与信号的持续时间成(　　)。

a. 反比　　b. 正比　　c. 不变　　d. 无法回答

8. 频谱搬移后,信号的带宽(　　)。

a. 增大　　b. 减小　　c. 不变　　d. 无法回答

9. 系统频域分析的基础是(　　)。

a. 线性特性　　b. 频域卷积特性　　c. 时域卷积特性　　d. 频移特性

10. 设滤波器的频率特性为 $H(\mathrm{j}\omega)=k\mathrm{e}^{-\mathrm{j}2\pi t_0\omega}$,则系统的单位冲激响应 $h(t)=$(　　)。

a. $k\delta(t)$　　b. $k\delta(t-2\pi t_0)$　　c. $-k\delta(t-2\pi t_0)$　　d. $k\delta(t-\pi t_0)$

11. 无失真传输系统的含义是(　　)。

a. 输出信号与输入信号完全一致

b. 输出信号与输入信号相比,波形相同,起始位置不同

c. 输出信号与输入信号相比,波形不同,起始位置相同

d. 输出信号与输入信号相比,波形和起始位置都不同

12. 无失真传输系统的频率特性是(　　)。

a. 幅频特性和相频特性均为常数

b. 幅频特性为常数,相频特性为 ω 的线性函数

c. 幅频特性和相频特性均为 ω 的线性函数

d. 幅频特性和相频特性均为常数

13. 信号 $\mathrm{e}^{-2(t-1)}\varepsilon(t-1)$的频谱为(　　)。

a. $\dfrac{\mathrm{e}^{-2\mathrm{j}\omega}}{2+\mathrm{j}\omega}$　　b. $\dfrac{\mathrm{e}^{-\mathrm{j}\omega}}{-2+\mathrm{j}\omega}$　　c. $\dfrac{\mathrm{e}^{-\mathrm{j}\omega}}{2+\mathrm{j}\omega}$　　d. $\dfrac{\mathrm{e}^{-2\mathrm{j}\omega}}{-2+\mathrm{j}\omega}$

14. 信号 $\mathrm{e}^{-(2+5\mathrm{j})t}\varepsilon(t)$的频谱为(　　)。

a. $\dfrac{\mathrm{e}^{\mathrm{j}\omega}}{2-\mathrm{j}5}$　　b. $\dfrac{\mathrm{e}^{\mathrm{j}\omega}}{2+\mathrm{j}5}$　　c. $\dfrac{1}{2+\mathrm{j}(\omega+5)}$　　d. $\dfrac{1}{-2+\mathrm{j}(\omega+5)}$

15. 函数$\dfrac{\mathrm{d}}{\mathrm{d}t}[\mathrm{e}^{-2t}\varepsilon(t)]$的傅里叶变换为(　　)。

a. $\dfrac{1}{2+\mathrm{j}\omega}$　　b. $\dfrac{1}{-2+\mathrm{j}\omega}$　　c. $\dfrac{\mathrm{j}\omega}{2+\mathrm{j}\omega}$　　d. $\dfrac{\mathrm{j}\omega}{-2+\mathrm{j}\omega}$

16. 信号 $\mathrm{e}^{-(1+2\mathrm{j})t}\varepsilon(t)$的频谱为(　　)。

a. $\dfrac{\mathrm{e}^{\mathrm{j}\omega}}{1+2\mathrm{j}}$　　b. $\dfrac{1}{-1+\mathrm{j}(2+\omega)}$　　c. $\dfrac{1}{1+\mathrm{j}(2+\omega)}$　　d. $\dfrac{\mathrm{e}^{\mathrm{j}\omega}}{1+\mathrm{j}(2+\omega)}$

17. 周期信号 $f(t)=1+2\cos t+\dfrac{1}{2}\sin 3t$ 的傅里叶变换为(　　)。

a. $\delta(\omega)+2\delta(\omega+3)+\dfrac{1}{2}\delta(\omega-3)$

b. $2\pi\delta(\omega)+\dfrac{\mathrm{j}}{2}\pi[\delta(\omega+3)-\delta(\omega-3)]$

c. $2\pi\delta(\omega)+2\pi[\delta(\omega+1)+\delta(\omega-1)]+\frac{j}{2}\pi[\delta(\omega+3)-\delta(\omega-3)]$

d. $\delta(\omega)+2[\delta(\omega+1)+\delta(\omega-1)]+\frac{j}{2}[\delta(\omega+3)-\delta(\omega-3)]$

18. 若 $f(t)\leftrightarrow F(j\omega)$，则 $f(at-b)$ 的傅里叶变换为(　　)。

a. $\frac{1}{|a|}F\left(j\frac{\omega}{a}\right)e^{-j\omega\frac{b}{a}}$　　b. $\frac{1}{a}F(ja\omega)e^{-j\omega\frac{b}{a}}$

c. $\frac{1}{|a|}F\left(j\frac{\omega}{a}\right)e^{j\omega\frac{b}{a}}$　　d. $\frac{1}{|a|}F\left(j\frac{\omega}{a}\right)e^{-j\omega b}$

19. 求信号 $f(t)=\delta(t)-2e^{-2t}\varepsilon(t)$ 的频谱(　　)。

a. $\frac{j\omega}{2-j\omega}$　　b. $1-\frac{2}{2-j\omega}$　　c. $\frac{j\omega}{2+j\omega}$　　d. $\frac{2}{2-j\omega}$

20. 求信号 $g_\tau\left(t-\frac{\tau}{2}\right)$ 的频谱(　　)。

a. $\mathrm{Sa}\left(\frac{\tau}{2}\omega\right)e^{-j\frac{\tau}{2}\omega}$　　b. $\tau\mathrm{Sa}\left(\frac{\tau}{2}\omega\right)e^{-j\frac{\tau}{2}\omega}$

c. $\tau\mathrm{Sa}\left(\frac{\tau}{2}\omega\right)e^{-j\omega\tau}$　　d. $\tau\mathrm{Sa}\left(\frac{\tau}{2}\omega\right)e^{j\omega\tau}$

21. 信号经微分后，频谱中高频分量的比重(　　)。

a. 增大　　b. 减小　　c. 不变　　d. 无法回答

22. 理想低通滤波器(LPF)的频率特性为 $H(j\omega)=G_{2\pi}(\omega)$，输入信号为 $f(t)=\mathrm{Sa}(\pi t)$，输出信号 $y(t)=$(　　)。

a. $G_{2\pi}(t)$　　b. $2\pi\mathrm{Sa}(\pi t)$　　c. $\mathrm{Sa}(\pi t)$　　d. $2\pi G_{2\pi}(t)$

23. 如果 $f_1(t)=\begin{cases}1 & |t|<1\\ 0 & |t|>1\end{cases}$，$f_2(t)=\cos4\pi t$。则 $f_1(t)f_2(t)$ 的频谱为(　　)。

a. $\mathrm{Sa}(\omega+4\pi)*\mathrm{Sa}(\omega-4\pi)$　　b. $\mathrm{Sa}^2(\omega-4\pi)$

c. $\mathrm{Sa}^2(\omega+4\pi)$　　d. $\mathrm{Sa}(\omega+4\pi)+\mathrm{Sa}(\omega-4\pi)$

24. 如图 T3-14 所示，当输入信号为 $e(t)=1+\cos t+\frac{1}{2}\sin3t$ 时的响应为(　　)。

a. $y(t)=1+2\cos t+\frac{1}{2}\sin3t$　　b. $y(t)=1+\frac{1}{2}\cos t$

c. $y(t)=1+\cos t+\frac{1}{4}\sin3t$　　d. $y(t)=2+4\cos t$

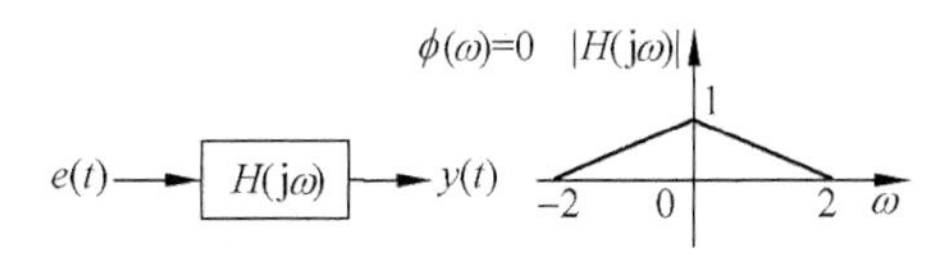

图　T3-14

25. 如图 T3-15 所示系统，已知 $e(t)=\mathrm{sgn}(t)$，$h(t)=\delta(t+1)-\delta(t-1)$，$s(t)=\cos2\pi t$ 输出 $y(t)$ 的频谱为(　　)。

a. $\frac{4\omega\sin\omega}{\omega^2-4\pi^2}$　　b. $\frac{4\omega\sin\omega}{\omega^2+4\pi^2}$　　c. $\frac{4\omega\cos\omega}{\omega^2-4\pi^2}$　　d. $\frac{4\omega\cos\omega}{\omega^2+4\pi^2}$

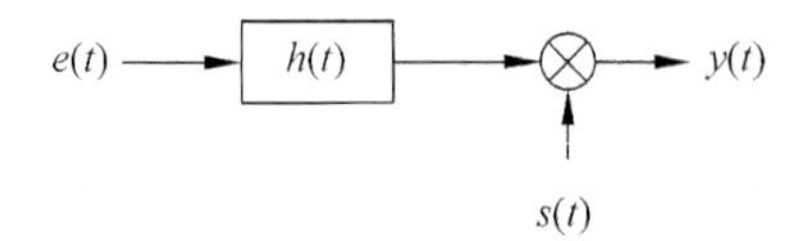

图 T3-15

26. 周期信号 $f(t)=\sum_{n=-\infty}^{+\infty}\delta(t-2n)$ 的频谱为(　　)。

a. $2\pi\sum_{n=-\infty}^{+\infty}\delta(\omega-n\pi)$　　b. $\pi\sum_{n=-\infty}^{+\infty}\delta(\omega-2n\pi)$

c. $\pi\sum_{n=-\infty}^{+\infty}\delta(\omega-n\pi)$　　d. $\frac{\pi}{2}\sum_{n=-\infty}^{+\infty}\delta(\omega-n\pi)$

第4章 连续信号与系统的复频域分析

本章学习目标

- 熟练掌握拉普拉斯变换、反变换的性质及其应用。
- 熟练掌握LTI连续系统的复频域分析法(会求全响应、零输入响应、零状态响应)。
- 熟练掌握系统的各种表示方法(电路、系统方程、系统函数、模拟图、零极图、信号流图)及其相互间的转换。
- 深刻理解复频域系统函数的定义及其物理意义,掌握冲激响应和阶跃响应的求取方法。
- 理解系统稳定性的概念,掌握系统稳定的判定方法。

4.1 引言

在上一章讨论的连续信号与系统的频域分析中是以正弦信号为基本信号,将时域激励信号分解为不同频率的正弦分量叠加,即表示成无穷多个谐波分量之和;再求出这一系列谐波激励的响应;叠加所有谐波激励的响应可以获得系统的零状态响应。这种方法简化了求零状态响应的过程。虽然在求响应过程中傅里叶变换将系统的微分方程的求取变成了代数方程的求解(化卷积积分运算为乘积运算),但这是以两次变换为代价的。特别是在有关信号的分析与处理方面和系统频率特性分析方面,诸如谐波组成、频率响应、系统带宽、波形失真等问题上傅里叶变换所给出的结果都具有非常清楚的物理意义。但它也存在不足之处,其一是求取时域响应过程中绝大部分的傅里叶反变换太困难;其二是它只能处理满足狄利赫里条件的信号,而实际中有很多信号不满足此条件,因此它的应用范围方面受到较大的限制。

数学领域的另一种积分变换,即拉普拉斯变换则可以使傅里叶变换的应用大大得到扩展，同时也使系统响应的求取变得更为简便、灵活。它既可以从积分变换的观点直接定义，也可以从信号分析的观点将拉普拉斯变换看成是傅里叶变换在复频域的推广，使傅里叶变换的物理意义更为明确。应用拉普拉斯变换进行系统分析，同样也是建立在线性非时变系统具有的叠加性与齐次性基础上的，只是信号分解的基本信号不同。时域分析基本信号是冲激信号或阶跃信号，即将信号分解成许多冲激信号 $\delta(t)$ 或阶跃信号 $\varepsilon(t)$；频域分析基本信号是虚指数信号 $e^{j\omega t}$ 或等幅正弦信号，即将信号分解成许多虚指数信号 $e^{j\omega t}$ 或等幅正弦信号 $\cos\omega t$；复频域分析基本信号是复指数信号 e^{st} 或幅度以指数规律变化的正弦信号，即将信号分解成许多复指数信号 e^{st} 或幅度以指数规律变化的正弦信号 $e^{\sigma t}\cos\omega t$。可见分析域的不同只是信号分解的基本信号不同。傅里叶变换与拉普拉斯变换无论在性质上还是在系统分析方法上都有很多类似的地方，事实上常常可以将傅里叶变换看成是拉普拉斯变换中的 $s=\sigma+j\omega$ 在 $\sigma=0$ 时的一种特殊情况。

由于拉普拉斯变换同时具有傅里叶变换的特性，也能将系统的微分方程变成代数方程，而且可自动引入初始值，拉普拉斯反变换又很方便，因此可以一举求出系统的全响应，使系统分析方法更为简捷、灵活，应用更加广泛。这也是求取线性时不变系统响应经常采用拉普拉斯变换而不用傅里叶变换的原因。但是这并不意味着傅里叶变换就没有应用价值了，傅里叶变换还是用来分析信号和系统的频率特性的主要手段。

此外，基于拉普拉斯变换分析法所得到的复频域中的系统函数的零、极点分析是系统综合的重要基础之一。尽管近年来计算机应用突飞猛进地发展，在数值积分运算基础上有了一些新方法，但拉普拉斯变换分析法仍然是分析线性非时变系统重要而有效的方法，且许多新方法也是在它的基础上发展而来的。

本章将在频域分析法基础上引入复指数 e^{st} 为基本信号，其中 $s=\sigma+j\omega$，称为复频率。在频域分析法中，变量 ω 是频率而且是实数；在本章的信号与系统分析中所用到的变量 s 是复频率而且是复数，因此称为信号与系统的复频域分析或称 s 域分析。连续信号与系统的复频域分析主要研究连续信号的拉普拉斯变换和求系统响应的方法以及系统特性。

4.2 拉普拉斯变换

4.2.1 由傅里叶变换到拉普拉斯变换及物理意义

1. 拉普拉斯变换(Laplace transform)的引出

傅里叶变换不存在的主要原因是一个函数或信号 $f(t)$ 不满足绝对可积条件，而一个函数 $f(t)$ 不满足绝对可积的原因往往是因为衰减太慢，从而限制了傅里叶变换的使用。为了使更多的信号存在傅里叶变换，并简化某些变换形式和运算过程，引用一个衰减因子 $e^{-\sigma t}$ 去乘以不满足绝对可积条件的信号得到 $e^{-\sigma t}f(t)$，只要 σ 取足够大的正值，$t\to+\infty$ 时 $e^{-\sigma t}f(t)$ 衰减就较快，就可以使 $e^{-\sigma t}f(t)$ 满足绝对可积条件，从而求出傅里叶变换；为保证 $t\to-\infty$ 时 $e^{-\sigma t}f(t)$ 衰减得足够快，可以假设原函数在负方向也衰减，且其衰减速率比收敛因子引起的增长快，这样 $e^{-\sigma t}f(t)$ 也可以满足绝对可积条件，也就可以存在傅里叶变换了。对 $e^{-\sigma t}f(t)$ 做傅里叶变换为

$$\mathscr{F}[e^{-\sigma t}f(t)]=\int_{-\infty}^{+\infty}e^{-\sigma t}f(t)e^{-j\omega t}dt=\int_{-\infty}^{+\infty}e^{-(\sigma+j\omega)t}f(t)dt$$

因为 $s=\sigma+\mathrm{j}\omega$，所以有

$$F(s)=\int_{-\infty}^{+\infty}\mathrm{e}^{-st}f(t)\mathrm{d}t \tag{4-1}$$

式(4-1)称为拉普拉斯正变换。

又因为 $F(s)$ 的傅里叶反变换为

$$f(t)\mathrm{e}^{-\sigma t}=\frac{1}{2\pi}\int_{-\infty}^{+\infty}F(s)\mathrm{e}^{\mathrm{j}\omega t}\mathrm{d}\omega$$

将上式两边乘以 $\mathrm{e}^{\sigma t}$，得

$$f(t)=\frac{1}{2\pi}\int_{-\infty}^{+\infty}F(s)\mathrm{e}^{(\sigma+\mathrm{j}\omega)t}\mathrm{d}\omega$$

由于 $s=\sigma+\mathrm{j}\omega$，$\mathrm{j}\mathrm{d}\omega=\mathrm{d}s$，则

$$f(t)=\frac{1}{2\pi\mathrm{j}}\int_{\sigma-\infty}^{\sigma+\infty}F(s)\mathrm{e}^{st}\mathrm{d}s \tag{4-2}$$

式(4-2)称为拉普拉斯反变换。$f(t)$也称原函数(original function)，$F(s)$也称复频谱(complex frequency spectrum)或像函数。式(4-1)和式(4-2)也可以简单记为 $\mathscr{L}[f(t)]=F(s)$ 或 $\mathscr{L}^{-1}[F(s)]=f(t)$。仿照傅里叶变换的简化表示方式，用双向箭头表示 $f(t)$与 $F(s)$是一对拉普拉斯变换对，即 $f(t)\leftrightarrow F(s)$。因为 $f(t)$中的 t 是在$(-\infty,+\infty)$区间存在，因此以上变换称为双边拉普拉斯变换。

对 $t>0$ 的有始信号，有

$$F(s)=\int_{0^-}^{+\infty}\mathrm{e}^{-st}f(t)\mathrm{d}t \tag{4-3}$$

式(4-3)称为单边拉普拉斯变换，0^- 表示原点可能存在的冲激。对 $t>0$ 的有始信号，也有

$$f(t)=\left[\frac{1}{2\pi\mathrm{j}}\int_{\sigma-\infty}^{\sigma+\infty}F(s)\mathrm{e}^{st}\mathrm{d}s\right]\varepsilon(t) \tag{4-4}$$

式(4-4)称为单边拉普拉斯反变换。将以上内容概括为要点 4.1。

要点 4.1

拉普拉斯正变换 $F(s)=\int_{-\infty}^{+\infty}\mathrm{e}^{-st}f(t)\mathrm{d}t$。

拉普拉斯反变换 $f(t)=\frac{1}{2\pi\mathrm{j}}\int_{\sigma-\infty}^{\sigma+\infty}F(s)\mathrm{e}^{st}\mathrm{d}s$　　原函数 $f(t)\leftrightarrow F(s)$像函数。

2. 物理意义

为了方便理解拉普拉斯变换的物理意义，先来重温一下傅里叶变换的物理意义。傅里叶变换的物理意义是将信号分解成许多形式为 $\mathrm{e}^{\mathrm{j}\omega t}$ 分量之和，每一对正负 ω 组成一个等幅正弦信号，但这些正弦信号的幅度$\frac{|F(\omega)|}{\pi}\mathrm{d}\omega$ 均为无穷小量，$\mathrm{e}^{\mathrm{j}\omega t}+\mathrm{e}^{-\mathrm{j}\omega t}=2\cos\omega t$。$F(\omega)$用来表示这些正弦信号的无穷小幅度的相对比例关系；拉普拉斯变换的物理意义是将信号分解成许多形式为 e^{st} 分量之和，每一对正负 ω 组成一个变幅正弦信号，但这些正弦信号的幅度 $\mathrm{e}^{\sigma t}\frac{|F(s)|}{\pi}\mathrm{d}\omega$ 也均为无穷小量，且按指数规律随时间变化，$\mathrm{e}^{(\sigma+\mathrm{j}\omega)t}+\mathrm{e}^{(\sigma-\mathrm{j}\omega)t}=2\mathrm{e}^{\sigma t}\cos\omega t$。与傅里叶变换一样，这些正弦信号的频率是连续的，并且分布趋于无穷。通常把 s 称为复频率，把 $F(s)$看成是信号的复频谱，它也表示各频率分量的无穷小幅度的相对比例关系。

3. 复平面

复频率可以方便地表示在一个复平面上,复平面如图4-1所示。图中横轴σ为实轴,纵轴$\mathrm{j}\omega$为虚轴。复平面也称为s平面。不同的s值对应于复平面上不同的点。当$s=\sigma+\mathrm{j}\omega$确定时,指数函数$\mathrm{e}^{st}$随时间变化关系也完全确定,所以复平面中的点可以与指数函数e^{st}相对应。s的实部σ反映指数函数$\mathrm{e}^{st}=\mathrm{e}^{\sigma t}\mathrm{e}^{\mathrm{j}\omega t}$幅度变化的速率,虚部$\omega$反映指数函数中因子$\mathrm{e}^{\mathrm{j}\omega t}$做周期变化的频率。

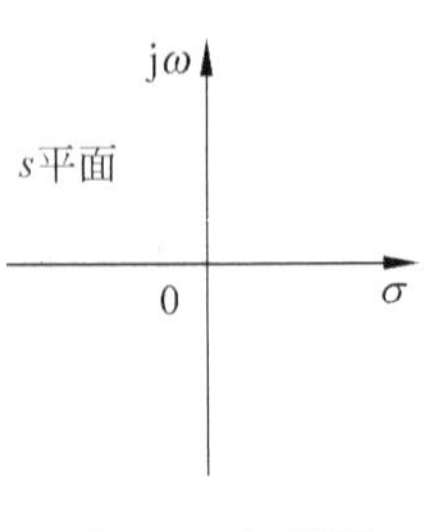

图 4-1 复平面

4.2.2 拉普拉斯变换的收敛域

前面曾指出连续时间信号$f(t)$的拉普拉斯变换是否存在,将取决于$\mathrm{e}^{-\sigma t}f(t)$能否一定满足绝对可积条件,即

$$\int_{-\infty}^{+\infty}|\mathrm{e}^{-\sigma t}f(t)|\,\mathrm{d}t<\infty \tag{4-5}$$

上式的存在将取决于$f(t)$性质和σ的大小,即σ得足够大才可以使$\mathrm{e}^{-\sigma t}f(t)$是收敛的,需要满足:

$$\lim_{t\to\infty}\mathrm{e}^{-\sigma t}f(t)=0 \tag{4-6}$$

则信号$f(t)$存在拉普拉斯变换,否则不存在拉普拉斯变换。

1. 收敛域(region of convergence,ROC)的定义

把$\mathrm{e}^{-\sigma t}f(t)$满足绝对可积条件$\sigma$的范围称为收敛域。

2. 说明

对于单边拉普拉斯变换情况$\mathrm{e}^{-\sigma t}f(t)$必须绝对可积。通常要求$f(t)$是指数阶函数(即存在正值常数$\sigma_0$,使$f(t)$在$\sigma>\sigma_0$范围内,对于所有大于定值$T$的$t$均有界,且$t\to+\infty$其极限趋于零),且具有分段连续性(即:$f(t)$除了有限个间断点外函数是连续的,且$t$从间断点两侧趋于间断点时$f(t)$有有限的极限值)。可以表示为

$$\lim_{t\to\infty}\mathrm{e}^{-\sigma t}f(t)=0,\quad \sigma>\sigma_0 \tag{4-7}$$

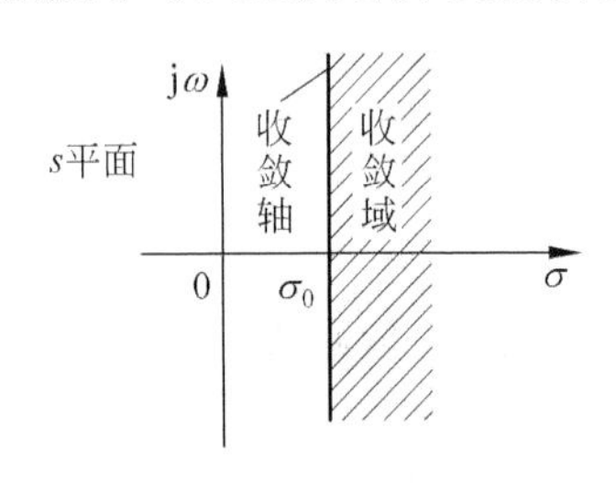

图 4-2 拉普拉斯变换收敛域示意图

其中$\sigma>\sigma_0$称为收敛条件,也称收敛域。根据σ_0的值可以将s平面划分为两个区域。s平面的拉普拉斯变换收敛域示意图如图4-2所示。通过σ_0的垂直线是收敛边界,也称收敛轴,σ_0称为收敛坐标,s平面上收敛轴的右半区域即为收敛域。

当然这一条件可以放宽至$f(t)$值不为有限,只要在间断点处函数的积分值有限,就可以存在拉普拉斯变换。下面以几个简单函数为例说明收敛域的情况。

1) 单个脉冲信号

单个脉冲信号作用时间是有始有终,且能量有限,则对任何σ值式(4-7)都成立,也就是说,单个脉冲信号一定存在单边拉普拉斯变换。

2) 单位阶跃信号

对于单位阶跃信号$\varepsilon(t)$不难看出对于$\sigma>0$的任何值,式(4-7)都成立,即

$$\lim_{t\to\infty}\varepsilon(t)\mathrm{e}^{-\sigma t}=0,\quad \sigma>0$$

3）指数信号

对于指数信号，式(4-7)只有当 $\sigma>a$ 时方能成立，即

$$\lim_{t\to\infty} e^{at}e^{-\sigma t}=\lim_{t\to\infty} e^{(a-\sigma)t}=0,\quad \sigma>a$$

实际上实用的有始信号只要 σ 足够大，就一定会存在拉普拉斯变换。

但是确实有一些特殊的函数(如 e^{t^2}、t^t 等)由于增长得太快，无论 σ 取何值均不存在拉普拉斯变换，但因为在实际中很少遇到这些函数，所以也就没必要讨论它们了。

因为定义信号是从 $t\geqslant 0$ 开始，以后不加特殊声明，信号的拉普拉斯变换均指单边拉普拉斯变换，且由于其收敛域一定存在，所以不再强调信号的收敛问题了。

4.2.3　常用信号的拉普拉斯变换

实际上如果函数 $f(t)$ 的拉普拉斯变换收敛域包括 $j\omega$ 轴在内，则只要将其频谱密度函数中的 $j\omega$ 换成 s，就可以得到函数 $f(t)$ 的拉普拉斯变换，即 $F(j\omega)|_{j\omega=s}=F(s)$；反之，如果将拉普拉斯变换中的 s 换成 $j\omega$，则也可由拉普拉斯变换得出频谱密度函数，即 $F(s)|_{s=j\omega}=F(j\omega)$。如果函数 $f(t)$ 的拉普拉斯变换收敛域不包括 $j\omega$ 轴在内，例如 $e^{\alpha t}(\alpha>0)$ 等，因其频谱密度函数不存在，则拉普拉斯变换必须通过式(4-3)的积分来求出。

有些信号在实际应用中将常遇到，为了方便分析与计算，这里直接给出一些常用信号的拉普拉斯变换的结果，列于表 4-1 以供查阅并应用，由于工程数学积分变换中已对这些常用信号的拉普拉斯变换做过详细推导，故推导过程从略。

表 4-1　常用信号的拉普拉斯变换表

序　　号	原函数信号 $f(t)$	像函数信号 $F(s)=\mathscr{F}[f(t)]$
1	$\varepsilon(t)$	$\frac{1}{s}$
2	$\delta(t)$	1
3	$e^{\alpha t}\varepsilon(t)$	$\frac{1}{s-\alpha}$
4	$t\varepsilon(t)$ $t^n\varepsilon(t)$	$\frac{1}{s^2}$ $\frac{n!}{s^{n+1}}$
5	$\varepsilon(t)\sin\omega_0 t$	$\frac{\omega_0}{s^2+\omega_0^2}$
6	$\varepsilon(t)\cos\omega_0 t$	$\frac{s}{s^2+\omega_0^2}$
7	$te^{-\alpha t}\varepsilon(t)$	$\frac{1}{(s+\alpha)^2}$
8	$\varepsilon(t)e^{-\alpha t}\sin\omega_0 t$	$\frac{\omega_0}{(s+\alpha)^2+\omega_0^2}$
9	$\varepsilon(t)e^{-\alpha t}\cos\omega_0 t$	$\frac{s+\alpha}{(s+\alpha)^2+\omega_0^2}$

从表 4-1 中可见，通过拉普拉斯变换，指数函数、三角函数、幂函数等都已经变换为复频域中较容易处理的函数形式。

4.3 拉普拉斯变换的性质及应用

拉普拉斯变换性质进一步揭示了信号的时域特性和复频域特性的联系，掌握这些特性不但为求解复杂信号的拉普拉斯变换带来了方便，而且也有助于求取拉普拉斯反变换。它的大部分性质与傅里叶变换差不多，只是将 $\mathrm{j}\omega$ 变成 s。拉普拉斯变换性质也反映信号在时域进行某些运算，则其复频域也会产生对应的变化。同样由于工程数学积分变换中已经对拉普拉斯变换的各种性质做了详细推导，故这里推导过程从略。为方便分析和计算，表 4-2 直接给出了常用的拉普拉斯变换的性质，以供查阅和应用。

表 4-2　常用拉普拉斯变换性质

序　号	性　质　名　称	性　质　内　容
1	线性性 (linearity)	若 $f_1(t)\leftrightarrow F_1(s)$，$f_2(t)\leftrightarrow F_2(s)$ 则 $af_1(t)+bf_2(t)\leftrightarrow aF_1(s)+bF_2(s)$
2	时移性 (time shifting)	若 $f(t)\leftrightarrow F(s)$ 则 $f(t\pm t_0)\varepsilon(t\pm t_0)\leftrightarrow F(s)\mathrm{e}^{\pm st_0}$
3	复频移性 (complex frequency shifting)	若 $f(t)\leftrightarrow F(s)$ 则 $f(t)\mathrm{e}^{\pm s_0 t}\leftrightarrow F(s\mp s_0)$
4	尺度变换性 (scaling)	若 $f(t)\leftrightarrow F(s)$ 则 $f(at)\leftrightarrow \frac{1}{\lvert a\rvert}F\left(\frac{s}{a}\right)$
5	时域微分性 (differentiation in the time-domain)	若 $f(t)\leftrightarrow F(s)$ 则 $f'(t)\leftrightarrow sF(s)-f(0^-)$ $f''(t)\leftrightarrow s^2F(s)-sf(0^-)-f'(0^-)$
6	时域积分性 (in integral the time-domain)	若 $f(t)\leftrightarrow F(s)$ 则 $\int_0^t f(\tau)\mathrm{d}\tau\leftrightarrow \frac{1}{s}F(s)$
7	复频域微分性 (differentiation in the complex frequency-domain)	若 $f(t)\leftrightarrow F(s)$ 则 $tf(t)\leftrightarrow -\frac{\mathrm{d}F(s)}{\mathrm{d}s}$
8	复频域积分性 (integral in the complex frequency-domain)	若 $f(t)\leftrightarrow F(s)$ 则 $\frac{f(t)}{t}\leftrightarrow \int_s^{\infty} F(s)\mathrm{d}s$
9	初值定理 (initial value theorem)	若 $f(t)\leftrightarrow F(s)$ 则 $f(0^+)=\lim_{s\to\infty} sF(s)$
10	终值定理 (final value theorem)	若 $f(t)\leftrightarrow F(s)$ 则 $f(\infty)=\lim_{s\to 0} sF(s)$
11	卷积定理 (convolution theorem)	若 $f_1(t)\leftrightarrow F_1(s)$，$f_2(t)\leftrightarrow F_2(s)$ 则 $f_1(t)*f_2(t)\leftrightarrow F_1(s)F_2(s)$ $f_1(t)f_2(t)\leftrightarrow \frac{1}{2\pi\mathrm{j}}F_1(s)*F_2(s)$

通过表 4-1 和表 4-2 可以用形式相似的对应方法容易地求出信号的拉普拉斯变换。以下是常用信号拉普拉斯傅里叶变换及其性质的具体应用，即信号的复频域分析。为了便于理解，给出如下应用实例。

例 4-1　求如图 4-3 所示信号的拉普拉斯变换，$f(t)\leftrightarrow F(s)$。

解：

如图 4-3 所示信号可以表示为

$$f(t)=\varepsilon(t)-\varepsilon(t-2)$$

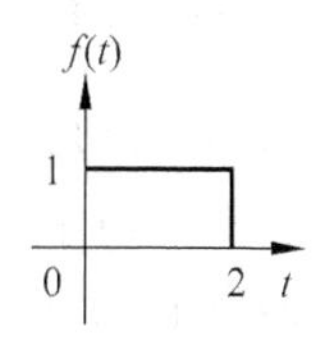

图 4-3　例 4-1 信号

根据表 4-1 和表 4-2 常用信号的拉普拉斯变换和拉普拉斯变换的时移性质可得

$$f(t)=\varepsilon(t)-\varepsilon(t-2)\leftrightarrow F(s)=\frac{1}{s}(1-\mathrm{e}^{-2s})$$

例 4-2　求 $f(t)=t\mathrm{e}^{-2t}\varepsilon(t-1)$的拉普拉斯变换，$f(t)\leftrightarrow F(s)$。

解：

将 $f(t)=t\mathrm{e}^{-2t}\varepsilon(t-1)$ 整理得

$$f(t)=t\mathrm{e}^{-2t}\varepsilon(t-1)=(t-1)\varepsilon(t-1)\mathrm{e}^{-2t}+\varepsilon(t-1)\mathrm{e}^{-2t}$$

根据表 4-1 和表 4-2 常用信号的拉普拉斯变换和拉普拉斯变换的时移性质可得

$$F(s)=\frac{1}{(s+2)^2}\mathrm{e}^{-(s+2)}+\frac{1}{s+2}\mathrm{e}^{-(s+2)}$$

例 4-3　求 $f(t)=\mathrm{e}^{-3t}\varepsilon(t)*\varepsilon(t-1)$的拉普拉斯变换，$f(t)\leftrightarrow F(s)$。

解：

根据表 4-1 和表 4-2 常用信号的拉普拉斯变换和拉普拉斯变换的卷积性质可得

$$f(t)=\mathrm{e}^{-3t}\varepsilon(t)*\varepsilon(t-1)$$

$$F(s)=\frac{1}{s+3}\times\frac{1}{s}\mathrm{e}^{-s}=\frac{1}{s(s+3)}\mathrm{e}^{-s}$$

例 4-4　求像函数 $F(s)=\dfrac{2s+5}{s(s+5)}$的初值 $f(0^+)$、终值 $f(\infty)$。

解：

根据初值定理和终值定理可得

$$f(0^+)=\lim_{s\to\infty}sF(s)=2$$

$$f(\infty)=\lim_{s\to 0}sF(s)=1$$

例 4-5　求周期为 T 的有始周期信号 $f_T(t)$的拉普拉斯变换，$f_T(t)\leftrightarrow F(s)$。

解：

周期信号 $f_T(t)$可以表示为

$$f_T(t)=f_1(t)+f_1(t-T)\varepsilon(t-T)+f_1(t-2T)\varepsilon(t-2T)+\cdots$$

$f_1(t)$为有始周期信号 $f_T(t)$的第一个周期信号，且有 $f_1(t)\leftrightarrow F_1(s)$。

根据拉普拉斯变换的时移特性有

$$F(s)=F_1(s)+F_1(s)\mathrm{e}^{-sT}+F_1(s)\mathrm{e}^{-2sT}+\cdots=\frac{F_1(s)}{1-\mathrm{e}^{-sT}}\tag{4-8}$$

以上分析内容概括为要点 4.2。

> **要点 4.2**
>
> (1) 常用信号拉普拉斯变换，如表 4-1 所示。
>
> (2) 常用拉普拉斯变换性质，如表 4-2 所示。

4.4 拉普拉斯反变换及其应用

前一节已经完成了已知原函数信号,求其拉普拉斯变换的像函数信号的工作,即拉普拉斯正变换。由于应用拉普拉斯变换法对系统进行分析,求取系统在激励作用下产生的响应是像函数形式,最终是要写出时域的形式,即响应要表示成时间函数形式,因此必然会遇到拉普拉斯反变换求原函数的问题。已知像函数信号求原函数信号的问题,即拉普拉斯反变换,可以利用复变函数理论中的围线积分和留数定理进行。但是当像函数是有理函数时,只要具有部分分式方面的知识,也同样能够求取拉普拉斯反变换,获得原函数。这里的拉普拉斯反变换都是指单边拉普拉斯反变换。

有理像函数(rational function)可以表示为

$$F(s)=\frac{b_m s^m+b_{m-1}s^{m-1}+\cdots+b_1 s+b_0}{a_n s^n+a_{n-1}s^{n-1}+\cdots+a_1 s+a_0}=\frac{N(s)}{D(s)} \tag{4-9}$$

使分母多项式 $D(s)=a_n s^n+a_{n-1}s^{n-1}+\cdots+a_1 s+a_0=0$ 的根称为极点(pole);

使分子多项式 $N(s)=b_m s^m+b_{m-1}s^{m-1}+\cdots+b_1 s+b_0=0$ 的根称为零点(zero)。

分母多项式中 s 最高次幂的系数为1(即 $a_n=1$)称 $D(s)$ 为首1多项式;

分子多项式的 s 最高次幂小于分母多项式 s 的最高次幂称 $F(s)$ 为真分式($m<n$);

分子多项式的 s 最高次幂大于分母多项式 s 的最高次幂称 $F(s)$ 为假分式($m>n$)。

一般由像函数获得原函数有三种方法:查表法、部分分式展开法和留数法。

4.4.1 查表法

对一些简单的有理像函数可以稍加整理,依据表4-1,对照可以获得原函数信号。但是由于表中所列的像函数有限,因此这种方法求取原函数受到较大的限制。

4.4.2 部分分式展开法

部分分式展开法也称海维塞展开法。实质是将复杂的有理函数分式 $F(s)$ 分解为许多简单部分分式之和,而这些部分分式是一些表4-1中有的简单信号的拉普拉斯变换式,通过查表对照先求出每一项部分分式的拉普拉斯反变换,再根据叠加定理将每一项拉普拉斯反变换式叠加起来,就可以求出原函数 $f(t)$。

1. 当 m<n,F(s)为有理真分式

1) 分母首1多项式,$D(s)=0$ 的根无重根(无重极点)情况

像函数部分分式展开为

$$\begin{aligned}F(s)&=\frac{b_m s^m+b_{m-1}s^{m-1}+\cdots+b_1 s+b_0}{s^n+a_{n-1}s^{n-1}+\cdots+a_1 s+a_0}=\frac{N(s)}{D(s)}\\&=\frac{N(s)}{(s-s_1)(s-s_2)\cdots(s-s_n)}=\frac{k_1}{s-s_1}+\frac{k_2}{s-s_2}+\cdots+\frac{k_n}{s-s_n}\end{aligned} \tag{4-10}$$

可以通过分子对应项系数相等的方法求出待定系数 k_1、k_2、…、k_n,对照表4-1获得原函数信号:

$$f(t)=(k_1 e^{s_1 t}+k_2 e^{s_2 t}+\cdots+k_n e^{s_n t})\varepsilon(t) \tag{4-11}$$

2) 分母首1多项式 $D(s)=0$ 的根 s_1 有 r 重根(r 重极点)情况

$$\begin{aligned}F(s)&=\frac{b_m s^m+b_{m-1}s^{m-1}+\cdots+b_1 s+b_0}{s^n+a_{n-1}s^{n-1}+\cdots+a_1 s+a_0}=\frac{N(s)}{D(s)}=\frac{N(s)}{(s-s_1)^r(s-s_2)\cdots(s-s_n)}\\&=\frac{k_{1r}}{(s-s_1)^r}+\frac{k_{1(r-1)}}{(s-s_1)^{r-1}}+\cdots+\frac{k_{12}}{(s-s_1)^2}+\frac{k_{11}}{(s-s_1)}+\frac{k_2}{s-s_2}+\cdots+\frac{k_n}{s-s_n}\end{aligned} \tag{4-12}$$

可以通过分子对应项系数相等的方法求出待定系数 k_{1r}、$k_{1(r-1)}$、…、k_{11}、k_2、…、k_n。获得原函数信号为

$$f(t)=\left[(k_{1r}t^{r-1}+k_{1(r-1)}t^{r-2}+k_{12}t+k_{11})e^{s_1t}+k_2e^{s_2t}+\cdots+k_ne^{s_nt}\right]\varepsilon(t) \tag{4-13}$$

2. 当 $m>n$，$F(s)$ 为有理假分式

可以用长除法将 $F(s)$ 变成真分式，再用以上方法求取原函数。也就是可以将 $F(s)$ 化简为一个 $(m-n)$ 次幂的多项式 $Q(s)$ 再加上一个有理分式 $F_1(s)$，即 $F(s)=Q(s)+F_1(s)$，然后分别对多项式 $Q(s)$ 和真分式 $F_1(s)$ 求拉普拉斯反变换。

3. 当 $F(s)$ 为无理分式

若 $F(s)$ 为无理分式，则不能直接应用部分分式展开法，可以利用拉普拉斯变换的对应性质，配合查表，求出原函数。

例 4-6　求下列各像函数的原函数。

(1) $F(s)=\dfrac{s+2}{s(s+1)}$　　(2) $F(s)=\dfrac{s+2}{s^2(s+1)}$

(3) $F(s)=\dfrac{s^3+5s^2+9s+7}{s^2+3s+2}$　　(4) $F(s)=\dfrac{1-e^{-2s}}{s(s+1)}$

解：

(1) 将像函数部分分式展开：

$$F(s)=\frac{s+2}{s(s+1)}=\frac{k_1}{s}+\frac{k_2}{s+1}=\frac{(k_1+k_2)s+k_1}{s(s+1)}$$

分子对应项系数相等求待定系数 $k_1+k_2=1$，$k_1=2$。则 $k_1=2$，$k_2=-1$，有 $F(s)=\dfrac{s+2}{s(s+1)}=\dfrac{2}{s}+\dfrac{-1}{s+1}$，所以原函数为 $f(t)=(2-e^{-t})\varepsilon(t)$。

(2) 将像函数部分分式展开：

$$F(s)=\frac{s+2}{s^2(s+1)}=\frac{k_{12}}{s^2}+\frac{k_{11}}{s}+\frac{k_2}{s+1}=\frac{k_{12}(s+1)+k_{11}s(s+1)+k_2s^2}{s^2(s+1)}$$

$$=\frac{(k_{11}+k_2)s^2+(k_{12}+k_{11})s+k_{12}}{s^2(s+1)}$$

分子对应项系数相等 $k_{11}+k_2=0$，$k_{11}+k_{12}=1$，$k_{12}=2$；则 $k_{11}=-1$，$k_2=1$，$k_{12}=2$；有 $F(s)=\dfrac{s+2}{s^2(s+1)}=\dfrac{2}{s^2}-\dfrac{1}{s}+\dfrac{1}{s+1}$，所以原函数为 $f(t)=(2t-1+e^{-t})\varepsilon(t)$。

(3) 因为 $F(s)$ 是假分式，所以先将其化简为有理真分式，然后再展开为部分分式，即

$$F(s)=s+2+\frac{s+3}{s^2+3s+2}=s+2+\frac{2}{s+1}-\frac{1}{s+2}$$

所以原函数为 $f(t)=\delta'(t)+2\delta(t)+2e^{-t}\varepsilon(t)-e^{-2t}\varepsilon(t)$。

(4) 由于 $F(s)=\dfrac{1-2e^{-2s}}{s(s+1)}$ 是无理函数，不能直接应用部分分式法，所以可将 $F(s)$ 改写成为

$$F(s)=\frac{1-2e^{-2s}}{s(s+1)}=\frac{1}{s(s+1)}-\frac{2}{s(s+1)}e^{-2s}=F_1(s)-2F_1(s)e^{-2s}$$

其中 $F_1(s)=\frac{1}{s}-\frac{1}{s+1}\leftrightarrow f_1(t)=(1-\mathrm{e}^{-t})\varepsilon(t)$，根据时移性质得原函数为

$$f(t)=(1-\mathrm{e}^{-t})\varepsilon(t)-2[1-\mathrm{e}^{-(t-2)}]\varepsilon(t-2)$$

例 4-7 求 $F(s)=\frac{s}{s^2+2s+5}$ 的原函数 $f(t)$。

解：

由于像函数 $F(s)$ 含有共轭复极点，部分分式展开将涉及复数运算，为了避开复数运算，可以采用配方法将 $F(s)$ 写成表 4-1 中常用信号的拉普拉斯变换式，然后通过查表对照方法求出原函数 $f(t)$。

$$F(s)=\frac{s}{s^2+2s+5}=\frac{s}{s^2+2s+1+4}=\frac{s}{(s+1)^2+2^2}=\frac{s+1-1\times 2\times\frac{1}{2}}{(s+1)^2+2^2}$$

$$=\frac{s+1}{(s+1)^2+2^2}-\frac{2\times\frac{1}{2}}{(s+1)^2+2^2}$$

所以原函数为 $f(t)=\left[\mathrm{e}^{-t}\cos 2t-\frac{1}{2}\mathrm{e}^{-t}\sin 2t\right]\varepsilon(t)$。

通过以上的实例可见，部分分式法求拉普拉斯反变换还是比较麻烦的。

4.4.3 留数法

留数法也称围线积分法。因为拉普拉斯反变换为

$$f(t)=\mathscr{L}^{-1}[F(s)]=\frac{1}{2\pi\mathrm{j}}\int_{\sigma-\mathrm{j}\infty}^{\sigma+\mathrm{j}\infty}F(s)\mathrm{e}^{st}\,\mathrm{d}s$$

根据复变函数理论中的留数定理有

$$\frac{1}{2\pi\mathrm{j}}\oint_c F(s)\mathrm{e}^{st}\,\mathrm{d}s=\sum_{k=1}^{n}\mathrm{Re}[s_k] \tag{4-14}$$

式(4-14)中左边的积分是在 s 平面内沿一条不通过被积函数极点的封闭曲线 c 进行的，而等式右边则是此围线积分 c 中被积函数各个极点上的留数之和。由此可见，求拉普拉斯反变换的积分运算可以转换成求被积函数各个极点的留数之和的运算，由于该留数的计算很简单，从而使拉普拉斯反变换的运算大大简化。

当 $F(s)$ 为有理真分式且分母首 1 多项式时，若 s_k 为一阶极点，则其留数为

$$\mathrm{Re}[s_k]=[(s-s_k)F(s)\mathrm{e}^{st}]_{s=s_k} \tag{4-15}$$

当 $F(s)$ 为有理真分式且分母首 1 多项式时，若 s_k 为 r 重极点，则其留数为

$$\mathrm{Re}[s_k]=\frac{1}{(r-1)!}\frac{\mathrm{d}^{r-1}}{\mathrm{d}s^{r-1}}[(s-s_k)^r F(s)\mathrm{e}^{st}]_{s=s_k} \tag{4-16}$$

将留数法求拉普拉斯反变换的内容具体概括为要点 4.3。

要点 4.3

留数法拉普拉斯反变换，当 $F(s)\leftrightarrow f(t)$，有

1. 当 $m<n$，$F(s)$ 为真分式

(1) 分母首 1 多项式 $D(s)=0$ 的根无重根(即无重极点或 s_k 为单极点)情况：

$$f(t)=\sum_{k=1}^{n}\mathrm{Re}[s_k]=\sum_{k=1}^{n}[(s-s_k)F(s)\mathrm{e}^{st}]_{s=s_k}$$

(2) 分母首 1 多项式 $D(s)=0$ 的根 s_1 有 r 重根(r 重极点或 s_1 为 r 重极点)情况：

$$f(t)=\sum_{k=1}^{n}\mathrm{Re}[s_k]=\sum_{k=2}^{n}[(s-s_k)F(s)e^{st}]_{s=s_k}+\frac{1}{(r-1)!}\frac{d^{r-1}}{ds^{r-1}}[(s-s_1)^rF(s)e^{st}]_{s=s_1}$$

2. 当 $m>n$，$F(s)$为假分式

用长除法将 $F(s)$变成真分式，再用以上方法求原函数。

3. 当 $F(s)$为无理分式

若 $F(s)$为无理分式，则不能直接应用留数法，可以利用拉普拉斯变换的对应性质，配合留数法，求出原函数。

例 4-8　分别应用部分分式法和留数法求 $F(s)=\dfrac{4s^2+11s+10}{2s^2+5s+3}$的原函数 $f(t)$。

解：

部分分式法：

$$F(s)=\frac{4s^2+11s+10}{2s^2+5s+3}=2+0.5\frac{s+4}{s^2+\frac{5}{2}s+\frac{3}{2}}=2+0.5\frac{s+4}{(s+1)\left(s+\frac{3}{2}\right)}$$

$$=2+\frac{3}{s+1}+\frac{-\frac{5}{2}}{s+\frac{3}{2}}=2+0.5\left[\frac{k_1}{s+1}+\frac{k_2}{s+\frac{3}{2}}\right]=2+\frac{(k_1+k_2)s+\frac{3}{2}k_1+k_2}{(s+1)\left(s+\frac{3}{2}\right)}$$

有 $k_1+k_2=0.5$，$\frac{3}{2}k_1+k_2=2$；则 $k_1=3$，$k_2=-\frac{5}{2}$。

则原函数为：$f(t)=2\delta(t)+\left(3e^{-t}-\frac{5}{2}e^{-\frac{3}{2}t}\right)\varepsilon(t)$。

留数法：利用式(4-15)

$$F(s)=\frac{4s^2+11s+10}{2s^2+5s+3}=2+0.5\frac{s+4}{s^2+\frac{5}{2}s+\frac{3}{2}}=2+0.5\frac{s+4}{(s+1)\left(s+\frac{3}{2}\right)}$$

$$f(t)=2\delta(t)+\left\{0.5\left[\frac{s+4}{s+\frac{3}{2}}e^{st}\right]_{s=-1}+0.5\left[\frac{s+4}{s+1}e^{st}\right]_{s=-\frac{3}{2}}\right\}\varepsilon(t)$$

$$=2\delta(t)+\left[3e^{-t}-\frac{5}{2}e^{-\frac{3}{2}t}\right]\varepsilon(t)$$

例 4-9　求 $F(s)=\dfrac{1}{s^2(s+1)}$的原函数 $f(t)$。

解：

利用式(4-15)和式(4-16)

$$F(s)=\frac{1}{s^2(s+1)}$$

则原函数为

$$f(t)=\left[\frac{1}{s^2}e^{st}\right]_{s=-1}+\left[\frac{1}{s+1}e^{st}\right]'_{s=0}=e^{-t}+\left[\frac{(s+1)te^{st}-e^{st}}{(s+1)^2}\right]_{s=0}=[t-1+e^{-t}]\varepsilon(t)$$

例 4-10 求 $F(s)=\dfrac{1}{s^2(s+1)}\mathrm{e}^{-s}$ 的原函数 $f(t)$。

解:

因为 $F(s)$ 为无理像函数,故应先求 $F_1(s)=\dfrac{1}{s^2(s+1)}$ 的原函数为

$$f_1(t)=\left[\frac{1}{s^2}\mathrm{e}^{st}\right]_{s=-1}+\left[\frac{1}{s+1}\mathrm{e}^{st}\right]'_{s=0}=\mathrm{e}^{-t}+\left[\frac{(s+1)t\mathrm{e}^{st}-\mathrm{e}^{st}}{(s+1)^2}\right]_{s=0}=[t-1+\mathrm{e}^{-t}]\varepsilon(t)$$

根据拉普拉斯变换的时移特性可得原函数为

$$f(t)=[t-1-1+\mathrm{e}^{-(t-1)}]\varepsilon(t-1)=[t-2+\mathrm{e}^{-(t-1)}]\varepsilon(t-1)$$

例 4-11 求 $F(s)=\dfrac{1}{1+\mathrm{e}^{-s}}$ 的原函数 $f(t)$。

解:

因为 $F(s)$ 为无理像函数,所以可以将 $F(s)$ 表示为

$$F(s)=\frac{1}{1+\mathrm{e}^{-s}}=1-\mathrm{e}^{-s}+\mathrm{e}^{-2s}-\mathrm{e}^{-3s}+\cdots$$

根据时移性质可得原函数为

$$f(t)=\delta(t)-\delta(t-1)+\delta(t-2)-\delta(t-3)+\cdots$$

可见拉普拉斯变换基本性质的应用使拉普拉斯正、反变换的运算大大简化。

4.5 LTI 连续系统的复频域分析——复频域法求系统响应

拉普拉斯变换是分析线性时不变系统的有力工具,利用拉普拉斯变换求系统响应是其重要应用之一。系统分析就是已知系统激励 $e(t)$,求系统响应 $r(t)$。LTI 连续系统框图如图 4-4 所示。

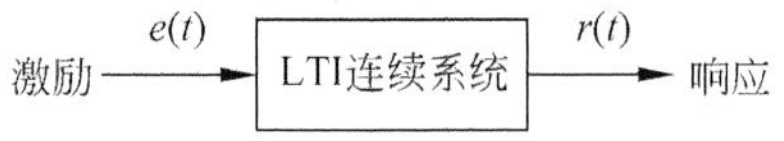

激励 —$e(t)$→ LTI连续系统 —$r(t)$→ 响应

图 4-4 LTI 连续系统框图

图 4-4 中 LTI 线性系统的数学描述是激励和响应的线性常系数微分方程,以二阶系统为例,含两个储能元件的电系统方程可以表示为

$$\frac{\mathrm{d}^2r(t)}{\mathrm{d}t^2}+a_1\frac{\mathrm{d}r(t)}{\mathrm{d}t}+a_0r(t)=e(t) \tag{4-17}$$

因此求系统响应也就是系统分析的实质是求式(4-17)线性常系数微分方程的解。

根据求系统微分方程解的方法不同引出了系统三大域分析:时域分析、频域分析和复频域分析。

1. 时域分析——系统响应的时域求解

1) 经典法

$$r(t)=r_{\text{特解}}(t)+r_{\text{通解}}(t),\quad r(t)=r_{zi}(t)+r_{zs}(t)$$

其中,$r_{zi}(t)$ 为齐次微分方程的解,具有通解形式;$r_{zs}(t)$ 为非齐次微分方程的解,是通解+特解形式,取决于激励形式。

2) 卷积积分法

$$r_{zs}(t)=e(t)*h(t)=\int_0^t e(\tau)h(t-\tau)\mathrm{d}\tau$$

2. 频域分析——系统响应的频域求解

$$r_{zs}(t) = \mathscr{F}^{-1}[H(\mathrm{j}\omega)E(\mathrm{j}\omega)]$$

3. 复频域分析系统——系统响应的复频域求解

拉普拉斯变换法是求解线性微分方程的好方法。它与频域分析一样也将微分方程变成了代数方程，它同时自动引入了初值，而且它的反变换运算又很方便，因此可以很方便地求出系统零输入响应、零状态响应和全响应的时域形式。

4.5.1　由系统(微积分)方程求系统响应

这里以简单 RLC 电系统为例进行系统分析。电系统如图 4-5 所示，且已知激励及参数。求系统中电流响应 $i(t)$。

步骤如下：

(1) 建立系统方程。由基尔霍夫电压定律 KVL，可得

$$i(t)R + u_L(t) + u_C(t) = e(t) \tag{4-18}$$

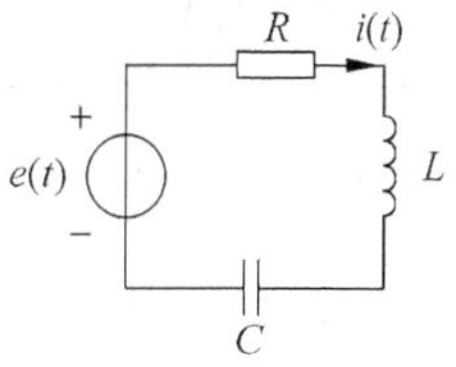

图 4-5　RLC 电系统

由电路理论可知

$$\left.\begin{aligned} u_L(t) &= L\frac{\mathrm{d}i(t)}{\mathrm{d}t} \\ u_C(t) &= \frac{1}{C}\int_{0^+}^{t} i(t)\mathrm{d}t + u_C(0^+) \end{aligned}\right\} \tag{4-19}$$

将式(4-19)代入式(4-18)得

$$i(t)R + L\frac{\mathrm{d}i(t)}{\mathrm{d}t} + \frac{1}{C}\int_{0^+}^{t} i(t)\mathrm{d}t + u_C(0^+) = e(t) \tag{4-20}$$

(2) 对式(4-20)两边进行拉普拉斯变换，应用拉普拉斯变换微分性质，将微分方程化成代数方程

$$I(s)R + sLI(s) - Li(0^+) + \frac{1}{sC}I(s) + \frac{u_C(0^+)}{s} = E(s) \tag{4-21}$$

其中，$i(t)\leftrightarrow I(s)$，$e(t)\leftrightarrow E(s)$。

(3) 求出响应的像函数。整理式(4-21)得电流全响应的像函数形式为

$$I(s) = \frac{E(s)}{R + sL + \dfrac{1}{sC}} + \frac{Li(0^+) - \dfrac{u_C(0^+)}{s}}{R + sL + \dfrac{1}{sC}} = I_{zs}(s) + I_{zi}(s) \tag{4-22}$$

其中由电源激励产生的电流零状态响应为

$$I_{zs}(s) = \frac{E(s)}{R + sL + \dfrac{1}{sC}} \tag{4-23}$$

由电感电流初值和电容电压初值产生的电流零输入响应为

$$I_{zi}(s) = \frac{Li(0^+) - \dfrac{u(0^+)}{s}}{R + sL + \dfrac{1}{sC}} \tag{4-24}$$

(4) 拉普拉斯反变换求出电流响应的原函数

$$i(t) = \mathscr{L}^{-1}[I(s)] = i_{zs}(t) + i_{zi}(t)$$

从式(4-23)不难看出 $R+sL+\frac{1}{sC}=Z(s)$，相当于阻抗，称为运算阻抗，单位也为欧姆。其中电感 L 的运算阻抗为 sL，电容 C 的运算阻抗为$\frac{1}{sC}$。从式(4-24)也不难看出 $Li(0^+)$是由电感初值产生的电压源效应，$\frac{u_C(0^+)}{s}$是由电容初值产生的电压源效应。其中$\frac{E(s)}{R+sL+\frac{1}{sC}}=\frac{E(s)}{Z(s)}=I(s)$为运算形式的欧姆定律。

通过以上分析，整个求响应的过程变得清楚简单。但是当系统较复杂(回路或节点较多)时，其微分方程是不容易写出的。实际上，在 s 域中，利用拉普拉斯变换法分析电系统，可以不先列出系统微分方程，而是直接运用 s 域电路模型图，根据电路理论方法，列出 s 域的代数方程，求取系统响应的像函数，这就是仿照电路理论中求正弦激励下系统响应的相量法而建立的 s 域求系统响应的运算法或算子法。

电路理论中求正弦激励下电路响应的相量法是将电感 L 写成 $\mathrm{j}\omega L$，将电容 C 写成$\frac{1}{\mathrm{j}\omega C}$，将电路中包括激励在内的电流 $i(t)$写成电流相量$\dot{I}$，电压 $u(t)$写成电压相量$\dot{U}$，再用直流电阻电路的分析方法求在以上电路模型中正弦激励下的电路响应相量。

运算法也是寻求建立 s 域的元件模型，即元件上 s 域电压、电流关系，应用直流电阻电路的分析方法求取响应。

4.5.2 系统的 s 域模型

1. s 域元件模型

对电阻、电感和电容上的时域电压电流关系取拉普拉斯变换并应用其性质就可以获得电阻、电感和电容上的 s 域电压电流关系。当有 $i(t)\leftrightarrow I(s)$，$u(t)\leftrightarrow U(s)$时，

(1) 电阻元件的时域和复频域的电压电流关系：

$$u(t)=i(t)R\leftrightarrow U(s)=I(s)R \tag{4-25}$$

(2) 电感元件时域和 s 域的电压电流关系：

$$u(t)=L\frac{\mathrm{d}i(t)}{\mathrm{d}t}\leftrightarrow U(s)=sLI(s)-Li(0^+) \tag{4-26}$$

(3) 电容元件时域和 s 域的电压电流关系：

$$u(t)=\frac{1}{C}\int_{0^+}^{t}i(t)\mathrm{d}t+u(0^+)\leftrightarrow U(s)=\frac{1}{sC}I(s)+\frac{u(0^+)}{s} \tag{4-27}$$

根据复频域各元件上的电压电流关系，可以获得电阻、电感和电容元件的 s 域模型，电阻、电感和电容元件的时域和 s 域模型如图 4-6 所示。

2. 电路基本定律 KCL 和 KVL 的 s 域形式

$$\left.\begin{aligned}\sum i(t)=0\leftrightarrow\sum I(s)=0\\ \sum u(t)=0\leftrightarrow\sum U(s)=0\end{aligned}\right\} \tag{4-28}$$

因此直流电阻电路的方法完全可以用于 s 域求响应，只不过此时的电压和电流为像函数。

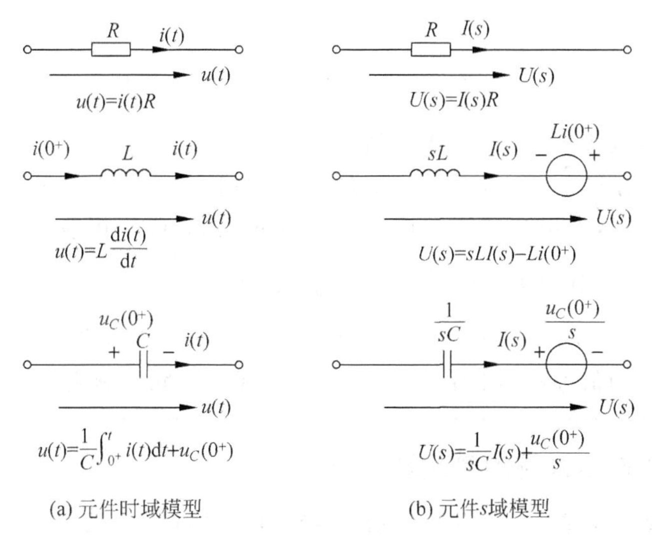

(a) 元件时域模型　　(b) 元件s域模型

图 4-6　电路元件时域及 s 域模型

4.5.3　由系统 s 域模型求系统响应

如果用图 4-6 将时域电路元件变成 s 域电路元件；再将激励(电源)作拉普拉斯变换，响应也以其像函数表示，且标出位置和参考方向；原电路就化成了 s 域电路，也就是算子图(或称运算电路图)，然后就可以应用直流电阻电路的分析方法求出系统响应的像函数，再经留数法反变换即可获得全响应的原函数形式。

复频域求系统全响应的方法步骤可以概括为要点 4.4。

要点 4.4

复频域求系统全响应的步骤：

(1) 用换路前的稳态电路求独立初值 $u_C(0^+)$、$i_L(0^+)$(如果已给出可不必求)，直流稳态下，电容相当于断路——电容的开路电压 $u_C(0^+)$；电感相当于短路——电感的短路电流 $i_L(0^+)$。

(2) 画出换路后电路的 s 域模型图——算子图。

(3) 用直流电阻电路的分析方法求系统响应的像函数。

(4) 留数法反变换得响应的原函数。

如果要求分别求出系统的零状态响应和零输入响应，那么按照响应的物理意义可以采用要点 4.5 和要点 4.6 概括的方法步骤。

要点 4.5

零输入响应可以用 $y_{zi}(t)=y(t)-y_{zs}(t)$获得。

(1) 已知系统方程情况：将齐次微分方程两边同时进行拉普拉斯变换(有初始值，无激励)化成代数方程，求出零输入响应 $Y_{zi}(s)\rightarrow y_{zi}(t)$。

(2) 已知电系统情况：画出零输入(有初始值，无激励)下的算子图；即将全响应算子图中的独立电压源短路，独立电流源断路；求出零输入响应 $Y_{zi}(s)\rightarrow y_{zi}(t)$。

要点 4.6

求零状态响应的步骤分为如下两种情况。

(1) 已知系统方程情况：将系统微分方程两边同时进行拉普拉斯变换(有激励，无初始值)化成代数方程，求出零状态响应 $Y_{zs}(s)\rightarrow y_{zs}(t)$；或应用 $y_{zs}(t)=e(t)*h(t)\leftrightarrow Y_{zs}(s)=E(s)\times H(s)$，其中 $H(s)=\dfrac{Y_{zs}(s)}{E(s)}$称为系统函数。

(2) 已知电系统情况：画出零状态(有激励，无初始值)下的算子图；即将全响应算子图中的电感和电容初值等效的电压源置零(短路)；求出零状态响应 $Y_{zs}(s)\rightarrow y_{zs}(t)$。

4.5.4 LTI 连续系统的复频域分析实例

例 4-12 电系统及参数如图 4-7 所示，在换路前电路已达到稳态，开关在 $t=0$ 时向右闭合，求开关动作后 $i(t)$。

解：

(1) 用换路前的稳态电路求电感上的短路电流。初值 $i(0^-)=i(0^+)=5\text{A}$；

(2) s 域模型图或算子图如图 4-8 所示；

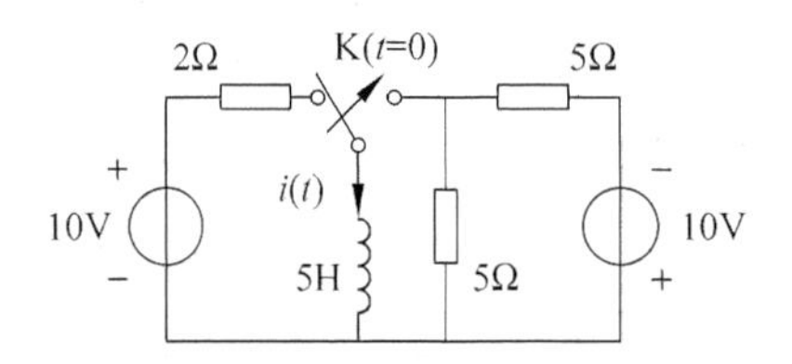

图 4-7 例 4-12 电系统

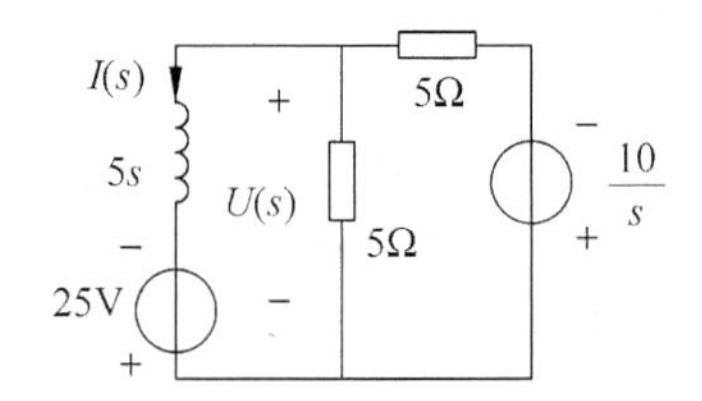

图 4-8 例 4-12 电系统 s 域模型图

(3) 求响应的像函数；

应用节点电压法得

$$U(s)=\frac{-\dfrac{2}{s}-\dfrac{25}{5s}}{\dfrac{1}{5s}+\dfrac{1}{5}+\dfrac{1}{5}}=\frac{-35}{2s+1}=5sI(s)-25$$

$$I(s)=\frac{1}{5s}\left(\frac{-17.5}{s+0.5}+25\right)=\frac{-3.5}{s(s+0.5)}+\frac{5}{s}$$

可以应用初值或终值定理验证响应像函数的正确性：

$$i(0^+)=\lim_{s\to\infty}sI(s)=5\text{A}。$$

(4) 留数法反变换求系统响应的原函数；

$$i(t)=5\varepsilon(t)+\frac{-3.5}{s+0.5}e^{st}\bigg|_{s=0}+\frac{-3.5}{s}e^{st}\bigg|_{s=-0.5}=(-2+7e^{-0.5t})\varepsilon(t)\text{A}。$$

当然本题也可以用电路基础中的恒定激励下一阶电路全响应的三要素法求出

$$i(t)=i(\infty)+[i(0^+)-i(\infty)]e^{-\frac{t}{\tau}}$$

$$i(\infty)=-2\text{A},\quad i(0^+)=5\text{A},\quad \tau=\frac{L}{R}=5\div 2.5=2\text{s}$$

$$i(t)=(-2+7e^{-0.5t})\varepsilon(t)$$

可见结果与 s 域分析法相同。

例 4-13　电系统及参数如图 4-9 所示，在换路前电路已达到稳态，开关在 $t=0$ 时向下闭合，求开关闭合后的 $u_C(t)$。

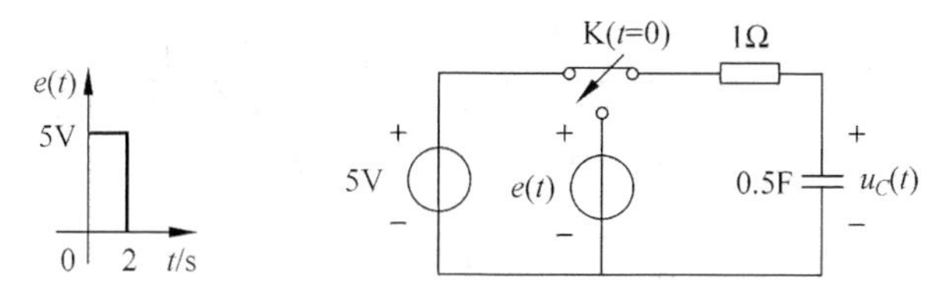

图 4-9　例 4-13 电系统

解：

(1) 求初值 $u_C(0^+)=5\text{V}$；

(2) 算子图如图 4-10 所示；

(3) 求系统响应；

应用节点电压法得

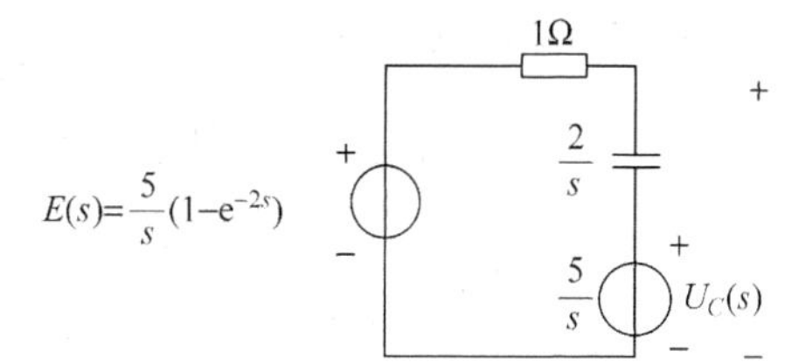

图 4-10　例 4-13 电系统 s 域模型图

$$U_C(s)=\frac{\frac{5}{s}(1-e^{-2s})+2.5}{1+0.5s}=\frac{10(1-e^{-2s})+5s}{s(s+2)}$$

$$=\frac{5}{s+2}+\frac{10}{s(s+2)}-\frac{10}{s(s+2)}e^{-2s}$$

用初值或终值定理验证像函数的正确性：

$$u_C(\infty)=\lim_{s\to 0}sU_C(s)=0$$

$$u_C(0^+)=\lim_{s\to\infty}sU_C(s)=5\text{V}$$

(4) 求响应的原函数。

$$u_C(t)=5e^{-2t}\varepsilon(t)+\left.\frac{10}{s+2}e^{st}\right|_{s=0}+\left.\frac{10}{s}e^{st}\right|_{s=-2}$$

$$=5e^{-2t}\varepsilon(t)+5(1-e^{-2t})\varepsilon(t)-5[1-e^{-2(t-2)}]\varepsilon(t-2)\text{V}$$

例 4-14　二阶电系统及参数如图 4-11 所示，在换路前电路已达到稳态，开关在 $t=0$ 时打开，求开关打开后的 $y(t)$。

解：

(1) 求初值 $i_L(0^+)=\frac{28}{12+2}=2\text{A}$，$u_C(0^+)=i_L(0^+)\times 2=4\text{V}$；

(2) 算子图如图 4-12 所示；

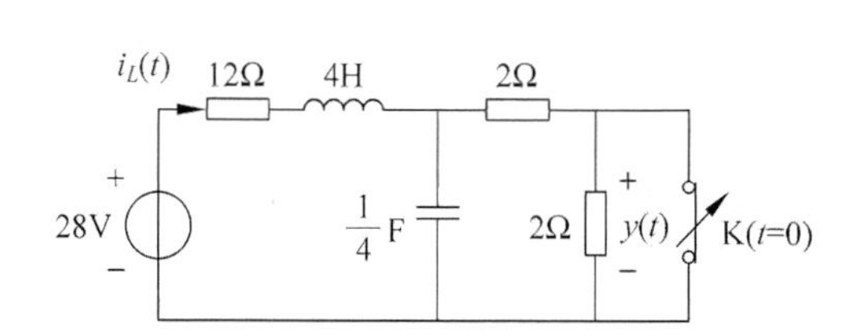

图 4-11　例 4-14 电系统

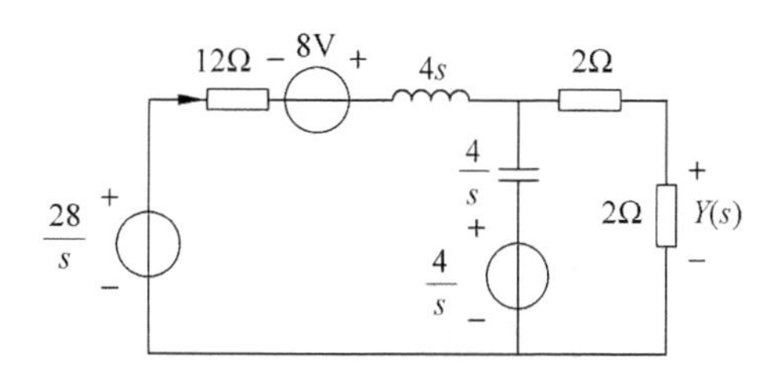

图 4-12　例 4-14 电系统 s 域模型图

(3) 求全响应;

应用节点电压法得

$$Y(s)=\frac{\dfrac{\dfrac{28}{s}+8}{12+4s}+1}{\dfrac{1}{12+4s}+\dfrac{1}{4}s+\dfrac{1}{4}}\times\frac{1}{2}=\frac{2s^2+10s+14}{s(s^2+4s+4)}$$

验证像函数的正确性:

$$y(0^+)=\lim_{s\to\infty}sY(s)=2\text{V}$$

$$y(\infty)=\lim_{s\to 0}sY(s)=3.5\text{V}$$

(4) 求响应的原函数 $y(t)=\frac{2s^2+10s+14}{(s+2)^2}e^{st}\Big|_{s=0}+\left(\frac{2s^2+10s+14}{s}e^{st}\right)'_{s=-2}$。

$$y(t)=3.5\varepsilon(t)+\frac{[(4s+10)e^{st}+t(2s^2+10s+14)e^{st}]s-(2s^2+10s+14)e^{st}}{s^2}\Bigg|_{s=-2}$$

$$=(3.5-te^{-2t}-1.5e^{-2t})\varepsilon(t)\text{V}$$

以上几个实例求取的是系统全响应,系统零输入响应和零状态响应混合在一起,看不清信号与系统之间的作用,现在根据零状态响应和零输入响应定义(零状态响应是系统初始值为零,仅由系统激励产生的响应;零输入响应是系统激励为零,仅由系统初始值产生的响应),来讨论分解响应的求取。

例 4-15 求例 4-12 的系统零状态响应和零输入响应及全响应。

解:

1. 求零状态响应 $i_{zs}(t)$

(1) 零状态算子图如图 4-13(a)所示。

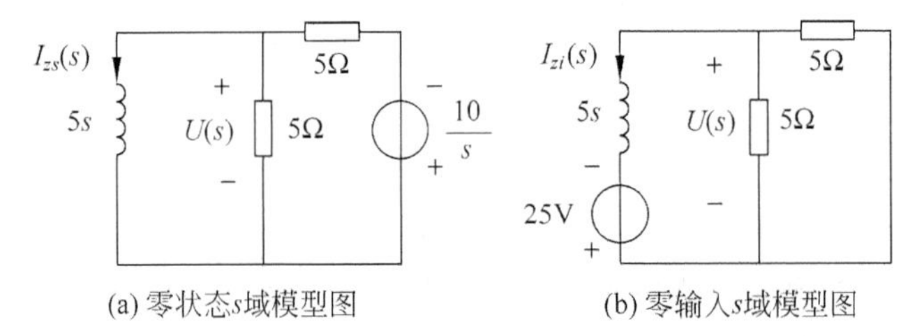

(a) 零状态s域模型图　　(b) 零输入s域模型图

图 4-13 例 4-15 零状态和零输入 s 域模型图

(2) 节点电压法求响应。

$$U(s)=\frac{-\dfrac{2}{s}}{\dfrac{1}{5s}+\dfrac{1}{5}+\dfrac{1}{5}}=\frac{-10}{2s+1}=5sI_{zs}(s)$$

解得

$$I_{zs}(s)=\frac{1}{5s}\left(\frac{-5}{s+0.5}\right)=\frac{-1}{s(s+0.5)}$$

(3) 响应的原函数

$$i_{zs}(t)=-\frac{1}{s+0.5}e^{st}\Big|_{s=0}-\frac{1}{s}e^{st}\Big|_{s=-0.5}=(-2+2e^{-0.5t})\varepsilon(t)\text{A}$$

2. 求零输入响应

(1) 零输入算子图如图 4-13(b)所示。

(2) 节点电压法求响应。

$$U(s)=\frac{-\dfrac{25}{5s}}{\dfrac{1}{5s}+\dfrac{1}{5}+\dfrac{1}{5}}=\frac{-25}{2s+1}=5sI_{zi}(s)-25$$

解得

$$I_{zi}(s)=\frac{1}{5s}\left(\frac{-12.5}{s+0.5}+25\right)=\frac{-2.5}{s(s+0.5)}+\frac{5}{s}$$

(3) 求响应原函数 $i_{zi}(t)=5e^{-0.5t}\varepsilon(t)A$。

3. 全响应为

$$i(t)=i_{zs}(t)+i_{zi}(t)=-2+7e^{-0.5t}\varepsilon(t)A$$

可见与例 4-12 结果一致。

例 4-16　已知二阶系统方程,激励及初始值如下:

$$y''(t)+5y'(t)+6y(t)=e'(t)+5e(t)$$

$$e(t)=e^{-t}\varepsilon(t)$$

$$y(0)=2,\quad y'(0)=1$$

求系统响应 $y(t)$,并标出零输入响应、零状态响应;受迫响应与自然响应,暂态响应与稳态响应。

解:

(1) 求零状态响应

对系统方程两端进行拉普拉斯变换,不代入初值,得 $s^2Y(s)+5sY(s)+6Y(s)=sE(s)+5E(s)$。

将激励拉普拉斯变换得 $e(t)=e^{-t}\varepsilon(t)\leftrightarrow E(s)=\dfrac{1}{s+1}$,则

$$Y_{zs}(s)=\frac{s+5}{(s+2)(s+3)}E(s)=\frac{s+5}{(s+2)(s+3)}\times\frac{1}{s+1}$$

反变换得 $y_{zs}(t)=(2e^{-t}-3e^{-2t}+e^{-3t})\varepsilon(t)$。

(2) 求零输入响应

令系统方程右式为零,有 $y''(t)+5y'(t)+6y(t)=0$,对该齐次微分方程两端进行拉普拉斯变换,代入初值,得 $s^2Y(s)-sy(0)-y'(0)+5sY(s)-5y(0)+6Y(s)=0$

整理有 $Y_{zi}(s)=\dfrac{(s+5)y(0)+y'(0)}{s^2+5s+6}\leftrightarrow y_{zi}(t)=(7e^{-2t}-5e^{-3t})\varepsilon(t)$。

(3) 求全响应

$$y(t)=y_{zs}(t)+y_{zi}(t)=(2e^{-t}+4e^{-2t}-4e^{-3t})\varepsilon(t)$$

其中受迫响应为 $2e^{-t}\varepsilon(t)$,自然响应为$(4e^{-2t}-4e^{-3t})\varepsilon(t)$,全部为暂态响应。

例 4-17　电系统及参数如图 4-14(a)所示,在换路前电路已达到稳态,开关在 $t=0$ 时闭合,求开关闭合后的 $i_1(t)$。

解:

该电系统的 s 域模型图如图 4-14(b)所示。

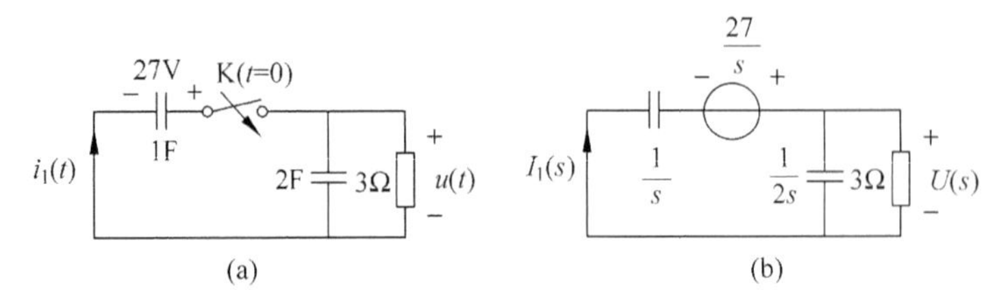

图 4-14 例 4-17 电系统及其 s 域模型图

应用节点电压法得

$$U(s)=\frac{\frac{27}{s}\cdot s}{s+2s+\frac{1}{3}}=-I_1(s)\frac{1}{s}+\frac{27}{s}$$

解得响应为

$$I_1(s)=\left(\frac{27}{s}-\frac{27}{3s+\frac{1}{3}}\right)s=18+\frac{1}{s+\frac{1}{9}}\leftrightarrow i_1(t)=[18\delta(t)+\mathrm{e}^{-\frac{1}{9}t}\varepsilon(t)]\mathrm{A}$$

说明：电流响应中存在冲激，意味着电容电压有突变。因为开关闭合瞬间并联的两个电容电压必须马上一致(突变)，依据电路理论，电容电流一定得有冲激来保证电压的突变。即当响应中存在冲激时 $u_C(0^-)\neq u_C(0^+)$，$i_L(0^-)\neq i_L(0^+)$。

4.6 系统函数

在第 3 章曾经研究过系统函数(system function)，它是描述系统频率特性的重要参量，在系统分析中具有十分重要的意义。本节将从 s 域的角度进一步深入研究系统函数。因为系统函数反映了系统本身的固有特性，因此，系统特性的分析归结为对系统函数的深入研究。

4.6.1 系统函数的定义及物理意义

1. 系统函数定义

1) 频域系统函数

系统激励为 $e(t)$，系统零状态响应为 $r_{zs}(t)$，有 $e(t)\leftrightarrow E(\mathrm{j}\omega)$，$r_{zs}(t)\leftrightarrow R_{zs}(\mathrm{j}\omega)$

则系统函数为

$$H(\mathrm{j}\omega)=\frac{R_{zs}(\mathrm{j}\omega)}{E(\mathrm{j}\omega)} \tag{4-29}$$

2) 复频域系统函数

系统激励 $e(t)$，系统零状态响应为 $r_{zs}(t)$，有 $e(t)\leftrightarrow E(s)$，$r_{zs}(t)\leftrightarrow R_{zs}(s)$

则系统函数为

$$H(s)=\frac{R_{zs}(s)}{E(s)} \tag{4-30}$$

$h(t)$、$H(s)$反映了系统本身的时域和复频域特性，仅仅取决于系统的结构及参数特性，而与激励、响应无关。

2. 系统函数物理意义

频域系统函数的实质是单位冲激响应 $h(t)$的傅里叶变换，复频域系统函数的实质是单

位冲激响应 $h(t)$ 的拉普拉斯变换，即系统函数为系统单位冲激响应的像函数。

在时域，激励为单位冲激信号 $\delta(t)$，系统响应为单位冲激响应 $h(t)$；在复频域，激励为1，系统响应为系统函数 $H(s)$，简记为

$$\left.\begin{aligned} h(t) &\leftrightarrow H(s) \\ \mathscr{L}[h(t)] &= H(s) \end{aligned}\right\} \tag{4-31}$$

在时域，激励为单位阶跃信号 $\varepsilon(t)$，系统响应为单位阶跃响应 $r_\varepsilon(t)$；在复频域，激励为 $\frac{1}{s}$，系统响应为系统函数 $H(s)$ 与 $\frac{1}{s}$ 之积，简记为

$$\left.\begin{aligned} r_\varepsilon(t) &\leftrightarrow \frac{H(s)}{s} \\ \mathscr{L}[r_\varepsilon(t)] &= \frac{H(s)}{s} \end{aligned}\right\} \tag{4-32}$$

3. 系统函数类型

由于研究的系统均是电系统，简单的电系统称为电路或网络，因此系统函数有时也称为网络函数(network function)。电系统可以表示成二端口结构，如图4-15所示。

图4-15　零状态系统框图

按激励和响应是否属于同一端口系统函数可分为两大类：策动点函数和转移函数。

1) 激励、响应属于同一端口

系统函数也称策动点函数(driving function，driving-point function)或输入函数。

当激励为1端口电流 $I_1(s)$，响应为1端口电压 $U_1(s)$ 时，系统函数称为策动点阻抗函数或输入阻抗函数 $Z_1(s)$；当激励为1端口电压 $U_1(s)$，响应为1端口电流 $I_1(s)$ 时，系统函数称为策动点导纳函数或输入导纳函数 $Y_1(s)$。显然 $Z_1(s)$ 和 $Y_1(s)$ 互为倒数。

策动点阻抗函数和策动点导纳函数可以分别表示为

$$\left.\begin{aligned} Z_1(s) &= \frac{U_1(s)}{I_1(s)} \\ Y_1(s) &= \frac{I_1(s)}{U_1(s)} \end{aligned}\right\} \tag{4-33}$$

2) 激励、响应不属于同一端口

系统函数也称转移函数(transfer function)或传输函数。按照激励和响应是电压或是电流，有4种系统函数，列于表4-3中说明。

表4-3　转移函数的4种类型

一端口上的激励	另一端口上的响应	转移函数或系统函数
电流 $I_1(s)$	电压 $U_2(s)$	转移阻抗函数 $Z_{21}(s)=\frac{U_2(s)}{I_1(s)}$
电压 $U_1(s)$	电流 $I_2(s)$	转移导纳函数 $Y_{21}(s)=\frac{I_2(s)}{U_1(s)}$

续表

一端口上的激励	另一端口上的响应	转移函数或系统函数
电压 $U_1(s)$	电压 $U_2(s)$	电压传输函数 $T_u(s)=\dfrac{U_2(s)}{U_1(s)}$
电流 $I_1(s)$	电流 $I_2(s)$	电流传输函数 $T_i(s)=\dfrac{I_2(s)}{I_1(s)}$

对系统理论的研究主要针对不同端口的情况进行，而对是转移函数还是系统函数并不加以严格区分。

给定系统，系统函数可以用来研究系统特性，称为系统分析；给定系统函数，研究应采用何种适当元件实现系统功能，称为系统综合。系统分析正是通过系统函数进入系统综合的领域。因此系统函数的研究在系统理论中占有很重要的地位。系统函数也是能将系统的时域特性和频域特性联系起来的重要参量。

4.6.2 系统函数的零、极点与 s 平面及零极图

1. 系统函数的零点、极点

系统函数可以表示为

$$H(s)=\frac{b_m s^m+b_{m-1}s^{m-1}+\cdots+b_1 s+b_0}{s^n+a_{n-1}s^{n-1}+\cdots+a_1 s+a_0}=\frac{b_m(s-s_{z1})(s-s_{z2})\cdots(s-s_{zm})}{(s-s_{p1})(s-s_{p2})\cdots(s-s_{pn})}=\frac{N(s)}{D(s)} \tag{4-34}$$

系统函数分母多项式 $D(s)=0$ 的根 s_{p1}、s_{p2}、s_{p3}、…、s_{pn} 称为极点；系统函数分子多项式 $N(s)=0$ 的根 s_{z1}、s_{z2}、s_{z3}、…、s_{zn} 称为零点。

2. 复平面

复平面也称 s 平面，是横轴为实轴 σ，纵轴为虚轴 $\mathrm{j}\omega$ 所构成的坐标平面，如图 4-16 所示。虚轴 $\mathrm{j}\omega$ 将 s 平面划分为左半面和右半面。

3. 零极图

把系统函数的零、极点画到 s 平面上的示意图称为系统函数的零极图(zero-pole diagram)。在 s 平面，极点以"×"表示；零点以"∘"表示。若为 n 阶零点或极点，则在零点或极点旁注以(n)。例如：$H(s)=10\dfrac{(s+1)(s+2)}{s^2[(s+1)^2+4]}$的零极图如图 4-17 所示。

系统函数的零、极点决定系统特性。

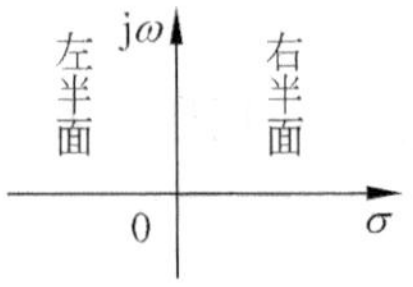

图 4-16 s 平面

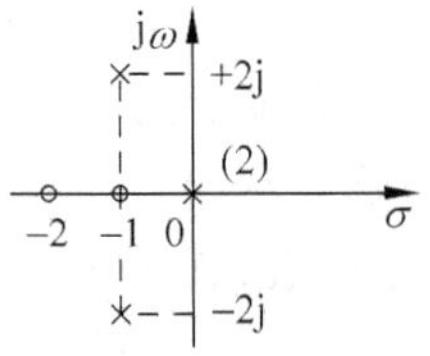

图 4-17 系统函数 $H(s)$ 的零极图

4.6.3 系统函数的零、极点在 s 平面的分布与系统的时域响应特性

如前所述，LTI 连续系统的系统函数 $H(s)$ 的原函数是系统的冲激响应 $h(t)$，因此系统函数零、极点在 s 平面的位置可以定性地决定系统冲激响应的变化规律，即决定系统的冲激

响应特性。

如果式(4-34)中 $n>m$，且系统函数具有单极点，那么可以将式(4-34)部分分式展开，写成

$$H(s)=\frac{A_1}{s-s_{p1}}+\frac{A_2}{s-s_{p2}}+\cdots+\frac{A_n}{s-s_{pn}}=\sum_{i=1}^{n}\frac{A_i}{s-s_{pi}} \tag{4-35}$$

可见系统函数每个极点都将对应一项时间函数，于是冲激响应为

$$h(t)=\mathscr{L}^{-1}[H(s)]=A_1\mathrm{e}^{sp_1t}+A_2\mathrm{e}^{sp_2t}+\cdots+A_n\mathrm{e}^{sp_nt} \tag{4-36}$$

由式(4-35)和式(4-36)可知，冲激响应的变化规律只与系统函数的极点在 s 平面的位置有关，而系数 A_i 与零点、极点和 b_m 都有关。下面主要研究几种典型情况的极点分布与冲激响应的对应关系，以下 α、β、ω_1 为正实数。

(1) 在原点的极点 $H(s)=\frac{1}{s}\leftrightarrow h(t)=\varepsilon(t)$；

(2) 在左半面的单极点 $H(s)=\frac{1}{s+\alpha}\leftrightarrow h(t)=\mathrm{e}^{-\alpha t}\varepsilon(t)$；

(3) 在右半面的单极点 $H(s)=\frac{1}{s-\alpha}\leftrightarrow h(t)=\mathrm{e}^{\alpha t}\varepsilon(t)$；

(4) 在虚轴上的共轭极点 $H(s)=\frac{s}{s^2+\omega_1^2}\leftrightarrow h(t)=\cos\omega_1 t\varepsilon(t)$；

(5) 在左半面的共轭极点 $H(s)=\frac{s+\beta}{(s+\beta)^2+\omega_1^2}\leftrightarrow h(t)=\mathrm{e}^{-\beta t}\cos\omega_1 t\varepsilon(t)$；

(6) 在右半面的共轭极点 $H(s)=\frac{s-\beta}{(s-\beta)^2+\omega_1^2}\leftrightarrow h(t)=\mathrm{e}^{\beta t}\cos\omega_1 t\varepsilon(t)$。

系统函数极点在 s 平面的分布对应的冲激响应变化规律(波形)如图 4-18 所示。

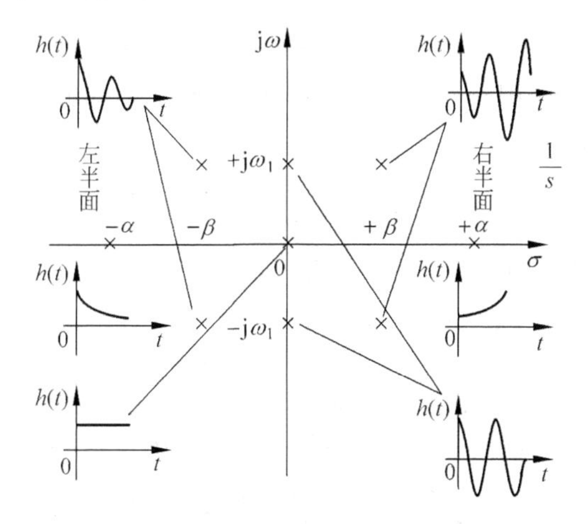

图 4-18　系统函数极点分布对应冲激响应的波形

分析概括为要点 4.7。

> **要点 4.7**
>
> 系统函数位于 s 平面左半面的极点对应的是衰减的冲激响应波形。
>
> 系统函数位于 s 平面右半面的极点对应的是增长的冲激响应波形。
>
> 系统函数位于 s 平面虚轴上的极点对应的是等幅的冲激响应波形。

对稳定的系统其冲激响应一定是随时间衰减的。因为冲激激励$\delta(t)$仅在冲激瞬间$t=0$时向系统供以能量,其余时间激励为零;所以系统冲激响应是在$t>0$时激励为零的响应,即是由储能元件的$t=0$时储能产生的零输入响应。因此系统中含有耗能元件电阻R及储能元件L或C时,系统的冲激响应一定是衰减的。对稳定系统的系统函数全部的极点应位于s平面的左半面。

4.6.4 系统函数的零、极点在 s 平面的分布与系统的频域响应特性

系统函数零、极点在s平面的分布决定系统的频率特性。

1. 系统的频率特性

系统的频率特性也称频率响应特性,简称频响特性。系统函数可以表示为

$$H(s)=\frac{b_ms^m+b_{m-1}s^{m-1}+\cdots+b_1s+b_0}{s^n+a_{n-1}s^{n-1}+\cdots+a_1s+a_0}=\frac{b_m(s-s_{z1})(s-s_{z2})\cdots(s-s_{zm})}{(s-s_{p1})(s-s_{p2})\cdots(s-s_{pn})}=\frac{N(s)}{D(s)},$$

$$H(s)\Big|_{s=\mathrm{j}\omega}=H(\mathrm{j}\omega)=\frac{b_m(\mathrm{j}\omega-s_{z1})(\mathrm{j}\omega-s_{z2})\cdots(\mathrm{j}\omega-s_{zm})}{(\mathrm{j}\omega-s_{p1})(\mathrm{j}\omega-s_{p2})\cdots(\mathrm{j}\omega-s_{pn})}=|H(\mathrm{j}\omega)|\mathrm{e}^{\mathrm{j}\phi(\mathrm{j}\omega)}。\tag{4-37}$$

其中$|H(\mathrm{j}\omega)|$称为系统的幅频特性,$\phi(\mathrm{j}\omega)$称为系统的相频特性,系统的幅频特性和系统的相频特性统称为频率响应特性。系统的幅频特性和系统的相频特性可分别表示为

$$|H(\mathrm{j}\omega)|=H_0\frac{\prod_{i=1}^{m}|\mathrm{j}\omega-s_{zi}|}{\prod_{k=1}^{n}|\mathrm{j}\omega-s_{pk}|}=H_0\frac{\prod_{i=1}^{m}M_i}{\prod_{k=1}^{n}N_k}\tag{4-38}$$

$$\phi(\mathrm{j}\omega)=\sum_{i=1}^{m}\arg(\mathrm{j}\omega-s_{zi})-\sum_{k=1}^{n}\arg(\mathrm{j}\omega-s_{pk})=\sum_{i=1}^{m}\alpha_i-\sum_{k=1}^{n}\beta_k\tag{4-39}$$

2. 系统函数零、极点在 s 平面的分布与系统的频率响应特性

可以通过矢量作图法绘制系统的频响特性曲线,确定系统的频率特性。以二阶系统为例,若某系统的系统函数为

$$H(\mathrm{j}\omega)=\frac{(\mathrm{j}\omega-s_{z1})(\mathrm{j}\omega-s_{z2})}{(s-s_{p1})(s-s_{p2})(s-s_{p3})}$$

分子和分母中的每个因式都是一个复数,在s平面上都可以用矢量表示为

$$\mathrm{j}\omega-s_{pk}=\boldsymbol{N}_k=N_k\mathrm{e}^{\mathrm{j}\theta_{pk}}$$

$$\mathrm{j}\omega-s_{zk}=\boldsymbol{M}_k=M_k\mathrm{e}^{\mathrm{j}\theta_{zk}}$$

其中N_k、M_k分别为矢量$\mathrm{j}\omega-s_{pk}$、$\mathrm{j}\omega-s_{zk}$的模,θ_{pk}、θ_{zk}分别为矢量$\mathrm{j}\omega-s_{pk}$、$\mathrm{j}\omega-s_{zk}$的幅角。从正实轴到矢量形成θ角,顺时针θ为负,逆时针θ为正。则当$\omega=\omega_1$时的系统函数为

$$H(\mathrm{j}\omega_1)=\frac{\boldsymbol{M}_1\boldsymbol{M}_2}{\boldsymbol{N}_1\boldsymbol{N}_2\boldsymbol{N}_3}=\frac{M_1M_2}{N_1N_2N_3}\mathrm{e}^{\mathrm{j}(\theta_{z1}+\theta_{z2}-\theta_{p1}-\theta_{p2}-\theta_{p3})}$$

用矢量表示的零点因子和极点因子如图4-19所示。

当$\omega=\omega_1$时的系统函数幅频特性为

$$|H(\mathrm{j}\omega_1)|=\frac{M_1M_2}{N_1N_2N_3}$$

当$\omega=\omega_1$时的系统函数相频特性为

$$\phi(\mathrm{j}\omega_1)=\theta_{01}+\theta_{02}-\theta_{p1}-\theta_{p2}-\theta_{p3}$$

如此每给出一个ω,即当ω沿虚轴移动时,就可以迅速定性地得到一个系统的幅频特性和系

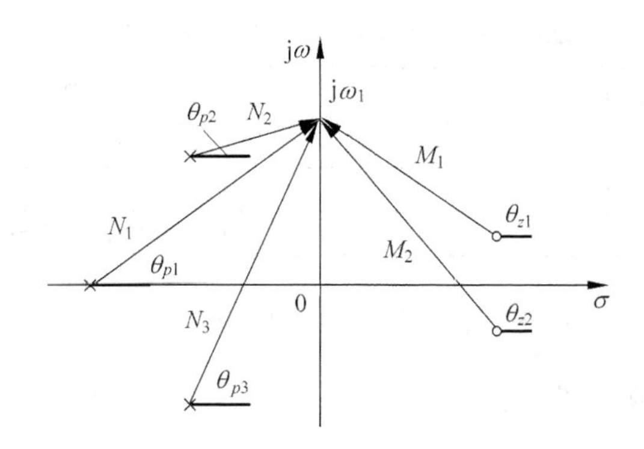

图 4-19　用矢量表示的因子 $j\omega-s_{pk}$ 和 $j\omega-s_{zk}$

统的相频特性：

$$|H(j\omega_i)|=\frac{M_1M_2}{N_1N_2N_3}$$

$$\phi(j\omega_i)=\theta_{01}+\theta_{02}-\theta_{p1}-\theta_{p2}-\theta_{p3}$$

所有 ω 可以组成系统幅频特性曲线（幅度随频率变化的曲线）和系统相频特性曲线（相位随频率变化的曲线）。

在通信、电子信息及自动控制的系统中，滤波器的特性研究必须从研究它的频率特性入手。因此，研究系统的频率特性具有十分重要的意义。

4.6.5　两种典型的系统函数

1. 全通函数

全通函数系统的左半面极点分别与右半面的零点对虚轴互成镜像，全通函数的分母、分子因式模相等，即系统函数的幅频特性不随频率变化。全通函数的零极图如图 4-20 所示。系统函数可以表示为

$$H(s)=\frac{(s-\alpha)^2+\omega_1^2}{(s+\alpha)^2+\omega_1^2}\tag{4-40}$$

因此具有这样系统函数的系统对各种频率信号一视同仁地传输，称为全通系统（all-pass system）。

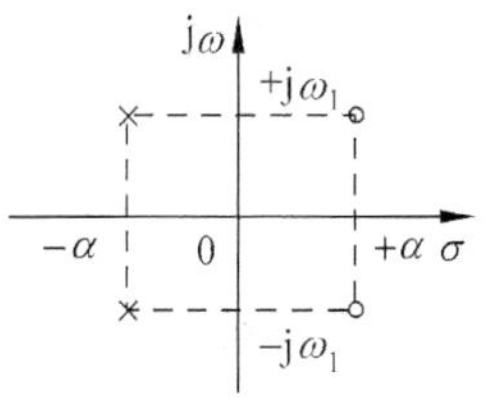

图 4-20　全通函数零极图

2. 最小相移函数（minimum-phase function）

最小相移函数系统的全部极点全部位于 s 平面的左半面，零点也位于 s 平面的左半面，但是可以在虚轴上。若有一个零点在 s 平面右半面，则称为非最小相移函数。

如图 4-21 所示最小相移函数与非最小相移函数的零极图，可见当频率 ω 由 0 变到∞时，最小相移函数和非最小相移函数的相移变化可以用表 4-4 说明。

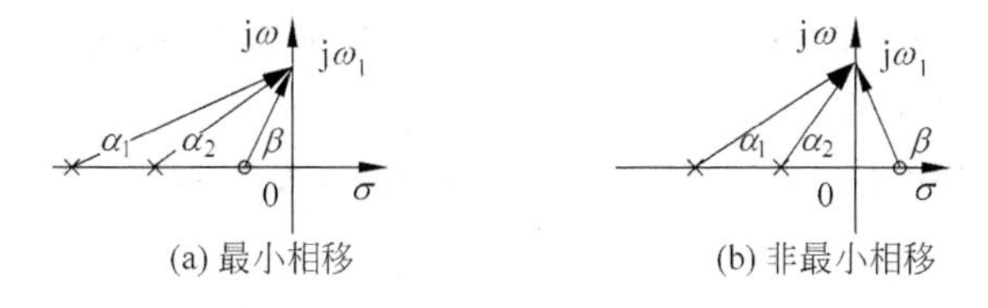

图 4-21　最小相移函数与非最小相移函数的零极图

表 4-4　最小相移函数和非最小相移函数的相移变化情况

最小相移函数	非最小相移函数
$\phi(\omega)=\beta-\alpha_1-\alpha_2$	$\phi(\omega)=\beta-\alpha_1-\alpha_2$
$0°-0°-0°\sim90°-90°-90°=-90°$	$180°-0°-0°\sim90°-90°-90°=-90°$
相移变化为 $0°\sim-90°$	相移变化为 $180°\sim-90°$

可见最小相移系统比非最小相移系统的相移要小。

4.6.6　系统函数的求取方法

通过前面的讨论研究,可以归纳总结出几种系统函数的求取方法。

(1) 已知系统微分方程,在零状态下对其两边求拉普拉斯变换,根据定义求得 $H(s)=\dfrac{Y_{zs}(s)}{E(s)}$。

(2) 已知系统冲激响应 $h(t)$,根据系统函数的物理意义,对其求拉普拉斯变换得 $H(s)=\mathscr{L}[h(t)]$。

(3) 在零状态 s 域电路模型图中,应用电路分析的方法,求出响应的像函数 $Y_{zs}(s)$和激励的像函数之比 $E(s)$,获得 $H(s)=\dfrac{Y_{zs}(s)}{E(s)}$。

① 在零状态 s 域电路模型图中,电源值用 1 代之,求出的响应为 $H(s)$,反变换后为冲激响应。

② 在零状态 s 域电路模型图中,电源值用$\dfrac{1}{s}$代之,求出的响应为$\dfrac{H(s)}{s}$,反变换后为阶跃响应。

(4) 已知系统模拟图,求得 $H(s)=\dfrac{Y_{zs}(s)}{E(s)}$。

(5) 已知系统信号流图,求得 $H(s)=\dfrac{Y_{zs}(s)}{E(s)}$。

(6) 已知系统函数零、极图,求得 $H(s)=\dfrac{b_m(s-s_{z1})(s-s_{z2})\cdots(s-s_{zm})}{(s-s_{p1})(s-s_{p2})\cdots(s-s_{pn})}$。

例 4-18　已知某系统方程为 $y''+3y'+2y=x'+5x$,求系统函数 $H(s)$。

解:

零状态条件下对以上方程两端进行拉普拉斯变换 $s^2Y(s)+3sY(s)+2Y(s)=sX(s)+5X(s)$,求得系统函数为 $H(s)=\dfrac{Y_{zs}(s)}{E(s)}=\dfrac{s+5}{s^2+3s+2}$。

可见系统函数的分母为系统方程响应导数形式(系统方程左式)的变化,即响应的 n 阶导数变成 s 的 n 次方;系统函数的分子为系统方程激励导数形式(系统方程右式)的变化,即激励的 m 阶导数变成 s 的 m 次方。

例 4-19　已知冲激响应 $h(t)=(2e^{-t}-e^{-2t})\varepsilon(t)$,求系统函数 $H(s)$。

解:

按系统函数物理意义可得 $H(s)=\mathscr{L}[h(t)]=\dfrac{2}{s+1}-\dfrac{1}{s+2}=\dfrac{s+3}{s^2+3s+2}$。

例 4-20　求如图 4-22(a)所示电系统的系统函数 $H(s)=\dfrac{I(s)}{E(s)}$。

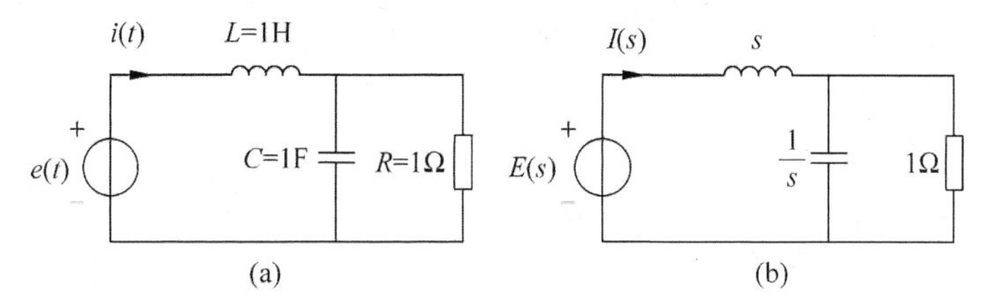

图 4-22　例 4-20 电系统及其 s 域模型图

解：

零状态下 s 域模型图如图 4-22(b)所示，按系统函数定义可得

$$H(s)=\frac{I_{zs}(s)}{E(s)}=\frac{1}{E(s)}\times\frac{E(s)}{s+\cfrac{1\times\cfrac{1}{s}}{1+\cfrac{1}{s}}}=\frac{s+1}{s^2+s+1}$$

或令 $E(s)=1$ 求得

$$I(s)=H(s)=\frac{1}{s+\cfrac{1\times\cfrac{1}{s}}{1+\cfrac{1}{s}}}=\frac{s+1}{s^2+s+1}$$

例 4-21　求如图 4-23(a)所示的系统模拟图的系统函数 $H(s)$。

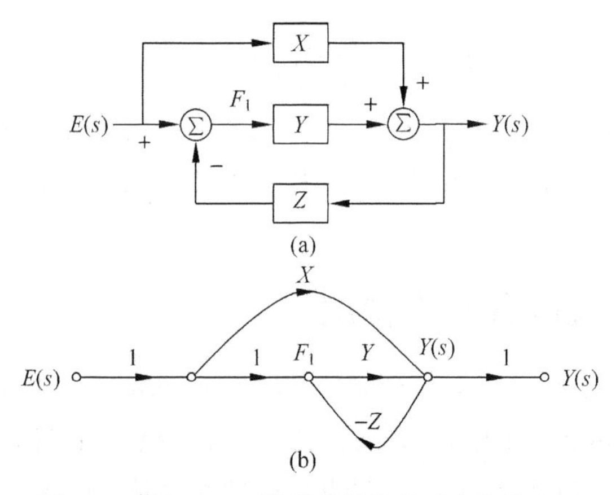

图 4-23　例 4-21 系统模拟图及其对应信号流图

解：

通过模拟图 4-23(a)求系统函数：

$$Y(s)=X\times E(s)+Y\times F_1$$

$$F_1=E(s)-Z\times Y(s)$$

$$H(s)=\frac{Y(s)}{E(s)}=\frac{X+Y}{1+Y\times Z}$$

通过如图 4-23(b)所示的信号流图求系统函数，流图化简过程如图 4-24 所示。

可获得系统函数为

$$H(s)=\frac{Y(s)}{E(s)}=\frac{X+Y}{1+Y\times Z}$$

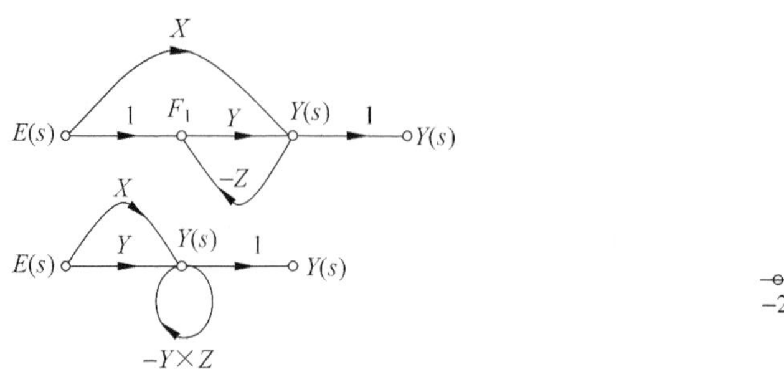

图 4-24　例 4-21 信号流图的化简

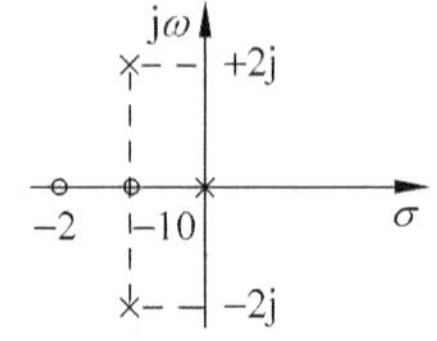

图 4-25　例 4-22 系统函数零极图

例 4-22　当 $H(s)|_{s=-3}=-1$ 时,求对应如图 4-25 所示系统函数零、极图的系统函数 $H(s)$。

解:

$$H(s)=\frac{A(s+1)(s+2)}{s[(s+1)^2+4]}$$

$$H(s)|_{s=-3}=\frac{A(-3+1)(-3+2)}{(-3)[(-3+1)^2+4]}=-1$$

$$A=12$$

所以系统函数为

$$H(s)=\frac{12(s+1)(s+2)}{s[(s+1)^2+4]}$$

到目前为止,系统函数可以由电路、系统方程、系统模拟图、信号流图、系统函数零极图、冲激响应等获得。同理,系统可以由电路、系统方程、系统模拟图、信号流图、系统函数零极图等来描述。

4.7　LTI 线性系统的各种模拟图

在 2.4 节曾研究了 LTI 连续系统的时域模拟方法,所研究的系统模拟仅仅是指数学意义上的模拟,因此用基本运算器组合起来的、实现系统方程的图就称为系统模拟图。系统模拟图可以有三种不同形式:直接模拟图、并联模拟图和级联模拟图。

4.7.1　系统微分方程的直接模拟图

1. 时域模拟

用 2.4 节给出的基本运算器实现系统微分方程的直接模拟。以一般二阶系统为例,实现二阶系统方程 $y''+a_1y'+a_0y=b_1x'+b_0x$ 时域直接模拟如图 4-26 所示。

2. 复频域模拟

将图 4-26 中的积分器 $\int$ 的符号变成 $\frac{1}{s}$。实现二阶时域系统方程 $y''+a_1y'+a_0y=b_1x'+$

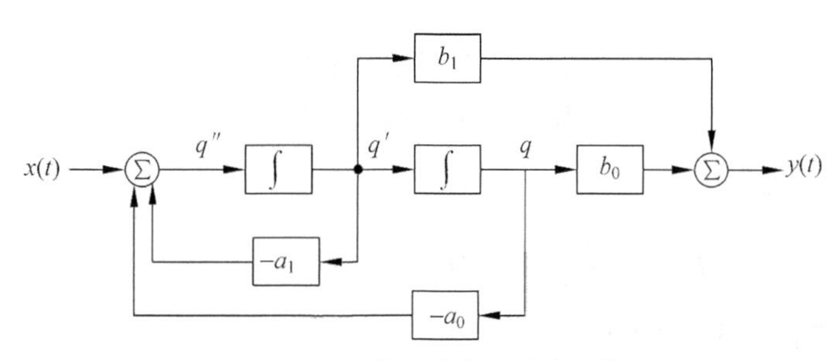

图 4-26　一般二阶系统的时域直接模拟图

b_0x。对应的二阶复频域系统方程为 $s^2Y(s)+a_1sY(s)+a_0Y(s)=b_1sX(s)+b_0X(s)$，复频域直接模拟如图 4-27 所示。

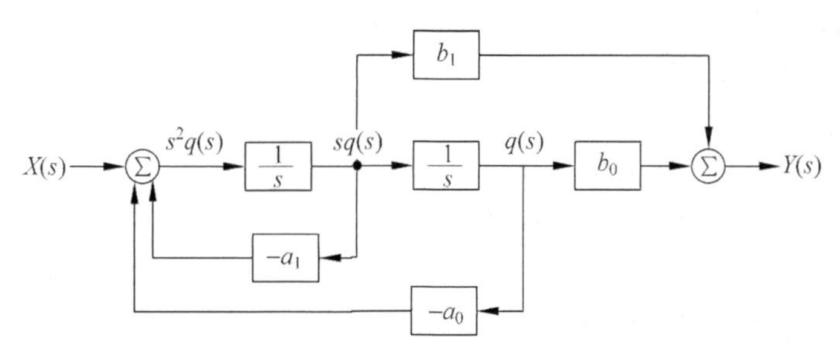

图 4-27　一般二阶系统复频域直接模拟图

4.7.2　系统的并联模拟图

1. 时域并联(parallel interconnection)模拟

$$h(t)=h_1(t)+h_2(t)+h_3(t) \tag{4-41}$$

时域并联模拟如图 4-28 所示。

2. 复频域并联模拟

$$H(s)=\frac{Y(s)}{X(s)}=H_1(s)+H_2(s)+H_3(s) \tag{4-42}$$

复频域并联模拟如图 4-29 所示。

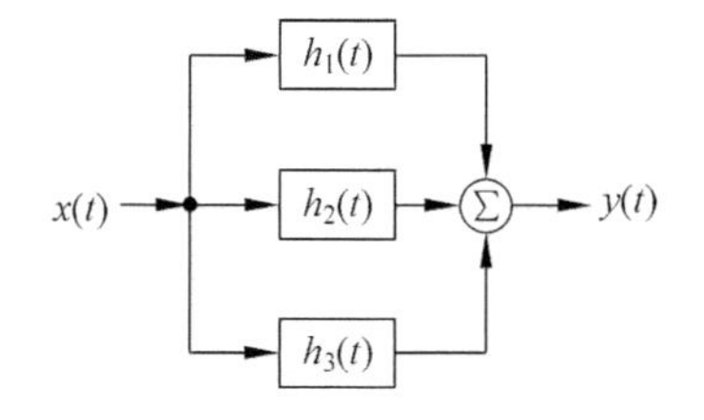

图 4-28　时域并联模拟图

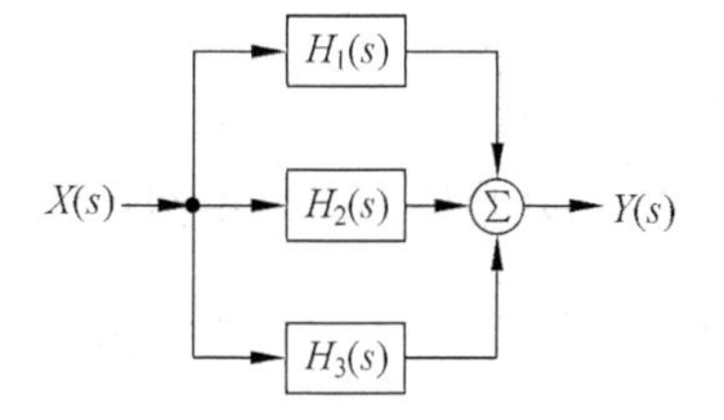

图 4-29　复频域并联模拟图

4.7.3　系统的级联模拟图

1. 时域级联(series interconnection)模拟

$$h(t)=h_1(t)*h_2(t)*h_3(t) \tag{4-43}$$

时域级联模拟如图 4-30 所示。

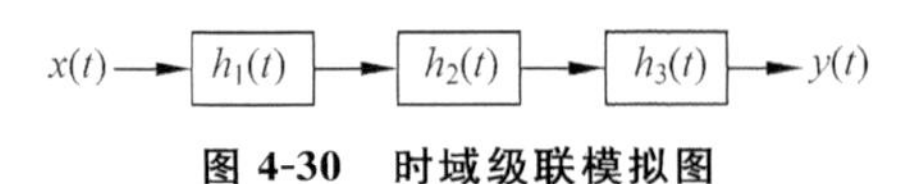

图 4-30　时域级联模拟图

2. 复频域级联模拟

$$H(s)=\frac{Y(s)}{X(s)}=H_1(s)\times H_2(s)\times H_3(s) \tag{4-44}$$

复频域级联模拟如图 4-31 所示。

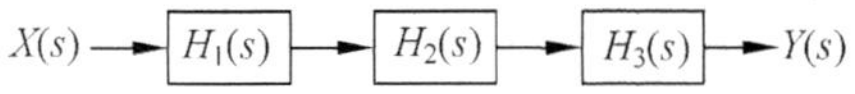

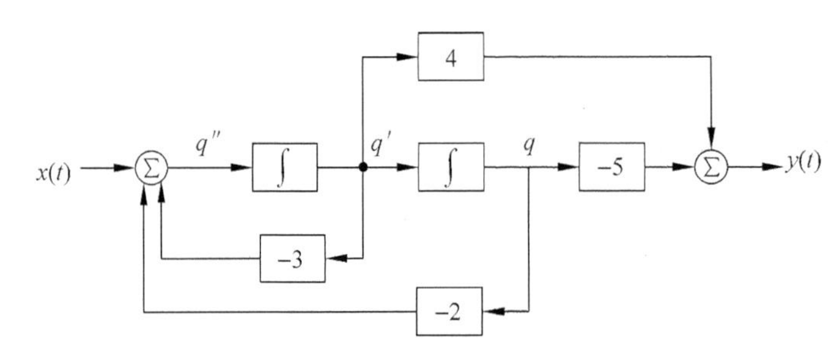

图 4-31　复频域级联模拟图

例 4-23　系统方程为 $y''+3y'+2y=4x'-5x$，

求：(1) 系统的时域直接模拟图。

(2) 系统函数。

(3) 系统函数的时域和复频域并联模拟图。

(4) 系统函数的时域和复频域级联模拟图。

解：

(1) 系统时域直接模拟图如图 4-32 所示。

图 4-32　例 4-23 时域直接模拟图

(2) 系统函数。

对系统方程两端进行拉普拉斯变换 $s^2Y(s)+3sY(s)+2Y(s)=4sX(s)-5X(s)$，系统函数为 $H(s)=\dfrac{Y(s)}{X(s)}=\dfrac{4s-5}{s^2+3s+2}$。

(3) 系统复频域并联模拟图如图 4-33 所示。

系统函数为 $H(s)=\dfrac{Y(s)}{X(s)}=\dfrac{4s-5}{s^2+3s+2}=\dfrac{-9}{s+1}+\dfrac{13}{s+2}$

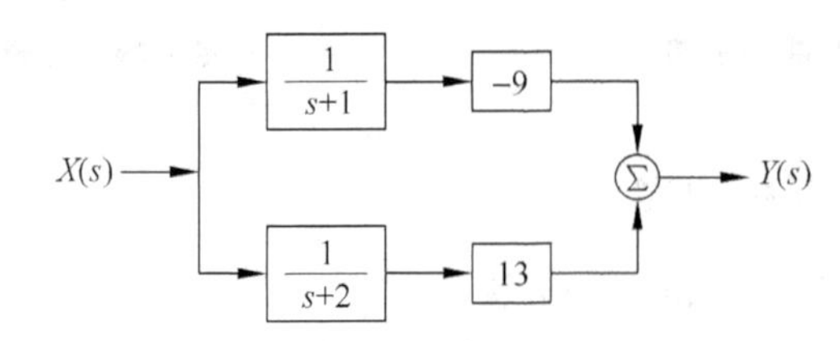

图 4-33　例 4-23 复频域并联模拟图

(4) 系统时域并联模拟图如图 4-34 所示。

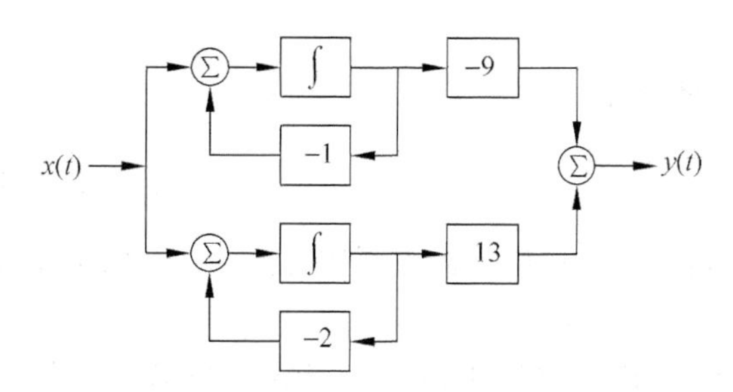

图 4-34　例 4-23 时域并联模拟图

系统复频域级联模拟图如图 4-35 所示。

$$H(s)=\frac{Y(s)}{E(s)}=\frac{4s-5}{s^2+3s+2}=\frac{1}{s+1}\times\frac{4s-5}{s+2}$$

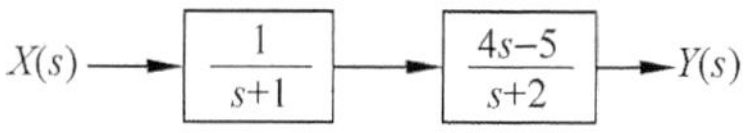

X(s) → $\frac{1}{s+1}$ → $\frac{4s-5}{s+2}$ → Y(s)

图 4-35　例 4-23 复频域级联模拟图

系统时域级联模拟图如图 4-36 所示。

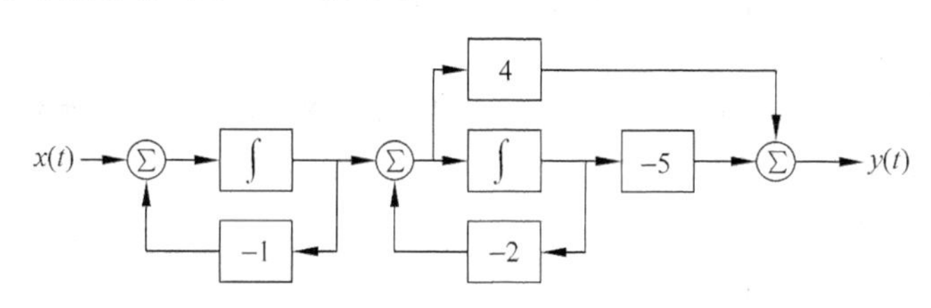

图 4-36　例 4-23 时域级联模拟图

4.8　信号流图

为求取系统函数，一般需要求解由系统微分方程经变换后得到的代数方程，当系统比较复杂时，就会包括多个回路或多个节点，这样就需要求解一组联立的代数方程，这样的运算通常很麻烦，特别是当系统中包含有处于线性工作的有源器件并且又具有反馈时，计算更为繁复。这时通过信号流图分析方法能较为迅速地求得系统函数。信号流图是系统的另一种描述和模拟的方法。

4.8.1　信号流图的基本概念和常用术语

以下是信号流图(signal flow graph)的一些基本知识。

1. 信号流图

信号流图是用线图结构来描述线性方程组变量之间的因果关系，它实质也是一种模拟图。例如：实现 $sY(s)=X(s)-aY(s)$ 的流图如图 4-37 所示。

这刚好就是复频域中描述的一阶系统方程，对应时域系统方程为 $y'(t)+ay(t)=x(t)$。

2. 信号流图分析中常用的术语

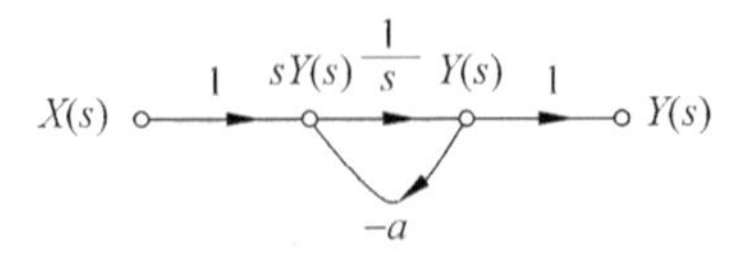

图 4-37　一阶系统的流图

1) 结点(node)

一个小圆圈表示信号变量。如图 4-37 中点 $X(s)$、$sY(s)$、$Y(s)$。

2) 支路(branch)

信号变量间因果关系的有向线段。起点是因,终点是果,方向就是信号流动的方向。

3) 支路传输值(branch transmittance)

支路因果变量间的系统函数。如图 4-37 中结点 $X(s)$与 $sY(s)$变量之间的支路传输值为 1。

4) 入支路(incoming branch)

流(指)向节点的支路。如图 4-37 中结点 $sY(s)$有两条入支路 1 和$-a$。

5) 出支路(outgoing branch)

流出(离开)节点的支路。如图 4-37 中结点 $sY(s)$只有一条出支路,传输值为$\frac{1}{s}$。每个信号变量等于所有指向该变量的支路入端变量与相应支路传输值乘积之和。

6) 源结点(source node)

仅有出支路的结点,通常源结点表示该信号为输入激励信号。如图 4-37 中结点 $X(s)$。

7) 汇结点(sink node)

仅有入支路的结点,通常汇结点表示该信号为输出响应信号。如图 4-37 中结点 $Y(s)$。

8) 闭环(close loop)

信号流通的闭合路径。如图 4-37 中结点 $sY(s)$与 $Y(s)$之间为一闭环,简称为环。

9) 自环(self loop)

仅含有一个支路的闭环。

10) 前向路径(forward path)

有源结点到汇结点不包含有任何环路的信号流通的路径。如图 4-37 中仅有一条前向路径,即:$X(s)\rightarrow sY(s)\rightarrow Y(s)$。

4.8.2　信号流图的构筑

1. 简单系统的信号流图的构筑

通过观察法,按以下步骤进行流图构筑。

(1) 输入信号到输出信号的流程,即以支路方向表示信号流向。

(2) 流程中各有关信号变量以结点表示,并标明参考方向;当所选变量不同流图形式也不同,一般选回路电流及节点电压为信号变量。

(3) 在支路上标出各信号变量间相互传输值。

(4) 按信号流程相联即可。

例 4-24　简单二阶系统如图 4-38 所示,画出系统信号流图。

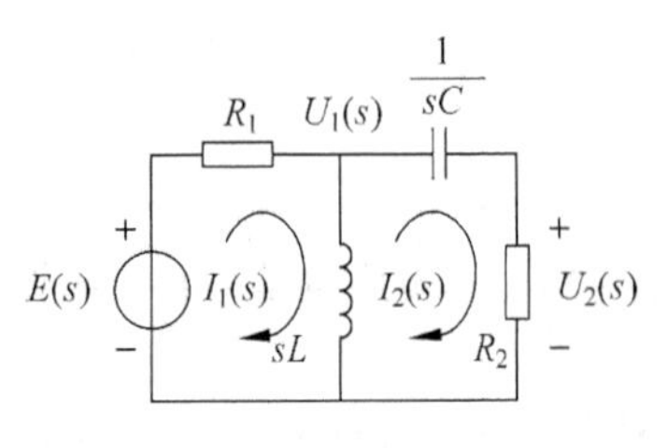

图 4-38　例 4-24 简单二阶系统

解:

如图 4-38 所示,从左到右共有 $E(s)$、$I_1(s)$、$U_1(s)$、$I_2(s)$、$U_2(s)$5 个信号,将这 5 个节点从左到右排出。各个结点变量的相互关系表示如下:

$$U_1(s) = -I_1(s)R_1 + E(s)$$

$$I_1(s) = \frac{E(s) - U_1(s)}{R_1} = \frac{E(s)}{R_1} - \frac{U_1(s)}{R_1}$$

$$U_1(s) = [I_1(s) - I_2(s)]sL = sLI_1(s) - sLI_2(s)$$

$$I_2(s) = \frac{U_1(s) - U(s)}{\frac{1}{sC}} = sCU_1(s) - sCU(s)$$

$$U_2(s) = R_2 I_2(s)$$

依据各变量关系可得到如图 4-39 所示的信号流图。

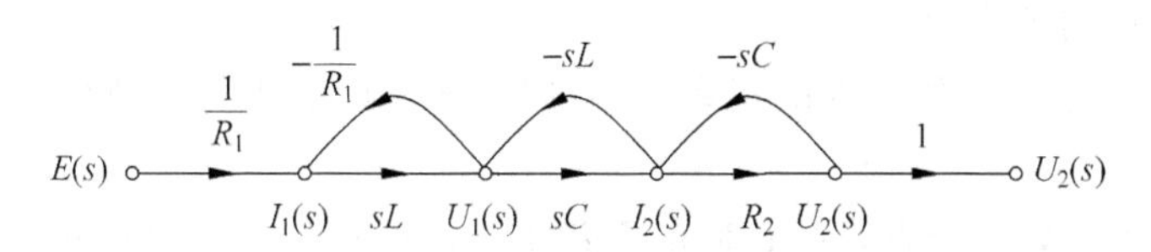

图 4-39　例 4-24 简单二阶系统的信号流图

可见这是具有三环的信号流图。为了将输出信号表示成汇结点,因此特增加一条传输值为 1 的支路。

例 4-25　含有有源器件的小信号放大系统及其微变等效电路如图 4-40 所示。

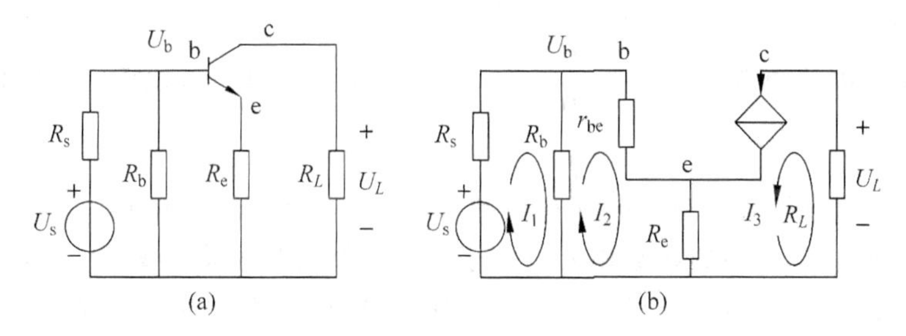

图 4-40　例 4-25 小信号放大系统及其微变等效电路

解:

如图 4-40 所示,从左到右共有 $E(s)$、$I_1(s)$、$U_b(s)$、$I_2(s)$、$I_3(s)$、$U_L(s)$6 个信号,将这 6 个节点从左到右排出。各个结点变量的相互关系表示如下:

$$U_b = -I_1R_s + U_s$$

$$I_1 = \frac{U_s}{R_s} - \frac{U_b}{R_s}$$

$$U_b = (I_1 - I_2)R_b = I_1R_b - I_2R_b$$

$$U_b = I_2r_{be} + (I_2 + I_3)R_e = I_2(r_{be} + R_e) + I_3R_e$$

$$I_2 = \frac{U_b - I_3R_e}{r_{be} + R_e} = \frac{U_b}{r_{be} + R_e} - \frac{R_e}{r_{be} + R_e}I_3$$

$$I_3 = \beta I_2$$

$$U_L = -I_3R_L$$

依据各变量关系可得小信号放大系统的信号流图如图 4-41 所示。

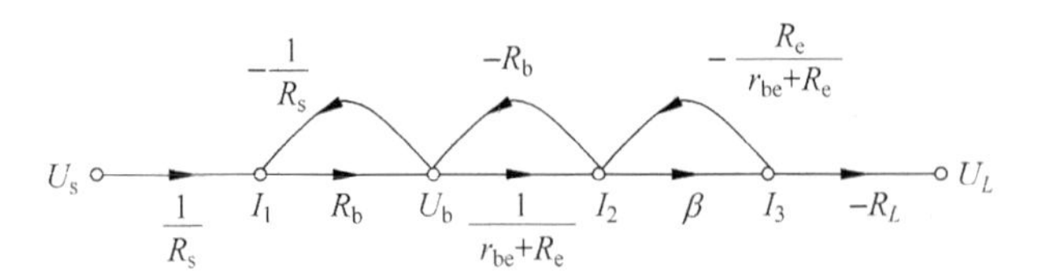

图 4-41　例 4-26 小信号放大系统的信号流图

2. 复杂系统的流图构筑

对于一般比较复杂的系统,信号的流程往往不容易看清楚,这时可以用描述系统工作情况的方程组来进行构筑流图。

描述 LTI 连续系统工作情况的代数方程,用矩阵方程形式表示则有

$$\boldsymbol{A}\times\boldsymbol{x}=\boldsymbol{K}\times\boldsymbol{e} \tag{4-45}$$

其中,$\boldsymbol{x}$ 为变量矩阵,$\boldsymbol{A}$、$\boldsymbol{K}$ 为方程中相应的系数矩阵。在式(4-33)两边同时加矩阵 $\boldsymbol{x}$,则有

$$\boldsymbol{A}\times\boldsymbol{x}+\boldsymbol{x}=\boldsymbol{K}\times\boldsymbol{e}+\boldsymbol{x}$$

经整理得

$$\boldsymbol{x}=(-\boldsymbol{K}\quad \boldsymbol{A}+\boldsymbol{I})\begin{pmatrix}\boldsymbol{e}\\ \boldsymbol{x}\end{pmatrix} \tag{4-46}$$

式(4-46)中,$\boldsymbol{I}$ 为单位矩阵,即 $\boldsymbol{I}=\begin{pmatrix}1&0&0&\cdots\\0&1&0&\cdots\\0&0&1&\cdots\\\vdots&\vdots&\vdots&\ddots\end{pmatrix}$。式(4-46)说明,方程中所有的变量都可以表示为激励与各信号变量的加权代数和。如果选取方程中的各变量 x 为信号流图中的信号变量,则式(4-46)的系数矩阵 $-\boldsymbol{K}$ 及 $\boldsymbol{A}+\boldsymbol{I}$ 中的各元素就表示了信号变量间相应的传输值,据此就可以构筑出信号流图。为方便起见,仅考虑单一激励情况,以一个具体实例说明。

例 4-26　设一连续系统方程为

$$\begin{pmatrix}1&0&2\\-2&1&1\\4&-1&-1\end{pmatrix}\begin{pmatrix}x_1\\x_2\\x_3\end{pmatrix}=\begin{pmatrix}e\\-e\\0\end{pmatrix}$$

与式(4-45)比较不难看出此时有

$$\boldsymbol{K}=\begin{pmatrix}1\\-1\\0\end{pmatrix},\quad \boldsymbol{A}=\begin{pmatrix}1&0&2\\-2&1&1\\4&-1&-1\end{pmatrix},\quad \boldsymbol{A}+\boldsymbol{I}=\begin{pmatrix}2&0&2\\-2&2&1\\4&-1&0\end{pmatrix}$$

由式(4-46)可知,原方程可以改写为

$$\begin{pmatrix}x_1\\x_2\\x_3\end{pmatrix}=\begin{pmatrix}-1&2&0&2\\1&-2&2&1\\0&4&-1&0\end{pmatrix}\begin{pmatrix}e\\x_1\\x_2\\x_3\end{pmatrix}$$

也可表示为

$$x_1 = -e + 2x_1 + 2x_3$$
$$x_2 = e - 2x_1 + 2x_2 + x_3$$
$$x_3 = 4x_1 - x_2$$

选方程中变量 x_1、x_2、x_3、e 为信号流图中的信号变量，则 $\begin{bmatrix} -1 & 2 & 0 & 2 \\ 1 & -2 & 2 & 1 \\ 0 & 4 & -1 & 0 \end{bmatrix}$ 中的各元素表示信号变量间相应的传输值，选一个变量 e 输入，选一个变量 x_3 输出，就可以构筑出信号流图，如图 4-42 所示。

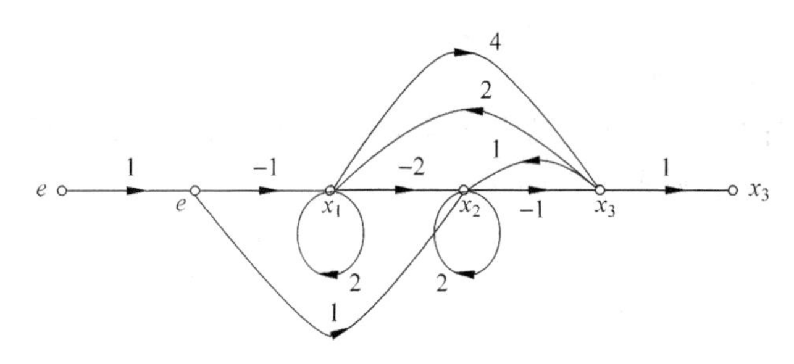

图 4-42　例 4-26 x_3 为输出的信号流图

另选一个变量 x_2 输出的信号流图如图 4-43 所示。

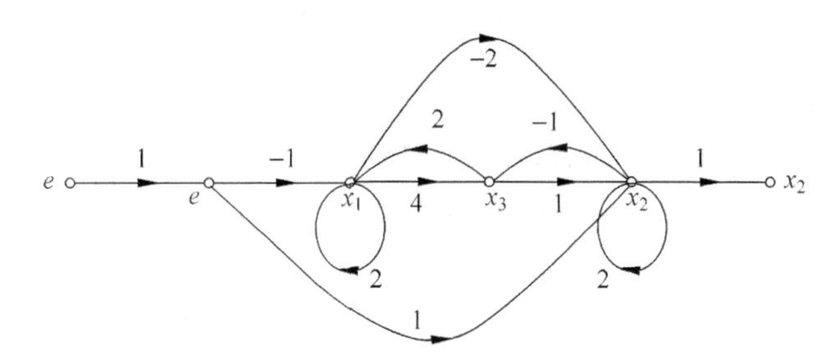

图 4-43　例 4-26 x_2 为输出的信号流图

上面已经讨论了流图的构筑问题，现在来研究如何从流图中求出系统函数的问题，这个问题实质是流图的等效化简问题，即最终将流图化简成激励、响应之间仅有一条支路，则该支路传输值就是系统函数。

4.8.3　信号流图化简规则

以下直接给出 5 条最基本的信号流图化简规则。

1. 支路的串联的化简

各支路顺向串联，各支路依次首尾相接，方向相同。

化简原则：总传输值为各支路传输值之积，如图 4-44 所示。

总传输值(系统函数)为

$$H = H_1 \times H_2 \times H_3 \tag{4-47}$$

2. 支路的并联的化简

各支路始端接于同一结点，终端接于同一结点，方向相同。

化简原则：总支路传输值为各并联支路传输值之和。如图 4-45 所示。

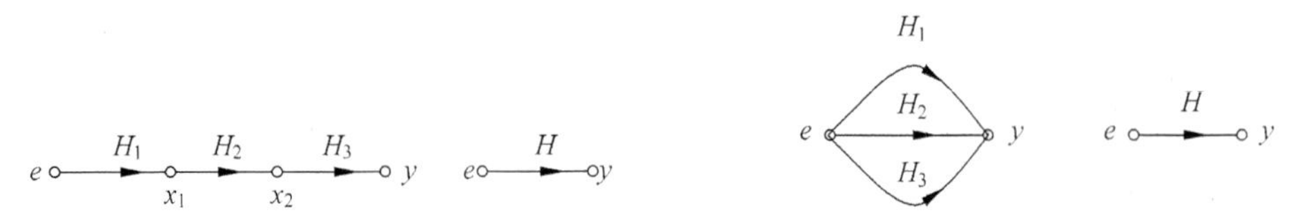

图 4-44 支路串联的化简

图 4-45 支路并联的化简

总传输值(系统函数)为

$$H = H_1 + H_2 + H_3 \tag{4-48}$$

3．结点的化简(消除)原则

在此结点前后各结点间构筑新的支路，各新支路的传输值为其前后结点间通过被消除结点的各顺向支路传输值的乘积，如图 4-46 所示。

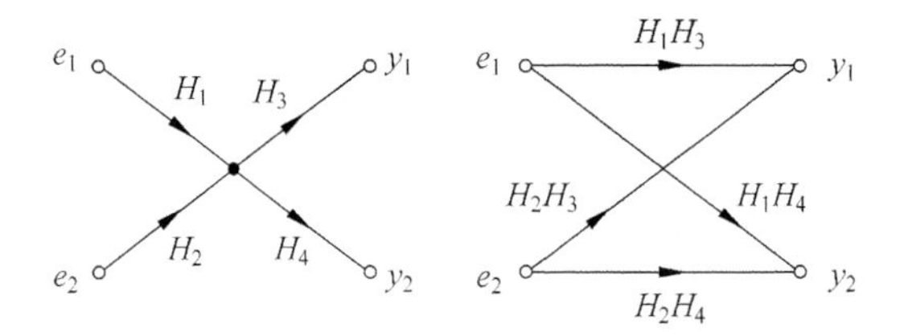

图 4-46 结点的化简

4．自环的化简(消除)原则

消除自环后，该结点所有入支路的传输值均除 1 减去环传输值，而出支路传输值不变，如图 4-47 所示。

$$x = \frac{H_1}{1-t}e \tag{4-49}$$

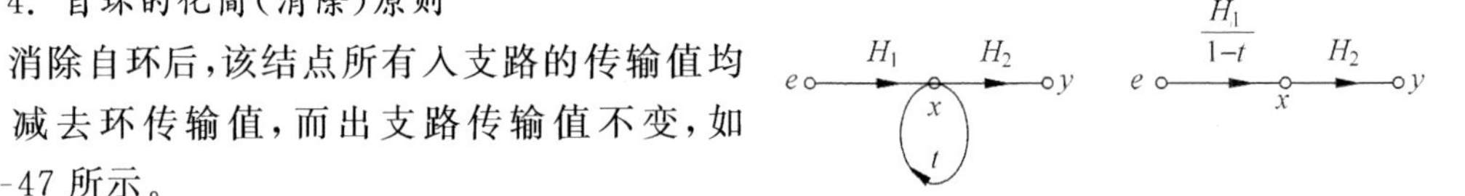

图 4-47 自环的消除

图 4-38 电路中 $R=1\Omega, L=1\mathrm{H}, C=1\mathrm{F}$ 的流图及化简过程如图 4-48 所示。

系统函数为 $H(s)=\dfrac{U(s)}{E(s)}=\dfrac{s^2}{2s^2+2s+1}$。

由上可见，运用信号流图化简规则，对一般的信号流图逐步化简，可以求出总传输值，即系统函数。但是如果系统的信号流图太复杂，则这种化简过程太冗长。这时可以运用直接求信号流图总传输值规则求系统函数，而无须对信号流图进行逐步化简，这种规则就是梅森公式。

5．梅森(Mason)公式

系统总传输值：

$$H = \frac{1}{\Delta}\sum_k G_k \Delta_k \tag{4-50}$$

其中，Δ 表示信号流图所表示方程组的系数矩阵行列式，也称图行列式(graph determinant)。可以表示为

$$\Delta = 1 - \sum_i L_i + \sum_{i,j} L_i L_j - \sum_{i,j,k} L_i L_j L_k + \cdots \tag{4-51}$$

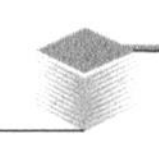

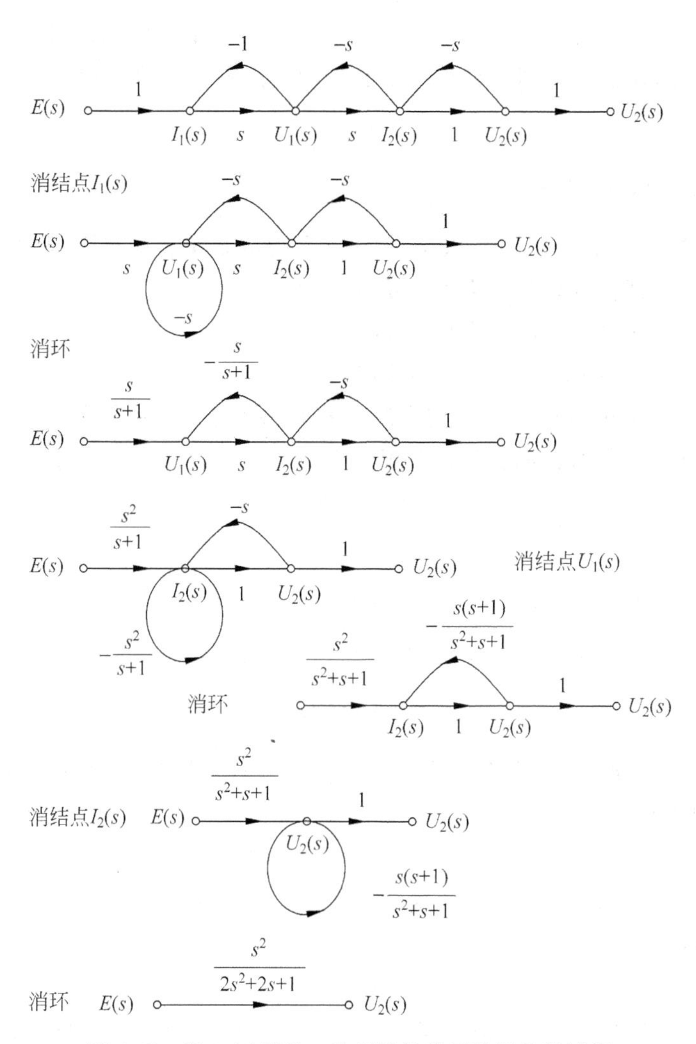

图 4-48　例 4-26 简单二阶系统的信号流图化简过程

式中：L_i 为第 i 个环传输值；

L_j 为各个可能的互不接触的两环传输值之积；

L_k 为各个可能的互不接触的三环传输值之积；

……

G_k 为正向传输路径传输值；

Δ_k 为与传输值是 G_k 的第 k 种正向传输路径不接触部分的子图的 Δ 值，即第 k 种路径的路径因子。所谓互不接触，即图的两部分间无公共结点。

以上方法太繁琐，使用时不容易记忆，但便于用计算机完成。

4.9　系统稳定性

关于系统稳定性的问题在 4.6.3 节讨论系统极点、零点在 s 平面分布时曾经论及。如果系统能正常工作，系统就应是稳定的。一般无源系统是稳定的。在控制和通信系统中，广泛采用的有源反馈系统可能是稳定的，也可能不是稳定的。不稳定反馈系统不能有效工作，因此判断一个系统是否稳定、在什么条件下稳定就成为必须研究的问题。本节将进一步讨论系统稳定的条件,从而给出判断系统稳定的几种实用方法。这里仅限于LTI系统的稳定性研究。

4.9.1 系统稳定的定义

系统对有界激励产生有界响应,则称该系统为**稳定系统**。如果系统对一个有界激励产生无限增长的响应,则称该系统为**不稳定系统**。即

若激励信号$|e(t)|\leqslant Me$为有限正实数,$0\leqslant t<\infty$,

则响应信号$|r(t)|\leqslant Mr$为有限正实数,$0\leqslant t<\infty$。

系统稳定性(system stability)仅与系统本身特性有关,与激励无关。系统函数集中体现了系统本身的特性,所以它也能反映系统是否稳定。因为有

$$H(s)\leftrightarrow h(t)$$

所以有响应:

$$r(t)=h(t)*e(t)=h(t)*Me=Me\int_0^{\infty}|h(\tau)|\mathrm{d}\tau$$

即系统响应也应该有限,则冲激响应必定是绝对可积的,即

$$\int_0^{\infty}|h(\tau)|\mathrm{d}\tau<\infty \tag{4-52}$$

式(4-52)是系统稳定的充分必要条件。为了满足冲激响应绝对可积条件,在$t\to\infty$时,冲激响应$h(t)\to 0$,即

$$\lim_{t\to\infty}h(t)=0$$

在t未趋于无限的一般情况下,对于冲激响应$h(t)$,除了在$t=0$处可能有孤立的冲激函数外,都应是有限的,即

$$|h(t)|<M,\quad 0<t<\infty$$

其中M是有限的正实数。当系统满足以上各种表述条件时,称它是渐进稳定的。

4.9.2 稳定系统和不稳定系统

判断稳定系统可以从时域和复频域两个方面考虑。

- 时域方面,当$t\to\infty$,是否有$h(t)\to 0$。
- 复频域方面,系统函数$H(s)$极点在s平面的分布情况。

从稳定性考虑,系统可划分为稳定系统、临界稳定系统和不稳定系统。

1. 稳定系统也称渐进稳定系统(asymptotically stable system)

1) s域条件

系统函数的全部极点位于s左半面,不包括虚轴。

2) 时域条件

$$\lim_{t\to\infty}h(t)=0。$$

2. 临界稳定系统(marginally stable system)

1) s域条件

系统函数的极点位于s平面的虚轴上,且只有一阶极点。

2) 时域条件

$\lim\limits_{t\to\infty} h(t)=c$ 常数或等幅正弦振荡。

3. 不稳定系统

1) s 域条件

系统函数只要有一个极点位于 s 右半面，或在虚轴上有二阶以上的极点。

2) 时域条件

$$\lim_{t\to\infty} h(t)=\infty$$

无源系统一般总是稳定或临界稳定的系统，即当外界有限激励作用于该系统时，系统产生的电流或电压响应最终将趋于零或有限值。从能量守恒定律角度来讲，这是因为无源系统是不能向外界提供能量的，它只能消耗能量，从而使系统响应最终趋于零或有限值。

4.9.3　系统稳定性的判定

系统函数表示为

$$H(s)=\frac{b_m s^m+b_{m-1}s^{m-1}+\cdots+b_1 s+b_0}{s^n+a_{n-1}s^{n-1}+\cdots+a_1 s+a_0}=\frac{N(s)}{D(s)}$$

1. 系统稳定的必要条件

(1) 稳定系统的分母多项式系数 a_i 全部为正实数，且分母多项式从最高次幂到最低次幂无缺项；仅允许 $a_0=0$ 或全缺偶次幂或全缺奇次幂。

(2) 系统函数 $H(s)$一般情况 $m\leqslant n+1$，策动点函数 $|m-n|\leqslant 1$，转移函数 $m\leqslant n$。

例 4-27　已知下列系统的系统函数，判断系统是否稳定。

$$H_1(s)=\frac{s^2+s+1}{s^3+4s^2-3s+2},\quad H_2(s)=\frac{s^3+s^2+s+2}{2s^3+7s+9}$$

$$H_3(s)=\frac{s+3}{s^2+4s+8},\quad H_4(s)=\frac{s^2+4s+2}{3s^3+s^2+2s+8}$$

解：

依据上述稳定性的条件可知：$H_1(s)$系统不稳定，$H_2(s)$系统不稳定(仅缺 s^2 项)，$H_3(s)$系统稳定，$H_4(s)$系统虽然并不违反系统稳定的必要条件，但是，

$$H_4(s)=\frac{s^2+4s+2}{3s^3+s^2+2s+8}=\frac{s^2+4s+2}{(s^2-s+2)(3s+4)}$$

其中，$s_{1,2}=\dfrac{1\pm \mathrm{j}\sqrt{7}}{2}$是一对正实部的共轭复根，即有极点位于 s 平面的右半面，所以是不稳定系统。

由此可见，系统函数虽然满足前面的稳定性必要条件，但也不能以此判定系统是否稳定，即它仅是必要条件，不是充分条件；但对于二阶系统函数而言，它可以是充分必要条件。

2. 系统稳定性的充分必要条件

由前面的分析结论可知，系统稳定的充分必要条件是系统函数的全部极点位于 s 平面的左半面。也就是系统函数分母多项式为零的根的实部全为负数，或系统函数极点的实部

全小于零。因此要判定系统是否稳定,就必须判断系统函数极点的实部是否全是负数,或极点是否全部位于 s 平面的左半面。将以上内容概括为要点4.8。

要点4.8

LTI连续系统稳定的充分必要条件是:

(1) 时域条件

冲激响应随时间的增长趋于零(是衰减的),即 $\lim\limits_{t\to\infty}h(t)=0$。

(2) 复频域条件

系统函数的全部极点位于 s 平面的左半面,即 $H(s)$ 的全部极点为负实数或负实部。

通过例4-27可见,当系统函数分母多项式为零的根的实部全为负数时,即系统函数的极点位于 s 平面的左半面时,系统一定稳定。但是当系统函数分母多项式 s 的幂次较高时,直接观察极点是否为负数较困难,必须对系统函数分母多项式因式进行分解,这也较麻烦。因此需要有不求出系统函数的极点,也就是不求出系统函数分母多项式为零的根,就可以判断系统是否稳定的方法。

3. 系统稳定性的判定

罗斯-霍尔维兹准则(Routh-Hurwitz criterion)是在不解方程的情况下判断代数方程的根有几个正实部的根(意味着系统不稳定)和零实部的根(意味着系统临界稳定)。

1) 罗斯-霍尔维兹准则

系统函数分母多项式的根全部位于 s 平面左半面的充分必要条件是系统函数分母多项式的系数全为正数、无缺项、罗斯-霍尔维兹阵列中的第一列数字符号相同。系统函数分母多项式为

$$a_n s^n + a_{n-1}s^{n-1} + \cdots + a_1 s + a_0 = 0 \tag{4-53}$$

其中,罗斯-霍尔维兹阵列(Routh-Hurwitz series)为

$$\begin{array}{ccccc} A_n & B_n & C_n & D_n & \cdots \\ A_{n-1} & B_{n-1} & C_{n-1} & D_{n-1} & \cdots \\ \cdots & \cdots & & & \\ A_2 & B_2 & 0 & & \\ A_1 & 0 & 0 & & \\ A_0 & 0 & 0 & & \\ \cdots & & & & \end{array}$$

$$A_n = a_n, A_{n-1} = a_{n-1}, B_n = a_{n-2}, B_{n-1} = a_{n-3}, C_n = a_{n-4}, \cdots$$

$$A_{n-2} = -\frac{1}{a_{n-1}}\begin{vmatrix} a_n & a_{n-2} \\ a_{n-1} & a_{n-3} \end{vmatrix} = \frac{A_{n-1}B_n - A_nB_{n-1}}{A_{n-1}}$$

$$B_{n-2} = -\frac{1}{a_{n-1}}\begin{vmatrix} a_n & a_{n-4} \\ a_{n-1} & a_{n-5} \end{vmatrix} = \frac{A_{n-1}C_n - A_nC_{n-1}}{A_{n-1}}$$

$$C_{n-2} = -\frac{1}{a_{n-1}}\begin{vmatrix} a_n & a_{n-6} \\ a_{n-1} & a_{n-7} \end{vmatrix} = \frac{A_{n-1}D_n - A_nD_{n-1}}{A_{n-1}}$$

$\cdots$

$$A_{i-1}=\frac{A_iB_{i+1}-A_{i+1}B_i}{A_i};\ B_{i-1}=\frac{A_iC_{i+1}-A_{i+1}C_i}{A_i};\ C_{i-1}=\frac{A_iD_{i+1}-A_{i+1}D_i}{A_i}\cdots \tag{4-54}$$

罗斯-霍尔维兹阵列的第一列为 $A_n, A_{n-1}, \cdots, A_1, A_0$。

罗斯-霍尔维兹阵列的第一列数字无符号变化的系统为稳定系统。

实际上在罗斯-霍尔维兹阵列中，顺次计算符号变化的次数就是方程所具有的正实部根的个数。但用这种方法来判断系统的稳定太麻烦并且也难以记忆。

2）连分式除法准则

系统函数的分母多项式可以写成：

$$D(s)=E(s)+O(s)=s\text{ 的全部偶次幂次项}+s\text{ 全部奇次幂次项}$$

若 $E(s)$幂次高于 $O(s)$幂次，则做连分式$\dfrac{E(s)}{O(s)}$的除法，否则做$\dfrac{O(s)}{E(s)}$的连分式除法。

连分式除法方法如下：

$$\frac{E(s)}{O(s)}=q_1s+\cfrac{1}{q_2s+\cfrac{1}{q_3s+\cfrac{1}{\cdots\cfrac{1}{q_ns+\cdots}}}} \tag{4-55}$$

这里每次除的方法是以余数为除数，以原来的除数为被除数。判定 LTI 连续系统稳定实用方法可概括为要点 4.9。

> **要点 4.9**
>
> LTI 连续系统稳定实用判定方法是：
>
> $\dfrac{E(s)}{O(s)}$或$\dfrac{O(s)}{E(s)}$的连分式除法的商的系数 q_i 全部大于 0(或 q_i 全为正数）。

3）谢-聂准则

我国学者谢绪恺和聂义勇分别于 20 世纪 50 年代和 20 世纪 60 年代初期提出了判定系统稳定的另一种较为简便的方法。该方法结论可概括为要点 4.10。

> **要点 4.10**
>
> 谢-聂准则
>
> LTI 连续系统稳定判定条件(系统函数全部极点位于 s 平面左半面的充分必要条件)是：对于二阶以上的 n 阶线性系统，若系统函数的分母多项式
>
> $D(s)=a_ns^n+a_{n-1}s^{n-1}+\cdots+a_1s+a_0$ 的系数全为正，则有 $n-2$ 个判定系数
>
> $$K_i=\frac{a_{i-1}a_{i+2}}{a_ia_{i+1}}<0.4655\quad (i=1,2,\cdots,n-2)$$

例 4-28　判断系统函数为 $H(s)=\dfrac{s+2}{2s^3+s^2+s+6}$的系统稳定性。

解：

(1) 应用连分式除法

做$\dfrac{O(s)}{E(s)}=\dfrac{2s^3+s}{s^2+6}$连分式除法：

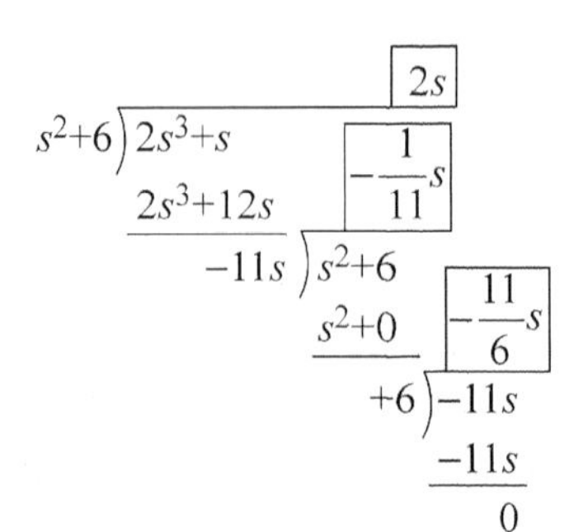

存在商的系数 $q<0$,所以该系统不稳定。实质只要出现商为负数的情况就可以停止计算。

(2) 应用谢-聂准则

这里系统函数分母多项式 $D(s)=2s^3+s^2+s+6$,由谢-聂准则可知,仅有一个判定系数 $K_i=\frac{a_{i-1}a_{i+2}}{a_ia_{i+1}}=\frac{a_0a_3}{a_1a_2}=\frac{6\times2}{1\times1}>0.4655$,所以该系统不稳定。

4.9.4 反馈系统的稳定性判定

1. 反馈系统(feedback system)

反馈系统如图4-49所示,它是将输出或部分输出反馈送回到输入,从而引起输出本身变化的系统。

如图4-49所示的系统为反馈放大器时,$G(s)$为放大器的增益,$F(s)$是反馈网络的系统函数。

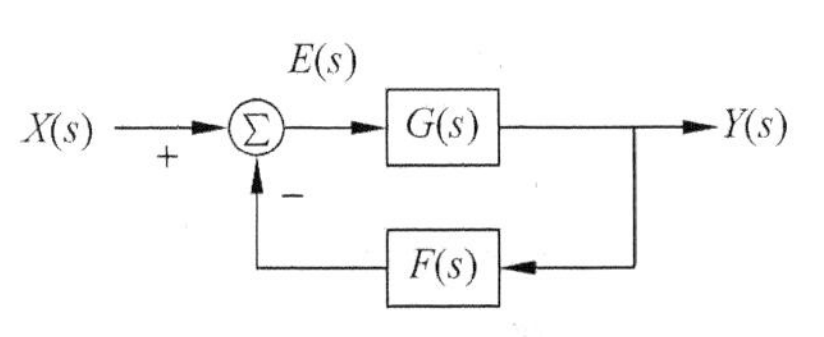

图4-49　反馈系统框图

如图4-49所示的系统为控制系统时,$G(s)$为控制器、驱动装置等合起来的网络函数,$F(s)$是检测装置的系统函数。反馈信号与作为基准的参考信号 $X(s)$ 比较得到误差信号 $E(s)=X(s)-F(s)Y(s)$,此误差信号作用于控制器产生控制信号,若输出满足要求,则 $E(s)=0$,控制器不作用,不产生控制信号。若输出时不满足要求,则 $E(s)\neq0$,控制信号作用,$Y(s)$变化。可见反馈系统至少应有一个闭合回路——闭环(close loop)。$G(s)$为前向路径(forward path)的传递函数,$F(s)$为反馈路径(feedback path)的传递函数。只有一个闭合路径的系统称为单环(single loop)系统或简单系统。含有多个闭合路径的系统称为多环(multiple loop)系统或复杂系统。

2. 反馈系统的系统函数

依据如图4-49所示的反馈系统有

$$Y(s)=[X(s)-Y(s)F(s)]G(s)$$

$$Y(s)=\frac{G(s)}{1+F(s)G(s)}X(s)$$

$$H(s)=\frac{Y(s)}{X(s)}=\frac{G(s)}{1+F(s)G(s)} \tag{4-56}$$

其中,$G(s)$称为前向传递函数,$G(s)F(s)$是系统中环开路时的开环转移函数。

反馈系统的系统函数可以概括成要点4.11。

> **要点4.11**
>
> 反馈系统的系统函数 $=\dfrac{\text{前向传递函数}}{1+\text{开环转移函数}}$。

反馈系统稳定与否要由 $H(s)$的极点，即 $1+G(s)F(s)=0$ 的根决定。以上结论可以引申到多环的复杂反馈系统。

3. 反馈系统的稳定性判定

系统函数的全部极点，$1+G(s)F(s)=0$ 的根位于 s 平面的左半面，具体判断方法同前。

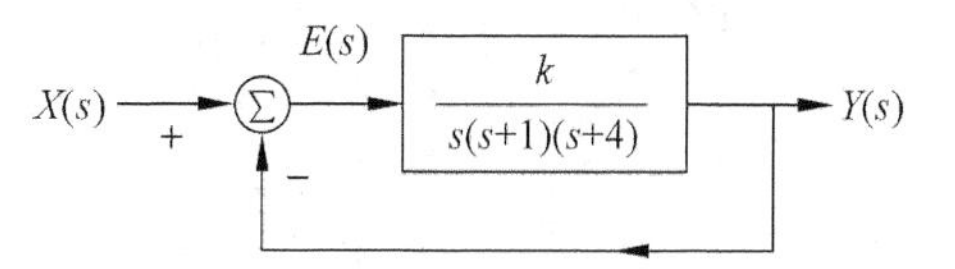

图 4-50　例 4-29 反馈系统框图

例 4-29　一个反馈系统如图 4-50 所示，k 为何值时系统稳定？

解：

系统函数为

$$H(s)=\frac{Y(s)}{X(s)}=\frac{G(s)}{1+F(s)G(s)}=\frac{\dfrac{k}{s(s+1)(s+4)}}{1+\dfrac{k}{s(s+1)(s+4)}}=\frac{k}{s^3+5s^2+4s+k}$$

判断 $s^3+5s^2+4s+k=0$ 的极点是否全部位于 s 左半面。

应用连分式除法：

$$\frac{O(s)}{E(s)}=\frac{s^3+4s}{5s^2+k}$$

$$5s^2+k\,\big)\,s^3+4s \quad \text{商}\ \frac{1}{5}s$$

$$s^3+\frac{1}{5}ks$$

$$\left(4-\frac{1}{5}k\right)s\,\big)\,5s^2+k \quad \text{商}\ \boxed{\frac{5\times5}{20-k}}s$$

$$5s^2$$

$$k\,\big)\left(4-\frac{1}{5}k\right)s \quad \text{商}\ \boxed{\frac{20-k}{5k}}s$$

$$\left(4-\frac{1}{5}k\right)s$$

$$0$$

商的系数$\dfrac{25}{20-k}>0$，商的系数$\dfrac{20-k}{5k}>0$，所以反馈系统在 $0<k<20$，系统稳定。

4.10　LTI 连续系统复频域分析应用实例

例 4-30　已知电系统及其参数如图 4-51 所示。开关在“1”处电路已达到稳态，$t=0$ 时开关由 1 打到 2，求：

(1) 输出电压 $u_0(t)$的零输入响应 $u_{0zi}(t)$和零状态响应 $u_{0zs}(t)$以及全响应 $u_0(t)$；

(2) 系统函数及冲激响应；

(3) 系统函数的零极图；

(4) 系统微分方程；

(5) 系统时域直接模拟图。

解：

(1) 求初值，用换路前稳态电路得

$$i_L(0^-)=i_L(0^+)=3\text{A},\ u_C(0^-)=u_C(0^+)=6\text{V}$$

s 域模型图如图 4-52 所示。

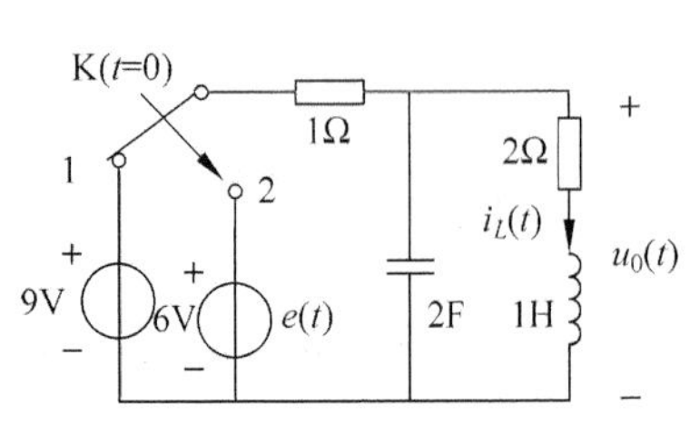

图 4-51 例 4-30 电系统图

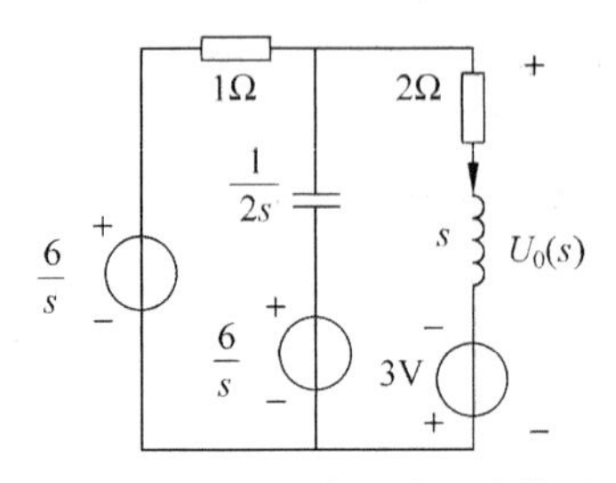

图 4-52 例 4-30 电系统 s 域模型图

求全响应函数,用节点电压法有

$$U_0(s)=\frac{\frac{6}{s}+12-\frac{3}{s+2}}{1+2s+\frac{1}{s+2}}=\frac{12s^2+27s+12}{2s(s+1)\left(s+\frac{3}{2}\right)}$$

反变换得

$$u_0(t)=(4+3\mathrm{e}^{-t}-\mathrm{e}^{-1.5t})\varepsilon(t)\mathrm{V}$$

求零输入响应,用节点电压法有

$$U_{0zi}(s)=\frac{12-\frac{3}{s+2}}{1+2s+\frac{1}{s+2}}=\frac{12s+21}{2(s+1)\left(s+\frac{3}{2}\right)}$$

反变换得

$$u_{0zi}(t)=(9\mathrm{e}^{-t}-3\mathrm{e}^{-1.5t})\varepsilon(t)\mathrm{V}$$

求零状态响应,用节点电压法有

$$U_{0zs}(s)=\frac{\frac{6}{s}}{1+2s+\frac{1}{s+2}}=\frac{6(s+2)}{2s(s+1)\left(s+\frac{3}{2}\right)}$$

反变换得

$$u_{0zs}(t)=(4-6\mathrm{e}^{-t}+2\mathrm{e}^{-1.5t})\varepsilon(t)\mathrm{V}$$

(2) 系统函数为

$$H(s)=\frac{U_{0zs}(s)}{E(s)}=\frac{1}{1+2s+\frac{1}{s+2}}=\frac{s+2}{2(s+1)\left(s+\frac{3}{2}\right)}$$

反变换的冲激响应

$$h(t)=\mathscr{L}^{-1}[H(s)]=\left(\mathrm{e}^{-t}-\frac{1}{2}\mathrm{e}^{-1.5t}\right)\varepsilon(t)$$

(3) 因为系统函数为

$$H(s)=\frac{s+2}{2(s+1)\left(s+\frac{3}{2}\right)}$$

所以电系统的系统函数零、极图如图 4-53 所示。

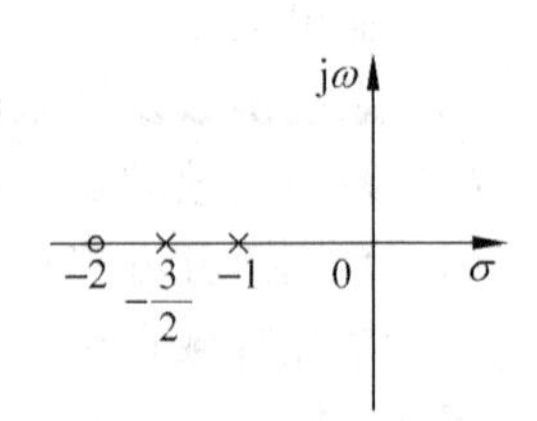

图 4-53 例 4-30 电系统的系统函数零、极图

(4) 因为系统函数为

$$H(s)=\frac{s+2}{2(s+1)\left(s+\frac{3}{2}\right)}=\frac{(s+2)}{2\left(s^2+\frac{5}{2}s+\frac{3}{2}\right)}$$

所以系统方程为

$$u_0''+\frac{5}{2}u_0'+\frac{3}{2}u_0=\frac{1}{2}(e'+2e)$$

(5) 系统时域直接模拟图如图 4-54 所示。

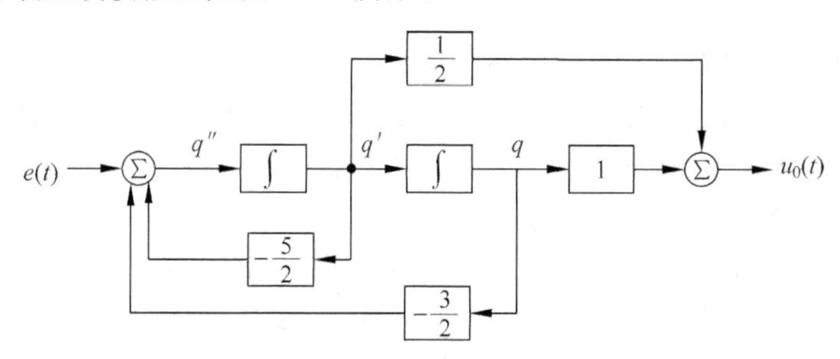

图 4-54　例 4-30 电系统时域直接模拟图

本章学习小结

1. 信号的复频域分析

(1) 拉普拉斯变换是傅里叶变换的进一步推广，它描述了信号时域与复频域之间的对应关系，可以用于分析更为广泛的信号与系统，是分析线性系统的有效工具。

(2) 拉普拉斯变换性质反映了信号时域特性与复频域特性之间的密切关系。有很多与傅里叶变换性质相似，充分掌握并灵活运用这些基本性质，熟悉常用信号的拉普拉斯变换可以方便地得到复杂信号的拉普拉斯变换结果，加深对信号分析的理解。

熟练掌握拉普拉斯变换及其性质和留数法拉普拉斯反变换为系统的复频域分析奠定了基础。

2. 系统的复频域分析

(1) 系统的复频域分析法是将系统时域微分方程的求解变换为 s 域代数方程的求解，又由于在变换过程中自动引入了系统初值，加之拉普拉斯反变换方法简单，从而使系统零输入响应、零状态响应及全响应的求取变得容易了。尤其是 s 域元件模型图的建立，使应用电路分析的方法求取 LTI 连续系统全响应成为可能。

(2) 系统函数的定义 $H(s)=\dfrac{Y_{zs}(s)}{E(s)}$ 及其物理意义 $h(t)\leftrightarrow H(s)$ 只与系统本身的结构和组成系统的元件参数有关，与系统的激励和响应无关。

(3) 掌握系统的各种描述方法及其相互转换也是系统分析的重要任务之一。

电路、系统方程、系统函数、模拟图、零极图、信号流图等系统描述关系如图 4-55 所示。

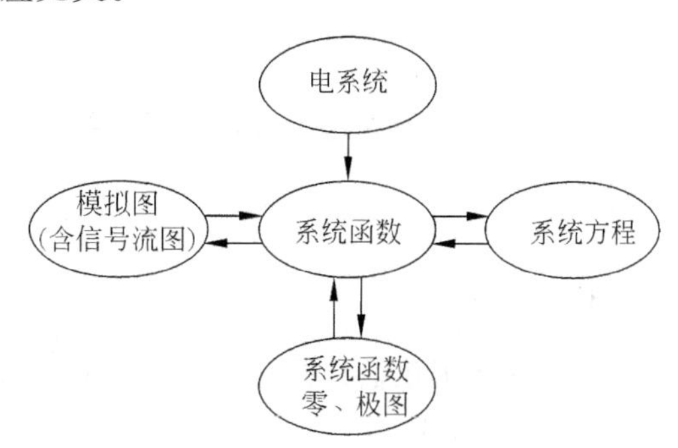

图 4-55　系统描述关系图

(4) 系统函数的零极点在 s 平面的分布，将决定系统的时域冲激响应特性和频率特性以及系统的稳定性。

(5) 系统稳定性的判定是系统分析和设计中十分重要的问题。

习题练习 4

基础练习

4-1　求下列信号的单边拉普拉斯变换。

(1) $f_1(t)=\mathrm{e}^{-3(t+2)}\varepsilon(t+2)$　　(2) $f_2(t)=(1-t)\mathrm{e}^{-t}\varepsilon(t-2)$

(3) $f_3(t)=t[\varepsilon(t)-\varepsilon(t-1)]$　　(4) $f_4(t)=t\varepsilon(t-1)$

(5) $f_5(t)=\delta(t)+\mathrm{e}^{-t}\varepsilon(t)$　　(6) $f_6(t)=t\mathrm{e}^{-2t}\varepsilon(t-1)$

(7) $f_7(t)=\sin t\sin(2t)\varepsilon(t)$　　(8) $f_8(t)=t^2\mathrm{e}^{-t}\varepsilon(t-1)$

(9) $f_9(t)=\mathrm{e}^{-2t}\cos(2t)\varepsilon(t)$　　(10) $f_{10}(t)=(2t)^n\varepsilon(t)$

4-2　求图 T4-1 中各信号的拉普拉斯变换。

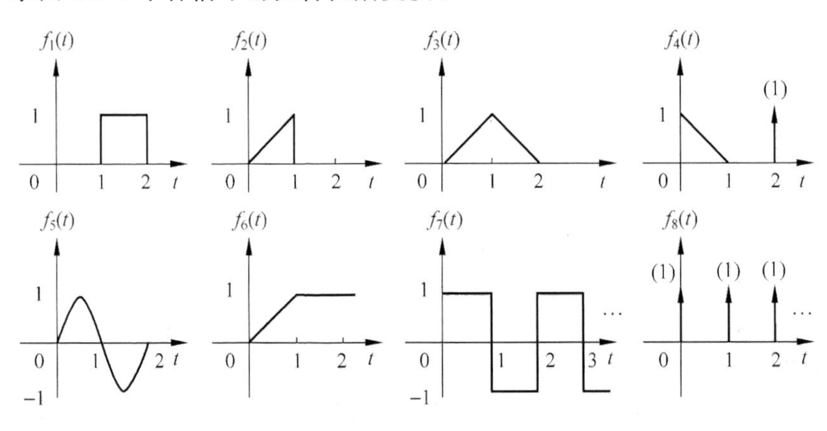

图　T4-1

4-3　已知 $f(t)\leftrightarrow F(s)$,求下列函数的拉普拉斯变换。

(1) $\mathrm{e}^{\frac{-t}{a}}f\left(\frac{t}{a}\right)$　　(2) $\mathrm{e}^{-at}f\left(\frac{t}{a}\right)$

4-4　求下列函数的拉普拉斯反变换。

(1) $\dfrac{s+3}{(s+2)(s+1)^2}$　　(2) $\dfrac{10(s+2)(s+5)}{s(s+1)(s+3)}$

(3) $\dfrac{2s+4}{s(s^2+4)}$　　(4) $\dfrac{s^3+6s^2+6s}{s^2+6s+8}$

(5) $\dfrac{s}{s^2+4s+13}$　　(6) $\dfrac{6s}{2s^2+5s+2}$

4-5　求下列函数的拉普拉斯反变换。

(1) $\dfrac{1+\mathrm{e}^{-s}+\mathrm{e}^{-2s}}{s+1}$　　(2) $\dfrac{1}{1+\mathrm{e}^{-s}}$

(3) $\dfrac{1}{s(1-\mathrm{e}^{-s})}$　　(4) $\left(\dfrac{1-\mathrm{e}^{-s}}{s}\right)^2$

4-6　求下列函数拉普拉斯反变换的初值和终值。

(1) $\dfrac{s+6}{(s+2)(s+5)}$　　(2) $\dfrac{10(s+2)}{s(s+5)}$

(3) $\dfrac{6}{(s+3)^2}$　　(4) $\dfrac{s+3}{(s+1)^2(s+2)}$

(5) $\dfrac{1}{s}+\dfrac{1}{s+1}$　　(6) $\dfrac{s^2+8s+10}{s^2+5s+4}$

4-7　已知系统的冲激响应为 $h(t)=4\mathrm{e}^{-2t}\varepsilon(t)$，零状态响应 $y(t)=[1-\mathrm{e}^{-2t}-t\mathrm{e}^{-2t}]\varepsilon(t)$，求：

(1) 激励信号 $e(t)$。

(2) 系统方程？

4-8　求激励为 $e(t)=4\mathrm{e}^{-2t}\varepsilon(t)$ 作用于 $h(t)=\mathrm{e}^{-t}\varepsilon(t)$ 的系统响应。

4-9　求下列系统方程所描述系统的冲激响应和阶跃响应。

(1) $y'(t)+2y(t)=e(t)$　　(2) $2y'(t)+8y(t)=e(t)$

(3) $y'(t)+3y(t)=2e'(t)$

4-10　已知 LTI 连续系统方程为 $y''(t)+3y'(t)+2y(t)=e'(t)+4e(t)$，$y(0)=1$，$y'(0)=2$，激励为 $e(t)=\mathrm{e}^{-3t}\varepsilon(t)$。求：

(1) 系统零状态响应、零输入响应、全响应。并指明自然响应、受迫响应及暂态响应、稳态响应。

(2) 系统函数及冲激响应和阶跃响应。

4-11　已知系统函数零极图分布如图 T4-2 所示，且 $H(s)\Big|_{s=-1}=\dfrac{1}{2}$，试求该系统的系统函数 $H(s)$。

4-12　已知 LTI 连续系统函数为 $H(s)=\dfrac{Y(s)}{E(s)}=2\dfrac{(s+1)(s+2)}{s[(s+2)^2+1]}$

(1) 请画出该系统函数的零极图；

(2) 写出系统方程。

4-13　设系统函数如下，请画出系统直接模拟图、并联模拟图及级联模拟图。

(1) $H(s)=\dfrac{5(s+1)}{s(s+2)(s+5)}$　　(2) $H(s)=\dfrac{2s+3}{(s+2)^2(s+3)}$

(3) $H(s)=\dfrac{5s^2+s+1}{s^3+s^2+s}$

4-14　求如图 T4-3 所示电路的冲激响应和阶跃响应。

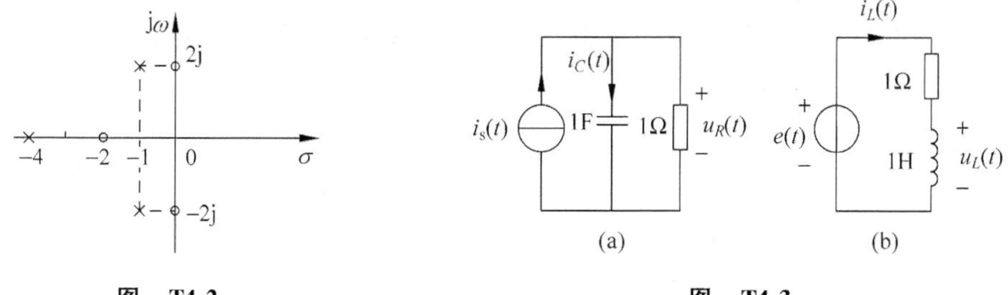

图　T4-2　　图　T4-3

4-15　在以下激励下求如图 T4-3 所示电路的零状态响应 $i_C(t)$ 和 $i_L(t)$。

(1) $i_s(t)=\mathrm{e}^{-2t}\varepsilon(t)$，$e(t)=5\cos t\varepsilon(t)$　　(2) $e(t)=\mathrm{e}^{-2t}\varepsilon(t)$，$i_s(t)=5\cos t\varepsilon(t)$

4-16　写出如图 T4-4 所示的模拟图所描述的系统函数。

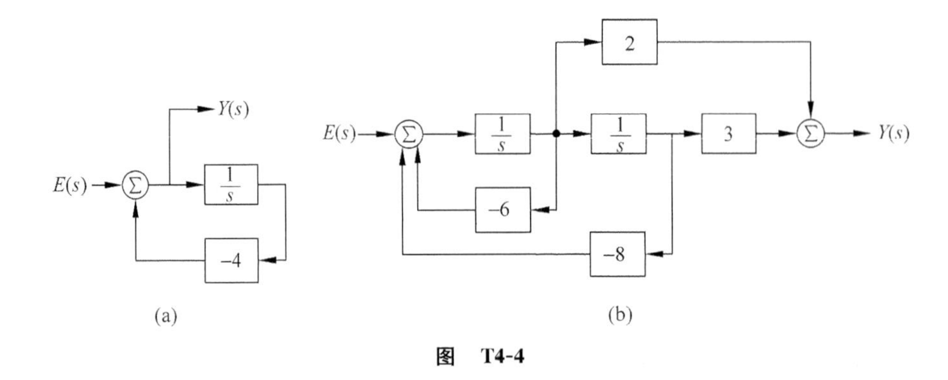

图　T4-4

4-17　系统信号流图如图 T4-5 所示，求系统函数 $H(s)=\dfrac{Y(s)}{E(s)}$及系统方程。

4-18　已知 $H(s)=1$，反馈系统的开环传输函数如下，求使反馈系统稳定的 k 范围。

(1) $G(s)H(s)=\dfrac{2k}{(s+1)(s+2)}$　　(2) $G(s)H(s)=\dfrac{k(s+2)}{(s+1)(s-3)}$

(3) $G(s)H(s)=\dfrac{k}{s(s+2)^2}$　　(4) $G(s)H(s)=\dfrac{k}{s^2+2s+2}$

4-19　电路如图 T4-6 所示，

(1) 画出该电路初始条件为零的 s 域模型；

(2) 写出回路电流 $I(s)$的表达式；

(3) 列出输出电压 $U_o(s)$的表达式。

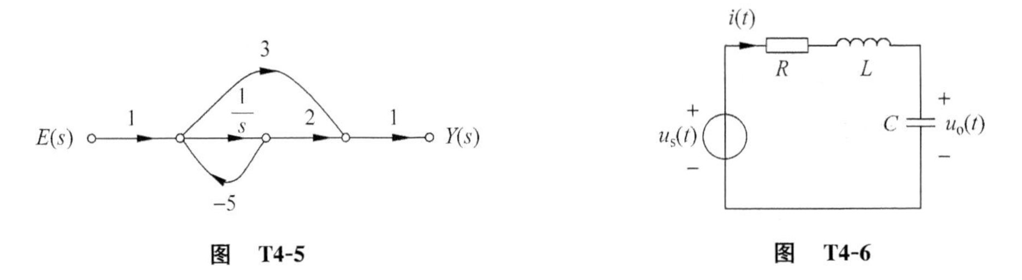

图　T4-5　　图　T4-6

4-20　电路如图 T4-7 所示，已知 $R=10\Omega$，$C=0.1\text{F}$，$u_C(0^-)=10\text{V}$，$u_s(t)=20\varepsilon(t)\text{V}$，请用拉普拉斯变换法求解 $u_o(t)$。

4-21　电路如图 T4-8 所示，$e(t)=\delta(t)$，$R=1\Omega$，$C=1\text{F}$。$t=0$ 以前开关位于“1”，电路已进入稳态，$t=0$ 时刻开关转至“2”，请用拉普拉斯变换法求电流 $i(t)$的全响应。

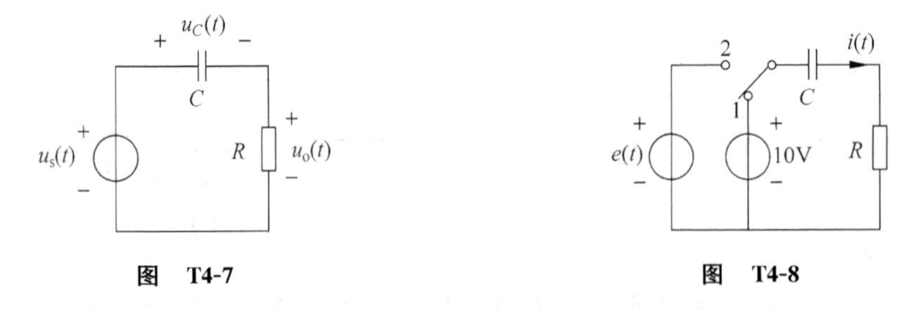

图　T4-7　　图　T4-8

4-22　电路如图 T4-9 所示，$R=1\Omega$，$C=1\text{F}$。在 $t=0$ 以前开关 K 位于“1”，且电路已达到稳态。$t=0$ 时刻开关转至“2”。试求对于下列激励 e_1 和 e_2 时电容两端电压 $u_C(t)$。

(1) $e_1=0\text{V}, e_2=\mathrm{e}^{-2t}\varepsilon(t)$　　(2) $e_1=1\text{V}, e_2=0\text{V}$

(3) $e_1=1\text{V}, e_2=\mathrm{e}^{-2t}\varepsilon(t)$　　(4) $e_1=1\text{V}, e_2=1\text{V}$

4-23　已知系统的激励 $e(t)=\mathrm{e}^{-t}\varepsilon(t)$，系统零状态响应 $r_{zs}(t)=\left(\frac{1}{2}\mathrm{e}^{-t}-\mathrm{e}^{-2t}+\mathrm{e}^{-3t}\right)\varepsilon(t)$，求此系统的冲激响应 $h(t)$。

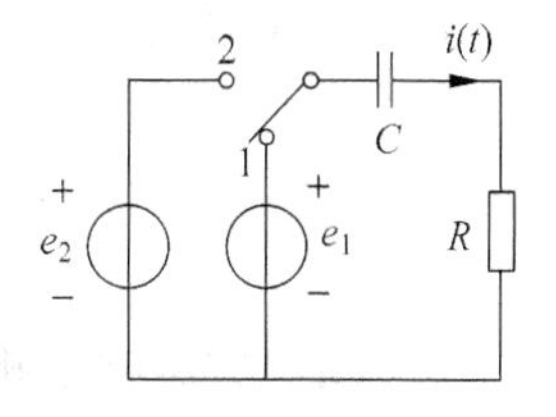

图　T4-9

综合练习

4-24　已知函数 $f(t)$ 的拉普拉斯变换为 $\frac{1}{(s+1)^2+9}$，利用拉普拉斯变换的性质求下列函数的拉普拉斯变换。

(1) $t\frac{\mathrm{d}}{\mathrm{d}t}f(t)$　　(2) $\int_0^t f(\tau)\mathrm{d}\tau$

(3) $f(3t-6)$　　(4) $f(t)\sin\omega_0 t$

4-25　求下列函数的拉普拉斯反变换。

(1) $\frac{s+2}{s^2+2s+5}\mathrm{e}^{-s}$　　(2) $2+\frac{1}{(s+1)^3}\mathrm{e}^{-3s}$

(3) $\frac{3s+8}{(s+2)(s+3)}(1-\mathrm{e}^{-s})$　　(4) $\frac{2+\mathrm{e}^{-(s+1)}}{(s+1)^2+4}$

(5) $\frac{1-\mathrm{e}^{-(s+1)}}{(s+1)(1-\mathrm{e}^{-2s})}$　　(6) $\ln\left(\frac{s+1}{s}\right)$

4-26　已知电系统及参数如图 T4-10 所示，$e(t)$ 为系统激励，$i_C(t)$ 为系统响应，求：

(1) 系统的单位冲激响应 $h(t)=i_C(t)$ 及系统单位阶跃响应 $r_\varepsilon(t)=i_C(t)$；

(2) 系统方程；

(3) 在激励 $e(t)$ 作用下的系统零状态响应 $i_C(t)$。

4-27　已知电系统及参数如图 T4-11 所示，开关在闭合时电路已处于稳态，开关在 $t=0$ 时打开。求：

(1) 电容上的电压全响应 $u_C(t)$；

(2) 指出零输入响应及零状态响应、暂态响应和稳态响应、受迫响应和自然响应。

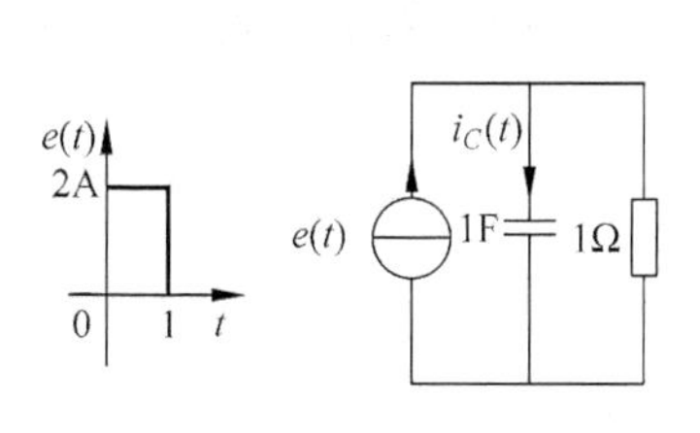

图　T4-10

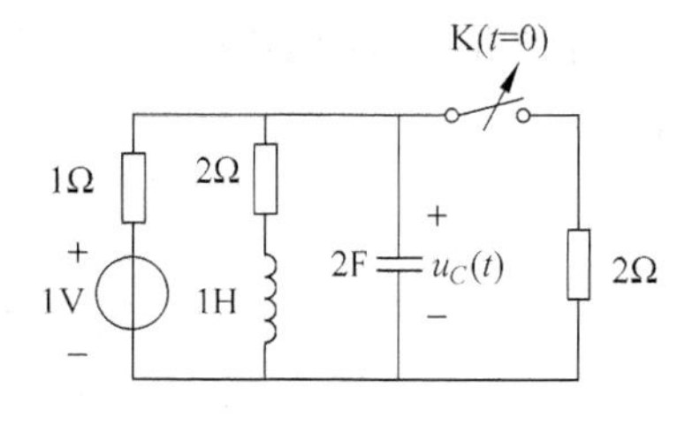

图　T4-11

4-28　已知电系统及参数如图 T4-12 所示，$u_C(0^+)=6\text{V}, i_L(0^+)=2\text{A}$。求：

(1) $u_C(t)$。

(2) 指出零输入响应及零状态响应、暂态响应和稳态响应、受迫响应和自然响应。

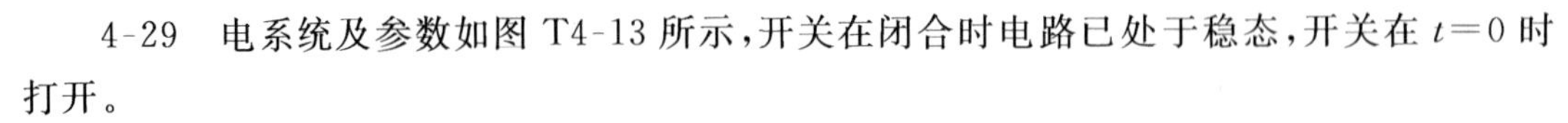

4-29 电系统及参数如图 T4-13 所示,开关在闭合时电路已处于稳态,开关在 $t=0$ 时打开。

求:

(1) $u_C(t)$。

(2) 指出暂态响应和受迫响应、稳态响应和自然响应。

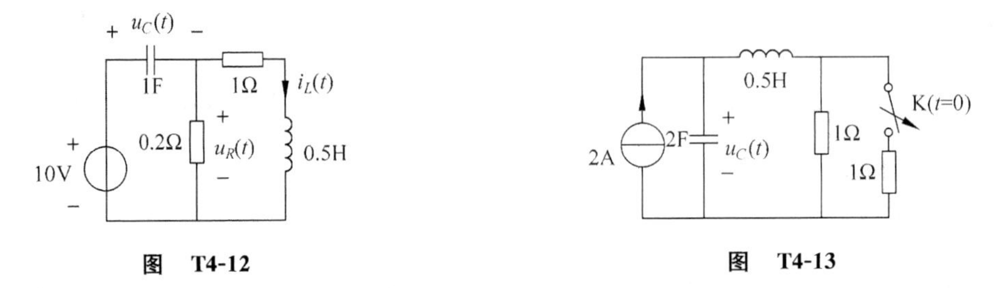

图 T4-12　　　图 T4-13

4-30 电系统及参数如图 T4-14 所示,开关在打开时电路已处于稳态,开关在 $t=0$ 时闭合。

求:

(1) $i(t)$。

(2) 指出暂态响应和受迫响应、稳态响应和自然响应。

4-31 电系统如图 T4-15 所示,$L_1=L_2=1\text{H}$,$R=2\Omega$,$U_s=10\text{V}$,开关在闭合时电路已处于稳态,开关在 $t=0$ 时打开。求:$i(t)$及 $u_{L_1}(t)$。

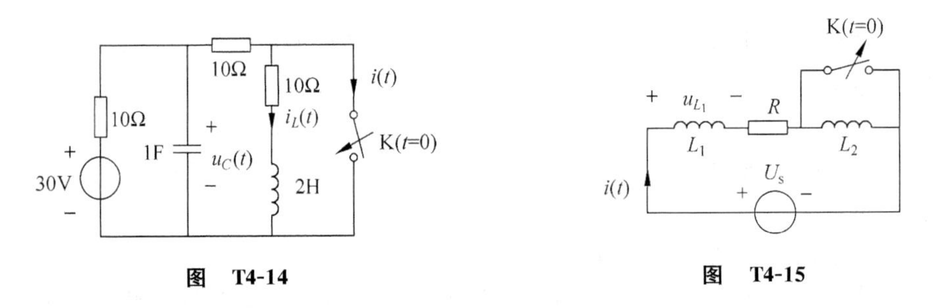

图 T4-14　　　图 T4-15

4-32 电系统及参数如图 T4-16 所示,开关在闭合时电路已处于稳态,开关在 $t=0$ 时打开闭合。

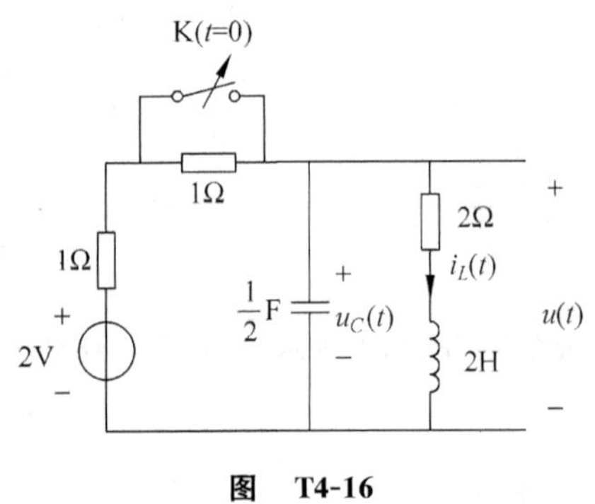

图 T4-16

求：

(1) $u(t)$。

(2) 指出其中的零输入响应和零状态响应、暂态响应和受迫响应、稳态响应和自然响应。

4-33　求如图 T4-17 所示电系统的系统函数。

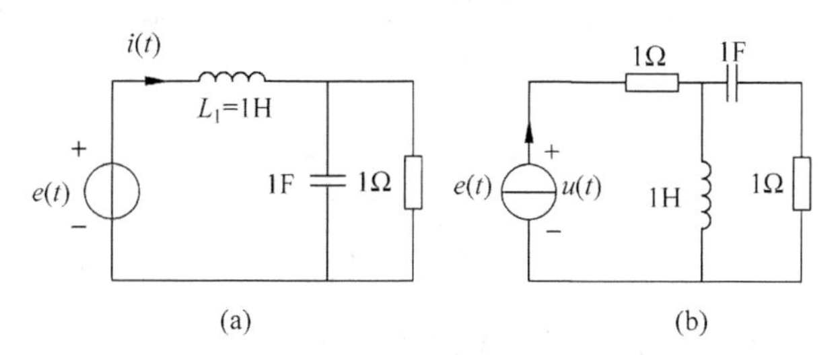

图　T4-17

4-34　电系统及参数如图 T4-18 所示，激励为 $e(t)$，响应为 $i(t)$，求系统的冲激响应与阶跃响应。

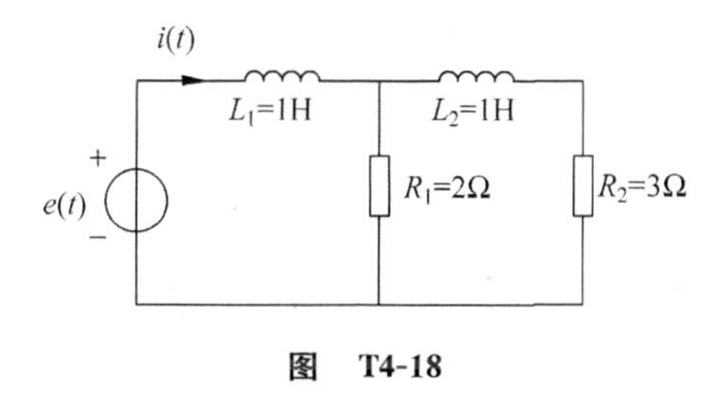

图　T4-18

4-35　对如图 T4-19 所示的系统模拟图作信号流图，通过流图化简求出系统函数 $H(s)=\dfrac{Y(s)}{E(s)}$。

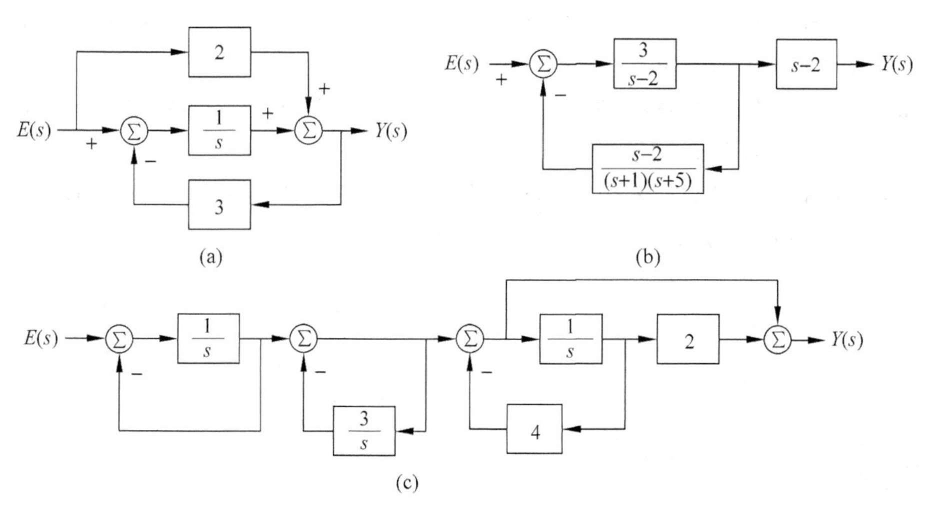

图　T4-19

4-36　已知某系统的结构图如图T4-20所示，求：

(1) 系统函数 $H(s)$；

(2) 该系统的系统方程；

(3) 画出该系统的直接模拟图。

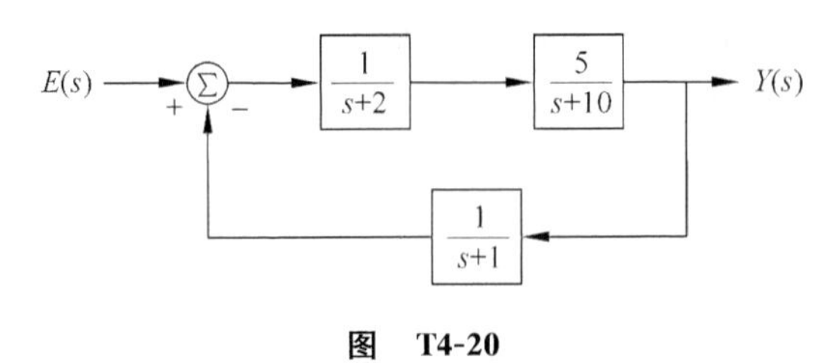

图　T4-20

4-37　求如图T4-21所示的信号流图的系统函数。

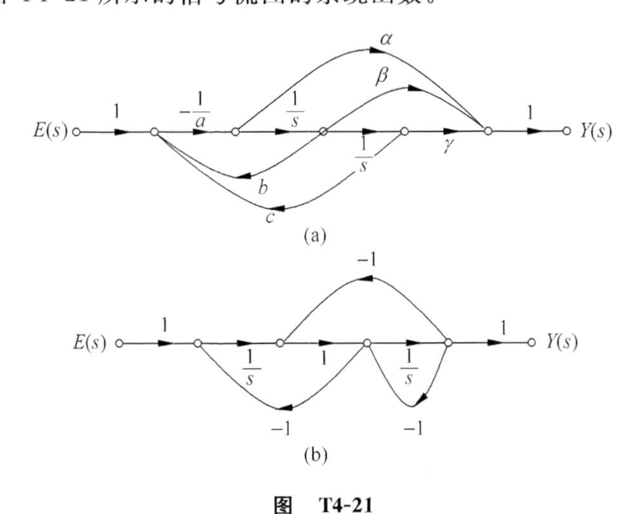

图　T4-21

4-38　求如图T4-22所示的电系统的系统函数。如果要求响应 $u_0(t)$ 中不出现强迫响应分量，那么激励函数 $e(t)$ 应具有怎样的模式？

4-39　已知系统函数的极点为 $s_{p1}=0$，$s_{p2}=-1$，零点为 $s_{z1}=1$，如果该系统冲激响应的终值为 $h(\infty)=-10$，求此系统函数。

4-40　如图T4-23(a)所示电路的输入阻抗的零极点分布如图T4-23(b)所示，且有 $Z(\mathrm{j}\omega)|_{\omega=0}=1$。求电路参数 R、L、C。

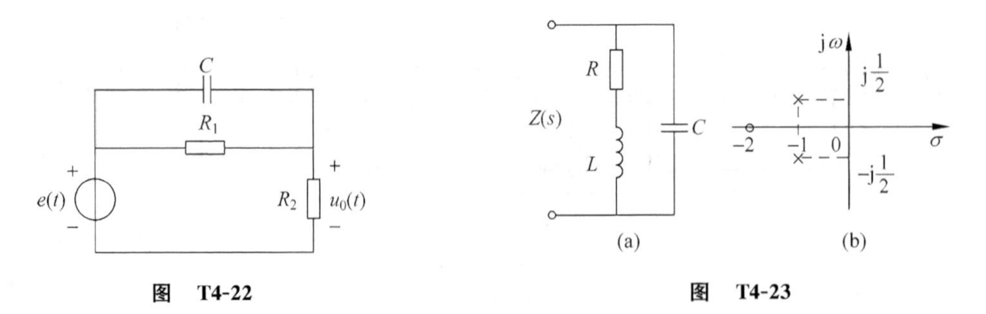

图　T4-22　　　　图　T4-23

4-41　反馈系统函数如图 T4-24 所示，系统函数为 $H(s)=\dfrac{Y(s)}{X(s)}$。求使系统稳定时 k 的范围。

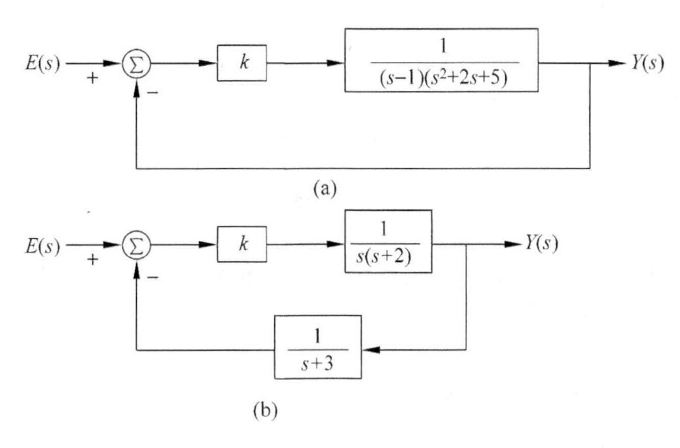

图　T4-24

4-42　反馈系统如图 T4-25 所示，求：

(1) 系统函数；

(2) k 满足什么条件时系统稳定；

(3) 在系统临界稳定条件下的冲激响应。

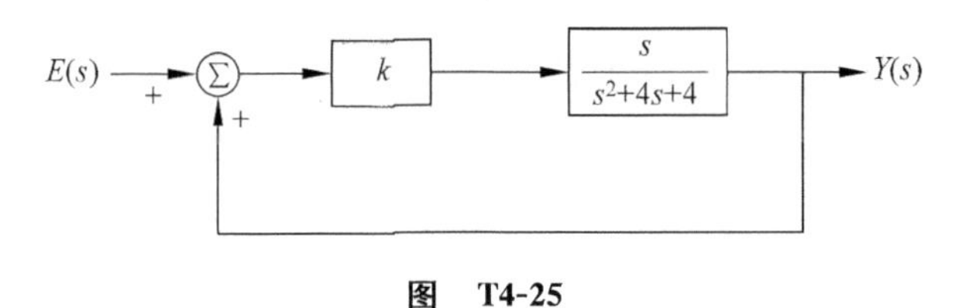

图　T4-25

4-43　反馈系统如图 T4-26 所示，求：

(1) 系统函数 $H(s)=\dfrac{U_o(s)}{U_i(s)}$；

(2) k 满足什么条件时系统稳定。

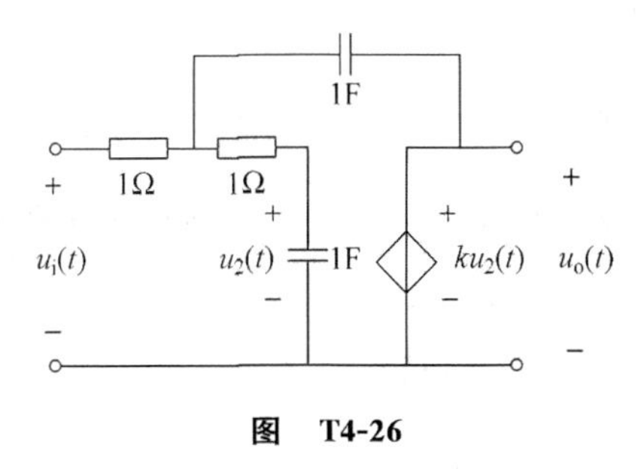

图　T4-26

4-44　系统如图 T4-27 所示，由 3 个子系统组成。设各子系统的冲激响应或系统函数分别为：

$$h_1(t)=\varepsilon(t),\quad H_2(s)=\frac{1}{s+1},\quad H_3(s)=\frac{-1}{s+2}$$

求总系统的冲激响应。

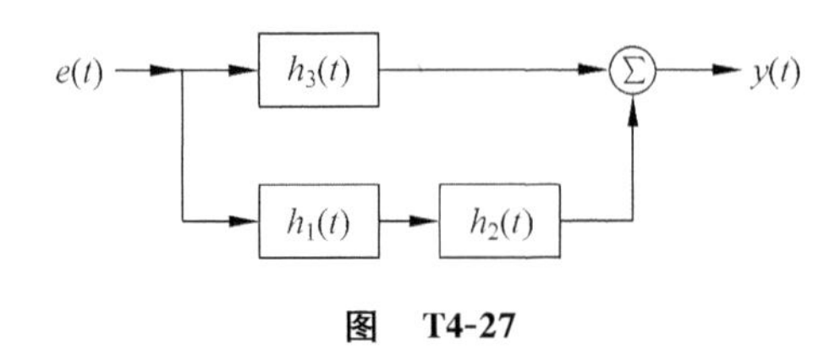

图 T4-27

4-45 有一个 LTI 连续系统,当激励为 $\varepsilon(t)$时,全响应为 $y_1(t)=2e^{-t}\varepsilon(t)$。当激励为 $\delta(t)$时,全响应为 $y_2(t)=\delta(t)$。求:

(1) 系统的零输入响应;

(2) 当激励为 $e^{-t}\varepsilon(t)$时的全响应。

4-46 已知某系统在激励 $e^{-t}\varepsilon(t)$作用下全响应为$(t+1)e^{-t}\varepsilon(t)$,在激励 $e^{-2t}\varepsilon(t)$作用下全响应为$(2e^{-t}-e^{-2t})\varepsilon(t)$,求阶跃电压作用下的全响应。

4-47 已知一个 LTI 连续系统,在初始条件相同的情况下,若激励 $f_1(t)=\delta(t)$时,全响应为 $y_1(t)=\delta(t)+e^{-t}\varepsilon(t)$;当激励 $f_2(t)=\varepsilon(t)$时,全响应为 $y_2(t)=3e^{-t}\varepsilon(t)$。求激励 $f_3(t)=t\varepsilon(t)-(t-1)\varepsilon(t-1)$时的全响应 $y_3(t)$。

4-48 已知系统的单位阶跃响应为 $r_\varepsilon(t)=10e^{-(t-1)}\varepsilon(t-1)$,求激励为 $e(t)=2\delta(t-1)$的零状态响应 $y(t)$。

4-49 一个压力计可以用一个 LTI 系统仿真,对于一个单位阶跃的输入,响应为 $(1-e^{-t}-te^{-t})\varepsilon(t)$,现在某一个输入下,观察到的输出为$(2-3e^{-t}+e^{-3t})\varepsilon(t)$,求该压力的真正输入信号 $e(t)$。

自测题

1. 信号 $f(t)=e^{-t}\sin(5t)\varepsilon(t)$在 s 平面上的复频率 s 为( )。

   a. $s=-1$ b. $s=-5j$ c. $s=-1\pm5j$ d. $s=1\pm5j$

2. 信号 $f(t)=e^{3t}\varepsilon(t)$的单边拉普拉斯变换为( )。

   a. $F(s)=\frac{1}{s}$, $\sigma>0$ b. $F(s)=\frac{1}{s-3}$, $\sigma>3$

   c. $F(s)=\frac{1}{s-3}$, $\sigma<3$ d. $F(s)=\frac{1}{s+3}$, $\sigma>3$

3. 若 $f(t)$的拉普拉斯变换为 $F(s)=\frac{s+3}{s^2+3s+2}$,则 $F(s)$的收敛域为( )。

   a. $\sigma\in\{-2,-1\}$ b. $\sigma\in\{-1,+\infty\}$ c. $\sigma\in\{-\infty,-2\}$ d. $\sigma\in\{-\infty,+\infty\}$

4. 若 $f(t)$的拉普拉斯变换 $F(s)$有极点 $s_{p1}=-2, s_{p2}=-1, s_{p3}=0$,则 $F(s)$的收敛域为( )。

   a. $\sigma\in\{-\infty,-2\}$ b. $\sigma\in\{-2,-1\}$ c. $\sigma\in\{-1,0\}$ d. $\sigma\in\{0,+\infty\}$

5. 信号 $f(t)=\delta(t)+e^{t}\varepsilon(t)$的单边拉普拉斯变换为( )。

   a. $F(s)=\frac{s+1}{s-1}$, $\sigma\in\{0,+\infty\}$ b. $F(s)=\frac{1}{s-1}$, $\sigma\in\{1,+\infty\}$

c. $F(s)=\frac{s}{s-1}$，$\sigma\in\{1,+\infty\}$　　d. $F(s)=\frac{s}{s-1}$，$\sigma\in\{0,+\infty\}$

6. 已知 $F(s)=\frac{10(s+2)}{s(s+5)}$，$\sigma\in\{0,+\infty\}$，则 $f(\infty)=$(　　)。

a. 0　　b. 2　　c. 4　　d. 无法确定

7. 已知 $F(s)=\frac{s^2+2s+1}{(s-1)(s+2)(s+3)}$，$\sigma\in\{1,+\infty\}$，则 $f(0)=$(　　)。

a. 1　　b. 0　　c. 4　　d. 无法确定

8. 若 $f(t)\leftrightarrow F(s)$，$\sigma\in\{a,+\infty\}$，则信号 $f(2t-3)$ 的拉普拉斯变换 $f(t)$ 为(　　)。

a. $\frac{1}{2}F\left(\frac{s}{2}\right)$　　b. $\frac{1}{2}F\left(\frac{s}{2}\right)e^{\frac{3}{2}s}$　　c. $2F(2s)e^{-3s}$　　d. $\frac{1}{2}F\left(\frac{s}{2}\right)e^{-\frac{3}{2}s}$

9. $F(s)=\frac{s^3+3}{s^2+3s+2}$，$\sigma\in\{-1,+\infty\}$ 的拉普拉斯反变换 $f(t)$ 为(　　)。

a. $f(t)=\delta'(t)-3\delta(t)+5e^{-2t}\varepsilon(t)$

b. $f(t)=\delta'(t)-3\delta(t)+2e^{-t}\varepsilon(t)$

c. $f(t)=\delta'(t)-3\delta(t)+2e^{-t}\varepsilon(t)+5e^{-2t}\varepsilon(t)$

d. $f(t)=3e^{-t}\varepsilon(t)+5e^{-2t}\varepsilon(t)$

10. $F(s)=\frac{e^{-s}}{s^2+3s+2}$，$\sigma\in\{-1,+\infty\}$ 的拉普拉斯反变换 $f(t)$ 为(　　)。

a. $f(t)=e^{-t}\varepsilon(t)$

b. $f(t)=e^{-t}\varepsilon(t)-e^{-2t}\varepsilon(t)$

c. $f(t)=e^{-(t-1)}\varepsilon(t-1)-e^{-2(t-1)}\varepsilon(t-1)$

d. $f(t)=e^{-(t-1)}\varepsilon(t-1)-e^{-2t}\varepsilon(t-2)$

11. 以下关于系统函数的说法中正确的为(　　)。

a. 系统函数为输出像函数与输入像函数之比，因此与输入和输出有关

b. 由系统参数和结构确定，与外界激励无关，与系统内部的初始条件也无关

c. 由系统参数和结构确定，与外界激励无关，与系统内部的初始条件有关

d. 由系统参数和结构确定，与外界激励、系统内部的初始条件有关

12. LTI 连续系统稳定条件是系统函数的极点(　　)。

a. 全部位于 s 平面单位圆内　　b. 全部位于 s 平面的左半面内

c. 全部位于 s 平面的右半面内　　d. 至少有一个极点位于虚轴上

13. 有 4 个系统的系统函数分别为

$H_1(s)=\frac{s}{s^2+2}$　　$H_2(s)=\frac{7s+2}{s^2+3s+2}$

$H_3(s)=\frac{s^2+8s+2}{7s^2+14s+3}$　　$H_4(s)=\frac{9s}{s^4+2s^3-3s^2+4s+5}$

这些系统中有(　　)个是稳定的。

a. 1 个　　b. 2 个　　c. 3 个　　d. 4 个

14. 若某因果系统的系统函数有极点 $s_{p1}=-2$，$s_{p2}=-1$，$s_{p3}=+1$，$s_{p4}=j5$，$s_{p5}=-j5$，则系统是(　　)。

a. 稳定系统　　b. 不稳定系统　　c. 临界稳定系统　　d. 无法确定稳定性

15. 已知 $f(t)=e^{-at}\varepsilon(t)$,则 $f'(t)$的拉普拉斯变换为(　　)。

a. $\frac{s}{s+a}$　　b. $\frac{-a}{s+a}$　　c. $\frac{a}{s+a}$　　d. $\frac{s}{s-a}$

16. $\frac{s+e^{-s}}{s}$对应的原函数为(　　)。

a. $\delta(t)+\varepsilon(t)$　　b. $\delta(t)+\varepsilon(t-1)$　　c. $\delta(t-1)+\varepsilon(t)$　　d. $\delta(t-1)+\varepsilon(t-1)$

17. $F(s)=\frac{s+1}{s(s+2)}$的原函数为(　　)。

a. $\left(\frac{1}{2}+\frac{1}{2}e^{-2t}\right)\varepsilon(t)$　　b. $\left(\frac{1}{2}-\frac{1}{2}e^{-2t}\right)\varepsilon(t)$

c. $\left(1+\frac{1}{2}e^{-2t}\right)\varepsilon(t)$　　d. $\left(1-\frac{1}{2}e^{-2t}\right)\varepsilon(t)$

18. 信号 $f(t)=e^{-2(t-1)}\varepsilon(t)$的拉普拉斯变换为(　　)。

a. $\frac{e^2}{2(s+1)}$　　b. $\frac{e^2}{s-2}$　　c. $\frac{e^{-2}}{s+2}$　　d. $\frac{e^2}{s+2}$

19. 如图 T4-28 所示信号的像函数为(　　)。

a. $\frac{2-2e^{-2s}-s}{s}$　　b. $\frac{2-2e^{-2s}-se^{-3s}}{s}$

c. $\frac{2-2e^{-2s}+se^{-3s}}{s}$　　d. $\frac{2(1-2e^{-2s})}{s}$

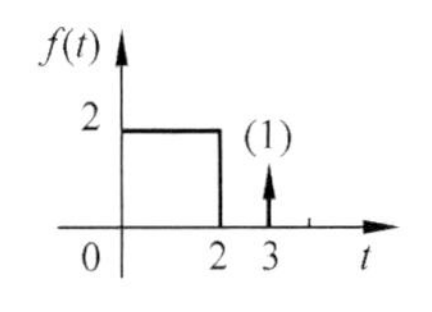

图　T4-28

20. 设有一阶系统方程 $y'(t)+3y(t)=f'(t)+f(t)$,其冲激响应为(　　)。

a. $\delta(t)+e^{-3t}\varepsilon(t)$　　b. $\delta(t)-2e^{-3t}\varepsilon(t)$

c. $\delta(t)$　　d. $2e^{-3t}\varepsilon(t)$

21. 设有二阶系统方程为 $y''(t)+5y'(t)+4y(t)=2f'(t)+f(t)$,其阶跃响应为(　　)。

a. $\frac{1}{4}+\frac{1}{3}e^{-t}-\frac{7}{12}e^{-4t}$　　b. $\left(\frac{1}{3}e^{-t}-\frac{7}{12}e^{-4t}\right)\varepsilon(t)$

c. $\left(\frac{1}{4}+\frac{1}{3}e^{-t}\right)\varepsilon(t)$　　d. $\left(\frac{1}{4}+\frac{1}{3}e^{-t}-\frac{7}{12}e^{-4t}\right)\varepsilon(t)$

22. 设有一阶系统方程为 $y'(t)+2y(t)=f'(t)+2f(t)$,当输入为 $f(t)=\varepsilon(t)$时的响应为(　　)。

a. $(1+2e^{-2t})\varepsilon(t)$　　b. $(1-e^{-2t})\varepsilon(t)$

c. $\delta(t)$　　d. $\varepsilon(t)$

23. 已知系统方程为 $y''(t)+y'(t)-6y(t)=f(t)$,其冲激响应为(　　)。

a. $\frac{1}{5}(e^{2t}-e^{-3t})\varepsilon(t)$　　b. $\frac{1}{5}(e^{-2t}-e^{-3t})\varepsilon(t)$

c. $\frac{1}{5}e^{2t}\varepsilon(t)$　　d. $\frac{1}{5}e^{-3t}\varepsilon(t)$

24. 一个 LTI 连续系统,初始状态一定,当输入为 $f(t)=\varepsilon(t)$时,全响应为 $3e^{-t}\varepsilon(t)$;当输入为 $f(t)=\delta(t)$时,全响应为 $\delta(t)+e^{-t}\varepsilon(t)$,则系统的冲激响应为(　　)。

a. $3e^{-t}\varepsilon(t)$　　b. $\delta(t)-e^{-t}\varepsilon(t)$　　c. $\delta(t)+e^{-t}\varepsilon(t)$　　d. $3\delta(t)-3e^{-t}\varepsilon(t)$

25. 设 $f_0(t)\leftrightarrow F_0(s)$，则 $f_T(t)=\sum_{n=0}^{\infty}f_0(t-nT)\varepsilon(t-nT)$ 的拉普拉斯变换为(　　)。

a. $\dfrac{F_0(s)}{1-e^{sT}}$　　b. $\dfrac{F_0(s)}{1+e^{sT}}$　　c. $\dfrac{F_0(s)}{1-e^{-sT}}$　　d. $\dfrac{F_0(s)}{1+e^{-sT}}$

26. 已知某系统的系统函数为 $H(s)=\dfrac{s}{s+1}$，若其零状态响应 $y(t)=(1-e^{-t})\varepsilon(t)$，则激励 $f(t)=($　　)。

a. $\delta(t)$　　b. $e^{-t}\varepsilon(t)$　　c. $\varepsilon(t)$　　d. $t\varepsilon(t)$

27. 已知某系统的系统函数为 $H(s)$，唯一决定该系统冲激响应 $h(t)$ 形式的是(　　)。

a. $H(s)$的零点　　b. $H(s)$的极点

c. 系统的激励　　d. 激励与系统函数的极点

28. 信号 $f(t)=te^{-(t-2)}\varepsilon(t-1)$ 的像函数 $F(s)=($　　)。

a. $\dfrac{e^{-s}+(s+1)e^{-(s-1)}}{(s+1)^2}$　　b. $\dfrac{(s+2)e^{-(s-1)}}{(s+1)^2}$

c. $\dfrac{se^{-(s-1)}}{(s+1)^2}$　　d. $\dfrac{(s+2)e^{-(s-2)}}{(s+1)^2}$

29. 设 $f(t)=\varepsilon(t)-\varepsilon(t-\tau)$，则 $f_1(t)=f(t-t_0)\varepsilon(t-t_0)$ 的拉普拉斯变换为(　　)。

a. $\dfrac{1}{s}(1-e^{-s\tau})$　　b. $\dfrac{1}{s}(1-e^{-s\tau})e^{-st_0}$

c. $\dfrac{1}{s}(1-e^{-s(t_0+\tau)})$　　d. $\dfrac{1}{s}(1+e^{s\tau})$

30. 给定 LTI 系统的系统函数 $H(s)=\dfrac{s}{s^2+4}$，若激励 $e(t)=\cos(2t)\varepsilon(t)$，$y(0^-)=y'(0^-)=0$，则系统的全响应 $y(t)$ 为(　　)。

a. $y(t)=\dfrac{1}{2}t\cos(2t)\varepsilon(t)$　　b. $y(t)=\left[\dfrac{1}{2}t\cos(2t)+\dfrac{1}{4}\sin(2t)\right]\varepsilon(t)$

c. $y(t)=\dfrac{1}{2}t\sin(2t)\varepsilon(t)$　　d. $y(t)=\dfrac{1}{2}t\cos(2t)+\dfrac{1}{4}\sin(2t)$

31. 当系统激励为 $e^{s\tau}$，系统函数为 $H(s)$时，系统的零状态响应为(　　)。

a. $y_{zs}(t)=H(s)e^{s\tau}$　　b. $y_{zs}(t)=H(s)e^{st}$

c. $y_{zs}(t)=h(t+\tau)$　　d. $y_{zs}(t)=H(s-s_0)e^{st}$

32. $F(s)=\dfrac{se^{-s}}{s+1}$ 的原函数 $f(t)$ 为(　　)。

a. $e^{-t}\varepsilon(t)$　　b. $e^{-(t-1)}\varepsilon(t-1)$

c. $\delta(t)-e^{-t}\varepsilon(t)$　　d. $\delta(t-1)-e^{-(t-1)}\varepsilon(t-1)$

33. $F(s)=\dfrac{2s-1}{(s+2)(s^2+1)}$ 的原函数 $f(t)$ 为(　　)。

a. $\sin t-e^{-2t}$　　b. $(\sin t-e^{-2t})\varepsilon(t)$

c. $(\cos t-e^{-2t})\varepsilon(t)$　　d. $\cos t-e^{-2t}$

34. 设 $f(t)$ 为因果信号，已知 $f'(t)+f(t)=(1-e^{-t})\varepsilon(t)$，则 $f(t)$ 为(　　)。

a. $(1-e^{-t}-te^{-t})\varepsilon(t)$　　b. $(1-e^{-t})\varepsilon(t)$

c. $(1-t\mathrm{e}^{-t})\varepsilon(t)$　　　　d. $1-\mathrm{e}^{-t}-t\mathrm{e}^{-t}$

35. 如图T4-29所示的系统的系统函数 $H(s)=\dfrac{U_o(s)}{U_s(s)}$ 为(　　)。

a. $\dfrac{1}{s^2+3s+1}$　　b. $\dfrac{s}{s^2+3s+1}$　　c. $\dfrac{1}{s^2+2s+1}$　　d. $\dfrac{s}{s^2+2s+1}$

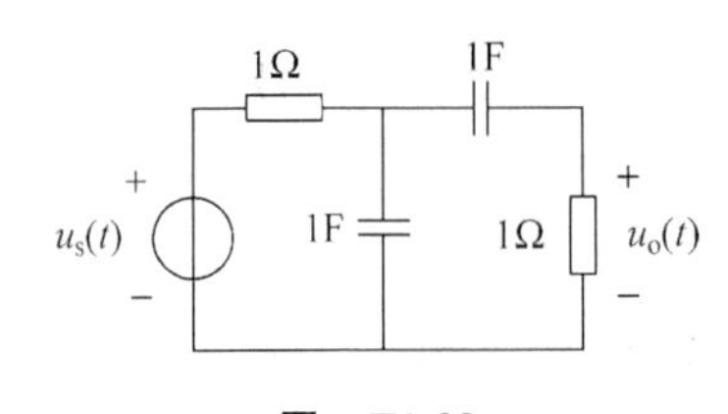

图　T4-29

36. 如图T4-30所示的系统的系统函数 $H(s)=\dfrac{U_2(s)}{U_1(s)}$ 为(　　)。

a. $\dfrac{1}{s^2+s+1}$　　b. $\dfrac{s}{s^2+s+2}$　　c. $\dfrac{1}{s^2+2s+2}$　　d. $\dfrac{s}{s^2+2s+1}$

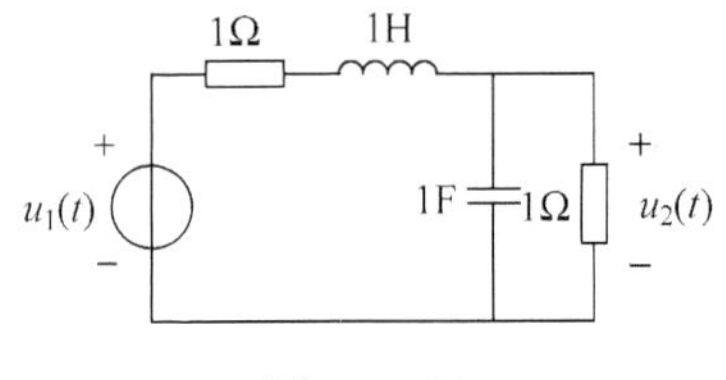

图　T4-30

37. 已知一个LTI系统对激励 $e(t)$ 的零状态响应为 $y_{zs}(t)=4\dfrac{\mathrm{d}e(t-2)}{\mathrm{d}t}$,则该系统函数 $H(s)$ 为(　　)。

a. $4E(s)$　　b. $4s\mathrm{e}^{-2s}$　　c. $4E(s)\mathrm{e}^{-2s}$　　d. $\dfrac{4\mathrm{e}^{-2s}}{s}$

第5章

离散信号与系统的时域分析

本章学习目标

- 掌握离散信号与系统的基本概念。
- 熟悉并掌握常用基本信号的描述、特性、运算与变换。
- 深刻理解采样定理的意义、内容及应用。
- 掌握离散系统的数学描述方法——差分方程及模拟图。
- 掌握离散系统的时域分析——经典法求零输入响应、零状态响应。
- 熟悉卷积和法及其主要性质，并会应用卷积和法求零状态响应。

5.1 引言

前面研究、处理的信号均是连续时间信号(continuous-time signal)，其系统称为连续时间系统(continuous-time system)。随着近代数字技术的发展，过去用连续系统实现的许多功能目前已经可用离散系统来实现了。离散系统具有精度高、可靠性好、便于制成大规模集成电路(LSI)等优点，它的有些功能是连续系统无法比拟的。尤其是大规模集成电路和高速数字计算机的发展，大大促进了离散时间信号(discrete-time signal)与系统理论的完善。人们用数字方法对信号与系统进行分析与设计，不断提高数字处理技术，对大数据量的音频、视频等多媒体数字信息以更有效的方法、更理想的速率进行处理和传输。因此，研究离散时间信号与系统的基本理论和分析方法尤为重要。

离散时间信号与系统的时域分析以及连续信号与系统的时域分析在许多方面是相似的，可以参照第2章的连续信号与系统时域分析来学习本章内容。

本章首先研究离散时间信号的基本特性,为了使一般信号的描述、运算与变换等变得更加清晰、简单和方便,引入了两个奇异信号,同时也为求离散时间系统响应提供了另一条途径。系统分析的主要任务之一是在给定激励下求出系统响应。一个物理系统总可以由数学模型描述其工作状态(情况),描述离散时间系统的数学模型是激励、响应的线性常系数差分方程(difference equation)。求离散时间系统响应的最经典的方法就是求解激励、响应的线性常系数差分方程,获得系统响应,从而完成系统分析的任务。描述离散系统的框图如图 5-1 所示,其中离散信号 $e(k)$ 为激励,离散信号 $r(k)$ 为响应。可见离散时间系统的激励与响应均为离散时间信号,即离散变量 k 的函数;而连续时间系统的激励与响应均为连续时间信号,即连续变量 t 的函数。

系统数学模型
激励、响应的线性常系数差分方程

图 5-1　离散系统框图

根据求解激励、响应的线性常系数差分方程的方法不同,系统分析可分成时域分析和 z 域分析两种。连续系统分析实质是通过时域、频域和复频域求微分方程的解,离散系统分析实质是通过时域、z 域分析求差分方程的解。

由于整个系统的分析过程也就是差分方程求解(求响应)的过程,是在以 k 为自变量的函数下进行的,故而称为系统的时域分析。又因为在这里对信号(函数)而言,也只研究其时域特性,故而称为信号的时域分析。由于激励信号的复杂性,应用高等数学经典方法解非齐次差分方程求零状态响应也较为困难。依据信号的可分解特性,即任意复杂信号可由简单信号组成,可以利用卷积和法,求非齐次差分方程的解来获得系统零状态响应。与连续系统时域分析方法相似,离散系统时域分析方法是将复杂激励分解成许多冲激(冲激序列信号);求出每一个冲激激励下的响应;叠加全部冲激响应,得到复杂激励作用下的系统零状态响应。在工程上,卷积和法在时域分析中占有重要的地位。离散信号与系统的时域分析主要研究离散信号的时域运算和变换以及时域求系统响应方法。

5.2　采样信号和采样定理

前 4 章分析和讨论的信号都是时间的连续函数,因此统称为连续时间信号。但是随着计算机的普及和数字化技术的迅猛发展,离散信号的应用已经变得非常广泛,而且日益重要。这里先来研究获取离散信号的方法。

5.2.1　离散信号的获取

离散信号可以通过以下两种方式获取:

(1) 离散信号可以直接通过测试(或由某种不连续"事件")获取。例如,电系统中测量各个节点的电压所组成的电压数值序列。

(2) 离散信号可以通过对连续信号每隔一定时间采样(sampling)获取。例如,24 小时的温度变化是连续的,我们可以通过定时测温采样获取这一段时间范围内的一系列离散温度数值。

在实际中遇到的信号往往都是连续信号,那么将连续信号转变成离散信号进行处理,可以充分利用离散系统的精度高、可靠性好、便于制成大规模集成电路等优势,达到用连续系

统无法达到的目的。尤其是在数字信号的处理得到越来越广泛的应用的今天。要获得数字信号，需要将连续信号 $f(t)$ 经均匀采样得到采样信号 $f_s(t)$，再经过量化、编码变成数字信号 $f(k)$。由连续信号数字化过程可见，这里的关键环节就是采样。对连续信号 $f(t)$ 等间隔采样获得的采样信号 $f_s(t)$ 或数字信号 $f(k)$ 在信号处理或传输过程中可以替代连续信号 $f(t)$。但是理论上这种替代必须是有条件的，要求采样信号或数字信号应保留原连续信号的全部信息量，或者由采样信号能重建原连续信号，也就是说，从采样信号中能够完全恢复原连续信号。例如：要求绘制 24 小时内温度变化的曲线，根据绘制曲线的经验，只要利用一定时间间隔测温采样的测温数据先确定若干个点，然后通过这些点可以连成一条光滑的温度变化曲线。这些测温数据就是温度的采样值。要使这条温度曲线具有一定精度，并不需要温度数据点过多(测温间隔太小)，但是测温间隔太大，数据点太少一定是不行的。测温间隔过大，数据点太少就不能确切地反映温度的真实变化，也就是会丢失原来含有的信息量。采样定理正好能解决这一重要的问题，即能够确定多大间隔采样获得的离散信号(采样信号)能保留原连续信号的全部信息量。

5.2.2　采样信号与采样定理

1. 采样信号的产生过程

采样是按一定时间间隔对连续信号抽取样本的过程，采样也称为抽样。

电信号的采样是通过电子开关进行的，采样示意图如图 5-2 所示。采样器(电子开关)示意图如图 5-2(b)所示，电子开关周期性地接到 a 和 b，$f(t)$ 便被断续接通到 $2-2'$ 端。设开关周期为 T_s，开关接通时间为 τ，则在 $2-2'$ 端便可以得到如图 5-2(c)所示的离散采样信号 $f_s(t)$。它是一组脉冲宽度为 τ、间隔为 T_s、幅度按连续信号变化的脉冲信号，脉冲幅度调制信号简称脉冲调幅信号。

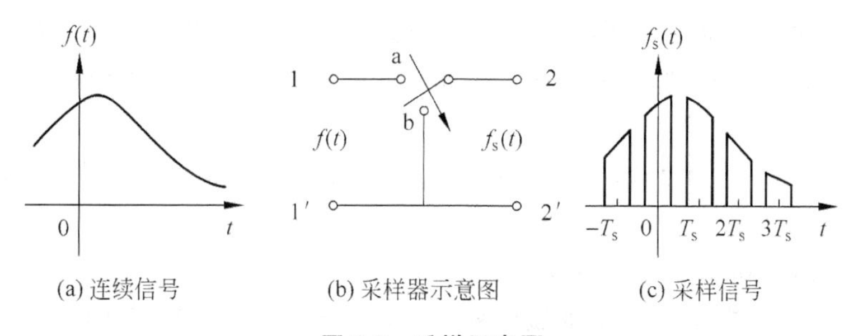

(a) 连续信号　　(b) 采样器示意图　　(c) 采样信号

图 5-2　采样示意图

采样数学模型为

$$f_s(t) = f(t) \times p(t) \tag{5-1}$$

可见这种采样的实质是用连续信号作为调制信号去控制周期矩形脉冲载波信号的幅度的调幅过程。

周期矩形脉冲宽度 τ 越窄，也就是采样开关闭合时间越短，其采样值就越精确，理想采样就是假设采样开关闭合时间为无限短，即 $\tau \to 0$ 的极限情况。理想采样可以看作是连续信号对冲激序列载波的调幅过程。

采样数学模型为

$$f_s(t) = f(t) \times \delta_T(t) \tag{5-2}$$

采样示意图如图5-3所示。

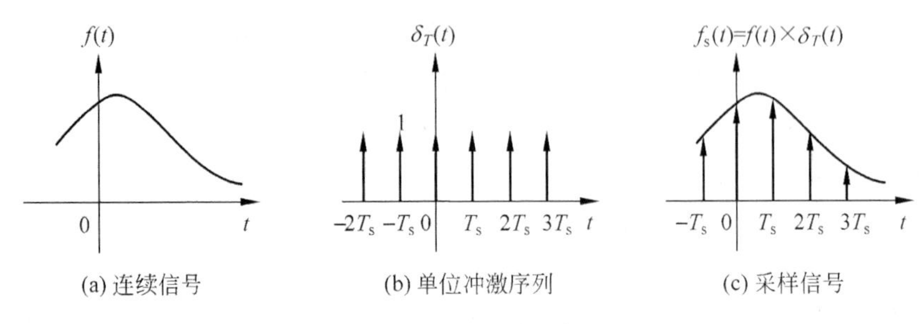

图5-3 冲激采样示意图

以上两种采样的模型可以用图5-4(a)表示。

也可以说,开关信号 $s(t)$ 为如图5-4(b)所示的周期矩形脉冲 $p(t)$ 的采样称为自然采样,开关信号 $s(t)$ 为如图5-4(c)所示的冲激序列 $\delta_T(t)$ 的采样称为冲激采样,也称理想采样。

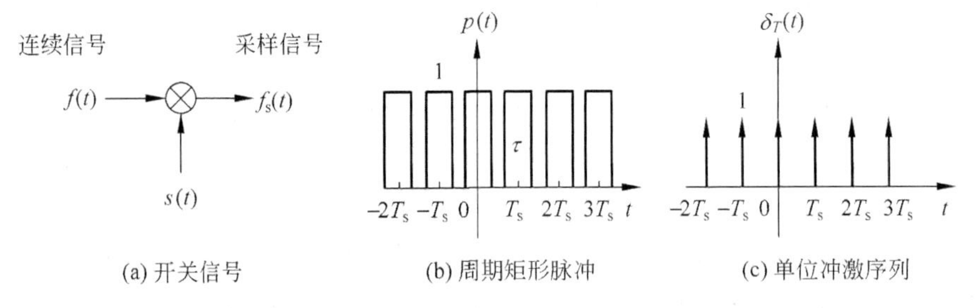

图5-4 采样模型及开关信号

现在需要研究采样信号的频谱与原连续信号的频谱关系,以获得如何采样才能使信号内容信息不丢失的采样条件,或者说通过采样信号恢复原连续信号的条件。

2. 采样信号的频谱

为了便于问题的分析理解,首先研究对有限带宽的连续信号进行理想(冲激)采样的情况。

1) 冲激采样(impulse sampling)

开关信号 $s(t)$ 为周期为 T_s 的冲激序列 $\delta_T(t)$,在3.6节曾求得其频谱为 $S(\omega)$,即

$$s(t) = \delta_T(t) = \sum_{n=-\infty}^{+\infty} \delta(t - nT_s) \leftrightarrow S(\omega) = \omega_s \sum_{n=-\infty}^{+\infty} \delta(\omega - n\omega_s) \tag{5-3}$$

其中 $\omega_s = \dfrac{2\pi}{T_s} = 2\pi f_s$ 称为采样角频率,单位为rad/s。

如果原连续信号及其频谱为表示 $f(t) \leftrightarrow F(\omega)$,经过理想采样后输出的离散(采样)信号为 $f_s(t) = f(t) \times \delta_T(t)$,由频域卷积定理可知,时域信号的乘积相当于对应信号在频域的卷积,利用冲激卷积性质,可以获得离散(采样)信号及其频谱为

$$f_s(t) = f(t) \times p(t) \leftrightarrow F_s(\omega) = \frac{1}{2\pi} F(\omega) * P(\omega) = \frac{1}{T_s} \sum_{n=-\infty}^{+\infty} F(\omega - n\omega_s) \tag{5-4}$$

冲激采样的采样信号频谱与原信号频谱关系如图 5-5 所示。

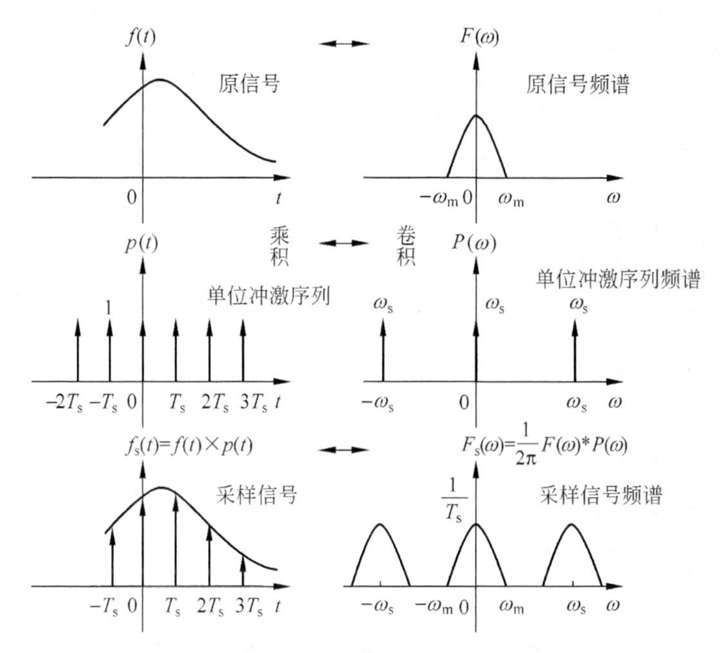

图 5-5　冲激采样的采样信号频谱与原信号频谱关系

通过式(5-4)和图 5-5 不难看出，冲激采样获得的采样信号的频谱是由连续信号频谱 $F(\omega)$以 ω_s 为周期等幅地重复。

2) 自然采样(natural sampling)

开关信号(采样脉冲)周期为 T_s，矩形脉冲 $p(t)$的频谱为 $P(\omega)$，也可以通过 3.6 节周期信号的傅里叶变换求得，即

$$p(t) \leftrightarrow P(\omega) = \pi \sum_{n=-\infty}^{+\infty} \dot{A}_n \delta(\omega - n\omega_s) \tag{5-5}$$

其中$\dot{A}_n = \frac{2}{T_s}\int_{-\frac{T_s}{2}}^{\frac{T_s}{2}} p(t)\mathrm{e}^{-\mathrm{j}n\omega_s t}\mathrm{d}t = \frac{2\tau}{T_s}\mathrm{Sa}\left(\frac{n\omega_s\tau}{2}\right)$，则周期为 T_s 矩形脉冲 $p(t)$ 的频谱为

$$P(\omega) = \pi \sum_{n=-\infty}^{+\infty} \dot{A}_n \delta(\omega - n\omega_s) = \frac{2\pi\tau}{T_s}\sum_{n=-\infty}^{+\infty}\mathrm{Sa}\left(\frac{n\omega_s\tau}{2}\right)\delta(\omega - n\omega_s)。 \tag{5-6}$$

如果原连续信号及其频谱表示为 $f(t) \leftrightarrow F(\omega)$，同样通过卷积定理可得输出的离散(采样)信号频谱，即

$$f_s(t) = f(t) \times p(t) \leftrightarrow F_s(\omega) = \frac{1}{2\pi}F(\omega) * P(\omega)$$

离散(采样)信号频谱为

$$\begin{aligned} F_s(\omega) &= \frac{1}{2\pi}F(\omega) * P(\omega) = \frac{1}{2\pi}F(\omega) * \pi\sum_{n=-\infty}^{+\infty}\dot{A}_n\delta(\omega - n\omega_s) \\ &= \frac{\tau}{T_s}\sum_{n=-\infty}^{+\infty}\mathrm{Sa}\left(\frac{n\omega_s\tau}{2}\right)F(\omega - n\omega_s) \end{aligned} \tag{5-7}$$

自然采样的采样信号频谱与原信号频谱关系如图 5-6 所示。

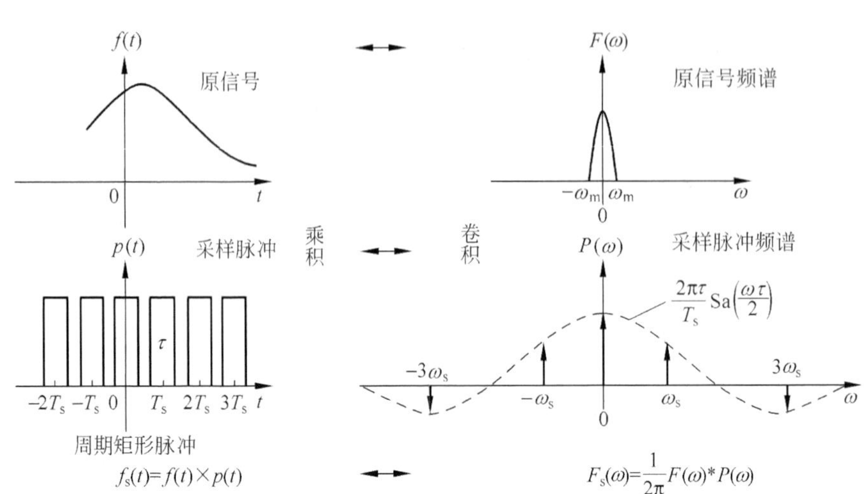

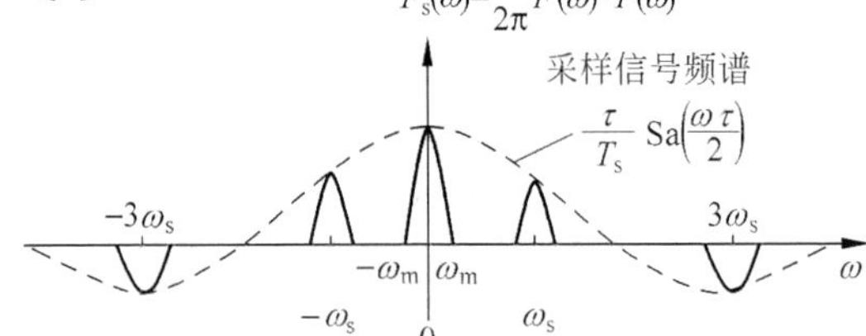

图 5-6 自然采样的采样信号频谱与原信号频谱关系

通过式(5-7)和图 5-6 不难看出，采样信号的频谱是由连续信号频谱 $F(\omega)$以 ω_s 为周期重复，且幅度以 $\mathrm{Sa}\left(\frac{n\omega_s\tau}{2}\right)$为规律变化。

观察图 5-5 和图 5-6 可见，采样信号的频谱中含有原连续信号频谱，即连续信号采样后得到的离散信号中含有原连续信号的全部信息。由冲激采样的采样信号频谱图中采样信号频谱与采样频率的关系可见，当采样频率减小时，采样信号的频谱中原连续信号的频谱会产生重叠。只有在 $\omega_s \geqslant 2\omega_m$ 或 $f_s \geqslant 2f_m$ 时，频谱才不会重叠，将满足此条件的采样信号输入理想低通滤波器就可获得原连续信号频谱，即可以不失真地恢复原连续信号。因此可以不失真地恢复原连续信号的频谱的必要条件是：采样信号的频谱中重复、相邻的原连续信号频谱波形一定不能混叠(aliasing)。

如果要使采样信号能不失真地还原连续信号，就必须具备两个条件：其一，被采样的信号应为带宽为有限的连续信号；其二，采样频率必须大于原连续信号最高频率的 2 倍。这就是著名的香农采样定理的内容。

3. 采样定理——香农采样定理(Shannon sampling theorem)

香农采样定理内容可概括为要点 5.1。

> **要点 5.1**
>
> 香农采样定理：
>
> 一个频带有限信号 $f(t)$，其频谱 $F(\omega)$的最高频率为 f_m，则以采样间隔(sampling interval) $T_s \leqslant \frac{1}{2f_m}$对信号 $f(t)$进行等间隔采样所获得的采样信号 $f_s(t)$将包含原连续信号 $f(t)$的全部信息，因此可以利用 $f_s(t)$完全恢复出原连续信号 $f(t)$。

通过如图5-5所示的采样信号频谱与采样频率的关系可知$\omega_s \geqslant 2\omega_m$，频谱才不会重叠，还原的原连续信号才不会失真。所以香农采样定理的公式也可以表示为

$$\omega_s \geqslant 2\omega_m \tag{5-8}$$

其中ω_s称奈奎斯特采样角频率。依据$\omega=2\pi f$关系，有$2\pi f_s \geqslant 2\pi 2 f_m$，则式(5-8)可表示为

$$f_s \geqslant 2 f_m \tag{5-9}$$

其中f_s称为奈奎斯特采样频率(Nyquist sampling rate/frequency)或称香农采样频率(Shannon sampling rate/frequency)。依据$T_s=\dfrac{1}{f_s}$的关系，则式(5-9)可表示为

$$T_s \leqslant \frac{1}{2f_m} \tag{5-10}$$

T_s称为奈奎斯特采样间隔(Nyquist sampling interval)或称香农采样间隔(Shannon sampling interval)。

例如：要传送频带为10kHz的音乐信号，其最低的采样频率应为20kHz，最大采样间隔为50μs，也就是至少每秒要采样20 000次，如果低于此采样频率采样，那么原音乐信号的信息将会丢失，恢复的音乐信号将会失真。

满足式$T_s \leqslant \dfrac{1}{2f_m}$的采样信号通过具有一定陡度的、截止频率为$f_m$的低通滤波器就可以相当精确地重建原信号。采样定理在通信及信息传输理论方面占有十分重要的地位，许多近代通信方式都以该定理作为理论基础。

5.2.3　从采样信号恢复连续时间信号

通过如图5-5所示的采样信号频谱与采样频率的关系可以看出，如果理想采样满足采样定理，即$\omega_s \geqslant 2\omega_m$，则采样信号的频谱在$\omega=0$处与原连续信号的频谱完全一样，只是幅度多了一个比例系数$\dfrac{1}{T_s}$，因此只要使采样信号通过一个理想低通滤波器，该滤波器幅度为T_s，截止频率为原连续信号的最高频率ω_m，就可以获得原连续信号的频谱，即恢复原连续时间信号。但是如果采样不满足采样定理，采样信号的频谱中重复、相邻的原连续信号频谱波形就会发生混叠，原连续信号的频谱$F(\omega)$波形就会失真，此时采样信号$f_s(t)$就无法表示原连续信号$f(t)$的全部信息，也称信号$f(t)$不能恢复或再现。

由采样信号恢复连续时间信号，从频域角度分析，就是选择理想低通滤波器的系统函数为$H(\omega)=T_s G_{2\omega_m}(\omega)$(实质为一个幅度为$T_s$、门宽为$2\omega_m$的频域门)与采样信号的频谱相乘，则滤波器输出信号的频谱为原连续信号的频谱，即

$$F(\omega) = H(\omega) F_s(\omega) \tag{5-11}$$

从时域角度分析，根据时域卷积定理，就是冲激响应与采样信号的卷积，则有原连续信号为

$$f(t) = h(t) * f_s(t) \tag{5-12}$$

因为$H(\omega)=T_s G_{2\omega_m}(\omega)$的傅里叶反变换为

$$h(t) = \frac{T_s \omega_m}{\pi} \mathrm{Sa}(\omega_m t) \tag{5-13}$$

又因为采样信号可以表示为 $f_s(t)=\sum\limits_{n=-\infty}^{+\infty} f(nT_s)\delta(t-nT_s)$

所以可以得到原连续信号:

$$\begin{aligned} f(t) &= \frac{T_s\omega_m}{\pi}\text{Sa}(\omega_m t) * \sum_{n=-\infty}^{+\infty} f(nT_s)\delta(t-nT_s) \\ &= \sum_{n=-\infty}^{+\infty} \frac{T_s\omega_m}{\pi} f(nT_s)\text{Sa}[\omega_m(t-nT_s)] \end{aligned} \tag{5-14}$$

若取 $\omega_s=2\omega_m$,则

$$f(t)=\sum_{n=-\infty}^{+\infty} f(nT_s)\text{Sa}[\omega_m(t-nT_s)] \tag{5-15}$$

式(5-15)表明,若在采样信号 $f_s(t)$ 的每一个采样点处,画一个峰值为 $f(nT_s)$ 的 Sa 函数波形,那么其合成波形就是原连续信号 $f(t)$。因此只要已知各采样值的 $f(nT_s)$,就能唯一地确定原连续信号 $f(t)$。由采样信号恢复原连续信号的过程如图 5-7 所示。

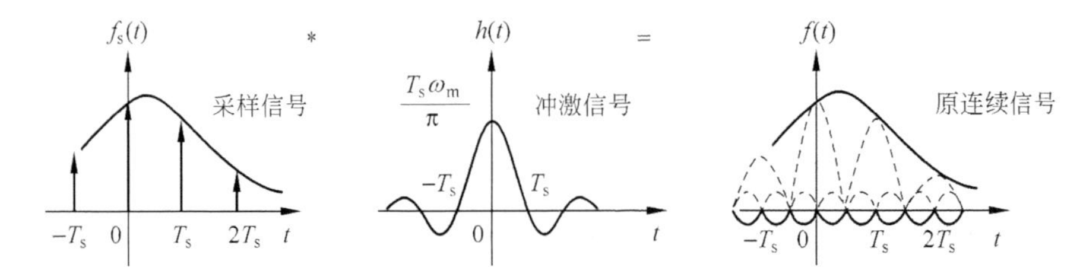

图 5-7 采样信号恢复原连续信号过程

综合以上分析可见,信号的采样是通过频域卷积实现的,而信号的恢复是通过时域卷积获得的。

5.3 离散时间信号的基本概念

5.3.1 离散时间信号的定义和描述

1. 离散时间信号的定义

离散时间信号是只在某些规定的离散时刻给出确定函数值的信号,简称离散信号或数值序列(sequence)信号。

时间上离散的数据在时域内表示成离散时间信号,离散时间信号只在离散时刻才有定义,而在其他时间无定义或为零。除了这类本来就是在时间上离散的信号外,工程上还有许多是从连续信号采样得到的离散信号,如前面所研究的采样信号。通常这些离散时刻的间隔是均匀的,因此离散信号也称均匀时间序列。

2. 离散时间信号的描述

无论本身就是时间上离散的离散信号,还是由连续信号采样得到的离散信号,无非就是一系列的数值。若离散信号是每个时间间隔 T_s 组成的一系列数值,则相对于连续时间信号可将离散时间信号表示为 $f(kT_s)$,简单地表示为 $f(k)(k=0,\pm1,\pm2,\pm3,\cdots)$。

离散时间信号的描述可分为函数描述、序列(集合)描述和图形描述三种。

1）函数描述

以 $f(k)$或 $f(n)$的闭合函数式表示，n、k 为整数，为各点函数值在序列中出现的序号。确定性离散信号可以表示成 n 或 k 的闭合式。如 $f(k)=\left(\frac{1}{2}\right)^k$。

2）序列(集合)描述

以 $f(k)$或 $f(k)$的序列(集合)形式表示。$f(k)$仅表示序列中第 n 个数值，而$\{f(k)\}$表示整个序列。有限个数值组成的离散序列，称有限长序列，如：

$$f(k)=\{\underset{\underset{k=0}{\uparrow}}{1},\quad 2.5,\quad -3,\quad 1.5,\quad -1\}$$

由无限多个数值组成的离散序列，称为无限长序列，如：

$$f(k)=\{\underset{\underset{k=0}{\uparrow}}{1},\quad 2,\quad 3,\quad 4,\quad \cdots\}$$

3）图形描述

以图形表示，线段长度表示该点的函数值。离散信号的图形表示如图 5-8 所示。

离散信号可以不是时间的变量。用 $f(k)$表示离散信号，一是简便，二是可以使分析方法更具有普遍意义。因为从抽象意义上说，离散时间信号仅仅就是数值序列，当然可以不限于时间变量。在实际工作中这组数据序列往往可以是实时的，也可以是遵循一定的次序、没有时间意义的序列。像数字计算机或数字系统的输入和输出信号以及连续信号的抽样序列等。在数字技术中，函数的采样值并不是任意取值的，而是必须对幅值加以量化，即幅值只能去接近于预定的若干个有限值之一，量化后的幅值常常以二进制编码表示，也称为数字信号。

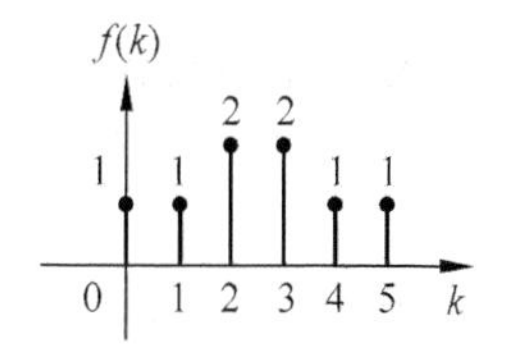

图 5-8　离散信号的图形表示

5.3.2　基本离散信号

1. 单位函数信号(unit function signal)

函数表示为

$$\delta(k)=\begin{cases}1, & k=0\\ 0, & k\neq 0\end{cases}\tag{5-16}$$

单位函数信号的图形表示如图 5-9(a)所示。类似于 $\delta(t)$，相同之处是二者只在零时刻有定义，在非零时刻函数值为 0。不同之处在于：$\delta(t)$是一个广义函数，在 $t=0$ 时，幅度为无限大；而 $\delta(k)$是一般函数，在 $k=0$ 时，函数值为 1。$\delta(k-n)$是移位或移序(sequence shifting)的单位函数信号，其函数表示为

$$\delta(k-n)=\begin{cases}1, & k=n\\ 0, & k\neq n\end{cases}\tag{5-17}$$

移位或移序的单位函数信号的图形表示如图 5-9(b)所示。

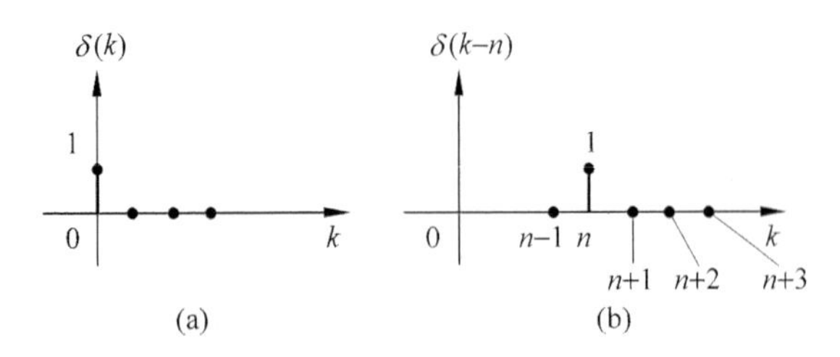

图 5-9 单位函数信号及移位的单位函数信号

2. 单位阶跃序列(unit step sequence)

函数表示为

$$\varepsilon(k)=\begin{cases}1, & k\geqslant 0\\ 0, & k<0\end{cases}\tag{5-18}$$

单位阶跃序列的图形表示如图 5-10(a)所示。$\varepsilon(k-n)$是移位或移序的单位阶跃序列,其函数表示为

$$\varepsilon(k-n)=\begin{cases}1, & k\geqslant n\\ 0, & k<n\end{cases}\tag{5-19}$$

移位或移序的单位阶跃序列的图形表示如图 5-10(b)所示。

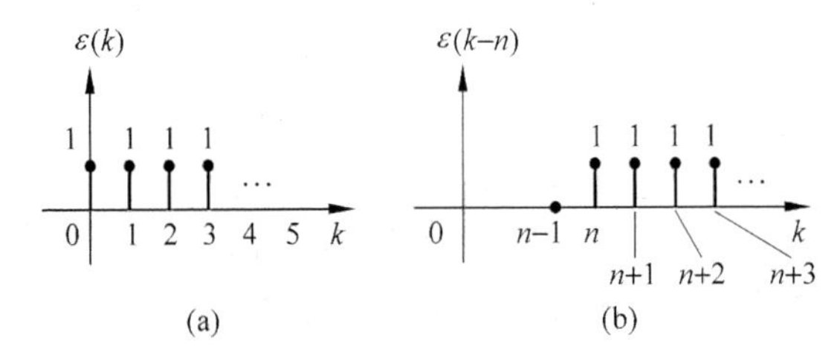

图 5-10 单位阶跃序列及移位的单位阶跃序列

3. 单位斜变序列

函数表示为

$$f(k)=k\varepsilon(k)=R(k)\tag{5-20}$$

其图形表示如图 5-11 所示。

4. 单位指数序列

函数表示为

$$f(k)=a^k\varepsilon(k)\tag{5-21}$$

其图形表示如图 5-12 所示。

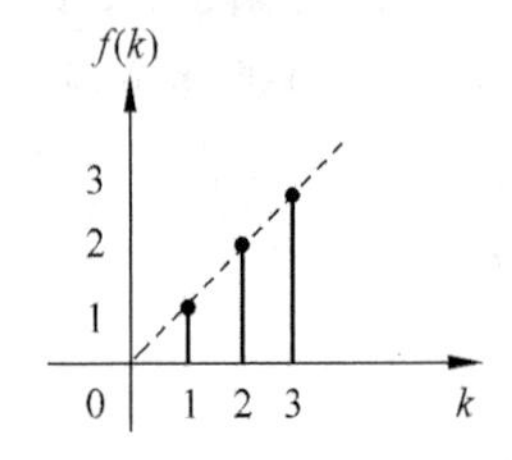

图 5-11 单位斜变序列

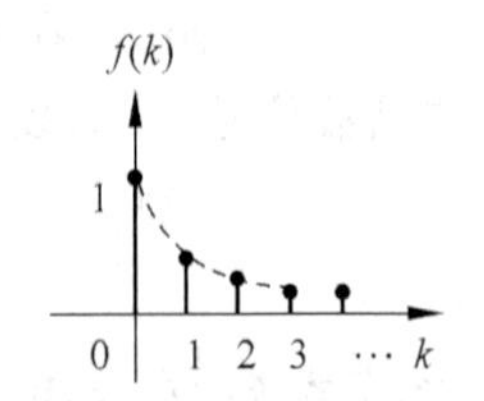

图 5-12 单位指数序列

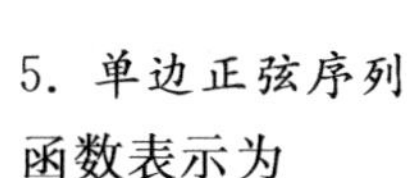

5. 单边正弦序列

函数表示为

$$f(k) = \cos k\theta\varepsilon(k) \tag{5-22}$$

其图形表示如图 5-13 所示。

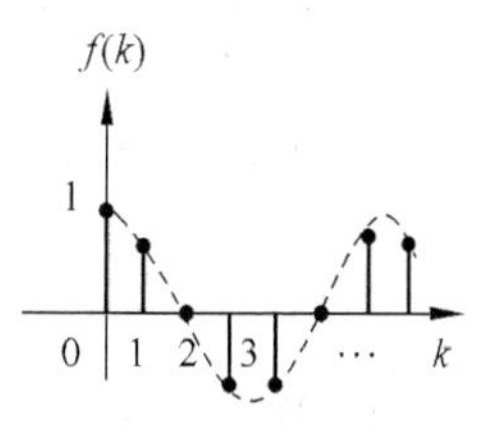

图 5-13　单边正弦序列

图 5-10～图 5-13 的离散序列 $f(k)$，$k<0$ 时 $f(k)=0$。这样的序列称为单边序列（single-sided sequence）或称有始序列（causal sequence）、右序列（right sequence）。如果序列 $f(k)$ 在 $k\geqslant0$时 $f(k)=0$，则称 $f(k)$ 为左序列（left sequence）。

5.3.3　基本离散信号的特性

1. $\delta(k)$、$\varepsilon(k)$ 以及 $R(k)$ 的关系

$$\varepsilon(k) = \sum_{j=0}^{k}\delta(k-j) = \delta(k)+\delta(k-1)+\delta(k-2)+\cdots \tag{5-23}$$

$$\delta(k) = \varepsilon(k)-\varepsilon(k-1) \tag{5-24}$$

$$\delta_T(k) = \sum_{j=-\infty}^{+\infty}\delta(k-j) \tag{5-25}$$

$$\varepsilon(k) = R(k+1)-R(k) \tag{5-26}$$

注意，斜变序列的起始点为 0，因此 $\varepsilon(k)\neq R(k)-R(k-1)$。

2. 单位函数信号和单位阶跃序列表示任意信号

1）单位阶跃信号和单位函数信号表示的门序列

单位阶跃序列表示的门宽为 3 的门序列为

$$f(k) = \varepsilon(k)-\varepsilon(k-4) \tag{5-27}$$

单位函数信号表示的门序列函数表示为

$$f(k) = \delta(k)+\delta(k-1)+\delta(k-2)+\delta(k-3) \tag{5-28}$$

单位阶跃信号和单位函数信号表示的门序列图形如图 5-14 所示。

2）单位函数序列表示的任意序列

函数表示为

$$f(k) = f(0)\delta(k)+f(1)\delta(k-1)+f(2)\delta(k-2)+\cdots = \sum_{j=0}^{k}f(j)\delta(k-j) \tag{5-29}$$

其图形表示如图 5-15 所示。

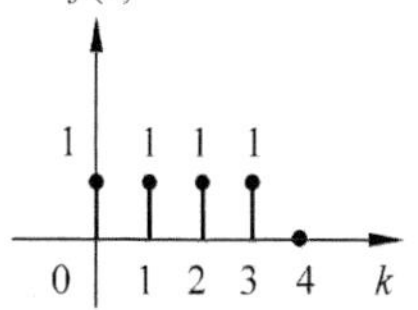

图 5-14　单位阶跃信号和单位函数信号表示的门序列

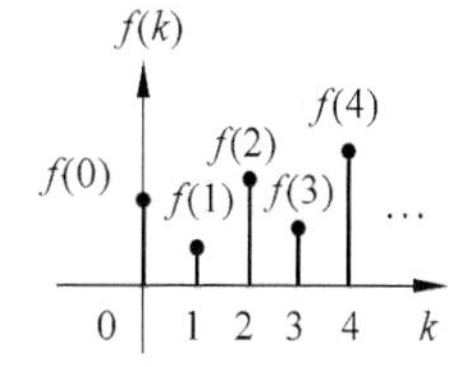

图 5-15　单位函数序列表示的任意序列

以上重要内容可总结为要点5.2。

要点5.2

(1) 单位函数信号:

$$\delta(k)=\begin{cases}1, & k=0\\ 0, & k\neq 0\end{cases}$$

(2) 单位阶跃序列:

$$\varepsilon(k)=\begin{cases}1, & k\geqslant 0\\ 0, & k<0\end{cases}$$

二者关系:

$$\delta(k)=\varepsilon(k)-\varepsilon(k-1)$$

$$\varepsilon(k)=\sum_{j=0}^{+\infty}\delta(k-j)=\delta(k)+\delta(k-1)+\delta(k-2)+\cdots$$

5.4 离散信号的运算与变换

离散信号的运算与变换同连续信号的运算与变换类似,运算与变换得到的新序列可以用表达式表示,也可以用波形或序列集合来进行形象、直观地表示。

5.4.1 加和减

任意两个离散信号的加、减运算是在对应的k时刻进行的。

两个离散信号的相加表示为

$$f(k)=f_1(k)+f_2(k) \tag{5-30}$$

两个离散信号的相减表示为

$$f(k)=f_1(k)-f_2(k) \tag{5-31}$$

例5-1 已知:

$$f_1(k)=\{3,\ -2,\ 5,\ \underset{\underset{k=0}{\uparrow}}{1},\ -1,\ 2,\ -3\} \qquad f_2(k)=\{9,\ \underset{\underset{k=0}{\uparrow}}{-2},\ 0,\ -2\}$$

求$f(k)=f_1(k)+f_2(k)$和$f(k)=f_1(k)-f_2(k)$。

解:

$$f(k)=f_1(k)+f_2(k)=\left\{\begin{array}{ccccccc} 3, & -2, & 5, & \underset{\underset{k=0}{\uparrow}}{1}, & -1, & 2, & -3\\ +0, & 0, & 9, & \underset{\underset{k=0}{\uparrow}}{-2}, & 0, & -2, & 0\\ \hline 3, & -2, & 14, & \underset{\underset{k=0}{\uparrow}}{-1}, & -1, & 0, & -3 \end{array}\right\}$$

$$=\{3,\ -2,\ 14,\ \underset{\underset{k=0}{\uparrow}}{-1},\ -1,\ 0,\ -3\}$$

$$f(k)=f_1(k)-f_2(k)=\left\{\begin{array}{ccccccc}3, & -2, & 5, & 1, & -1, & 2, & -3\\ & & & \uparrow & & & \\ & & & k=0 & & & \\ -0, & 0, & 9, & -2, & 0, & -2, & 0\\ & & & \uparrow & & & \\ & & & k=0 & & & \\ \hline 3, & -2, & -4, & 3, & -1, & 4, & -3\\ & & & \uparrow & & & \\ & & & k=0 & & & \end{array}\right\}$$

$$=\{3,\ -2\ \ -4,\ \underset{\substack{\uparrow\\ k=0}}{3},\ -1,\ 4,\ -3\}$$

可见,在对应时刻进行的数值加或减运算,但必须是无进位或借位加或减。

5.4.2 相乘

任意两个信号相乘 $f(k)=f_1(k)\times f_2(k)$ 与相加减运算一样,信号的相乘运算也要在对应的 k 时刻进行。

例 5-2 求例 5-1 题中的两个信号的相乘运算。

解:

例 5-1 题中的两个信号的相乘运算结果为

$$f(k)=f_1(k)\times f_2(k)=\{45,\ \underset{\substack{\uparrow\\ k=0}}{-2},\ 0,\ -4\}$$

5.4.3 差分

离散信号的差分运算有前向差分和后向差分两种。

离散信号的前向差分运算为

$$\Delta f(k)=f(k+1)-f(k) \tag{5-32}$$

离散信号的后向差分运算为

$$\Delta f(k)=f(k)-f(k-1) \tag{5-33}$$

离散信号的差分运算与连续信号的微分运算相对应,如:离散信号 $\delta(k)=\varepsilon(k)-\varepsilon(k-1)$,而连续信号 $\delta(t)=\dfrac{\mathrm{d}\varepsilon(t)}{\mathrm{d}t}$。

5.4.4 求和

离散信号的求和运算是对某一离散信号进行历史推演的求和过程。$f(k)$的求和运算为

$$y(k)=\sum_{n=-\infty}^{k}f(n) \tag{5-34}$$

离散信号的求和运算类似于连续信号的积分运算,必须注意前边的求和数值对后边求和数值的影响。

例 5-3 已知一个离散序列

$$f(k)=\{1,\quad \underset{\substack{\uparrow\\ k=0}}{2},\quad 0,\quad -1\}$$

求对此序列的求和 $y(k)=\sum\limits_{n=-\infty}^{k}f(n)$。

解:

由于原信号在 $n\geqslant-1$ 开始已经有值,则此序列的求和运算应该从 $n\geqslant-1$ 开始。根据式(5-18)有

$$y(-1)=\sum_{n=-1}^{-1}f(n)=f(-1)=1$$

$$y(0)=\sum_{n=-1}^{0}f(n)=f(-1)+f(0)=1+2=3$$

$$y(1)=\sum_{n=-1}^{1}f(n)=f(-1)+f(0)+f(1)=1+2+0=3$$

$$y(2)=\sum_{n=-1}^{2}f(n)=f(-1)+f(0)+f(1)+f(2)=1+2+0-1=2$$

$$y(3)=\sum_{n=-1}^{3}f(n)=f(-1)+f(0)+f(1)+f(2)+f(3)=1+2+0-1=2$$

…

以此类推,得 $y(k)=y(k-1)+f(k)$。该离散信号及其求和运算结果如图 5-16 所示。

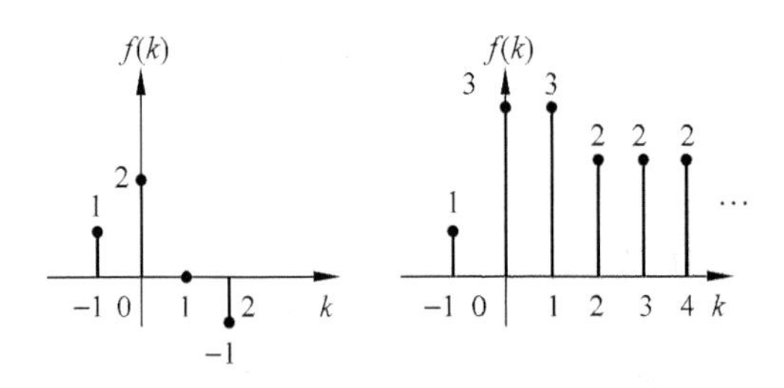

图 5-16 离散信号及其求和信号

5.4.5 平移

将离散信号 $f(k)$的自变量 k 置换为$(k-j)$或$(k+j)$得到的信号 $f(k-j)$或 $f(k+j)$的过程称为信号的平移。$f(k)$向右平移 j 个单位记为 $f(k-j)$,称右移序(right shift); $f(k)$向左平移 j 个单位记为 $f(k+j)$,称左移序(left shift)。原信号 $f(k)$如图 5-17(a)所示。原信号 $f(k)$向左平移 2 得 $f(k+2)$,其波形如图 5-17(b)所示; $f(k)$向右平移 1 得$f(k-1)$,其波形如图 5-17(c)所示。

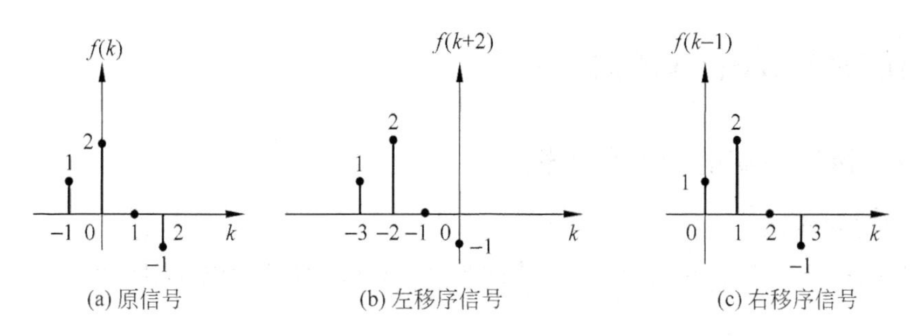

图 5-17　信号及其左移序信号和右移序信号

5.4.6　反褶

将离散信号 $f(k)$以纵轴为对称轴反褶获得 $f(-k)$，离散信号及其反褶信号的波形如图 5-18 所示。

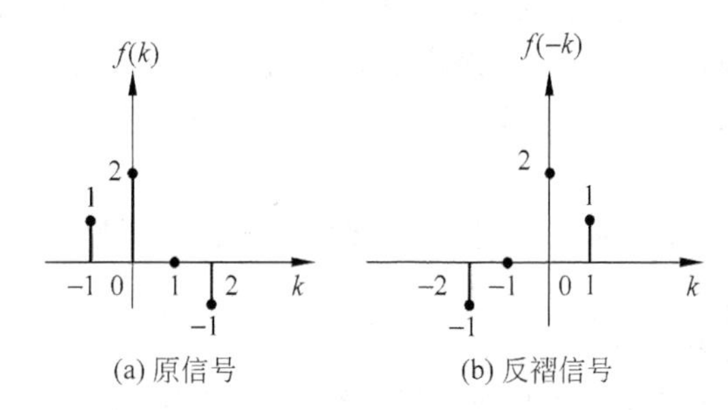

图 5-18　信号及其反褶信号

5.4.7　压缩和扩展

为了减少信号占用的存储空间或提高信号的传输效率往往需要进行信号的压缩，而被压缩信号的还原(解压缩)就需要信号的扩展。将离散信号 $f(k)$中的自变量 k 置换为 ak 得到 $f(ak)$的过程称为信号的尺度变换：

$|a|>1$ 为 $f(ak)$相对于 $f(k)$沿时间轴被压缩为原来的 $1/a$。

$|a|<1$ 为 $f(ak)$相对于 $f(k)$沿时间轴被扩展为原来的 a 倍。

无论压缩还是扩展，纵轴数值不变。原信号 $f(k)$如图 5-19(a)，原信号 $f(k)$的压缩和扩展波形如图 5-19(b)和(c)所示。

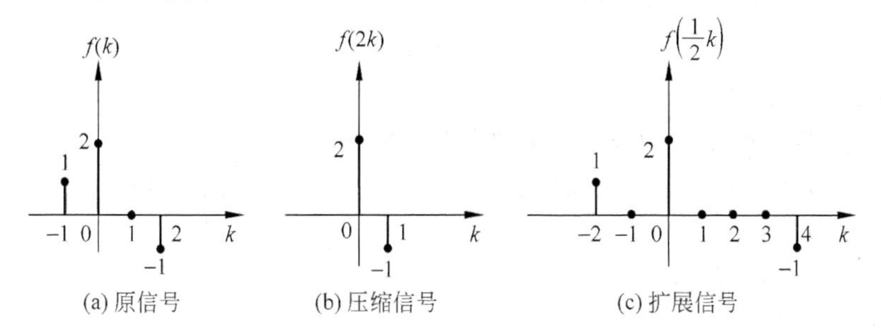

图 5-19　信号及其压缩信号和扩展信号

5.5 离散系统的基本概念

5.5.1 离散系统的分类和特性

1. 离散时间系统

离散时间系统简称离散系统，该系统的输入(激励)信号和输出(响应)信号均是离散信号。

数字计算机是最典型的离散系统。它是均匀、离散、瞬时的机器工作情况，某一瞬时离散信号作用于机器，其内部电路状况发生转变，而其他时间可以认为机器处于安静等待状态，在实际系统中离散、连续系统往往是联合使用的，即混合系统(实用自控系统、数字通信系统)。从众所周知的计算机到单片机再到DSP(digital signal processing)芯片，都能直接处理的是数字信号，因此它们也是典型的离散系统。

离散系统相对于连续系统有很强的优越性，其精度高、可靠性好、抗干扰能力强及利于小型化等优点，使离散系统的应用越来越广泛，有些领域甚至有由离散系统取代连续系统的趋势，例如数字化电视系统正在逐步走向市场，且市场份额将不断加大，这些都是离散系统性能价格比优势的体现。

如图5-1所示的是简单的单入-单出离散系统的框图。激励为$e(k)$，响应为$r(k)$，可以简单地表示成$e(k)\rightarrow r(k)$。

2. 离散系统的分类及特性

在连续系统中曾定义了线性非时变因果连续系统，对离散系统也相应定义为线性非时变因果离散系统。与连续系统类似，这里所研究的也只是线性的、时不变的、因果的离散系统，简称LTI离散系统。

1) 离散系统的线性特性

已知系统无初始储能，$x_1(k)\rightarrow y_1(k)$，$x_2(k)\rightarrow y_2(k)$，a、b为常数，则

$$ax_1(k)+bx_2(k)\rightarrow ay_1(k)+by_2(k) \tag{5-35}$$

2) 响应可叠加性

全响应为

$$y(k)=y_{zi}(k)+y_{zs}(k) \tag{5-36}$$

3) 离散系统的非时变性

离散系统的非时变性也称移不变性(shift-invariant)。

已知激励$x(k)\rightarrow y(k)$响应，则

$$x(k-n)\rightarrow y(k-n) \tag{5-37}$$

4) 离散系统的因果性

离散系统的因果性是指响应不能出现在激励之前。

例5-4 判断下列输入输出关系所表示的系统是否具有线性性、时不变性与因果性。

(1) $y(k)=x(k)-3x(k+2)$

(2) $y(k)=x(k)x(k-2)$

(3) $y(k)=kx(k-1)$

(4) $y(k)=2x(k)-3$

解：

(1) 线性性判断：

设 $x_1(k) \rightarrow y_1(k)$，$x_2(k) \rightarrow y_2(k)$，$a$、$b$ 为常数，有

$$y_1(k) = x_1(k) - 3x_1(k+2);\ y_2(k) = x_2(k) - 3x_2(k+2)$$

则

$$\begin{aligned} & [ax_1(k) + bx_2(k)] - 3[ax_1(k+2) + bx_2(k+2)] \\ = & a[x_1(k) - 3x_1(k+2)] + b[x_2(k) - 3x_2(k+2)] \\ = & ay_1(k) + by_2(k) \end{aligned}$$

所以系统是线性的。

非时变性判断：

根据系统非时变(时不变)特性：激励 $x(k)$作用下系统响应 $y(k)$对于激励延时 n，响应也应延时 n，即表示成 $x(k) \rightarrow y(k)$，$x(k-n) \rightarrow y(k-n)$。

因为有 $y(k-n)=x(k-n)-3x(k-n+2)$，所以系统是非时变的。

因果性判断：

将 $k=0$ 代入 $y(k)=x(k)-3x(k+2)$，则 $y(0)=x(0)-3x(+2)$显然响应出现在激励之前了，所以系统是非因果的。

总之，该系统为线性时不变非因果系统。

(2) 方法同前。

线性性判断：

设 $y_1(k)=x_1(k)x_1(k-2)$；$y_2(k)=x_2(k)x_2(k-2)$

有$[ax_1(k)+bx_2(k)][ax_1(k-2)+bx_2(k-2)] \neq ay_1(k)+by_2(k)$，所以系统是非线性的。

非时变性判断：

因为有 $y(k-n)=x(k-n)x(k-n-2)$，所以系统是非时变的。

因果性判断：

因为 $y(0)=x(0)x(-2)$，所以系统是因果的。

总之，该系统为非线性时不变因果系统。

(3) 方法同前。

线性性判断：

设 $y_1(k)=kx_1(k-1)$；$y_2(k)=kx_2(k-1)$

有 $k[ax_1(k-1)+bx_2(k-1)]=ay_1(k)+by_2(k)$，所以系统是线性的。

非时变性判断：

因为有 $kx(k-n-1) \neq y(k-n)=(k-n)x(k-n-1)$，所以系统是时变的。

因果性判断：

因为 $y(0)=0x(-1)=0$，所以系统是因果的。

总之，该系统为线性时变因果系统。

(4) 方法同前。

线性性判断：

当 $x(k)=0$；$y(k)=-3$，表示系统有储能，系统响应可以表示成 $y(k)=y_{zi}(k)+y_{zs}(k)$，其中 $y_{zi}(k)=-3$；$y_{zs}(k)=2x(k)$，所以系统是线性的。

非时变性判断：

因为有 $y(k-n)=2x(k-n)-3$,所以系统是非时变的。

因果性判断:

当 $x(k)=0$ 时,所以 $y_{zs}(k)=2x(k)=0$ 系统是因果的。

总之,该系统为线性时不变因果系统。

5.5.2 离散系统的数学模型

LTI连续系统的数学描述即数学模型是激励、响应的线性常系数微分方程,与连续系统的数学模型相对应;LTI离散系统的数学描述即数学模型是激励、响应的线性常系数差分方程。

1. 离散系统数学模型

离散系统数学模型即差分方程具有两种形式:右移序列形式和左移序列形式。

1) 右移序列差分方程也称后向差分方程(backward difference equation)

$$\begin{aligned} & y(k)+a_1y(k-1)+a_2y(k-2)+\cdots+a_ny(k-n) \\ &= b_0x(k)+b_1x(k-1)+\cdots+b_mx(k-m) \end{aligned} \tag{5-38}$$

2) 左移序列差分方程也称前向差分方程(forward difference equation)

$$\begin{aligned} & y(k+n)+a_{n-1}y(k+n-1)+a_{n-2}y(k+n-2)+\cdots+a_0y(k) \\ &= b_0x(k)+b_1x(k-1)+\cdots+b_mx(k-m) \end{aligned} \tag{5-39}$$

在式(5-38)和式(5-39)中,$x(k)$为激励(输入),$y(k)$为响应(输出),a_i、b_i 为常系数。故称线性常系数差分方程。线性时不变因果离散系统的数学描述为线性常系数差分方程。

差分方程的阶数为输出(响应)y 序列中自变量的最高序号与最低序号之差。在描述因果离散系统的差分方程中,激励的最高序号不能大于响应的最高序号,即 $m\leqslant n$。

2. 离散系统数学模型的建立

连续系统完成的功能也可以用数字系统来近似实现。现在以一个连续系统为例来获得离散系统的数学模型。

例 5-5 电系统为电阻梯形网络如图5-20所示。

令各节点电压为 $u(k)$,$k=0,1,2,\cdots$为各节点序号;α 为常系数。

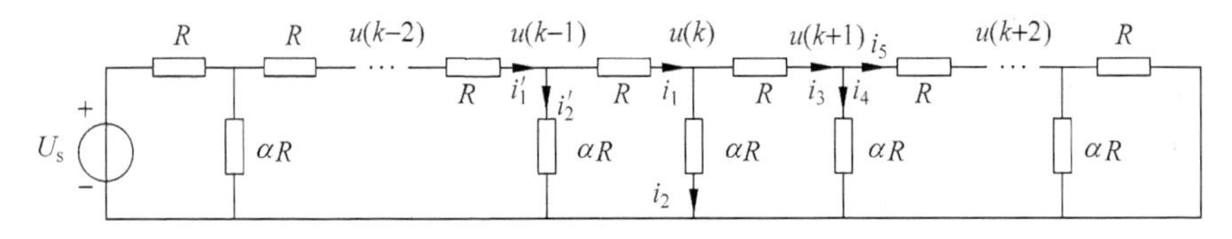

图 5-20 梯形电阻网络

对$(k+1)$号节点有

$$i_3=i_4+i_5$$

$$\frac{u(k)-u(k+1)}{R}=\frac{u(k+1)}{\alpha R}+\frac{u(k+1)-u(k+2)}{R}$$

整理得

$\alpha u(k+2)-(2\alpha+1)u(k+1)+\alpha u(k)=0$,这是二阶左移序差分方程。

对$(k-1)$号节点有

$$i'_1=i'_2+i_1$$

$$\frac{u(k-2)-u(k-1)}{R}=\frac{u(k-1)}{\alpha R}+\frac{u(k-1)-u(k)}{R}$$

整理得

$\alpha u(k-2)-(2\alpha+1)u(k-1)+\alpha u(k)=0$，这是二阶右移序差分方程。

显然以上 k 并非是时间变量，而是代表网络节点号。

例 5-6　一个非电系统：已知每年新开垦荒地产粮为 $e(k)$，每年产粮量 $y(k)$，每年产粮量递增 5%，第 $k+1$ 年产粮量为多少？

解：

第 $k+1$ 年产粮量为 $y(k+1)=(1+5\%)y(k)+e(k)$。

整理得

$y(k+1)-(1+5\%)y(k)=e(k)$，这是一阶左移序差分方程。

这里 k 是时间，但表示的是年号。

通过以上两个例子可见，差分方程形式各有不同，但总可以归为两种形式，即左移序和右移序形式。差分方程是一种描述离散函数关系的数学工具，其应用遍及许多科学领域。

5.5.3　离散系统的模拟

与连续系统模拟图类似，离散系统的模拟图是数学意义的差分方程模拟，一般也是由几种基本运算单元组成。基本运算器及其运算关系如图 5-21 所示。

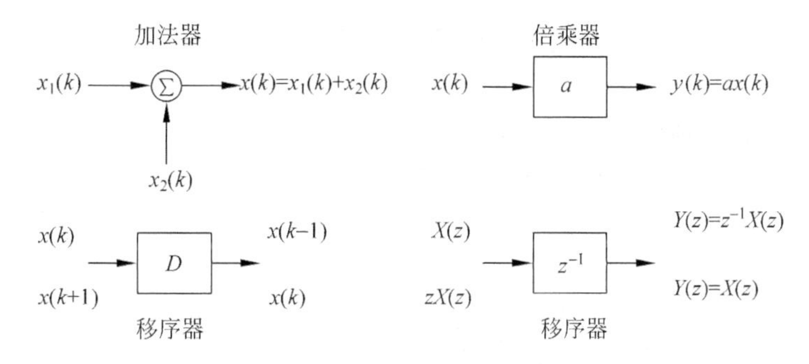

图 5-21　基本运算器及其运算关系

离散系统模拟的基本运算单元中除了加法器和标量乘法器与连续系统模拟所用的相同外，关键的单元是延时器(delayer)。延时器是用来在时间上向后移序的器件，它能将输入信号延迟一个时间间隔。模拟离散系统的延时器相当于模拟连续系统的积分器。在实际系统中，延时器可以用电荷耦合器件(charge coupled device，CCD)或数字寄存器(digital register)实现。正如积分器中积分符号可以用复变量 s^{-1} 来代替一样，模拟离散系统的延时器中的延时符号也可以用 z 变换中的复变量 z^{-1} 来代替。关于 z 的意义将在下一章详细讨论。

因为差分方程与微分方程形式相似，所以构成离散系统的模拟图和信号流图的方法与连续系统一样，可用适当的运算器连接起来加以模拟，这里不再赘述。

例 5-7　已知离散系统差分方程 $y(k+2)+a_1y(k+1)+a_0y(k)=b_1x(k+1)+b_0x(k)$，请画出该离散系统的直接模拟图及信号流图。

解：

离散系统的直接模拟图如图 5-22(a)所示。

离散系统的信号流图如图 5-22(b)所示。

例 5-8　已知二阶离散系统差分方程 $y(k+2)+5y(k+1)+6y(k)=2x(k+1)$，请画出

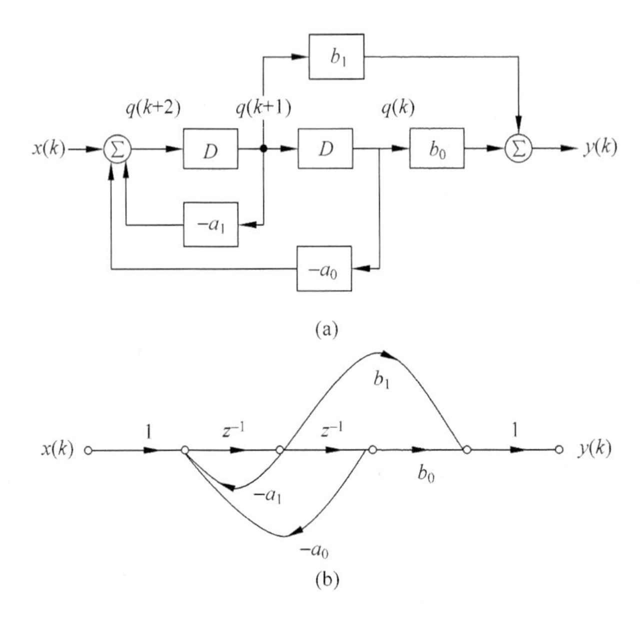

图 5-22　例 5-7 二阶差分方程的模拟图

该离散系统的直接模拟图和并联模拟图的信号流图。

解：

离散系统的直接模拟图如图 5-23(a)所示。

离散系统的并联模拟图的信号流图如图 5-23(b)所示。

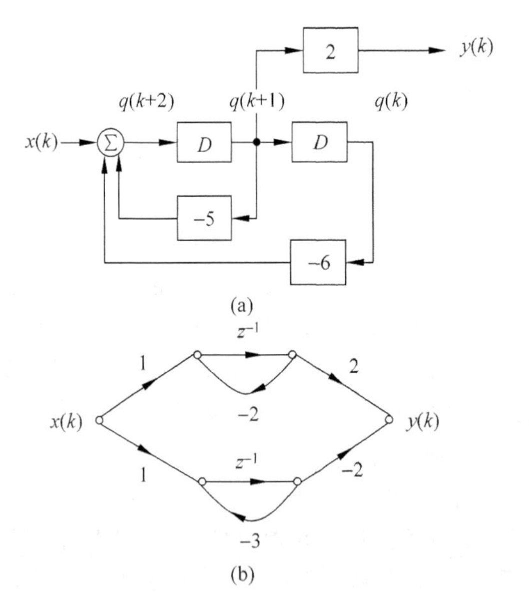

图 5-23　例 5-8 二阶离散系统差分方程模拟图(1)

令 $k=n-1$，原方程可以变为 $y(n+1)+5y(n)+6y(n-1)=2x(n)$。

(1) $y(k)$为无限序列，n、k 均为 $-\infty\sim+\infty$ 的自然数，因此将 n 改为 k 上式也成立。

(2) $y(k)$为有限序列，只要注意序列起点处有序数 1 的差别，因此将 n 改为 k 上式也成立。

于是有 $y(k+1)+5y(k)+6y(k-1)=2x(k)$，系统模拟图又如图 5-24 所示。

例 5-9　如果另有一离散系统差分方程 $y(k+1)+5y(k)+6y(k-1)=2x(k+1)$，请画出其模拟图。

解：

与上式对应的模拟图结构如图 5-25 所示，可见与图 5-24 结构相同，只是输出 $y(k)$ 的引出位置变化了。

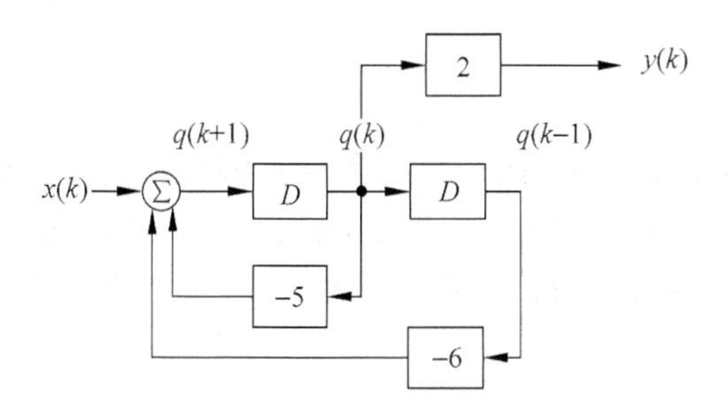

图 5-24　例 5-8 二阶离散系统差分方程模拟图(2)

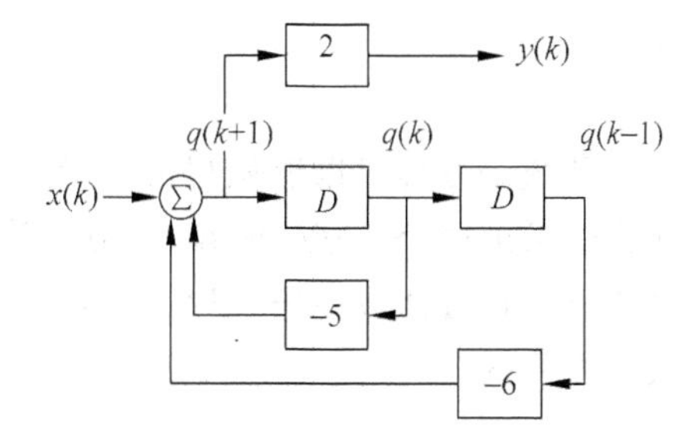

5-25　例 5-9 二阶离散系统差分方程模拟图

例 5-10　画出二阶离散系统差分方程 $y(k)+5y(k-1)+6y(k-2)=x(k)+2x(k-1)$ 的模拟图。

解：

系统模拟图如图 5-26 所示。

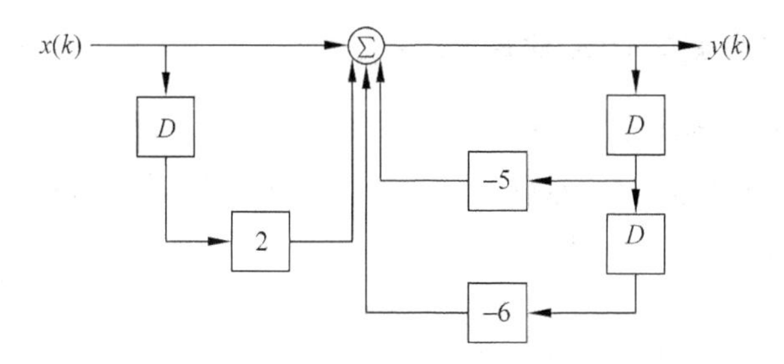

图 5-26　例 5-10 二阶离散系统差分方程模拟图

5.5.4　离散系统数学模型与连续系统数学模型的比较

LTI 离散系统数学模型差分方程与 LTI 连续系统数学模型微分方程在形式上是相似的，在一定条件下是可以相互转换的。

一阶连续系统的微分方程为

$$y'(t)+ay(t)=be(t) \tag{5-40}$$

一阶离散系统的差分方程为

$$y(k+1)+ay(k)=be(k) \tag{5-41}$$

通过式(5-40)和式(5-41)可以看出两者在形式上的相似。如果 $y(k)$ 与 $y(t)$ 相当，则 $y(k+1)$ 与 $y'(k)$ 相当，于是上面两式中各项均可以一一对应。

设时间间隔 T 足够小，当 $t=kT$ 时，有

$$\frac{\mathrm{d}y(t)}{\mathrm{d}t} \approx \frac{\Delta y(t)}{\Delta t}\bigg|_{t=kT}$$

即 $y'(t) \approx \frac{y[(k+1)T]-y(kT)}{T}$

于是式(5-40)可以近似表示为

$$\frac{y[(k+1)T]-y(kT)}{T}+ay(k)=be(k)$$

整理得

$$y[(k+1)T]+(aT-1)y(kT)=bTe(kT) \tag{5-42}$$

可见微分方程可以近似写成差分方程，条件是 T 必须足够小，精度足够高。实际上数字计算机求解微分方程的欧拉法、龙格库塔法等近似数值解法均是依据这一原理实现的，即先将微分方程近似成差分方程。只要 T 足够小，计算数值位数足够多，就可得到所需精度的微分方程的解。

5.6 LTI 离散系统的响应

线性时不变离散系统的数学模型是激励、响应的线性常系数的差分方程，求离散系统响应的过程实质是求解其差分方程的过程，也就是离散系统分析的内容。与连续系统一样，离散系统的响应也可以分解为自由响应、强迫响应，暂态响应、稳态响应，零输入响应、零状态响应。各响应的概念与连续系统的各响应的概念相同。

5.6.1 LTI 离散系统的响应经典法求取

1. 一阶离散系统响应的经典求解

一阶后向差分方程为 $y(k)+ay(k-1)=be(k)$，其齐次解可以通过迭代法获得。

1) 齐次差分方程 $y(k)+ay(k-1)=0$ 的解

$$y(k)=-ay(k-1)$$

当 $k=0$ 时，$y(k)=y(0)$，$y(0)=-ay(-1)$；

当 $k=1$ 时，$y(1)=-ay(0)=(-a)^2y(-1)$；

当 $k=2$ 时，$y(2)=-ay(1)=(-a)^3y(-1)$；

…

$y_Q(k)=(-a)^ky(-1)$。

因为微分方程 $y'+ay=0$ 的特征根(characteristic root)可以通过$(\lambda+a)y=0$ 求得，即 $\lambda=-a$，所以微分方程齐次解为 $y_Q(t)=ce^{\lambda t}\varepsilon(t)=ce^{-at}\varepsilon(t)$，其中 $c=y(0)$。通过平行相似的方法也可以求取差分方程 $y(k)+ay(k-1)=0$ 的特征根。

差分方程 $y(k)+ay(k-1)=0$ 的特征根，可通过$(\lambda+a)y=0$ 求出，即 $\lambda=-a$，差分方程的齐次解就为 $y_Q(k)=c\lambda^k\varepsilon(k)=c(-a)^k\varepsilon(k)$，其中 $c=y(-1)$。

可见微分方程和差分方程的齐次解都是指数形式，只不过在一阶微分方程的齐次解中，其特征根是在指数的幂次上，而在一阶差分方程的齐次解中，其特征根在指数的底数上。

2) 非齐次差分方程 $y(k+1)+ay(k)=be(k)$的解

全解 $y(k)=y_Q(k)+y_T(k)$，即齐次解+特解。

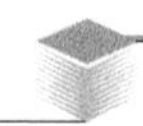

齐次解 $y_Q(k)$是满足齐次差分方程的解，形式取决于特征根，是由系统本身特性决定的，也称其为自由响应，待定系数由系统初值决定。

特解 $y_T(k)$是满足非齐次差分方程特殊的解，形式与激励有关，也称其为强迫响应。将特解和激励都代入方程，根据系数平衡法，比较方程两边对应项系数，可获得特解的待定系数。

下面把上述方法推广到 n 阶系统。

2. n 阶离散系统响应的经典法求解

n 阶后向差分方程见式(5-38)。

1) 齐次解

当特征根 λ 为 n 个单根时，齐次解形式为

$$y_Q(k)=\sum_{i=1}^{n}c_i\,(\lambda_i)^k \tag{5-43}$$

当特征根 λ 有 r 重根，其余$(n-r)$个单根时，齐次解形式为

$$y_Q(k)=\sum_{i=1}^{r}c_ik^{r-i}\,(\lambda_i)^k+\sum_{j=r+1}^{n}c_j\,(\lambda_j)^k \tag{5-44}$$

2) 特解

为了方便分析计算，特解形式的确定参见表 5-1。

表 5-1　差分方程的特解形式

序　　号	激励序列 $x(k),k\geqslant 0$	特解 $y_T(k)$的形式
1	A(常数)	P_0(常数)
2	a^k(a 不是特征根)	P_0a^k
3	k^n	$P_0+P_1k+\cdots+P_nk^n$
4	a^k(a 是特征根)	$P_0a^k+P_1ka^k$
5	$\sin k\Omega$	$P_1\sin k\Omega+P_2\cos k\Omega$
6	$\cos k\Omega$	$P_1\sin k\Omega+P_2\cos k\Omega$

3) 全解

全响应为 $y(k)=y_Q(k)+y_T(k)$，根据给定的初始值 $y(0)$、$y(1)$、…、$y(n-1)$，来确定待定系数。

例 5-11　已知离散系统方程为 $y(k)+3y(k-1)+2y(k-2)=x(k)$；系统初始状态为 $y(-1)=0$，$y(-2)=1$；系统激励 $x(k)=2^k\varepsilon(k)$。

求全响应 $y(k)$。

解：

齐次解：$y_Q(k)=[A_1(-1)^k+A_2(-2)^k]\varepsilon(k)$

特解：

将 $y_T(k)=B2^k\varepsilon(k)$代入方程

$$B2^k\varepsilon(k)+3B2^{k-1}\varepsilon(k-1)+2B2^{k-2}\varepsilon(k-2)=2^k\varepsilon(k)$$

$$B=\frac{1}{3}$$

全解：

$$y(k)=y_Q(k)+y_T(k)=[A_1(-1)^k+A_2(-2)^k]\varepsilon(k)+\frac{1}{3}2^k\varepsilon(k)$$

根据系统初始状态

$$y(-1)=0,\quad y(-2)=1$$

可以求得系统初始值

$$y(0)+3y(0-1)+2y(0-2)=x(0)$$
$$y(1)+3y(1-1)+2y(1-2)=x(1)$$

所以

$y(0)=-2+2^0=-1$

$y(1)=-3y(0)-2y(-1)+2^1=5$

$y(0)=-1=A_1+A_2+\frac{1}{3}$

$y(1)=5=-A_1-2A_2+\frac{1}{3}\times 2$

解得待定系数 $A_1=\frac{5}{3}, A_2=-3$

系统全响应 $y(k)=\left[\frac{5}{3}(-1)^k-3(-2)^k+\frac{1}{3}2^k\right]\varepsilon(k)$

可见该系统全响应为发散序列，无暂态响应和稳态响应。

由例5-11也可以看出，经典法求解差分方程便于从动态过程变化情况上说明各响应分量之间的关系，但是求解过程比较麻烦。另外，求解差分方程用到的初始状态(initial state)和初始值(initial data)不是一个概念。初始值是系统对“历史”的记忆，初始状态是初始值与激励共同产生的响应。

5.6.2 零输入响应与零状态响应及全响应

离散系统的全响应为零输入响应与零状态响应之和，即 $y(k)=y_{zi}(k)+y_{zs}(k)$。

1. 零输入响应

零输入响应是激励为零，由系统初始值决定的响应。求解系统零输入响应就是求解齐次差分方程的解，其方法和步骤与经典法中求解齐次解相似，只是待定系数由零输入初始值决定。由系统的初始状态 $y(-1)$、$y(-2)$、…、$y(-n)$ 可以迭代求出零输入初始值 $y(0)$、$y(1)$、…、$y(n-1)$，从而求出系统零输入响应。由于零输入响应与激励无关，故而可以直接由系统初始状态 $y(-1)$、$y(-2)$、…、$y(-n)$ 来求解零输入响应的待定系数。以上具体求零输入响应内容可概括为要点5.3。

要点 5.3

零输入响应与自由响应(齐次解)都是齐次差分方程的解，响应的形式相同，但是两者在待定系数的确定方法上是不同的。

自由响应(齐次解)中的待定系数的确定要在特解求出后，写出全解形式，才能依据系统初始值确定；零输入响应中的待定系数只需要根据系统的初始状态就可以直接确定了。

例 5-12　已知离散系统的差分方程为 $y(k)+3y(k+1)+2y(k-2)=x(k)$；系统初始条件 $y(-1)=1, y(-2)=1$。求系统零输入响应 $y_{zi}(k)$。

解：

零输入响应形式 $y_{zi}(k)=[A_1(-1)^k+A_2(-2)^k]\varepsilon(k)$

依据系统初值：$y_{zi}(-1)=1, y_{zi}(-2)=1$

得：$-A_1-\frac{1}{2}A_2=1, A_1+\frac{1}{4}A_2=1$

可以解得待定系数

$A_1=3, A_2=-8$

零输入响应

$y_{zi}(k)=[3(-1)^k-8(-2)^k]\varepsilon(k)$

表 5-2 给出了零输入响应几种可能的形式，利用此表可以简化解题步骤。

表 5-2　零输入响应的几种形式

方程阶数	零输入下系统差分方程（以右移序为例）	特征根	零输入响应形式（$k\geqslant 0$）	系数求解条件
1 阶	$y(k)+ay(k-1)=0$	$\lambda=-a$	$y_{zi}(k)=D(-a)^k$	$y(-1)$
2 阶	$y(k)+a_1y(k-1)+a_2y(k-2)=0$	λ_1、λ_2 为单实根	$y_{zi}(k)=D_1(\lambda_1)^k+D_2(\lambda_2)^k$	$y(-1)$ $y(-2)$
		λ 为二重根	$y_{zi}(k)=[D_1+D_2k](\lambda)^k$	
		$\lambda_{1,2}=\alpha\pm j\beta=\rho e^{\pm j\Omega}$ 为共轭复根	$y_{zi}(k)=\rho^k[D_1\cos k\Omega+D_2\sin k\Omega]$	
注：零输入响应形式对左移序差分方程也成立				$y(0)$ $y(1)$

2. 零状态响应

零状态响应系统初始状态为零，仅由激励产生的响应。

与连续系统一样，零状态响应需要求非齐次差分方程的解，可以采用经典法，即求零状态下的齐次解和特解。经典法求系统零状态响应时，系统初始状态为零，即 $y(-1)=y(-2)=\cdots=y(-n)=0$。在确定零状态响应的待定系数时，还需要根据系统初始状态确定零状态下的初始值 $y_{zs}(0)$、$y_{zs}(1)$、…、$y_{zs}(n-1)$。

例 5-13　已知二阶离散系统的差分方程为 $y(k)-2y(k-1)+y(k-2)=2^k\varepsilon(k)$，求该系统的零状态响应 $y_{zs}(k)$。

解：

由系统差分方程可见，解的特征根为 $\lambda=1$ 的二重根。根据表 5-2，该系统在零状态响应的齐次解形式为 $y_{zsQ}=(c_1+c_2k)\varepsilon(k)$。

根据表5-1,零状态响应的特解形式为 $y_{zsT}(k)=P_0(2)^k\varepsilon(k)$,将其代入原方程

$y(k)-2y(k-1)+y(k-2)=2^k\varepsilon(k)$ 中,得

$[P_0 2^k-2P_0 2^{k-1}+P_0 2^{k-2}]\varepsilon(k)=2^k\varepsilon(k)$,可以解得 $P_0=4$,

所以零状态响应的特解为 $y_{zsT}(k)=4(2)^k\varepsilon(k)$,系统零状态响应为

$$y_{zs}(k)=y_{zsQ}(k)+y_{zsT}(k)=[c_1+c_2k+4(2)^k]\varepsilon(k)$$

又因为 $y(-1)=y(-2)=0$,所以有 $y_{zs}(-1)=y_{zs}(-2)=0$。

将 $k=0$ 和 $k=1$ 代入原方程 $y(k)-2y(k-1)+y(k-2)=2^k\varepsilon(k)$,得

$$y_{zs}(0)-2y_{zs}(-1)+y_{zs}(-2)=1,\quad y_{zs}(1)-2y_{zs}(0)+y_{zs}(-1)=2\varepsilon(k)$$

解得 $y_{zs}(0)=1, y_{zs}(1)=4$;将其代入零状态响应解 $y_{zs}(t)$形式中,即代入

$y_{zs}(k)=y_{zsQ}(k)+y_{zsT}(k)=[c_1+c_2k+4(2)^k]\varepsilon(k)$中,得

$$c_1+4=1,\quad c_1+c_2+4(2)^1=4$$

可以解得 $c_1=-3$;$c_2=-1$。

所以系统零状态响应为 $y_{zs}(k)=[-3-k+4(2)^k]\varepsilon(k)$。

由例5-13可见零状态响应求解过程比较麻烦。零状态响应难求的原因是激励的复杂性造成的,可以仿照连续系统求零状态响应的方法,利用卷积和法求解比较方便。回顾连续系统求零状态响应过程,通过平行相似可以得到求取离散系统的零状态响应的方法,具体步骤如下:

(1) 将激励分解。

连续系统,激励 $e(t)=\int_0^t e(\tau)\delta(t-\tau)\mathrm{d}\tau$。

离散系统,激励本身已经是数值序列,可以表示为

$$e(k)=\sum_{j=0}^{k}e(j)\delta(k-j) \tag{5-45}$$

(2) 求出每一个激励分量加于系统的响应。

连续系统的单位冲激响应 $h(t)$,离散系统的单位函数响应 $h(k)$。

(3) 将所有分量响应叠加获得系统零状态响应。

连续系统零状态响应为

$y_{zs}(t)=\int_0^t e(\tau)h(t-\tau)\mathrm{d}\tau=e(t)*h(t)$,称为卷积积分(convolution integral)。

离散系统零状态响应为

$$y_{zs}(k)=\sum_{j=0}^{k}e(j)h(k-j)=e(k)*h(k) \tag{5-46}$$

式(5-46)称为卷积和(convolution sum)。

可见离散系统求零状态响应与连续系统求零状态响应的过程相似,只不过以 k、j 代替 t、τ,求和替代积分而已。以上内容可以概括为要点5.4。

要点 5.4

离散系统零状态响应为激励序列 $e(k)$与单位函数响应序列 $h(k)$的卷积和。

卷积和公式为 $y_{zs}(k)=\sum_{j=0}^{k}e(j)h(k-j)=e(k)*h(k)$。

由式(5-46)可见,获得系统零状态响应关键是要求出系统单位函数响应 $h(k)$。

5.7　离散系统的单位函数响应和单位阶跃响应

5.7.1　单位函数响应

离散系统时域分析中的单位函数响应(unit function response)与连续系统时域分析中的单位冲激响应相对应。

1. 单位函数响应的定义

离散系统在单位函数信号 $\delta(k)$ 作用下产生的零状态响应称为单位函数响应，记作 $h(k)$，也可以表示为 $\delta(k)\to h(k)$。

因为 $k=0$ 时，激励 $\delta(k)=1$；当 $k\neq 0$ 时，激励 $\delta(k)=0$。所以单位函数响应与零输入响应形式相同，只不过是将 $k=0$ 时的 $\delta(k)$ 的作用转换为系统初值来确定系数，所以单位函数响应是具有零输入响应形式的特殊零状态响应。

2. n 阶离散系统的单位函数响应

(1) 前向差分方程

$$y(k+n)+a_{n-1}y(k+n-1)+a_{n-2}y(k+n-2)+\cdots+a_0y(k)=x(k) \tag{5-47}$$

单位函数激励 $\delta(k)$ 对应单位函数响应的差分方程表示为

$$h(k+n)+a_{n-1}h(k+n-1)+a_{n-2}h(k+n-2)+\cdots+a_0h(k)=\delta(k) \tag{5-48}$$

此时的系统初始状态为 $h(-1)=h(-2)=\cdots=h(-n)=0$

由此得到的系统初值有

$$\left.\begin{aligned} &h(0)=h(1)=\cdots=h(n-1)=0\\ &h(n)=1 \end{aligned}\right\} \tag{5-49}$$

当 $k>0$ 时，由于 $\delta(k)=0$，差分方程又可以变为

$$h(k+n)+a_{n-1}h(k+n-1)+a_{n-2}h(k+n-2)+\cdots+a_0h(k)=0 \tag{5-50}$$

所以求单位函数响应 $h(k)$ 实质是求式(5-50)齐次差分方程的解，待定系数要应用式(5-49)确定。

(2) 后向差分方程

$$y(k)+a_1y(k-1)+a_2y(k-2)+\cdots+a_ny(k-n)=x(k) \tag{5-51}$$

单位函数激励 $\delta(k)$ 对应单位函数响应的差分方程表示为

$$h(k)+a_1h(k-1)+a_2h(k-2)+\cdots+a_nh(k-n)=\delta(k) \tag{5-52}$$

此时的系统初始状态为 $h(-1)=h(-2)=\cdots=h(-n)=0$

由此得到的系统初值有

$$\left.\begin{aligned} &h(0)=1\\ &h(-1)=h(-2)=\cdots=h(-n+1)=0 \end{aligned}\right\} \tag{5-53}$$

当 $k>0$ 时，由于 $\delta(k)=0$，差分方程又可以变为

$$h(k)+a_1h(k-1)+a_2h(k-2)+\cdots+a_nh(k-n)=0 \tag{5-54}$$

所以求单位函数响应 $h(k)$ 实质是求式(5-54)齐次差分方程的解，待定系数要应用式(5-53)确定。

例 5-14　(1) 系统差分方程为 $y(k)+3y(k-1)=x(k)-2x(k-1)$，利用经典法求解单位函数响应 $h(k)$。

(2) 系统差分方程为 $y(k+2)+3y(k+1)+2y(k)=x(k+2)$，利用经典法求解单位函

数响应 $h(k)$。

解：

(1) 当激励 $x(k)=\delta(k)$时，系统的响应 $y(k)=h(k)$，则有

$$h(k)+3h(k-1)=\delta(k)-2\delta(k-1)。$$

设 $h_1(k)$满足方程 $h_1(k)+3h_1(k-1)=\delta(k)$，单位函数响应形式为 $h_1(k)=A(-3)^k$。

利用式(5-53)，$h_1(0)=1$，将其代入 $h_1(k)=A(-3)^k$，得 $A=1$。所以有 $h_1(k)=(-3)^k\varepsilon(k)$。

根据系统线性时不变特性，对$h(k)+3h(k-1)=\delta(k)-2\delta(k-1)$，可得到

系统单位函数响应为 $h(k)=h_1(k)-2h_1(k-1)=(-3)^k\varepsilon(k)-2(-3)^{k-1}\varepsilon(k-1)$。

(2) 有以下两种方法

方法1：

当激励 $x(k)=\delta(k)$时，系统的响应 $y(k)=h(k)$，则有

$$h(k+2)+3h(k+1)+2h(k)=\delta(k+2)$$

设 $h_1(k)$满足方程 $h_1(k+2)+3h_1(k+1)+2h_1(k)=\delta(k)$，单位函数响应形式为 $h_1(k)=c_1(-1)^k+c_2(-2)^k$。

利用式(5-49)，$h_1(0)=h_1(1)=0$，$h_1(2)=1$，将其代入上式得

$$\begin{cases}-c_1-2c_2=0\\ c_1+4c_2=1\end{cases}$$

解出 $c_1=-1$，$c_2=\dfrac{1}{2}$。

此处应当注意，由于初始值 $h_1(0)=h_1(1)=0$，所以 $h_1(k)$的表示式应当从 $k\geqslant 2$ 的范围内成立，所以记为

$$h_1(k)=\left[-(-1)^k+\frac{1}{2}(-2)^k\right]\varepsilon(k-2)$$

根据系统时不变特性，对 $h(k+2)+3h(k+1)+2h(k)=\delta(k+2)$有

系统单位函数响应为

$$h(k)=h_1(k+2)=\left[-(-1)^{k+2}+\frac{1}{2}(-2)^{k+2}\right]\varepsilon(k)=[-(-1)^k+2(-2)^k]\varepsilon(k)。$$

方法2：

在 $\delta(k)$激励下，系统方程为 $h(k+2)+3h(k+1)+2h(k)=\delta(k+2)$，单位函数响应形式为 $h(k)=[A_1(-1)^k+A_2(-2)^k]\varepsilon(k)$，当 $k=-2$ 时，$h(0)+3h(-1)+2h(-2)=\delta(0)=1$；因为因果系统特性 $h(-1)=h(-2)=0$，则有 $h(0)=1$。

当 $k=-1$ 时，$h(1)+3h(0)+2h(-1)=\delta(1)=0$；因为因果系统特性 $h(-1)=0$，则有 $h(1)=-3$。

将 $h(0)=1$ 和 $h(1)=-3$ 代入 $h(k)=[A_1(-1)^k+A_2(-2)^k]\varepsilon(k)$，则得

$$\begin{cases}A_1+A_2=0\\ -A_1-2A_2=-3\end{cases}$$

解出 $A_1=-1$，$A_2=2$。

系统单位函数响应为 $h(k)=[-(-1)^k+2(-2)^k]\varepsilon(k)$。

5.7.2　单位阶跃响应

单位阶跃响应(unit step response)是激励为阶跃序列信号 $\varepsilon(k)$ 的零状态响应，记作 $r_\varepsilon(k)$，可以表示为

$$\varepsilon(k) \to r_\varepsilon(k)$$

因为 $\delta(k)=\varepsilon(k)-\varepsilon(k-1)$ 及 $\varepsilon(k)=\sum_{n=0}^{\infty}\delta(k-n)$，所以 LTI 离散系统的单位函数响应与单位阶跃响应的关系为

$$h(k)=r_\varepsilon(k)-r_\varepsilon(k-1) \tag{5-55}$$

$$r_\varepsilon(k)=\sum_{n=0}^{\infty}h(k-n) \tag{5-56}$$

以上内容可概括为要点 5.5。

要点 5.5

(1) 单位函数响应：激励 $\delta(k)$→零状态响应 $h(k)$；单位函数响应与零输入响应形式相同，只不过是将 $k=0$ 时 $\delta(k)$ 的作用转换为系统初值来确定系数。

(2) 单位阶跃响应：激励 $\varepsilon(k)$→零状态响应 $r_\varepsilon(k)$。

(3) 单位函数响应与单位阶跃响应的关系为

$$h(k)=r_\varepsilon(k)-r_\varepsilon(k-1)$$

$$r_\varepsilon(k)=\sum_{n=0}^{\infty}h(k-n)$$

5.8　卷积和法求零状态响应

在 LTI 连续系统时域分析中，可以利用卷积积分求系统零状态响应；与之相对应，LTI 离散系统的零状态响应的求解也可以应用卷积和法实现。

$$y_{zs}(k)=e(k)*h(k)=\sum_{j=0}^{k}e(j)h(k-j) \tag{5-57}$$

5.8.1　离散卷积和公式法

1. 离散卷积和定义

已知离散信号 $f_1(k)$ 和 $f_2(k)$，离散卷积和为

$$f(k)=f_1(k)*f_2(k)=\sum_{j=-\infty}^{\infty}f_1(j)f_2(k-j) \tag{5-58}$$

由式(5-58)可见，卷积和实质上是一种求和运算。在求和过程中 j 为求和变量，k 为参变量，卷积和结果还是 k 的函数。卷积和运算中求和上下限的选取与两个信号的取值范围有关。在计算时应以具体情况来确定。当两个信号均为因果信号时，其卷积和表示为

$$f(k)=f_1(k)*f_2(k)=\sum_{j=0}^{k}f_1(j)f_2(k-j) \tag{5-59}$$

2. 离散卷积和公式法

离散卷积和公式法也称解析法是直接应用卷积和公式求离散卷积和的方法。在应用卷

积和公式求离散卷积和过程中常常还需要一定的数学运算过程,为了尽量减少计算量,表5-3给出了几种卷积求和的常用公式。表5-4给出了几种常用的信号卷积和结果。可以通过查表简化卷积和运算。

表 5-3 卷积求和常用公式

序号	求和公式	说明
1	$\sum_{k=k_1}^{k_2} a^k = \begin{cases} k_2-k_1+1, & a=1 \\ \dfrac{a^{k_1}-a^{k_2+1}}{1-a}, & a\neq 1 \end{cases}$	k_1 与 k_2 均为实整数,且 $k_1\leqslant k_2$
2	$\sum_{k=k_1}^{\infty} a^k = \dfrac{a^{k_1}}{1-a}, \quad \lvert a\rvert<1$	无穷递减等比级数和,公比为 a,首项为 a^{k_1}
3	$\sum_{k=k_1}^{k_2} k = \dfrac{(k_1+k_2)(k_2-k_1+1)}{2}$	k_1 与 k_2 均为实整数,且 $k_1\leqslant k_2$

表 5-4 常用信号卷积和表

序号	$f_1(k)$	$f_2(k)$	$f(k)=f_1(k)*f_2(k)$
1	$\varepsilon(k)$	$\varepsilon(k)$	$(k+1)\varepsilon(k)$
2	$k\varepsilon(k)$	$\varepsilon(k)$	$\dfrac{1}{2}k(k+1)\varepsilon(k)$
3	$a^k\varepsilon(k)$	$\varepsilon(k)$	$\dfrac{1-a^{k+1}}{1-a}\varepsilon(k), \quad a\neq 1$
4	$k\varepsilon(k)$	$k\varepsilon(k)$	$\dfrac{1}{6}k(k+1)(k-1)\varepsilon(k)$
5	$a^k\varepsilon(k)$	$k\varepsilon(k)$	$\left[\dfrac{k}{1-a}+\dfrac{a(a^k-1)}{(1-a)^2}\right]\varepsilon(k), \quad a\neq 1$
6	$a^k\varepsilon(k)$	$a^k\varepsilon(k)$	$a^k(k+1)\varepsilon(k)$
7	$a_1^k\varepsilon(k)$	$a_2^k\varepsilon(k)$	$\dfrac{a_1^{k+1}-a_2^{k+1}}{a_1-a_2}\varepsilon(k), \quad a_1\neq a_2$

例 5-15 已知 $f_1(k)=\left(\frac{1}{2}\right)^k\varepsilon(k)$,$f_2(k)=\left(\frac{1}{5}\right)^k\varepsilon(k)$;求 $f(k)=f_1(k)*f_2(k)$。

解:

应用式(5-59)及查表5-3得

$$f(k)=f_1(k)*f_2(k)=\sum_{j=0}^{k} f_1(j)f_2(k-j)$$

$$=\sum_{j=0}^{k}\left(\frac{1}{2}\right)^j\left(\frac{1}{5}\right)^{k-j}=\left(\frac{1}{5}\right)^k\sum_{j=0}^{k}\left(\frac{5}{2}\right)^j=\left(\frac{1}{5}\right)^k\frac{1-\left(\frac{5}{2}\right)^{k+1}}{1-\frac{5}{2}}$$

$$=\left[\frac{5}{3}\left(\frac{1}{2}\right)^k-\frac{2}{3}\left(\frac{1}{5}\right)^k\right]\varepsilon(k)$$

也可以直接查表5-4获得卷积和结果。

$$f(k)=f_1(k)*f_2(k)=\sum_{j=0}^{k} f_1(j)f_2(k-j)$$

$$=\frac{\left(\frac{1}{2}\right)^{k+1}-\left(\frac{1}{5}\right)^{k+1}}{\frac{1}{2}-\frac{1}{5}}=\left[\frac{5}{3}\left(\frac{1}{2}\right)^{k}-\frac{2}{3}\left(\frac{1}{5}\right)^{k}\right]\varepsilon(k)$$

5.8.2　离散卷积和图解法

离散信号的图解卷积与连续信号的图解卷积类似，是指应用形象直观的图形并结合计算来求解离散信号卷积和的一种有效方法。这种方法的突出优点是便于确定求和的上下限，尤其适用于简单序列信号的卷积和运算，但缺点是不易于获得完整的闭合函数形式。

离散卷积和图解法步骤如下：

(1) 变量代换($k\rightarrow j$)即 $f_1(k)\rightarrow f_1(j)$，$f_2(k)\rightarrow f_2(j)$；

(2) 反褶其中一个信号 $f_1(j)\rightarrow f_1(-j)$ 或 $f_2(j)\rightarrow f_2(-j)$；

(3) 将反褶的信号移位 k，$f_1(j)\rightarrow f_1(k-j)$ 或 $f_2(j)\rightarrow f_2(k-j)$；

(4) 求 $\sum_{j=0}^{k} f_1(j)f_2(k-j)$ 或 $\sum_{j=0}^{k} f_2(j)f_1(k-j)$。

有限点信号的卷积和计算见例 5-16。

例 5-16　已知两个离散信号如图 5-27 所示，应用图解法求两个信号的卷积和 $f(k)=f_1(k)*f_2(k)$。

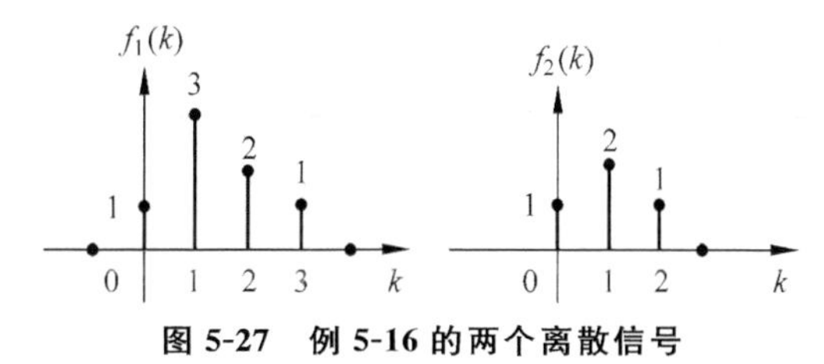

图 5-27　例 5-16 的两个离散信号

解：

卷积和对应波形计算如下：

当 $k=0$ 时，有

$$f(0)=\sum_{j=0}^{0} f_1(j)f_2(-j)=f_1(0)f_2(0)=1\times 1=1$$

当 $k=1$ 时，有

$$f(1)=\sum_{j=0}^{1} f_1(j)f_2(1-j)=f_1(0)f_2(1)+f_1(1)f_2(0)=1\times 2+3\times 1=5$$

当 $k=2$ 时，有

$$f(2)=\sum_{j=0}^{2} f_1(j)f_2(2-j)=f_1(0)f_2(2)+f_1(1)f_2(1)+f_1(2)f_2(0)$$

$$=1\times 1+3\times 2+2\times 1=9$$

当 $k=3$ 时，有

$$f(3)=\sum_{j=0}^{3} f_1(j)f_2(3-j)=f_1(0)f_2(3)+f_1(1)f_2(2)+f_1(2)f_2(1)+f_1(3)f_2(0)$$

$$=1\times 0+3\times 1+2\times 2+1\times 1=8$$

…

$$f(k)=f_1(k)*f_2(k)=\sum_{j=0}^{k}f_1(j)f_2(k-j)=\{1,5,9,8,4,1\}$$
$$\uparrow$$
$$k=0$$

图解卷积和过程及结果如图5-28所示。

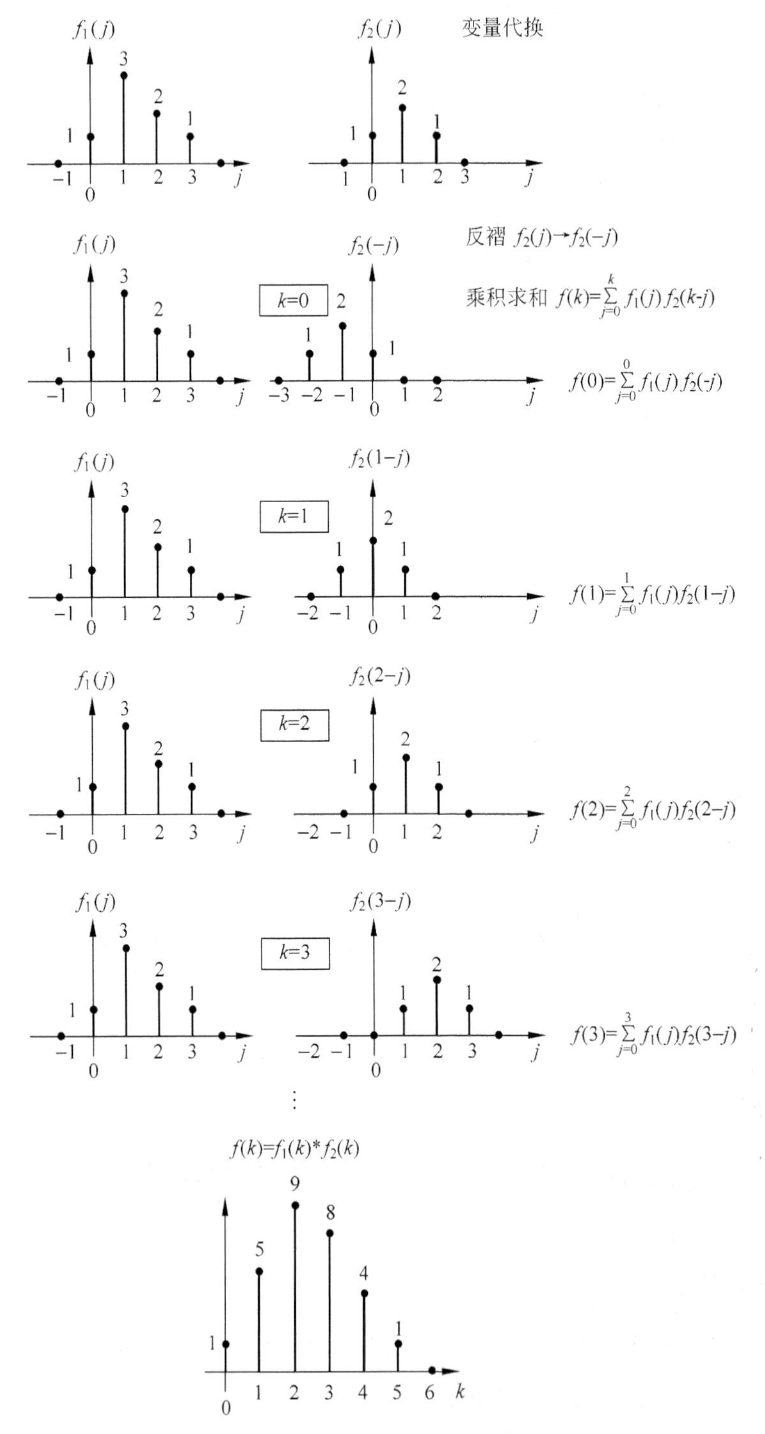

图5-28　例5-16卷积和的计算过程

5.8.3　离散卷积和列表法

对于有限长或无限长序列，还可以用一种叫做“序列阵表”的方法求卷积和。举例说明其应用。

例 5-17　求例 5-16 题的两个信号的卷积 $f(k)=f_1(k)*f_2(k)$。

解：

由图 5-27 可见，两个信号也可以表示为

$$f_1(k)=\{\underset{\underset{k=0}{\uparrow}}{1},\ 3,\ 2,\ 1\} \qquad f_2(k)=\{\underset{\underset{k=0}{\uparrow}}{1},\ 2,\ 1,\ 0\}$$

首先画出序列阵表如下，左端一列放 $f_1(k)$，上部一行放 $f_2(k)$，然后以 $f_1(k)$ 的每一个数去乘以 $f_2(k)$ 各个数并放入相应的行和列，最后把虚线上的得数分别相加即得卷积和结果序列 $f(k)$。

序列阵表：

		$f_2(0)$	$f_2(1)$	$f_2(2)$	$f_2(3)$
		1	2	1	0
$f_1(0)$	1	1	2	1	0
$f_1(1)$	3	3	6	3	0
$f_1(2)$	2	2	4	2	0
$f_1(3)$	1	1	2	1	0

即

$$f(k)=f_1(k)*f_2(k)=\sum_{j=0}^{k}f_1(j)f_2(k-j)=\{1,\ 5,\ \underset{\underset{k=0}{\uparrow}}{9},\ 8,\ 4,\ 1\}$$

5.8.4　离散卷积和直乘法

对于有限长序列这里介绍一种简便实用的方法：首先把两个序列排成两行，然后进行普通乘法，将同一列数值相加即可，但不要进位。

例 5-18　求例 5-16 题的两个信号的卷积 $f(k)=f_1(k)*f_2(k)$。

解：

计算过程如下：

$$\begin{array}{rcccccl}
 & & & 1 & 3 & 2 & 1 \quad \leftarrow f_1(k)\\
\times & & & & 1 & 2 & 1 \quad \leftarrow f_2(k)\\
\hline
 & & & 1 & 3 & 2 & 1\\
 & & 2 & 6 & 4 & 2 & \\
1 & 3 & 2 & 1 & & & \\
\hline
\underset{\underset{k=0}{\uparrow}}{1} & 5 & 9 & 8 & 4 & 1 & \quad \leftarrow f(k)=f_1(k)*f_2(k)
\end{array}$$

即

$$f(k)=f_1(k)*f_2(k)=\sum_{j=0}^{k}f_1(j)f_2(k-j)=\{\underset{\substack{\uparrow\\k=0}}{1},\ 5,\ 9,\ 8,\ 4,\ 1\}$$

注意:以上实例两个信号序列的起始点都是 $k=0$,卷积和结果序列的起始点也是 $k=0$。

当两个有限或无限序列信号的起始点不同时,卷积和结果序列的起始点计算法可概括为要点5.6。

> **要点 5.6**
>
> 如果两个有限或无限序列信号的起始点不同,也可以使用直乘或序列阵表方法求卷积和,只不过卷积和结果序列的起始点为两个序列起始点的代数和。

例 5-19 两个信号的卷积 $f(k)=f_1(k)*f_2(k)$。

$$f_1(k)=\{\underset{\substack{\uparrow\\k=-1}}{1},\ 1,\ 1\}\qquad f_2(k)=\{\underset{\substack{\uparrow\\k=2}}{1},\ 1,\ 1\}$$

解:

直乘法

$$\begin{array}{rrrrrl}
 & & 1 & 1 & 1 & \leftarrow f_1(k)\\
\times & & 1 & 1 & 1 & \leftarrow f_2(k)\\
\hline
 & & 1 & 1 & 1 & \\
 & 1 & 1 & 1 & & \\
1 & 1 & 1 & & & \\
\hline
\underset{\substack{\uparrow\\k=1}}{1} & 2 & 3 & 2 & 1 & \leftarrow f(k)=f_1(k)*f_2(k)
\end{array}$$

$$f(k)=f_1(k)*f_2(k)=\{\underset{\substack{\uparrow\\k=1}}{1},\ 2,\ 3,\ 2,\ 1\}$$

5.8.5 离散卷积和性质

离散信号的卷积和也有与连续信号卷积相对应的性质。具体性质见表5-5。

表 5-5 离散卷积和性质

序 号	性质名称	表 示 式
1	交换律	$f_1(k)*f_2(k)=f_2(k)*f_1(k)$
2	分配律	$f_1(k)*[f_2(k)+f_3(k)]=f_1(k)*f_2(k)+f_1(k)*f_3(k)$
3	结合律	$[f_1(k)*f_2(k)]*f_3(k)=f_1(k)*[f_2(k)*f_3(k)]$
4	移位性	$f_1(k\pm i)*f_2(k\pm j)=f_1(k\pm j)*f_2(k\pm i)=f(k\pm i\pm j)$
5	$\varepsilon(k)*f(k)$	$\varepsilon(k)*f(k)=\sum_{j=-\infty}^{k}f(j)$
6	$\delta(k)$与任意信号的卷积	$\delta(k)*f(k)=f(k)$ $\delta(k\pm j)*f(k)=f(k\pm j)$ $\delta(k\pm j)*f(k\pm i)=f(k\pm i\pm j)$

应用结合律可以获得若干子系统级联和并联的总单位函数响应。

两个子系统级联如图5-29(a)所示，系统总的单位函数响应为

$$h(k)=h_1(k)*h_2(k) \tag{5-60}$$

两个子系统并联如图5-29(b)所示，系统总的单位函数响应为

$$h(k)=h_1(k)+h_2(k) \tag{5-61}$$

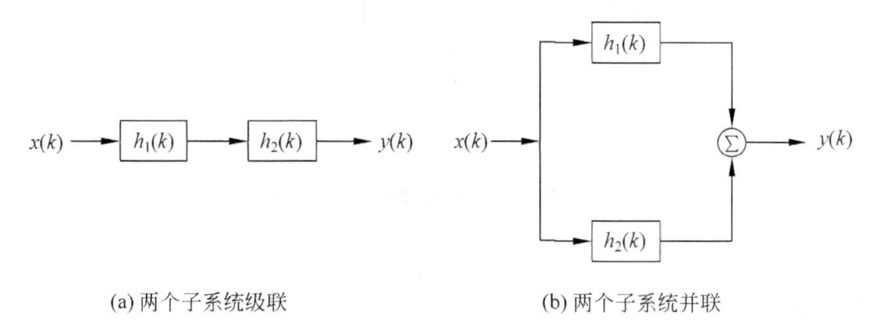

(a) 两个子系统级联　　(b) 两个子系统并联

图5-29　两个子系统的级联和并联

5.9　LTI连续系统与LTI离散系统的平行相似性

为了更好地理解LTI连续系统与LTI离散系统时域分析方法的平行相似性，离散系统与连续系统的时域分析比较以表5-6说明。

表5-6　LTI连续系统与LTI离散系统的平行相似性

	连续系统	离散系统
激励	$e(t)$	$e(k)$
响应	$y(t)$	$y(k)$
系统方程	微分方程	差分方程
全响应	$y(t)=y_{zi}(t)+y_{zs}(t)$	$y(k)=y_{zi}(k)+y_{zs}(k)$
零输入响应 单特征根 λ_i 情况的解形式	齐次微分方程的解 $y(t)=\sum_{i=1}^{n}c_i e^{\lambda_i t}$	齐次差分方程的解 $y(k)=\sum_{i=1}^{n}c_i\lambda_i^k$
零状态响应	$y_{zs}(t)=e(t)*h(t)=\int_0^t e(\tau)h(t-\tau)d\tau$ 表示卷积积分	$y_{zs}(k)=e(k)*h(k)=\sum_{j=0}^{k}e(j)h(k-j)$ 表示卷积和
稳定性	$\lim_{t\to\infty}h(t)=0$ 绝对可积 (absolutely integrable)	$\sum_{k=0}^{+\infty}\lvert h(k)\rvert<\infty$ 绝对可和 (absolutely summable)

5.10　LTI离散系统时域分析实例

例5-20　一个离散系统模拟图如图5-30所示，且 $y_{zi}(0)=2$，$y_{zi}(1)=4$，$x(k)=\varepsilon(k)$。求 $y_{zi}(k)$，$y_{zs}(k)$，全响应 $y(k)$；判断系统是否稳定。

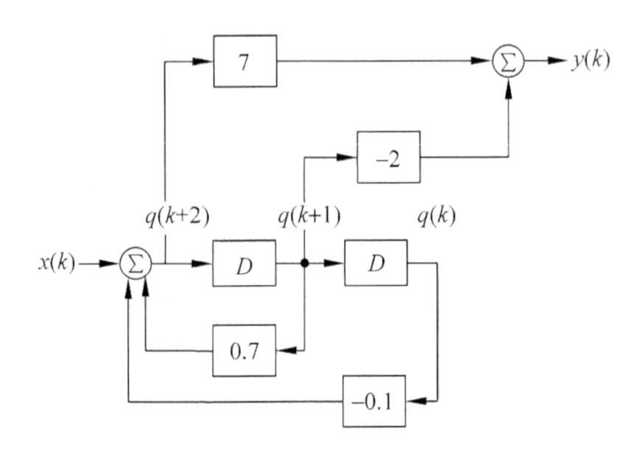

图 5-30 例 5-20 离散系统的模拟图

解:

(1) 离散系统的差分方程为

$$y(k+2)-0.7y(k+1)+0.1y(k)=7x(k+2)-2x(k+1)$$

(2) 系统零输入响应为

$$y_{zi}(k)=[a(0.5)^k+b(0.2)^k]\varepsilon(k)$$

依据所给条件

$$y_{zi}(0)=2,\quad y_{zi}(1)=4$$
$$y_{zi}(0)=a+b=2$$
$$y_{zi}(1)=0.5a+0.2b=4$$

则 $a=12, b=-10$,

$$y_{zi}(k)=[12(0.5)^k-10(0.2)^k]\varepsilon(k)$$

(3) 系统单位函数响应为

$$h(k+2)-0.7h(k+1)+0.1h(k)=7\delta(k+2)-2\delta(k+1)$$
$$h(k)=[c(0.5)^k+d(0.2)^k]\varepsilon(k)$$

当 $k=-2$ 时,$h(0)-0.7h(-1)+0.1h(-2)=7\delta(0)-2\delta(-1)$;$h(0)=7$

当 $k=-1$ 时,$h(1)-0.7h(0)+0.1h(-1)=7\delta(1)-2\delta(0)$;$h(1)=2.9$

$h(0)=c+d=7, h(1)=0.5c+0.2d=2.9$

可以解出 $c=5, d=2$

系统冲激响应为 $h(k)=[5(0.5)^k+2(0.2)^k]\varepsilon(k)$

(4) 零状态响应为

$$y_{zs}(k)=x(k)*h(k)$$
$$=\varepsilon(k)*[5(0.5)^k+2(0.2)^k]\varepsilon(k)=[12.5-5(0.5)^k-0.5(0.2)^k]\varepsilon(k)$$

(5) 全响应为

$$y(k)=y_{zi}(k)+y_{zs}(k)=[12.5+7(0.5)^k-10.5(0.2)^k]\varepsilon(k)$$

因为 $\sum_{k=0}^{+\infty}|h(k)|<\infty$ 绝对可和,所以系统稳定。

由例 5-20 题的求解过程可见,在时域求离散系统响应也是比较麻烦的,尤其是零状态响应的求取更是如此。下一章将介绍离散系统的变换域分析,即 z 域分析法,可以使离散系统求响应问题得以简化。

本章学习小结

1. 信号分析

(1) 重要信号

单位函数信号 $\delta(k)$和单位阶跃序列 $\varepsilon(k)$；二者关系为

$$\varepsilon(k) = \sum_{j=0}^{k} \delta(k-j) = \delta(k) + \delta(k-1) + \delta(k-2) + \cdots$$

$$\delta(k) = \varepsilon(k) - \varepsilon(k-1)$$

(2) 离散信号的表示

函数表示式,波形,集合形式,任意离散信号均可以表示成 $\delta(k)$和 $\delta(k-j)$加权求和形式。

(3) 离散信号的运算与变换：相加、相减、差分、反褶、移位和尺度变换。

2. 系统分析

(1) LTI 离散系统的数学模型为激励、响应的线性常系数差分方程；系统的数学模型与模拟框图是对应的,二者可以相互转化。

(2) 单位函数响应 $h(k)$是激励 $\delta(k)$作用于零状态系统产生的响应。

单位阶跃响应 $r_\varepsilon(k)$是激励 $\varepsilon(k)$作用于零状态系统产生的响应。

二者关系为：$h(k) = r_\varepsilon(k) - r_\varepsilon(k-1)$；$r_\varepsilon(k) = \sum\limits_{n=0}^{\infty} h(k-n)$

(3) 离散系统的全响应＝零输入响应＋零状态响应

离散系统的全响应＝自然响应＋受迫响应

在一定条件下离散系统的全响应＝暂态响应＋稳态响应

零输入响应 $y_{zi}(k)$是齐次差分方程的解,待定系数由系统初始状态决定。

零状态响应可以由激励与单位函数响应卷积和获得

$$y_{zs}(k) = e(k) * h(k) = \sum_{j=0}^{k} e(j)h(k-j)$$

(4) 级联子系统的总单位函数响应为各子系统的单位函数响应的卷积和,并联子系统的总单位函数响应为各子系统单位函数响应之和。

习题练习 5

基础练习

5-1　请画出下列离散信号的图形。

(1) $\left(\frac{1}{2}\right)^k\varepsilon(k)$　(2) $-\left(\frac{1}{2}\right)^k\varepsilon(-k)$　(3) $(2)^k\varepsilon(k)$

(4) $(-2)^k\varepsilon(k)$　(5) $k\varepsilon(k)$　(6) $-k\varepsilon(-k)$

(7) $(2)^{k-1}\varepsilon(k-1)$　(8) $\varepsilon(k-1)-\varepsilon(k-5)$

5-2　已知序列 $f(k)$的图形如图 T5-1 所示,画出下列信号序列的图形。

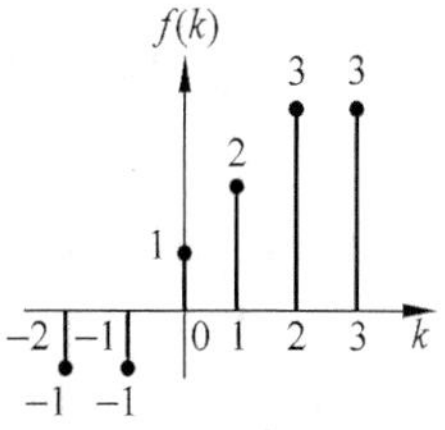

图　T5-1

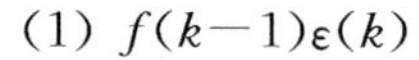

(1) $f(k-1)\varepsilon(k)$　(2) $f(k-1)\varepsilon(k-1)$

(3) $f(k-2)[\varepsilon(k)-\varepsilon(k-4)]$　　(4) $f(-k-1)$

(5) $f(k+1)\varepsilon(k)$　　(6) $f(-k-1)\varepsilon(-k-1)$

5-3　写出如图T5-2所示各信号序列图形的函数表达式。

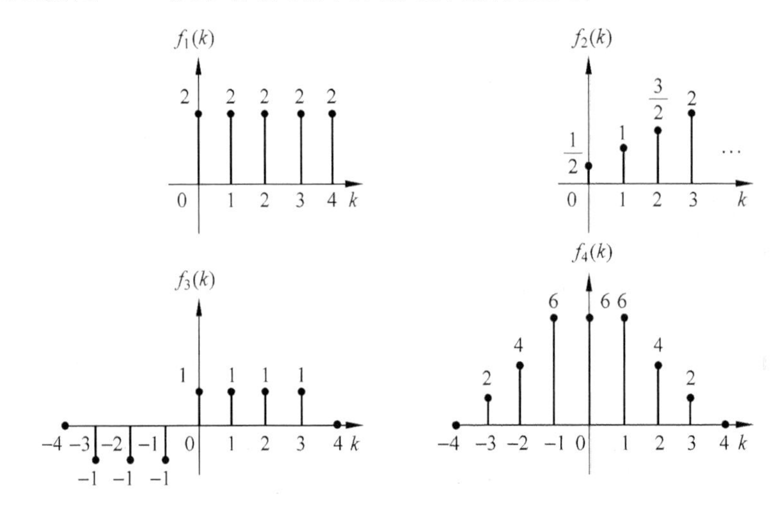

图　T5-2

5-4　一个频谱包含有直流至100Hz分量的连续时间信号延续2min。为便于计算机处理,对其采样以构成离散信号,求最小的理想采样点数。

5-5　设一连续时间信号,其频谱包含直流、1kHz、2kHz、3kHz共4个频率分量,其幅度分别为0.5、1、0.5、0.25;相位谱为0,以10kHz的采样频率对该信号进行采样,请画出采样后所得离散序列在0～25kHz频率范围内的频谱。

5-6　判断下列输入输出关系所表示的系统是否具有线性性、时不变性与因果性。

(1) $y(k)=x(k)x(k-1)$　　(2) $y(k)=kx(k)$

(3) $y(k)=3x(k)+5$　　(4) $y(k)=x(k)-x(k-1)$

(5) $y(k)=x(k)\sin\Omega k$　　(6) $y(k)=x(k)+x(k+1)$

5-7　请列出如图T5-3所示系统的差分方程。

5-8　请画出下列差分方程所描述离散系统的直接模拟图。

(1) $y(k+1)+0.5y(k)=-x(k+1)+2x(k)$

(2) $y(k+2)+5y(k+1)+6y(k)=3x(k+1)+4x(k)$

(3) $y(k)+3y(k-1)+2y(k-2)=x(k)+3x(k-1)$

(4) $y(k)=5x(k)+7x(k-2)$

(5) $y(k+2)+3y(k+1)+2y(k-2)=x(k-1)$

5-9　求下列齐次差分方程所描述的离散系统的零输入响应。

(1) $y(k+1)+2y(k)=0, y(0)=1$

(2) $y(k+2)+3y(k+1)+2y(k)=0, y(0)=2, y(1)=1$

(3) $y(k+2)+2y(k+1)+y(k)=0, y(0)=1, y(1)=0$

(4) $y(k+2)+9y(k)=0, y(0)=4, y(1)=0$

(5) $y(k+2)+2y(k+1)+2y(k)=0, y(0)=0, y(1)=1$

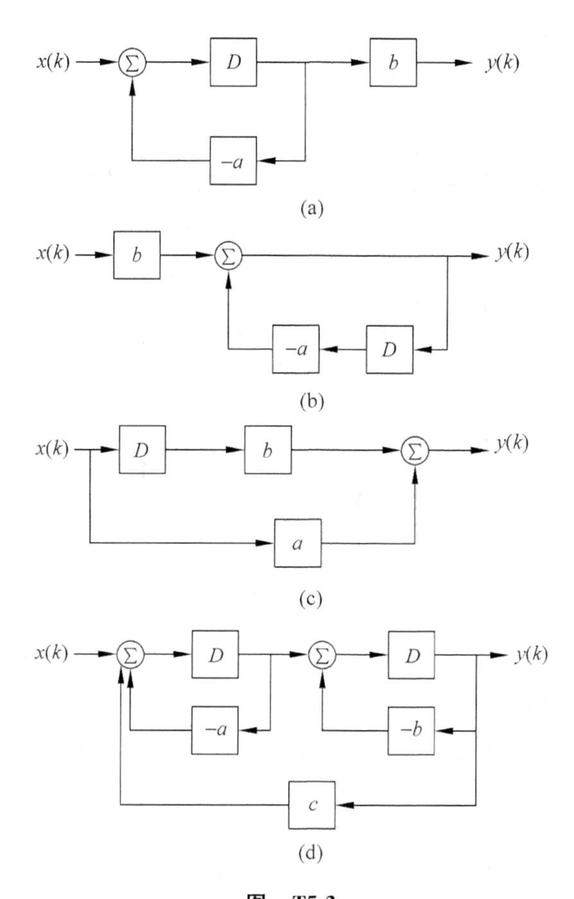

图　T5-3

5-10　求下列齐次差分方程所描述的离散系统的零输入响应。

(1) $y(k)+0.5y(k-1)=0, y(0)=1$

(2) $y(k)-2y(k-1)=0, y(0)=0.5$

(3) $y(k)+3y(k-1)+2y(k-2)=0, y(-1)=0, y(-2)=1$

(4) $y(k)+2y(k-1)+y(k-2)=0, y(0)=y(-1)=1$

(5) $y(k)+y(k-2)=0, y(-1)=-2, y(-2)=-1$

5-11　求下列差分方程所描述的离散系统的单位函数响应。

(1) $y(k+1)+0.2y(k)=x(k)$

(2) $y(k+2)-0.6y(k+1)-0.16y(k)=x(k+2)$

(3) $y(k)+2y(k-1)=x(k-1)$

(4) $y(k)-y(k-1)-2y(k-2)=x(k)$

5-12　若 LTI 离散系统的阶跃响应为 $r_\varepsilon(k)=(0.5)^k\varepsilon(k)$，求单位函数响应 $h(k)$。

5-13　求如图 T5-4 所示序列的卷积和 $f(k)=f_1(k)*f_2(k)$，并画出卷积和的图形。

5-14　计算下列信号的卷积和。

(1) $\varepsilon(k)*\varepsilon(k)$　　(2) $0.5^k\varepsilon(k)*\varepsilon(k)$

(3) $2^k\varepsilon(k)*3^k\varepsilon(k)$　　(4) $k\varepsilon(k)*\delta(k-1)$

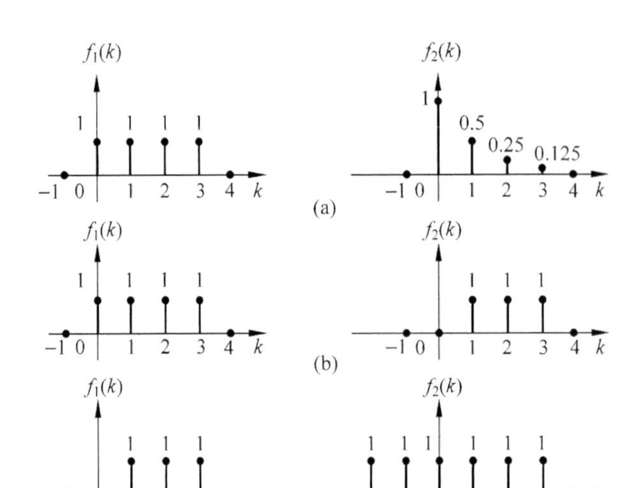

图 T5-4

5-15 已知LTI离散系统的激励为 $x(k)=3^k\varepsilon(k)$,单位函数响应为 $h(k)=0.5^k\varepsilon(k)$。求系统零状态响应 $y_{zs}(k)$。

5-16 已知某离散系统单位函数响应 $h(k)$ 和激励 $x(k)$ 如图 T5-5 所示,求其零状态响应 $y_{zs}(k)$。

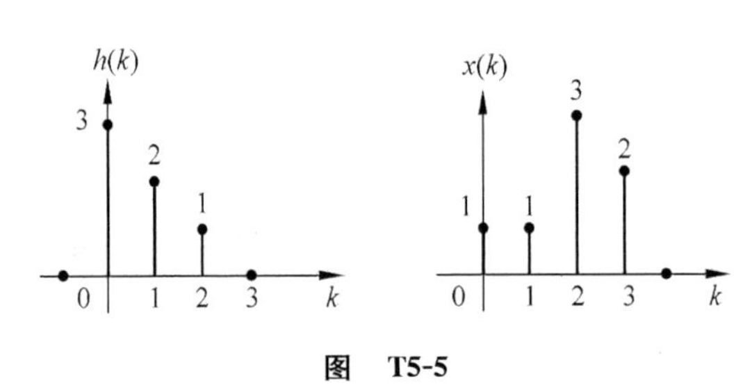

图 T5-5

5-17 已知LTI离散系统的差分方程为 $y(k+1)-0.5y(k)=x(k+1)$,$y_{zi}(0)=1$,系统激励为 $x(k)=3^k\varepsilon(k)$。求系统零状态响应 $y_{zi}(k)$,$y_{zs}(k)$,$y(k)$。

综合练习

5-18 画出下列离散信号的图形。

(1) $k[\varepsilon(k+4)-\varepsilon(k-4)]$ (2) $1-\varepsilon(k-4)$

(3) $2^k[\varepsilon(-k)-\varepsilon(3-k)]$ (4) $(k^2+k+1)[\delta(k+1)-2\delta(k)]$

5-19 列出图 T5-6 所示系统的差分方程并指出其阶数。

5-20 确定下列信号的最低采样率与奈奎斯特采样间隔。

(1) $\mathrm{Sa}(100t)$ (2) $\mathrm{Sa}^2(100t)$

(3) $\mathrm{Sa}(100t)+\mathrm{Sa}(50t)$ (4) $\mathrm{Sa}(100t)+\mathrm{Sa}^3(40t)$

5-21 一初始状态不为零的离散系统。当激励为 $x(k)$ 时,全响应为 $y_1(k)=$

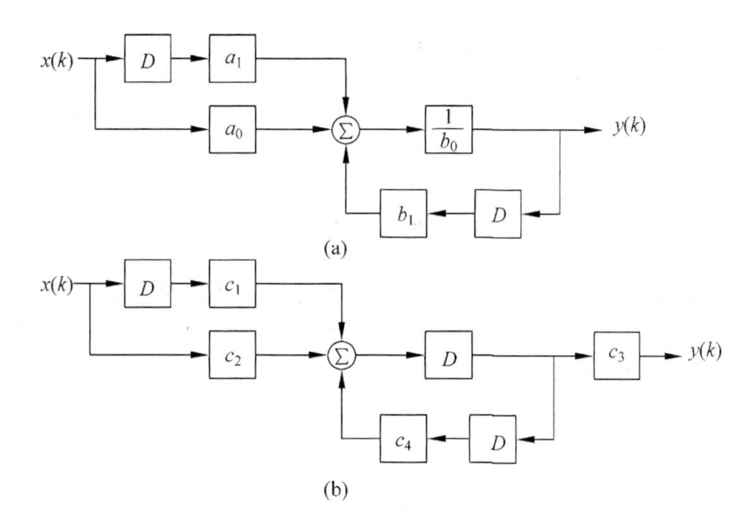

图　T5-6

$[1+0.5^k]\varepsilon(k)$，当激励为 $-x(t)$ 时，全响应为 $y_2(k)=[(-0.5)^k-1]\varepsilon(k)$。求当初始状态增加一倍且激励为 $4x(t)$ 时的全响应。

5-22　求图 T5-7 所描述系统的差分方程和单位函数响应。

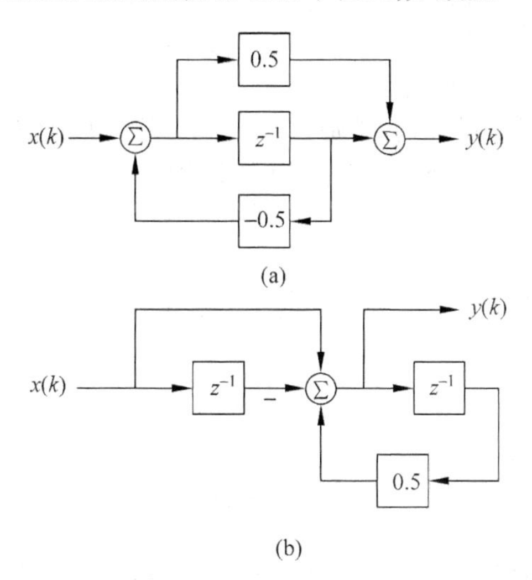

图　T5-7

5-23　求下列差分方程描述系统的零状态响应。

(1) $y(k+1)+2y(k)=x(k+1)$，$x(k)=2^k\varepsilon(k)$

(2) $y(k+1)+2y(k)=x(k)$，$x(k)=2^k\varepsilon(k)$

(3) $y(k)+2y(k-1)=x(k)$，$x(k)=2^k\varepsilon(k)$

(4) $y(k)+2y(k-1)=x(k-1)$，$x(k)=2^k\varepsilon(k)$

5-24　求下列差分方程描述系统的零输入响应、零状态响应和全响应。

(1) $y(k)+2y(k-1)=x(k)$，$x(k)=2^k\varepsilon(k)$，$y(-1)=1$

(2) $y(k+1)+2y(k)=x(k)$，$x(k)=2^k\varepsilon(k)$，$y_{zi}(0)=1$

5-25　如图T5-8所示的复合离散系统由两个子系统级联组成,已知 $h_1(k)=2\cos\left(\frac{k\pi}{4}\right)$,$h_2(k)=a^k\varepsilon(k)$,激励 $x(k)=\delta(k)-a\delta(k-1)$,求该系统的零状态响应 $y_{zs}(k)$。

图　T5-8

5-26　如图T5-9所示离散系统由两个子系统级联组成。若描述两个子系统的差分方程分别为:$r(k)=0.4e(k)+0.6e(k-1)$,$y(k)-3y(k-1)=r(k-2)$。分别求出两个子系统及级联系统的单位函数响应。

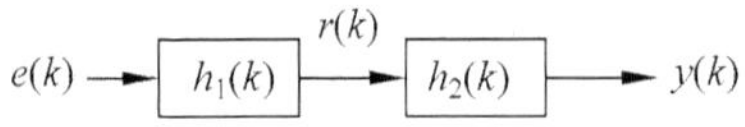

图　T5-9

5-27　一个线性离散因果系统,当输入 $x(k)=\varepsilon(k)-\varepsilon(k-2)$ 时,其零状态响应为 $y_{zs}(k)=2\varepsilon(k-1)$,求系统的单位函数响应 $h(k)$。

5-28　若某线性时不变离散系统的单位函数响应为 $h(k)$,当输入信号为 $x(k)=\delta(k)+0.5\delta(k-1)$ 时,系统零状态响应 $y_{zs}(k)=(0.5)^k\varepsilon(k)$。求 $h(k)$。

5-29　某离散系统,当激励为 $x(k)=\varepsilon(k)$ 时的零状态响应为 $2(1-0.5^k)\varepsilon(k)$,求激励为 $x(k)=0.5^k\varepsilon(k)$ 时的零状态响应。

5-30　如图T5-10所示系统,若激励为 $x(k)=\varepsilon(k)$,初始条件为 $y_{zi}(0)=1$,$y_{zi}(1)=2$。求系统零输入响应 $y_{zi}(k)$、零状态响应 $y_{zs}(k)$ 和全响应 $y(k)$。

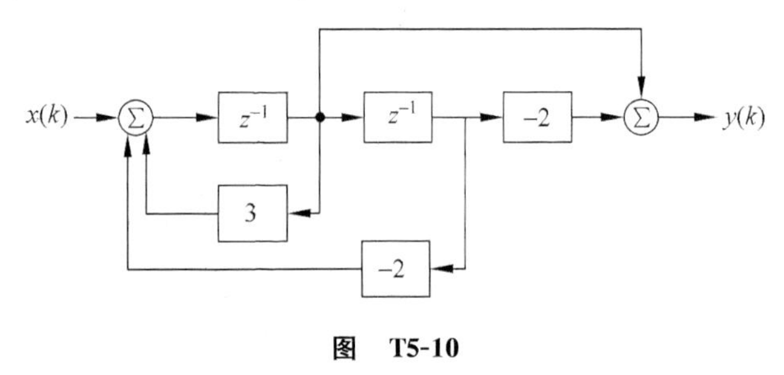

图　T5-10

5-31　一个连续时间信号的持续时间为2.048s,信号在256个等距点处采样,求采样所得序列的频谱周期,如要求不产生频谱混叠,则 $e(t)$ 的频谱有何限制。

自测题

1. $\cos\frac{\pi}{4}k\delta(k)=$(　　)。

a. $\delta(k)$　　b. $\frac{\sqrt{2}}{2}$　　c. $\cos\frac{\pi}{4}k$　　d. $\frac{\pi}{4}k$

2. $\varepsilon(k)$ 与 $\delta(k)$ 的关系为(　　)。

a. $\varepsilon(k)=\delta(k)-\delta(k-1)$　　b. $\varepsilon(k)=\sum_{j=0}^{\infty}\delta(k-j)$

c. $\varepsilon(k)=\sum_{j=-\infty}^{+\infty}\delta(k-j)$　　d. $\varepsilon(k)=\delta(k)+\delta(k-1)$

3. $\sum_{k=-\infty}^{+\infty}\delta(k)=($　　$)$。

a. 0　　b. 1　　c. $\varepsilon(k)$　　d. ∞

4. $\varepsilon(k)*[\delta(k-2)-\delta(k-3)]=($　　$)$。

a. $\delta(k-2)-\delta(k-3)$　　b. 1

c. 0　　d. $\varepsilon(k-2)-\varepsilon(k-3)$

5. 离散时间单位延迟器的单位函数响应为(　　)。

a. $\delta(k-1)$　　b. $\delta(k)$　　c. $\delta(k+1)$　　d. 1

6. $y(k)=kx(k)$的系统是(　　)。

a. 记忆系统　　b. 非线性系统　　c. 时变系统　　d. 稳定系统

7. $y(k)=x(-k+1)$的系统不是(　　)。

a. 非因果系统　　b. 非线性系统　　c. 时不变系统　　d. 稳定系统

8. 一个0～10kHz的信号$f(t)$奈奎斯特采样间隔为(　　)微秒。

a. 50　　b. 100　　c. 25　　d. 100

9. 一个有限频带0～30kHz信号$f(t)$的香农采样频率为(　　)kHz。

a. 30　　b. 90　　c. 15　　d. 60

10. 由连续信号采样所获得的离散信号频谱具有(　　)。

a. 谐波性　　b. 周期性　　c. 离散性　　d. 衰减性

11. 序列$f(k)=\sin\frac{k\pi}{2}[\varepsilon(k-2)-\varepsilon(k-5)]$的正确结果是(　　)。

a. $-\delta(k-2)-\delta(k-4)$　　b. $-\delta(k-3)-\delta(k-5)$

c. $-\delta(k-3)$　　d. $-\delta(k-2)$

12. $x(k+3)*\delta(k-2)=($　　$)$。

a. $x(5)\delta(k-2)$　　b. $x(1)\delta(k-2)$

c. $x(k+1)$　　d. $x(k+5)$

13. $\varepsilon(k)$可以写成以下表达式(　　)。

a. $\varepsilon(k)=\delta(k)+\delta(k+1)$　　b. $\varepsilon(k)=\sum_{j=-\infty}^{+\infty}\delta(k-j)$

c. $\varepsilon(k)=\sum_{j=-\infty}^{+\infty}\delta(k)$　　d. $\varepsilon(k)=\delta(k)+\varepsilon(k-1)$

14. 一个有限频带0～30kHz信号$f(t)$，求$f(3t)$和$f\left(\frac{1}{3}t\right)$的奈奎斯特采样间隔分别为(　　)ms。

a. 1/20，1/90　　b. 1/90，1/10　　c. 1/180，1/20　　d. 1/10，1/90

15. 有一个0～10kHz的信号$f(t)$，则$f\left(\frac{1}{2}t\right)$和$f(2t)$的奈奎斯特采样间隔分别为(　　)$\mu$s。

a. 50，100　　b. 100，25　　c. 25，100　　d. 100，50

16. $[\varepsilon(k)-\varepsilon(k-2)]*k\varepsilon(k)=$(　　)。

a. $\frac{1}{2}(k+1)k\varepsilon(k)$

b. $\frac{1}{2}(k-1)(k-2)\varepsilon(k-2)$

c. $\frac{1}{2}[(k+1)k-(k-1)(k-2)]\varepsilon(k)$

d. $\frac{1}{2}(k+1)k\varepsilon(k)-\frac{1}{2}(k-1)(k-2)\varepsilon(k-2)$

17. 已知离散系统的单位函数响应为 $h(k)=[(-1)^k+(-2)^k]\varepsilon(k)$，则系统的差分方程为(　　)。

a. $y(k)-3y(k-1)-2y(k-2)=2x(k)+3x(k-1)$

b. $y(k)+3y(k-1)+2y(k-2)=2x(k)+3x(k-1)$

c. $y(k)+3y(k-1)+2y(k-2)=3x(k-1)$

d. $y(k)-3y(k-1)-2y(k-2)=3x(k-1)$

18. 离散系统稳定的充要条件是(　　)。

a. $\sum_{k=0}^{+\infty}|h(k)|<\infty$

b. $\lim_{k\to\infty}h(k)=0$

c. $\lim_{k\to\infty}|h(k)|=0$

d. $\sum_{k=-\infty}^{+\infty}|h(k)|<\infty$

第6章

离散信号与系统的 z 域分析

本章学习目标

- 熟练掌握 z 变换、z 变换性质及其反变换方法，深刻理解收敛域的意义。
- 掌握离散系统的 z 域分析方法。
- 深刻理解系统函数与单位函数响应关系。
- 掌握离散系统函数零、极点的概念及对应的时域特性。
- 理解离散系统的稳定性及频率响应特性。

6.1 引言

在 LTI 连续时间系统分析中，为了克服求解系统微分方程获得响应的困难，利用拉普拉斯变换，将时域的微分方程转化为复频域的代数方程，将求解微分方程转化为求解代数方程，使 LTI 连续系统的分析-求响应方法得以简化。基于同样的思想，也是为了克服时域求解差分方程的困难，利用 z 变换（z-transform）也可以把时域的差分方程变成 z 域（z-domain）的代数方程，将求解差分方程转化为求解代数方程，从而使 LTI 离散系统分析-求响应方法得以简化。对差分方程的 z 变换过程中也自动引入了响应的初始值，从而为求离散系统的全响应提供了良好的途径，是求解离散系统差分方程的好方法。z 变换是分析离散信号与系统的重要数学工具。因为在这里对信号（函数）而言，研究其 z 域特性，故而这个过程就称为信号的 z 域分析。由于整个系统的分析过程也就是差分方程求解（求响应）是在以 z 为自变量的函数下进行的，故而称为系统的 z 域分析。离散信号与系统的 z 域分析主要研究离散信号的 z 变换和 z 域求响应以及系统特性。

6.2 离散信号的 z 变换

6.2.1 z 变换的定义

1. z 变换定义

离散信号 $f(k)$ 的 z 变换定义为

$$\mathscr{Z}[f(k)]=F(z)=\sum_{k=-\infty}^{+\infty}f(k)z^{-k} \tag{6-1}$$

式(6-1)称为双边 z 变换(bilateral z-transform)。

离散信号 $f(k)$ 的反 z 变换为

$$f(k)=\mathscr{Z}^{-1}[F(z)]=\frac{1}{2\pi j}\oint_c F(z)z^{k-1}\mathrm{d}z \tag{6-2}$$

$F(z)$ 称为 $f(k)$ 的 z 变换或像函数，$f(k)$ 称为 $F(z)$ 的原序列。式(6-1)和式(6-2)也可以简单记为 $\mathscr{Z}[f(k)]=F(z)$ 或 $\mathscr{Z}^{-1}[F(z)]=f(k)$。仿照拉普拉斯变换的简化表示方式，用双向箭头表示 $f(k)$ 与 $F(z)$ 是一对 z 变换，即 $f(k)\leftrightarrow F(z)$。

2. 单边 z 变换(unilateral z-transform)

(1) 当 $k<0$ 时，$f(k)=0$ 的序列称为单边右序列，表示成 $f(k)\varepsilon(k)$。

单边右序列(right sequence)的 z 变换为

$$\mathscr{Z}[f(k)\varepsilon(k)]=F(z)=\sum_{k=0}^{+\infty}f(k)z^{-k} \tag{6-3}$$

(2) 当 $k\geqslant 0$ 时，$f(k)=0$ 的序列称为单边左序列，表示成 $f(k)\varepsilon(-k-1)$。

单边左序列(left sequence)的 z 变换为

$$\mathscr{Z}[f(k)\varepsilon(-k-1)]=F(z)=\sum_{k=-1}^{-\infty}f(k)z^{-k} \tag{6-4}$$

以上内容可概括成要点 6.1。

要点 6.1

双边序列的 z 变换：$\mathscr{Z}[f(k)]=F(z)=\sum\limits_{k=-\infty}^{+\infty}f(k)z^{-k}=\sum\limits_{k=-\infty}^{-1}f(k)z^{-k}+\sum\limits_{k=0}^{+\infty}f(k)z^{-k}$

单边左序列 z 变换：$\sum\limits_{k=-\infty}^{-1}f(k)z^{-k}$

单边右序列 z 变换：$\sum\limits_{k=0}^{+\infty}f(k)z^{-k}$

由式(6-1)～式(6-4)可见，$f(k)$ 的 z 变换 $F(z)$ 是无穷级数，为保证此无穷级数收敛，即 z 变换存在，必须限制 z 的范围。

6.2.2 z 变换的收敛域

z 变换的收敛域(region of convergence)是使 z 变换存在(无穷级数收敛)的 z 的范围。

1. 右序列的 z 变换

$$\mathscr{Z}[f(k)\varepsilon(k)]=F(z)=\sum_{k=0}^{+\infty}f(k)z^{-k}=f(0)+f(1)z^{-1}+f(2)z^{-2}+\cdots \tag{6-5}$$

要求式(6-5)收敛，则$|z|$大于某一个数即可，即 z 平面以原点为中心的某一个圆外。

例如：离散信号及其反变换表示成 $f(k)=a^k\varepsilon(k)\leftrightarrow F(z)=\sum\limits_{k=0}^{+\infty}\left(\frac{a}{z}\right)^k$，使该无穷级数收敛的限制为$\left|\frac{a}{z}\right|<1$；即该离散的信号收敛域为 $|z|>a$，单边右序列的收敛域如图 6-1 所示。

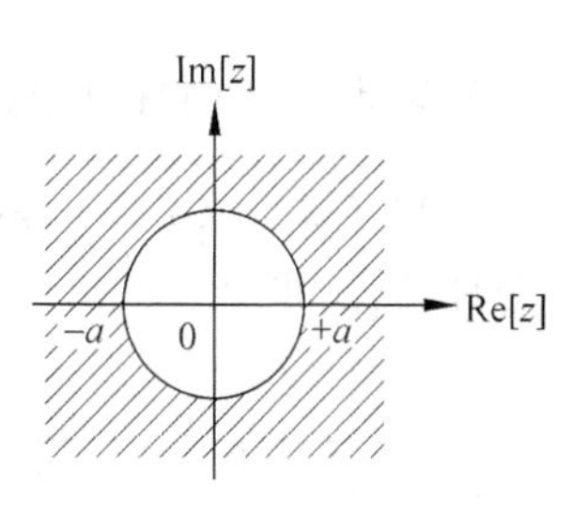

图 6-1　单边右序列的收敛域

2. 左序列的 z 变换

$$\mathscr{Z}[f(k)\varepsilon(-k-1)]=F(z)=\sum_{k=-1}^{-\infty}f(k)z^{-k}=f(-1)z^1+f(-2)z^2+f(-3)z^3+\cdots \tag{6-6}$$

要求式(6-6)收敛，则$|z|$小于某一个数即可，即 z 平面以原点为中心的某一个圆内。

例如：离散信号及其反变换表示成 $f(k)=b^k\varepsilon(-k-1)\leftrightarrow F(z)=\sum\limits_{k=-1}^{-\infty}\left(\frac{b}{z}\right)^k$，使该无穷级数收敛的限制为$\left|\frac{b}{z}\right|>1$；即收敛域为 $|z|<b$。单边左序列的收敛域如图 6-2 所示。

3. 双边序列(bilateral sequence)的 z 变换

$$\mathscr{Z}[f(k)\varepsilon(k)+f(k)\varepsilon(-k-1)]=F(z)=\sum_{k=-1}^{-\infty}f(k)z^{-k}+\sum_{k=0}^{+\infty}f(k)z^{-k}$$

要求上式收敛，则$|z|$在某一个范围内即可，即 z 平面以原点为中心的某一个环内。

例如：离散信号及其反变换表示成

$$f(k)=a^k\varepsilon(k)+b^k\varepsilon(-k-1)\leftrightarrow F(z)=\sum_{k=0}^{+\infty}\left(\frac{a}{z}\right)^k+\sum_{k=-1}^{-\infty}\left(\frac{b}{z}\right)^k \tag{6-7}$$

式(6-7)双边序列 z 变换收敛的条件为 $a<|z|<b$。双边序列 z 变换的收敛域如图 6-3 所示。

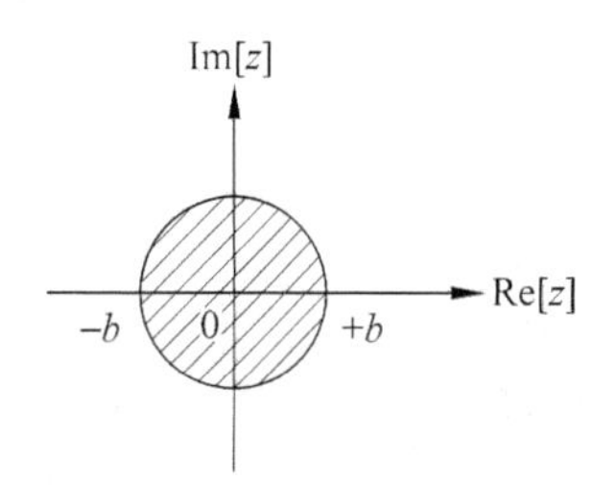

图 6-2　单边左序列的收敛域

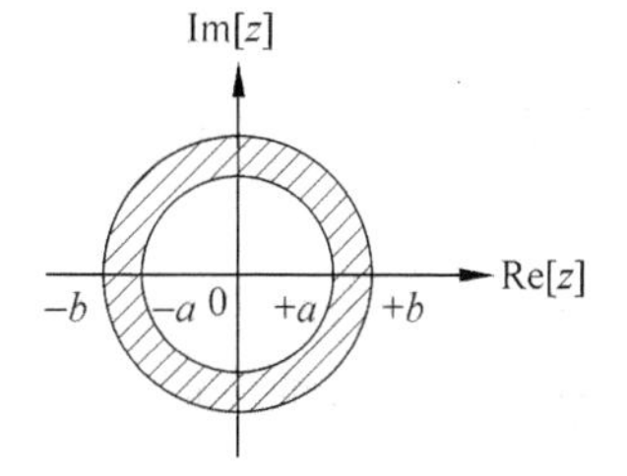

图 6-3　双边序列的收敛域

以上内容可概括为要点 6.2。

> **要点 6.2**
> 单边左序列 z 变换的收敛域为 z 平面以原点为中心的某一个圆内。
> 单边右序列 z 变换的收敛域为 z 平面以原点为中心的某一个圆外。
> 双边序列 z 变换的收敛域为 z 平面以原点为中心的某一个环内。

6.2.3 常用序列的 z 变换

已知 $f(k)$,求 $F(z)$,必须标明收敛域。有些信号在实际应用中将常遇到,为了方便分析与计算,这里直接给出一些常用序列的 z 变换的结果列于表6-1中以供查阅和使用。

表 6-1 常用序列的 z 变换

序 号	序列 $f(k)$	z 变换 $F(z)$	收敛域
1	$\delta(k)$	1	全部 z 平面
2	$\varepsilon(k)$	$\frac{z}{z-1}$	$\lvert z\rvert>1$
3	$a^k\varepsilon(k)$	$\frac{z}{z-a}$	$\lvert z\rvert>a$
4	$a^{k-1}\varepsilon(k-1)$	$\frac{1}{z-a}$	$\lvert z\rvert>a$
5	$-a^k\varepsilon(-k-1)$	$\frac{z}{z-a}$	$\lvert z\rvert<a$
6	$k\varepsilon(k)$	$\frac{z}{(z-1)^2}$	$\lvert z\rvert>1$

例 6-1 求双边序列 $v^{|k|}$ 的 z 变换 $F(z)$。

解:

$v^{|k|}$ 及其 z 变换可以表示为 $v^{|k|}=v^k\varepsilon(k)+v^{-k}\varepsilon(-k-1)\leftrightarrow F(z)$,

其中右序列 $v^k\varepsilon(k)$ 的 z 变换为 $F_1(z)=\frac{z}{z-v}$,收敛域为 $|z|>v$。

左序列 $v^{-k}\varepsilon(-k-1)$ 的 z 变换为 $F_2(z)=-\frac{z}{z-\frac{1}{v}}$,收敛域为 $|z|<\frac{1}{v}$。

双边序列 $v^{|k|}=v^k\varepsilon(k)+v^{-k}\varepsilon(-k-1)$ 的 z 变换为 $F(z)=F_1(z)+F_2(z)=\frac{z}{z-v}-\frac{z}{z-\frac{1}{v}}$,收敛域为 $v<|z|<\frac{1}{v}$。

当 $|v|>1$ 时,以上双边序列无公共收敛域,即无 z 变换。

必须明确:只有 z 的取值在收敛域内时,$F(z)$ 才存在,$F(z)$ 与 $f(k)$ 才能唯一地对应。

6.3 z 变换的性质与应用

与拉普拉斯变换相似,z 变换也有相应的性质,这些性质反映了离散序列时域和 z 域的对应关系,很好地应用这些性质,不仅可以方便地求出离散序列的 z 变换,也可以由像函数求出原序列,即反 z 变换。为了方便分析与计算,这里直接给出一些常用 z 变换性质的结果列于表6-2以供查阅和使用。

通过表6-1和表6-2可以用形式相似的对应方法容易地求出信号的 z 变换。以下是常用信号 z 变换及其性质的具体应用,即信号的 z 域分析。

表 6-2　常用 z 变换性质

序　号	性质名称	性质 $f(k)\leftrightarrow F(z)$
1	线性性 (linearity)	$f_1(k)\leftrightarrow F_1(z)$，$f_2(k)\leftrightarrow F_2(z)$， 则 $af_1(k)+bf_2(k)\leftrightarrow aF_1(z)+bF_2(z)$
2	移序性 (sequence shifting)	(1) 左移序 1 $f(k+1)\varepsilon(k+1)\leftrightarrow zF(z)$ $f(k+2)\varepsilon(k+2)\leftrightarrow z^2F(z)$ … $f(k+n)\varepsilon(k+n)\leftrightarrow z^nF(z)$ (2) 左移序 2 $f(k)\varepsilon(k)\leftrightarrow F(z)$ $f(k+1)\varepsilon(k)\leftrightarrow zF(z)-zf(0)$ $f(k+2)\varepsilon(k)\leftrightarrow z^2F(z)-z^2f(0)-zf(1)$ … $f(k+n)\varepsilon(k)\leftrightarrow z^n\left[F(z)-\sum_{j=0}^{n-1}f(j)z^{-j}\right]$ (3) 右移序 1 $f(k-1)\varepsilon(k-1)\leftrightarrow \frac{1}{z}F(z)$ $f(k-2)\varepsilon(k-2)\leftrightarrow \frac{1}{z^2}F(z)$ … $f(k-n)\varepsilon(k-n)\leftrightarrow \frac{1}{z^n}F(z)$ (4) 右移序 2 $f(k-1)\varepsilon(k)\leftrightarrow z^{-1}F(z)+f(-1)$ $f(k-2)\varepsilon(k)\leftrightarrow z^{-2}F(z)+z^{-1}f(-1)+f(-2)$ … $f(k-n)\varepsilon(k)\leftrightarrow z^{-n}\left[F(z)+\sum_{j=-n}^{-1}f(j)z^{-j}\right]$
3	尺度变换性 (scaling in the z-domain)	$f(k)\leftrightarrow F(z)$， 则 $a^kf(k)\leftrightarrow F\left(\frac{z}{a}\right)$
4	时域线性加权和 z 域微分特性 (differentiation in the z-domain)	$f(k)\leftrightarrow F(z)$， 则 $kf(k)\leftrightarrow -z\frac{\mathrm{d}F(z)}{\mathrm{d}z}$
5	初值定理 (initial value theorem)	$f(k)\leftrightarrow F(z)$， 则 $f(0^+)=\lim_{z\to\infty}F(z)$
6	终值定理 (final value theorem)	$f(k)\leftrightarrow F(z)$， 则 $f(\infty)=\lim_{z\to 1}(z-1)F(z)$
7	卷积定理 (convolution theorem)	$f_1(k)\leftrightarrow F_1(z)$，$f_2(k)\leftrightarrow F_2(z)$， 则 $f_1(k)*f_2(k)\leftrightarrow F_1(z)F_2(z)$

例 6-2　求下列离散信号的 z 变换。

(1) $\delta(k-4)$；　(2) $0.5^k\varepsilon(k-1)$；　(3) $-\varepsilon(-k-1)$；

(4) $(k-2)\varepsilon(k-3)$；　(5) $k(0.2)^k\varepsilon(k)$

解：

(1) $\delta(k-4)\leftrightarrow\frac{1}{z^4}, z\neq0$

(2) $0.5^k\varepsilon(k-1)\leftrightarrow\mathscr{Z}[0.5^{k-1}\varepsilon(k-1)0.5]=\frac{1}{z}\times\frac{0.5z}{z-0.5}, |z|>0.5$

(3) $-\varepsilon(-k-1)\leftrightarrow\frac{z}{z-1}, |z|<1$

(4) $(k-2)\varepsilon(k-3)\leftrightarrow\mathscr{Z}[(k-3)\varepsilon(k-3)+\varepsilon(k-3)]=-z\frac{\mathrm{d}\frac{z}{z-1}}{\mathrm{d}z}\times\frac{1}{z^3}+\frac{1}{z^3}\times\frac{z}{z-1}$

$$(k-2)\varepsilon(k-3)\leftrightarrow\frac{1}{z^2(z-1)^2}+\frac{1}{z^2(z-1)}=\frac{1}{z(z-1)^2},\ |z|>1$$

(5) $k(0.2)^k\varepsilon(k)\leftrightarrow\frac{\frac{z}{0.2}}{\left(\frac{z}{0.2}-1\right)^2}=\frac{0.2z}{(z-0.2)^2}, |z|>0.2$

6.4 反 z 变换

z 变换与拉普拉斯变换在连续系统分析中的作用相似，为了克服在时域求解差分方程的困难，采用 z 变换把问题从时域转换到 z 域上运算，从而使解决问题的方法得以简化。但是，最后还是需要把差分方程的解，即响应从 z 域的像函数形式变换回时域的原函数形式，反 z 变换(inverse z-transform)就是已知像函数 $F(z)$ 及收敛域，求原序列 $f(k)$ 的过程。反 z 变换是一个复变函数积分，直接进行积分运算仍然比较困难。为了使反 z 变换的求取过程变得简单，本节将介绍几种无须进行积分运算就能求出反 z 变换的方法。

6.4.1 幂级数展开法(长除法)

一般 $F(z)$ 是复变量 z 的有理函数，即

$$F(z)=\frac{N(z)}{D(z)}=\frac{b_mz^m+b_{m-1}z^{m-1}+\cdots+b_1z+b_0}{a_nz^n+a_{n-1}z^{n-1}+\cdots+a_1z+a_0} \tag{6-8}$$

幂级数展开法(power-series expansion method)也称为直接展开法，就是根据 z 变换定义式 $F(z)=\sum_{k=-\infty}^{+\infty}f(k)z^{-k}$，利用代数中的长除法把 z 变换 $F(z)$ 展开为 z^{-1} 的幂级数形式，对应的 z^{-k} 的系数就是原序列 $f(k)$。但是，要注意降幂或升幂的选择取决于 $F(z)$ 的收敛域。这种方法得到的原序列有时不容易写成完整的闭合式形式。

以单边右序列为例：

$$F(z)=\frac{N(z)}{D(z)}=a_0+a_1z^{-1}+a_2z^{-2}+\cdots+a_kz^{-k}=\sum_{k=0}^{+\infty}f(k)z^{-k}$$

$$f(0)=a_0, f(1)=a_1, f(2)=a_2, \cdots, f(k)=a_k$$

例 6-3 求收敛域为 $|z|>2$ 的 $F(z)=\frac{z}{z+2}$ 的原序列 $f(k)$。

解：

由其收敛域可知，原序列应为单边右序列，因此 $F(z)$ 幂级数应按 z 的降幂排列展开。即长除法应从 z 的最高次幂开始除。

$$
\begin{array}{r}
1-2z^{-1}+4z^{-2}-8z^{-3}+\cdots \\
z+2\,\overline{)\,z\qquad\qquad\qquad\qquad\qquad} \\
\underline{z+2} \\
-2 \\
\underline{-2-4z^{-1}} \\
+4z^{-1} \\
\underline{+4z^{-1}+8z^{-2}} \\
-8z^{-2} \\
\underline{-8z^{-2}-16z^{-3}} \\
+16z^{-3} \\
\vdots
\end{array}
$$

则 $F(z)=\dfrac{z}{z+2}=1-2z^{-1}+4z^{-2}-8z^{-3}+\cdots$

所以原函数为

$$
f(k)=\{\underset{\substack{\uparrow\\ k=0}}{1},-2,4,-8,\cdots\}=(-2)^k\varepsilon(k)
$$

例 6-4 求收敛域为$|z|<2$ 的 $F(z)=\dfrac{z}{z+2}$的原序列 $f(k)$。

解：

由其收敛域可知,原序列应为单边左序列,因此 $F(z)$幂级数应按 z 的升幂排列展开。即长除法应从 z 的最低次幂开始除。

$$
\begin{array}{r}
\frac{1}{2}z-\frac{1}{4}z^2+\frac{1}{8}z^3-\frac{1}{16}z^4+\cdots \\
z+2\,\overline{)\,z\qquad\qquad\qquad\qquad\qquad\qquad} \\
\underline{z+\frac{1}{2}z^2} \\
-\frac{1}{2}z^2 \\
\underline{-\frac{1}{2}z^2-\frac{1}{4}z^3} \\
+\frac{1}{4}z^3 \\
\underline{+\frac{1}{4}z^3+\frac{1}{8}z^4} \\
-\frac{1}{8}z^4 \\
\vdots
\end{array}
$$

则 $F(z)=\dfrac{z}{z+2}=\dfrac{1}{2}z-\dfrac{1}{4}z^2+\dfrac{1}{8}z^3-\dfrac{1}{16}z^4+\cdots$,所以

$$
f(k)=\left\{\underset{\substack{\uparrow\\ k=-1}}{\frac{1}{2}},-\frac{1}{4},\frac{1}{8},-\frac{1}{16},\cdots\right\}=-(-2)^k\varepsilon(-k-1)
$$

6.4.2 部分分式展开法

与拉普拉斯变换中的部分分式展开法(partial-fraction expansion method)类似，同样是将复杂的像函数 $F(z)$分解成许多简单的基本变换式(或部分分式)之和，这些部分分式是一些常见的基本信号的 z 变换式，见表 6-1。通过查表先求出每一项部分分式 z 的反变换式，根据叠加定理将每一项部分分式的 z 反变换式叠加起来，就可以获得原序列。

注意：这里与拉普拉斯反变换的部分分式法有些不同之处。由于 z 变换式的基本形式为$\frac{z}{z-a}$，故而应先将$\frac{F(z)}{z}$部分分式展开，然后再将每一个部分分式乘以 z 才可以得到 z 变换的基本形式。有时部分分式展开法求反 z 变换是很好用的。即依据基本式$\frac{z}{z-v}\leftrightarrow v^k\varepsilon(k)$，$|z|>v$ 有

$$\frac{F(z)}{z}=\frac{b_1}{z-v_1}+\frac{b_2}{z-v_2}+\cdots+\frac{b_n}{z-v_n}$$

$$F(z)=\frac{b_1z}{z-v_1}+\frac{b_2z}{z-v_2}+\cdots+\frac{b_nz}{z-v_n}$$

$$f(k)=[b_1v_1^k+b_2v_2^k+\cdots+b_nv_n^k]\varepsilon(k)$$

(1) 当 $F(z)=\frac{N(z)}{D(z)}$为有理函数且为真分式，即 $m<n$ 时

当分母多项式 $D(z)=0$ 的根都是单根 z_{pi}时，$\frac{F(z)}{z}$展开成部分分式为

$$\frac{F(z)}{z}=\sum_{i=1}^{k}\frac{A_i}{z-z_{pi}} \tag{6-9}$$

确定待定系数 A_i 后，式(6-9)乘以 z，则有

$$F(z)=\sum_{i=1}^{k}\frac{A_iz}{z-z_{pi}}\leftrightarrow\sum_{i=1}^{k}A_i(z_{pi})^k\varepsilon(k)=f(k) \tag{6-10}$$

(2) 当 $F(z)=\frac{N(z)}{D(z)}$为有理函数且为假分式，即 $m\geqslant n$ 时

可以利用长除法将其变成 $F(z)=Q(z)+F_1(z)$形式，$Q(z)$是一个 $m-n$ 次幂的多项式；$F_1(z)$是一个有理真分式，而后分别对多项式 $Q(z)$和有理真分式 $F_1(z)$求反 z 变换即可。

(3) 当 $F(z)=\frac{N(z)}{D(z)}$为无理函数

不能用部分分式展开法的像函数，可以将其改写成能应用 z 变换性质的形式进行反 z 变换。

例 6-5　求收敛域为 $1<|z|<3$ 的 $F(z)=\frac{4z}{z^2+4z+3}$的原序列 $f(k)$。

解：

部分分式展开并确定待定系数$\frac{F(z)}{z}=\frac{4}{(z+1)(z+3)}=\frac{2}{z+1}-\frac{2}{z+3}$，

收敛域$|z|>3$ 对$\frac{z}{z+1}$和$\frac{z}{z+3}$的原序列均为右序列则

$$F(z)=\frac{2z}{z+1}-\frac{2z}{z+3}\leftrightarrow f(k)=2\,(-1)^k\varepsilon(k)-2\,(-3)^k\varepsilon(k)$$

收敛域$|z|>1$对$\frac{z}{z+1}$的原序列为右序列；收敛域$|z|<3$对$\frac{z}{z+3}$的原序列为左序列，所以收敛域为$1<|z|<3$的原序列为$f(k)=2(-1)^k\varepsilon(k)+2(-3)^k\varepsilon(-k-1)$。

例 6-6　求收敛域为$|z|>3$的$F(z)=\frac{2z^3}{z^2+4z+3}$的原序列$f(k)$。

解：

由于$m>n$，所以利用长除法将其表示为多项式和真分式，并将真分式以部分分式表示为

$$F(z)=\frac{2z^3}{z^2+4z+3}=2z-\frac{8z^2+6z}{(z+1)(z+3)}=2z+\frac{z}{z+1}-\frac{9z}{z+3}$$

则原序列为

$$f(k)=2\delta(k+1)+(-1)^k\varepsilon(k)-9(-3)^k\varepsilon(k)$$

例 6-7　求收敛域为$|z|>1$的$F(z)=\frac{z(1-z^{-2})}{z-1}$的原序列$f(k)$。

解：

因为$F(z)$不是有理函数，所以不能直接用部分分式展开。将其改写为

$$F(z)=\frac{z(1-z^{-2})}{z-1}=\frac{z}{z-1}-\frac{z^{-1}}{z-1}=\frac{z}{z-1}-\frac{z}{z-1}\times z^{-2}$$

应用常见信号的 z 变换和 z 变换移序性质，获得原序列为

$$f(k)=\varepsilon(k)-\varepsilon(k-2)$$

6.4.3　留数法或围线积分法

反 z 变换也可以像拉普拉斯反变换那样用复变函数中的围线积分法(contour integral method)或留数法(residue method)计算。它可以计算任意序列在任意时刻的原序列值，在数学意义上要比以上两种方法严格得多。

$$f(k)=\mathscr{Z}^{-1}[F(z)]=\frac{1}{2\pi j}\oint_c F(z)z^{k-1}\mathrm{d}z=\sum\mathrm{Re}[F(z)z^{k-1}]_{c内诸极点}\tag{6-11}$$

其中 c 是在收敛域内包括 z 平面原点的闭合积分路线，它通常是 z 平面的收敛域内以原点为中心的一个圆。式(6-11)表示$f(k)$等于$F(z)z^{k-1}$在其围线 c 内各极点处的留数之和。这种计算反 z 变换的方法与拉普拉斯反变换中的留数法相似，只是计算的是$F(z)z^{k-1}$在其单阶和重极点处留数，方法简单实用。

1. 单极点

$$\mathrm{Re}[z^{k-1}F(z)]=[F(z)z^{k-1}(z-z_p)]\big|_{z=z_p}\tag{6-12}$$

2. r 重极点

$$\mathrm{Re}[z^{k-1}F(z)]=\frac{1}{(r-1)!}\frac{\mathrm{d}^{r-1}}{\mathrm{d}z^{r-1}}[F(z)z^{k-1}(z-z_p)^r]\big|_{z=z_p}\tag{6-13}$$

例 6-8　求收敛域为$|z|>1$的$F(z)=\frac{2z^2-0.5z}{z^2-0.5z-0.5}$的原序列$f(k)$。

解：

留数法求$f(k)$。

$$F(z)=\frac{2z^2-0.5z}{z^2-0.5z-0.5}=\frac{2z^2-0.5z}{(z-1)(z+0.5)}$$

$$f(k)=\frac{(2z^2-0.5z)z^{k-1}}{(z-1)(z+0.5)}(z-1)\big|_{z=1}+\frac{(2z^2-0.5z)z^{k-1}}{(z-1)(z+0.5)}(z+0.5)\big|_{z=-0.5}=[1+(0.5)^k]\varepsilon(k)$$

例 6-9　求收敛域为 $1<|z|<3$ 的 $F(z)=\dfrac{4}{z^2+4z+3}$ 的原序列 $f(k)$。

解：

方法 1

先求收敛域为 $|z|>3$ 的 $F(z)=\dfrac{4z}{z^2+4z+3}$ 的原序列 $f(k)$。

见例 6-5 部分分式法 $F(z)=\dfrac{2z}{z+1}-\dfrac{2z}{z+3}\leftrightarrow f(k)=2(-1)^k\varepsilon(k)-2(-3)^k\varepsilon(k)$

由于 $F(z)=\dfrac{4}{z^2+4z+3}$ 可以表示成 $F(z)=\dfrac{4z}{z^2+4z+3}\times z^{-1}$

应用移序性质可得收敛域为 $|z|>3$ 的 $F(z)=\dfrac{4z}{z^2+4z+3}\times z^{-1}$ 的原序列为

$$\begin{aligned}f(k)&=2(-1)^{k-1}\varepsilon(k-1)-2(-3)^{k-1}\varepsilon(k-1)\\&=\frac{4}{3}\delta(k)-2(-1)^k\varepsilon(k)+\frac{2}{3}(-3)^k\varepsilon(k)\end{aligned}$$

所以当收敛域为 $1<|z|<3$ 的 $F(z)=\dfrac{4}{z^2+4z+3}$ 的原序列为

$$f(k)=\frac{4}{3}\delta(k)-2(-1)^k\varepsilon(k)-\frac{2}{3}(-3)^k\varepsilon(-k-1)$$

方法 2

也可以先求收敛域为 $|z|>3$ 的 $F(z)=\dfrac{4z^2}{z^2+4z+3}$ 的原序列 $f(k)$。

留数法得原序列

$$f(k)=\frac{4z^2}{z+3}z^{k-1}\Big|_{z=-1}+\frac{4z^2}{z+1}z^{k-1}\Big|_{z=-3}=-2(-1)^k\varepsilon(k)+6(-3)^k\varepsilon(k)$$

由于 $F(z)=\dfrac{4}{z^2+4z+3}$ 可以表示成 $F(z)=\dfrac{4z^2}{z^2+4z+3}\times z^{-2}$

应用移序性质可得收敛域为 $|z|>3$ 的 $F(z)=\dfrac{4z^2}{z^2+4z+3}\times z^{-2}$ 的原序列为

$$\begin{aligned}f(k)&=-2(-1)^{k-2}\varepsilon(k-2)+6(-3)^{k-2}\varepsilon(k-2)\\&=\frac{4}{3}\delta(k)-2(-1)^k\varepsilon(k)+\frac{2}{3}(-3)^k\varepsilon(k)\end{aligned}$$

所以当收敛域为 $1<|z|<3$ 的 $F(z)=\dfrac{4}{z^2+4z+3}$ 的原序列为

$$f(k)=\frac{4}{3}\delta(k)-2(-1)^k\varepsilon(k)-\frac{2}{3}(-3)^k\varepsilon(-k-1)$$

与方法 1 结果一致。通过以上实例可见在求原序列时需要注意的内容可概括为要点 6.3。

要点 6.3

(1) 一般在求原序列时，最好先求单边右序列，而左序列可以由右序列适当变换获得。

(2) 当分子、分母多项式的最高次幂 $m\leqslant n$，且分子多项式中无常数项时，用留数法可以较方便地直接获得原序列的右序列形式。

(3) 当分子、分母多项式的最高次幂 $m<n$ 或 $m>n$，且分子多项式中有常数项时，一般常用部分分式展开法结合 z 变换性质求取原序列，当然也可以变化成方便用留数法的形式，应用留数法结合 z 变换性质求得原序列的右序列形式。

6.5　z 变换与拉普拉斯变换的关系

拉普拉斯变换和 z 变换是两种不同的变换，两者处理的对象是不同的：拉普拉斯变换是针对连续信号而言，而 z 变换是针对离散信号而言。但是，在一定条件下，两者可以相互转换。

6.5.1　拉普拉斯变换到 z 变换

1. 理想采样信号的拉普拉斯变换与对应的离散序列的 z 变换的关系

可以证明 z 变换的定义是通过理想采样信号的拉普拉斯变换引出的，因此离散序列的 z 变换和理想采样信号的拉普拉斯变换有如下关系：

$$F(z)\big|_{z=e^{sT_s}} = F_\delta(s) \tag{6-14}$$

其中 T_s 为采样周期，式(6-14)表明在一个离散序列的 z 变换中，若把 z 变换中的 z 换成 e^{sT}，则变换式就成为相应的理想采样信号的拉普拉斯变换了。

如果令拉普拉斯变换中的变量 $s=j\omega$，则式(6-14)又可以写作

$$F(z)\big|_{z=e^{j\omega T}} = F_\delta(j\omega) \tag{6-15}$$

这同样说明，若令 $z=e^{j\omega T_s}$，则式(6-15)就成为与序列相对应的理想采样信号的傅里叶变换了。

2. 连续信号的拉普拉斯变换与对该信号采样得到的离散序列的 z 变换的关系

在很多实际工作中常常有这样的需要，即已知一个连续信号的拉普拉斯变换 $F(s)$，要求求出此连续信号采样后所得的离散信号序列的 z 变换 $F(z)$。如果知道了两种变换间的关系，就可以直接由连续信号的拉普拉斯变换求得将该连续信号离散化后的离散信号的 z 变换，而不必像图 6-4 所示的先由拉普拉斯变换求出原信号，再采样，再求 z 变换，实质可通过拉普拉斯变换 $F(s)$ 直接找出 z 变换 $F(z)$（注意，这里的 $F(s)$ 和 $F(z)$ 虽然用了同一个符号 F，但它们不是同一个函数，应该加以区分）。这里仅研究有始信号或序列。

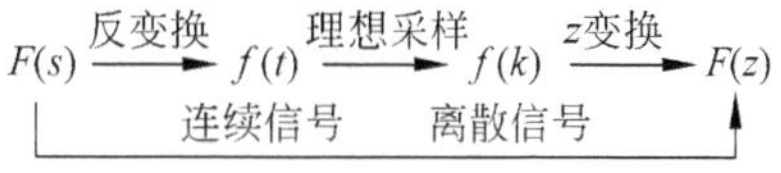

图 6-4　由拉普拉斯变换求 z 变换

为了求出两者的关系，先由拉普拉斯反变换积分式开始。

因为 $f(t)=\dfrac{1}{2\pi j}\displaystyle\int_{\sigma-j\infty}^{\sigma+j\infty}F(s)e^{st}ds$，将 $f(t)$ 以 T_s 间隔采样得到的离散序列为

$$f(kT_s)=\frac{1}{2\pi j}\int_{\sigma-j\infty}^{\sigma+j\infty}F(s)e^{skT_s}ds$$

将此离散序列 z 变换为

$$\mathscr{Z}[f(kT_s)] = F^*(z) = \sum_{k=0}^{+\infty} f(kT_s)z^{-k} = \frac{1}{2\pi j}\int_{\sigma-j\infty}^{\sigma+j\infty}F(s)\sum_{k=0}^{+\infty}(z^{-1}e^{sT_s})^k ds \tag{6-16}$$

式(6-16)的收敛域为 $\left|\dfrac{e^{sT_s}}{z}\right|<1$，即 $|z|>e^{sT_s}$，当满足此条件时有

$\displaystyle\sum_{k=0}^{+\infty}(z^{-1}e^{sT_s})^k=\frac{1}{1-e^{sT_s}z^{-1}}=\frac{z}{z-e^{sT_s}}$ 将此取和结果代入 $F^*(z)$ 式，得 z 变换

$$F^*(z)=\frac{1}{2\pi j}\int_{\sigma-j\infty}^{\sigma+j\infty}\frac{zF(s)}{z-e^{sT_s}}ds \tag{6-17}$$

式(6-17)就是由连续信号的拉普拉斯变换直接求采样后的离散信号的 z 变换关系式。这个

积分也可以应用留数定理来计算。在这里因为前面的收敛域是$|z|>e^{sT_s}$,式(6-17)中的分母$z-e^{sT_s}$不会带来极点,所以只要考虑$F(s)$的极点上的留数,即

$$F^*(z)=\sum_{i=1}^{n}\text{Res}\left[\frac{zF(s)}{z-e^{sT_s}}\right]_{(s=s_i)\sim F(s)\text{的诸极点}} \tag{6-18}$$

其中$s_i(i=1,2,\cdots,n)$是$F(s)$的各个极点。

z变换和拉普拉斯变换间的关系也可以由两者在z平面和s平面极点间的关系来考察。

6.5.2 z平面与s平面的对应关系

在s平面中$s=\sigma+j\omega$,将$s=\sigma+j\omega$代入$z=e^{sT_s}$得

$$z=|z|e^{j\theta}=e^{sT_s}=e^{(\sigma+j\omega)T_s}=e^{\sigma T_s}e^{j\omega T_s}=e^{\sigma T_s}\cos\omega T_s+je^{\sigma T_s}\sin\omega T_s$$

有

$$\left.\begin{aligned}|z|&=e^{\sigma T_s}\\ \theta&=\omega T_s\end{aligned}\right\} \tag{6-19}$$

其中T_s为连续时间信号的采样间隔。这就表示出了z平面中极点的模和幅角分别与s平面中的极点的实部和虚部的关系,z平面与s平面之间的对应关系如图6-5所示。

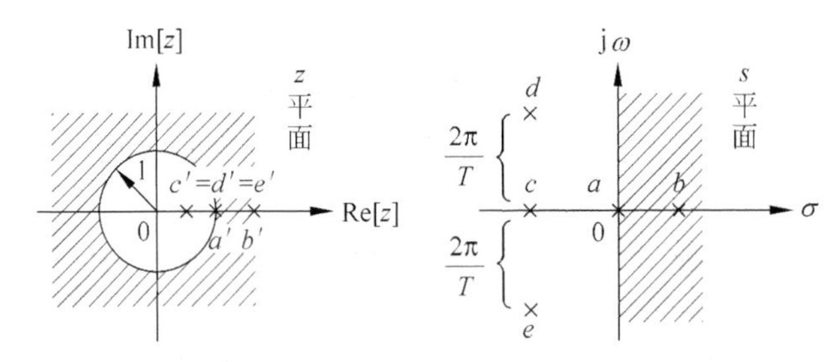

图6-5 z平面与s平面之间的对应关系

图6-5表明:

s平面的虚轴$\sigma=0$,对应z平面$|z|=e^0=1$,即半径为1的圆也称单位圆;

s平面中的极点a和b分别映射为z平面中的a'和b';

s平面中的极点c、d、e具有相同的实部,而虚部相差为$\frac{2\pi}{T_s}$(或其倍数)映射到z平面的同一点$c'=d'=e'$。即z平面上一个点可以对应s平面上无穷多个点。

可见,s平面和z平面中的极点间映射关系不是唯一的,s平面极点沿虚轴移动对应于z平面极点沿单位圆周期旋转。即s平面极点沿虚轴每平移$\frac{2\pi}{T_s}$,则对应z平面极点沿单位圆旋转一周。以上内容可概括为要点6.4。

要点 6.4

(1) s平面的虚轴映射为z平面的单位圆;

(2) s平面的左半面映射为z平面中的单位圆内;

(3) s平面的右半面映射为z平面中的单位圆外;

(4) 在z平面上一个点可以对应s平面上的无穷多个点,周期为2π。

6.6　LTI 离散系统的 z 域分析

与 LTI 连续系统的 s 域分析方法相似，在 LTI 离散系统分析中，利用 z 变换也能够把激励、响应的线性常系数差分方程转换为 z 域的激励、响应的代数方程来求解，并通过反 z 变换求出系统响应的时域解。由于 z 变换也能将系统的初始状态自动地引入 z 域像函数的代数方程中，因而可以方便地获得零输入响应、零状态响应及全响应。因为激励、响应均为有始信号，所以 z 变换及反 z 变换仅考虑单边情况即可，其收敛域一定存在，在这里一般不再说明信号变换的收敛域。

6.6.1　零输入响应的 z 域求取

1. 一般离散系统的左移序差分方程

其描述为

$$\sum_{i=0}^{n} a_i y(k+i)=\sum_{j=0}^{m} b_j e(k+j) \tag{6-20}$$

在零输入条件下，系统差分方程为

$$\sum_{i=0}^{n} a_i y(k+i)=0 \tag{6-21}$$

将式(6-21)两边求 z 变换，利用移序性质可以得到

$$\sum_{i=0}^{n} a_i \left[z^i \left(Y_{zi}(z)-\sum_{j=0}^{i-1} y_{zi}(j) z^{-j} \right) \right]=0 \tag{6-22}$$

式中 $Y_{zi}(z)=\mathscr{Z}[y_{zi}(k)]$，对式(6-22)整理，得到

$$Y_{zi}(z)=\frac{\sum_{i=0}^{n}\left[a_i \left(\sum_{j=0}^{i-1} y_{zi}(j) z^{-j+i} \right) \right]}{\sum_{i=0}^{n} [a_i z^i]} \tag{6-23}$$

可见，如果已知系统的零输入响应的初值状态 $y_{zi}(k)(k=0,1,\cdots,n-1)$，通过式(6-23)就可以得到系统零输入响应的 z 变换 $Y_{zi}(z)$形式。将式(6-23)反 z 变换得到系统零输入响应的原函数形式 $y_{zi}(k)=\mathscr{Z}^{-1}[Y_{zi}(z)]$。

2. 一般离散系统的右移序差分方程

其描述为

$$\sum_{i=0}^{n} a_i y(k-i)=\sum_{j=0}^{m} b_j e(k-j) \tag{6-24}$$

在零输入条件下，系统差分方程为

$$\sum_{i=0}^{n} a_i y(k-i)=0 \tag{6-25}$$

将式(6-25)两边求 z 变换，利用移序性质可以得到

$$\sum_{i=0}^{n} a_i z^{-i} \left[Y_{zi}(z)+\sum_{j=-i}^{-1} y_{zi}(j) z^{-j} \right]=0 \tag{6-26}$$

式中 $Y_{zi}(z)=\mathscr{Z}[y_{zi}(k)]$，对式(6-26)整理，得到

$$Y_{zi}(z)=\frac{-\sum_{i=0}^{n}\left[a_i z^{-i}\left(\sum_{j=-i}^{-1}y_{zi}(j)z^{-j}\right)\right]}{\sum_{i=0}^{n}\left[a_i z^{-i}\right]} \tag{6-27}$$

可见,如果已知系统的零输入响应的初值状态 $y_{zi}(k)(k=-n,-n+1,\cdots,-2,-1)$,通过式(6-27)就可以得到系统零输入响应的 z 变换 $Y_{zi}(z)$形式。将式(6-27)反 z 变换得 $y_{zi}(k)=\mathscr{Z}^{-1}[Y_{zi}(z)]$。

以上求取系统零输入响应的步骤可概括为要点 6.5。

> **要点 6.5**
> 求零输入响应的步骤:
> (1) 写出齐次差分方程;
> (2) 将齐次差分方程 z 变换,应用移序性质得到代数方程;
> (3) 整理该代数方程并解出 $Y_{zi}(z)$。

例 6-10 已知某 LTI 离散系统的差分方程为 $y(k)+y(k-1)-6y(k-2)=x(k)$,其中初始状态 $y(-1)=y(-2)=1$,激励为 $x(k)=5^k\varepsilon(k)$,求系统的零输入响应 $y_{zi}(k)$。

解:

该离散系统的齐次差分方程为 $y(k)+y(k-1)-6y(k-2)=0$

将其 z 变换得 $Y_{zi}(z)+z^{-1}Y_{zi}(z)+y(-1)-6z^{-2}Y_{zi}(z)-6z^{-1}y(-1)-6y(-2)=0$

整理 $Y_{zi}(z)=\dfrac{6z^{-1}y(-1)-y(-1)+6y(-2)}{1+z^{-1}-6z^{-2}}$,代入初始状态 $y(-1)=y(-2)=1$,得

$$Y_{zi}(z)=\frac{5+6z^{-1}}{1+z^{-1}-6z^{-2}}=\frac{5z^2+6z}{z^2+z-6}$$

留数法反变换:

$$y_{zi}(k)=\left.\frac{5z^2+6z}{z+3}z^{k-1}\right|_{z=2}+\left.\frac{5z^2+6z}{z-2}z^{k-1}\right|_{z=-3}=\left[\frac{9}{5}(-3)^k+\frac{16}{5}2^k\right]\varepsilon(k)$$

注意: 如果已知的是 $y(0)$和 $y(1)$,则需要通过迭代法求出 $y(-1)$和 $y(-2)$,再进行以上方法运算。

例 6-11 二阶 LTI 离散系统的差分方程为 $y(k+2)-5y(k+1)+6y(k)=x(k)$,在施加激励之前系统的初始状态为 $y_{zi}(0)=0$ 和 $y_{zi}(1)=3$,求系统零输入响应 $y_{zi}(k)$。

解:

零输入下系统方程为 $y(k+2)-5y(k+1)+6y(k)=0$

将方程 z 变换并整理得

$$z^2Y_{zi}(z)-z^2y_{zi}(0)-zy_{zi}(1)-5zY_{zi}(z)+5zy_{zi}(0)+6Y_{zi}(z)=0$$

$$Y_{zi}(z)=\frac{(z^2-5z)y_{zi}(0)+zy_{zi}(1)}{z^2-5z+6}$$

反 z 变换得

$$\begin{aligned}y_{zi}(k)&=\mathscr{Z}^{-1}[Y(z)]=\mathscr{Z}^{-1}\left[\frac{3z}{z^2-5z+6}\right]=\mathscr{Z}^{-1}\left[\frac{-3z}{z-2}+\frac{3z}{z-3}\right]\\&=[-3(2)^k+3(3)^k]\varepsilon(k)\end{aligned}$$

6.6.2　零状态响应的 z 域求取

由离散系统的时域分析得知，系统的零状态响应为激励与单位函数响应的卷积

$$y_{zs}(k) = h(k) * x(k) = \sum_{j=0}^{k} x(j)h(k-j) \tag{6-28}$$

根据卷积性质，当 $h(k) \leftrightarrow H(z)$，$x(k) \leftrightarrow X(z)$，所以有

$$Y_{zs}(z) = H(z)X(z) \tag{6-29}$$

这种把卷积和变成乘积的代价是以两次变换为代价的。

与连续系统的 $Y_{zs}(s)=H(s)X(s)$ 形式相同，正如 $H(s)$ 为连续系统的系统函数，因此 $H(z)$ 为离散系统的系统函数。在连续系统中，单位冲激响应 $h(t)$ 的拉普拉斯变换就是系统函数 $H(s)$，即 $h(t) \leftrightarrow H(s)$，$H(s)$ 可以由系统微分方程直接获得。同样，离散系统中单位函数响应 $h(k)$ 的 z 变换就是系统函数 $H(z)$，即 $h(k) \leftrightarrow H(z)$，$H(z)$ 也可以由系统差分方程直接获得。

1. 一般离散系统的左移序差分方程

其描述为

$$\sum_{i=0}^{n} a_i y(k+i) = \sum_{j=0}^{m} b_j e(k+j)$$

在零状态条件下，将上式两边求 z 变换，利用移序性质可以得到

$$\sum_{i=0}^{n} a_i z^i Y_{zs}(z) = \sum_{j=0}^{m} b_j z^j E(z) \tag{6-30}$$

其中 $y_{zs}(k) \leftrightarrow Y_{zs}(z)$，$e(k) \leftrightarrow E(z)$，则

$$Y_{zs}(z) = \frac{\sum_{j=0}^{m} b_j z^j}{\sum_{i=0}^{n} a_i z^i} E(z) = H(z)E(z) \tag{6-31}$$

所以有

$$H(z) = \frac{\sum_{j=0}^{m} b_j z^j}{\sum_{i=0}^{n} a_i z^i} = \frac{b_m z^m + b_{m-1} z^{m-1} + \cdots + b_1 z + b_0}{a_n z^n + a_{n-1} z^{n-1} + \cdots + a_1 z + a_0} = \frac{N(z)}{D(z)} \tag{6-32}$$

以上内容可概括为要点 6.6。

要点 6.6

系统差分方程为左移序形式的系统函数直接写法：

(1) 系统函数的分母为系统方程响应左移序形式（等式左边）的变化，即将移序值变 z 的正幂次。

(2) 系统函数的分子为系统方程激励左移序形式（等式右边）的变化，即将移序值变 z 的正幂次。

2. 一般离散系统的右移序差分方程

其描述为

$$\sum_{i=0}^{n} a_i y(k-i) = \sum_{j=0}^{m} b_j e(k-j)$$

在零状态条件下,将上式两边求 z 变换,利用移序性质可以得到

$$\sum_{i=0}^{n} a_i z^{-i} Y_{zs}(z) = \sum_{j=0}^{m} b_j z^{-j} E(z) \tag{6-33}$$

其中 $y_{zs}(k) \leftrightarrow Y_{zs}(z)$,$e(k) \leftrightarrow E(z)$,则

$$Y_{zs}(z) = \frac{\sum_{j=0}^{m} b_j z^{-j}}{\sum_{i=0}^{n} a_i z^{-i}} E(z) = H(z)E(z) \tag{6-34}$$

所以有

$$H(z) = \frac{\sum_{j=0}^{m} b_j z^{-j}}{\sum_{i=0}^{n} a_i z^{-i}} = \frac{b_m z^{-m} + b_{m-1} z^{-(m-1)} + \cdots + b_1 z^{-1} + b_0}{a_n z^{-n} + a_{n-1} z^{-(n-1)} + \cdots + a_1 z^{-1} + a_0} = \frac{N(z)}{D(z)} \tag{6-35}$$

以上内容可概括为要点 6.7。

要点 6.7

系统差分方程为右移序形式的系统函数直接写法:

(1) 系统函数的分母为系统方程响应右移序形式(等式左边)的变化,即将移序值变 z 的负幂次。

(2) 系统函数的分子为系统方程激励右移序形式(等式右边)的变化,即将移序值变 z 的负幂次。

求零状态响应的步骤可概括为要点 6.8。

要点 6.8

求零状态响应的步骤:

(1) 零状态下将系统的差分方程两边 z 变换获得代数方程(或直接写出系统函数形式),并求出激励的 z 变换 $e(k) \leftrightarrow E(z)$;

(2) 解出 $Y_{zs}(z) = \frac{\sum_{j=0}^{m} b_j z^{-j}}{\sum_{i=0}^{n} a_i z^{-i}} E(z) = H(z)E(z)$ 或 $Y_{zs}(z) \frac{\sum_{j=0}^{m} b_j z^{j}}{\sum_{i=0}^{n} a_i z^{i}} E(z) = H(z)E(z)$;

(3) 将零状态响应反 z 变换得 $y_{zs}(k) = \mathscr{Z}^{-1}[Y_{zs}(z)]$。

例 6-12 二阶 LTI 离散系统的差分方程为 $y(k)+3y(k-1)+2y(k-2)=x(k)$,求激励为 $2^k\varepsilon(k)$ 的系统零状态响应 $y_{zs}(k)$。

解:

写出系统函数为 $H(z)=\frac{1}{1+3z^{-1}+2z^{-2}}$ 以及 $x(k)=2^k\varepsilon(k) \leftrightarrow X(z)=\frac{z}{z-2}$

零状态响应的像函数为 $Y_{zs}(z)=H(z)X(z)=\frac{z^2}{z^2+3z+2} \times \frac{z}{z-2}$

反 z 变换有

$$y_{zs}(k) = \mathscr{Z}^{-1}[Y_{zs}(z)] = \mathscr{Z}^{-1}\left[\frac{1}{3} \times \frac{z}{z-2} + \frac{z}{z+2} - \frac{1}{3} \times \frac{z}{z+1}\right]$$

零状态响应的原函数形式为 $y_{zs}(k)=\left[\frac{1}{3}2^k+(-2)^k-\frac{1}{3}(-1)^k\right]\varepsilon(k)$

例 6-13　二阶 LTI 离散系统的差分方程为 $y(k+2)-5y(k+1)+6y(k)=x(k+1)+x(k)$，求激励为 $\varepsilon(k)$ 的系统零状态响应 $y_{zs}(k)$。

解：

写出系统函数 $H(z)=\frac{z+1}{z^2-5z+6}$ 以及 $x(k)=\varepsilon(k)\leftrightarrow X(z)=\frac{z}{z-1}$

零状态响应的像函数为 $Y_{zs}(z)=H(z)X(z)=\frac{z+1}{z^2-5z+6}\times\frac{z}{z-1}$

反 z 变换有

$$y_{zs}(k)=\mathscr{Z}^{-1}[Y_{zs}(z)]=\left.\frac{z(z+1)}{(z-2)(z-3)}z^{k-1}\right|_{z=1}+\left.\frac{z(z+1)}{(z-1)(z-3)}z^{k-1}\right|_{z=2}+\left.\frac{z(z+1)}{(z-1)(z-2)}z^{k-1}\right|_{z=3}$$

零状态响应的原函数形式为 $y_{zs}(k)=[1-3(2)^k+2\,(3)^k]\varepsilon(k)$

6.6.3　全响应的 z 域求取

LTI 离散系统的全响应为零输入响应与零状态响应的叠加，即 $y(k)=y_{zi}(k)+y_{zs}(k)$。对于 LTI 连续系统，运用拉普拉斯变换，可以直接求出全响应，而不必分别先求零输入响应和零状态响应。类似地，对于 LTI 离散系统也可以运用 z 变换，直接求出全响应。求全响应的方法有两种。将求系统全响应方法一的步骤可概括为要点 6.9。

> **要点 6.9**
> 求全响应方法一的步骤：
> (1) 对系统差分方程两边直接进行 z 变换，应用移序性质得到代数方程；
> (2) 整理该代数方程并解出 $Y(z)$ 的表达式；
> (3) 对 $Y(z)$ 进行反 z 变换，获得全响应时域形式 $y(k)=\mathscr{Z}^{-1}[Y(z)]$。

具体情况及解出结果如下：

1. 离散系统的左移序差分方程 $\sum_{i=0}^{n}a_iy(k+i)=\sum_{j=0}^{m}b_je(k+j)$

(1) 对于给定系统零输入响应初始状态 $y_{zi}(k)(k=0,1,\cdots,n-1)$ 情况，全响应为

$$Y(z)=\frac{\left(\sum_{j=0}^{m}b_jz^j\right)E(z)+\sum_{i=0}^{n}\left[a_i\left(\sum_{k=0}^{i-1}y_{zi}(k)z^{-k}\right)\right]}{\sum_{i=0}^{n}a_iz^i}\tag{6-36}$$

(2) 对于给定系统全响应初始状态 $y(k)(k=0,1,\cdots,n-1)$ 情况，全响应为

$$Y(z)=\frac{\left(\sum_{j=0}^{m}b_jz^j\right)E(z)+\sum_{i=0}^{n}\left[a_i\left(\sum_{k=0}^{i-1}y(k)z^{-k+i}\right)\right]-\sum_{j=0}^{m}\left[b_j\left(\sum_{k=0}^{j-1}e(k)z^{-k+j}\right)\right]}{\sum_{i=0}^{n}a_iz^i}\tag{6-37}$$

2. 离散系统的右移序差分方程 $\sum_{i=0}^{n}a_iy(k-i)=\sum_{j=0}^{m}b_je(k-j)$

在给定系统零输入响应初始状态 $y_{zi}(k)(k=0,1,\cdots,n-1)$ 的情况下，全响应为

$$Y(z)=\frac{-\sum_{i=0}^{n}\left[a_iz^{-i}\left(\sum_{j=-i}^{-1}y_{zi}(j)z^{-j}\right)\right]+\left(\sum_{j=0}^{m}b_jz^{-j}\right)E(z)}{\sum_{i=0}^{n}a_iz^{-i}} \tag{6-38}$$

求 LTI 离散系统的全响应也可以用前面方法分别求系统零输入响应和零状态响应,而后将二者叠加即可。求系统全响应方法二的步骤可概括为要点 6.10。

> **要点 6.10**
>
> 求全响应方法二的步骤:
>
> (1) 求零输入响应;
>
> 对齐次差分方程 z 变换,得到 $Y_{zi}(z)$;反 z 变换得到 $y_{zi}(k)=\mathscr{Z}^{-1}[Y_{zi}(z)]$。
>
> (2) 求零状态响应;
>
> 写出系统函数 $H(z)$,将激励 z 变换 $X(z)$,求出 $y_{zs}(k)=\mathscr{Z}^{-1}[H(z)X(z)]$。
>
> (3) 全响应时域形式 $y(k)=y_{zi}(k)+y_{zs}(k)$。

以二阶系统为例,可以证明与连续系统一样,系统函数可以直接由差分方程写出。设二阶离散系统方程为

$$y(k+2)+a_1y(k+1)+a_0y(k)=b_2x(k+2)+b_1x(k+1)+b_0x(k)$$

直接写出系统函数,有 $H(z)=\dfrac{b_2z^2+b_1z+b_0}{z^2+a_1z+a_0}$,激励 $x(k)\leftrightarrow X(z)$,全响应为

$$y(k)=y_{zi}(k)+y_{zs}(k)$$

$$Y(z)=\frac{(z^2+a_1z)y(0)+zy(1)}{z^2+a_1z+a_0}+\frac{b_2z^2+b_1z+b_0}{z^2+a_1z+a_0}X(z)$$

反 z 变换得全响应的原函数形式为 $y(k)=\mathscr{Z}^{-1}[Y(z)]$。

例 6-14 二阶 LTI 离散系统的差分方程为 $y(k+2)-5y(k+1)+6y(k)=x(k+1)+x(k)$,激励 $x(k)=\varepsilon(k)$,系统的初始状态为

(1) $y_{zi}(0)=0$ 和 $y_{zi}(1)=0$;

(2) $y(0)=0$ 和 $y(1)=0$。

求在这两种初始条件下的系统全响应 $y(k)$。

解:

(1) 由于系统零输入响应的初始状态为零,所以零输入响应为零。系统只有零状态响应如例 6-13 零状态响应结果,全响应为 $y(k)=[1-3\,(2)^k+2\,(3)^k]\varepsilon(k)$。

(2) 由于在 $y(0)=0$ 和 $y(1)=0$ 全响应的初始条件下,对系统方程 $y(k+2)-5y(k+1)+6y(k)=x(k+1)+x(k)$两边进行 z 变换,得

$$z^2Y(z)-z^2y(0)-zy(1)-5zY(z)+5zy(0)+6Y(z)=zX(z)-zx(0)+X(z)$$

且 $x(k)=\varepsilon(k)\leftrightarrow X(z)=\dfrac{z}{z-1}$。

$$Y(z)=\frac{(z+1)X(z)-zx(0)}{z^2-5z+6}=\frac{\dfrac{z(z+1)}{z-1}-z}{(z-2)(z-3)}=\frac{2z}{(z-1)(z-2)(z-3)}$$

$$y(k)=\mathscr{Z}^{-1}[Y(z)]=\mathscr{Z}^{-1}\left[\frac{z}{z-1}-\frac{2z}{z-2}+\frac{z}{z-3}\right]=[1-2^{k+1}+3^{k}]\varepsilon(k)$$

6.7　系统函数及其系统特性分析

6.7.1　系统函数的定义及物理意义

与连续系统函数 $H(s)$一样，离散系统函数 $H(z)$不仅反映了离散系统的传输特性，还反映了离散系统本身的结构和参数特性。因此它是说明离散系统动态特性的一个重要物理量，也是离散系统分析的核心之一。

1. 系统函数定义

系统函数是零状态响应像函数 $Y_{zs}(z)$与激励像函数 $E(z)$之比。即

$$H(z)=\frac{Y_{zs}(z)}{E(z)} \tag{6-39}$$

它仅取决于系统本身的结构及元件参数特性，与激励、响应无关。

2. 系统函数的物理意义

系统函数实质是单位函数响应的像函数。在时域，激励为单位冲激信号 $\delta(k)$，系统响应为单位函数响应 $h(k)$；在 z 域中，激励为 1，系统响应为系统函数 $H(z)$，简记为

$$\left.\begin{aligned}h(k)&\leftrightarrow H(z)\\ \mathscr{Z}[h(k)]&=H(z)\end{aligned}\right\} \tag{6-40}$$

3. 系统函数形式

如果有 $y_{zs}(k)\leftrightarrow Y_{zs}(z)$，$e(k)\leftrightarrow E(z)$，则在零状态下：

(1) LTI 离散系统方程 $\sum\limits_{i=0}^{n}a_i y(k+i)=\sum\limits_{j=0}^{m}b_j e(k+j)$

将以上方程两边 z 变换并应用移序特性，得

$$Y_{zs}(z)=\frac{\sum\limits_{j=0}^{m}b_j z^j}{\sum\limits_{i=0}^{n}a_i z^i}E(z)=H(z)E(z)$$

则系统函数可以写作

$$H(z)=\frac{Y_{zs}(z)}{E(z)}=\frac{\sum\limits_{j=0}^{m}b_j z^j}{\sum\limits_{i=0}^{n}a_i z^i} \tag{6-41}$$

(2) LTI 离散系统方程 $\sum\limits_{i=0}^{n}a_i y(k-i)=\sum\limits_{j=0}^{m}b_j e(k-j)$

将以上方程两边 z 变换并应用移序特性，得

$$Y_{zs}(z)=\frac{\sum\limits_{j=0}^{m}b_j z^{-j}}{\sum\limits_{i=0}^{n}a_i z^{-i}}E(z)=H(z)E(z)$$

则系统函数可以写作

$$H(z)=\frac{Y_{zs}(z)}{E(z)}=\frac{\sum_{j=0}^{m}b_j z^{-j}}{\sum_{i=0}^{n}a_i z^{-i}} \tag{6-42}$$

6.7.2 系统函数的零、极点与 z 平面及零极图

系统函数也可以表示为

$$H(s)=\frac{Y_{zs}(z)}{E(z)}=\frac{N(z)}{D(z)}=H_0\frac{\prod_{j=1}^{m}(z-z_j)}{\prod_{i=1}^{n}(z-p_i)} \tag{6-43}$$

1. z 平面

z 平面是 z 的实部为横轴,z 的虚部为纵轴构成的坐标平面。

2. 零点与极点

零点是使系统函数分子多项式 $N(z)=0$ 中 z 的根,即 $z_j(j=1,2,\cdots,m)$。

极点是使系统函数分母多项式 $D(z)=0$ 中 z 的根,即 $p_i(i=1,2,\cdots,n)$。

3. 零极图

把系统函数的零、极点画到 z 平面上的示意图称为系统函数的零、极图(zero-pole diagram)极点以×表示,零点以。表示;若为 n 阶零点或极点,则在零点或极点旁注以(n)。

例 6-15 某离散系统的系统函数为 $H(z)=\dfrac{z^2+2z}{\left(z-\frac{1}{2}\right)^2\left[\left(z+\frac{3}{2}\right)^2+1\right]}$,则该系统函数的零极图如图 6-6 所示。

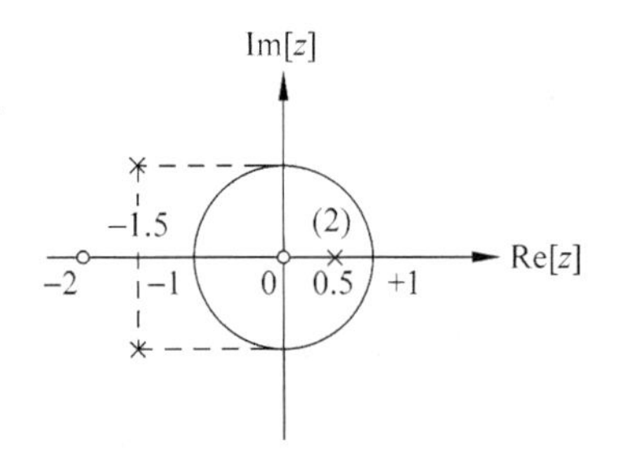

图 6-6 例 6-15 的系统函数零极图

6.7.3 系统函数的零极点在 z 平面的分布与系统的时域响应特性

由式(6-40)可知,$\mathscr{Z}[h(k)]=H(z)$或 $\mathscr{Z}^{-1}[H(z)]=h(k)$,将 $H(z)$展开为部分分式有

$$H(z)=\sum_{i=0}^{n}\frac{A_i z}{z-p_i} \tag{6-44}$$

则每一个极点将对应一个时间函数,即

$$h(k)=\mathscr{Z}^{-1}[H(z)]=\mathscr{Z}^{-1}\left[\sum_{i=0}^{n}\frac{A_i z}{z-p_i}\right]=\sum_{i=0}^{n}A_i\,(p_i)^k\varepsilon(k) \tag{6-45}$$

如果 $p_0=0$,则

$$h(k)=A_0\delta(k)+\sum_{i=1}^{n}A_i\,(p_i)^k\varepsilon(k) \tag{6-46}$$

这里极点 p_i 可以是实数,也可以是共轭复数。由式(6-46)可见,单位函数响应 $h(k)$的时间特性取决于 $H(z)$的极点 p_i,幅度由系数 A_i 决定,而 A_i 与 $H(z)$的零点分布有关。正如 s 域系统函数 $H(s)$的零极点对冲激响应 $h(t)$的影响一样,$H(z)$的极点决定 $h(k)$的函数形式,而零点只影响 $h(k)$的幅度。

系统函数 $H(z)$的极点处与 z 平面的不同位置将对应 $h(k)$的不同函数形式,如图 6-7 所示。

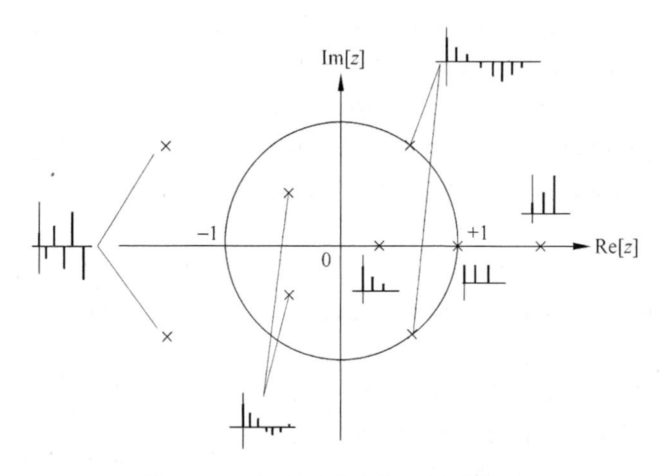

图 6-7　$H(z)$极点分布与 $h(k)$的关系

由图 6-7 可见：

(1) $H(z)$的实极点位于 z 平面的单位圆内，其 $h(k)$为衰减的指数序列。

(2) $H(z)$的实极点位于 z 平面的单位圆上，其 $h(k)$为阶跃序列。

(3) $H(z)$的实极点位于 z 平面的单位圆外，其 $h(k)$为增长的指数序列。

(4) $H(z)$的共轭极点位于 z 平面的单位圆内，其 $h(k)$为减幅正弦振荡序列。

(5) $H(z)$的共轭极点位于 z 平面的单位圆上，其 $h(k)$为等幅正弦振荡序列。

(6) $H(z)$的共轭极点位于 z 平面的单位圆外，其 $h(k)$为增幅正弦振荡序列。

6.7.4　系统函数的零极点在 z 平面的分布与系统的频域响应特性

类似于连续系统，离散系统的频率特性也是由系统函数 $H(z)$在 z 平面上的零极点分布决定，也能通过几何方法直观求出。

系统函数为 $H(z)=\dfrac{Y_{zs}(z)}{E(z)}=\dfrac{N(z)}{D(z)}=H_0\dfrac{\prod\limits_{r=1}^{m}(z-z_r)}{\prod\limits_{i=1}^{n}(z-p_i)}$

则 $H(e^{j\omega})=H_0\dfrac{\prod\limits_{r=1}^{m}(e^{j\omega}-z_r)}{\prod\limits_{i=1}^{n}(e^{j\omega}-p_i)}=|H(e^{j\omega})|e^{j\phi(\omega)}$

令 $e^{j\omega}-z_r=N_re^{j\varphi_r}$，$e^{j\omega}-p_i=D_ie^{j\theta_i}$；于是系统函数的幅频特性为

$$|H(e^{j\omega})|=\frac{\prod\limits_{r=1}^{m}N_r}{\prod\limits_{i=1}^{n}D_i} \tag{6-47}$$

系统相频特性为

$$\phi(\omega)=\sum_{r=1}^{m}\varphi_r-\sum_{i=1}^{n}\theta_i \tag{6-48}$$

式(6-47)和式(6-48)中的 N_r 和 φ_r 分别表示 z 平面上零点 z_r 到单位圆上某一点 $e^{j\omega}$ 的矢量 $e^{j\omega}-z_r$ 的模与幅角，D_i 和 θ_i 分别表示 z 平面上极点 p_i 到单位圆上某一点 $e^{j\omega}$ 的矢量 $e^{j\omega}-p_i$ 的模与幅角。系统频率特性的确定方法如图 6-8 所示，如果在单位圆上的 Q 点不断移动，就可以得到全部的频率响应特性。

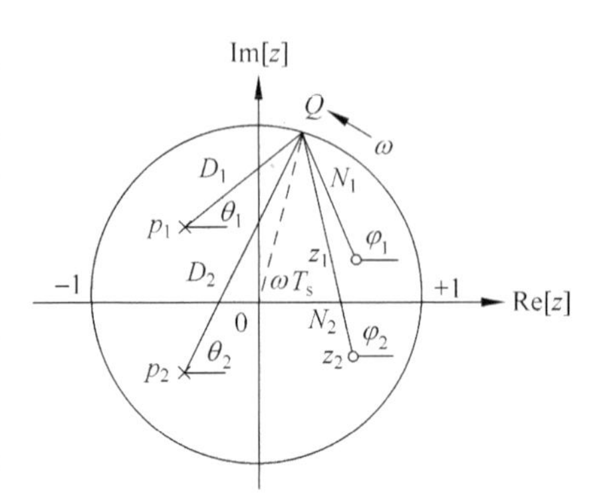

图 6-8　频率特性 $H(e^{j\omega})$ 的几何确定

通过分析可以得到如下结论：

(1) 位于 $z=0$ 处的零点或极点对幅频特性不产生作用，只会影响相频特性。

(2) 当 $e^{j\omega}$ 点旋转到某个极点 p_i 附近时，如果矢量长度 D_i 最短，则频率特性在该点可能出现峰值。

(3) 若极点 p_i 越靠近单位圆，D_i 越短，则频率特性在峰值附近越尖锐。

(4) 若极点 p_i 落在单位圆上，则 $D_i=0$，频率特性的峰值趋于无穷大。

也就是说，若有极点靠近单位圆，则当 ω 变化经过此极点附近时，幅频特性出现峰值；若有零点靠近单位圆，则当 ω 变化经过此零点附近时，幅频特性出现谷值。对于零点的作用刚好相反的其他相应结论，此处不再赘述。

在连续系统中，曾经提出过两种特殊系统：全通系统和最小相移系统。在离散系统中同样也有全通系统(all-pass system)和最小相移系统(minimum-phase system)。这个问题由读者自行推演。

6.7.5　离散系统的频率特性及特殊激励的零状态响应求取

1. 离散系统的频率响应特性

与连续系统相似，离散系统的频率特性是指离散系统在正弦序列激励 $A\sin(k\omega T_s+\phi)$ 或余弦序列激励 $A\cos(k\omega T_s+\phi)$ 作用下的稳态响应随频率变化的特性。由于正弦序列或余弦序列是复指数序列的虚部或实部，为了方便运算，可以先考虑复指数序列激励作用下的稳态响应。

$$x(k)=Ae^{j(k\omega T_s+\phi)}=Ae^{j\phi}e^{jk\omega T_s}=\dot{A}e^{jk\omega T_s} \tag{6-49}$$

其中 $\dot{A}=Ae^{j\phi}$ 是相量，A 为幅度，ϕ 为初相，T_s 为采样时间间隔；则系统零状态响应为

$$y(k)=h(k)*x(k)=\sum_{n=0}^{\infty}h(n)x(k-n)=\sum_{n=0}^{\infty}h(n)\dot{A}e^{j(k-n)\omega T_s}=e^{jk\omega T_s}\sum_{n=0}^{\infty}h(n)(e^{j\omega T_s})^{-n} \tag{6-50}$$

又因为 $H(z)=\mathscr{Z}[h(k)]=\sum\limits_{k=0}^{\infty}h(k)z^{-k}$，将其与式(6-50)比较得

$$\sum_{n=0}^{\infty}h(n)(e^{j\omega T_s})^{-n}=H(e^{j\omega T_s})=H(z)\big|_{z=e^{j\omega T_s}} \tag{6-51}$$

于是式(6-50)可以写作

$$y(k)=\dot{A}e^{jk\omega T_s}H(e^{j\omega T_s})=x(k)H(e^{j\omega T_s}) \tag{6-52}$$

由于激励信号是从 $n=-\infty$ 接入系统，所以零状态响应就是全响应，而且确实是稳态响应。

式(6-52)表明，离散系统对复指数序列(或正弦序列)的稳态响应仍然是同频率的复指数

序列(或正弦序列)。其中 $H(e^{j\omega T_s})$ 反映了离散系统在正弦序列激励作用下稳态响应随频率变化的特性,称为离散系统的频率特性。由式(6-51)可知,对于稳定离散系统,只要把系统函数中的复变量 z 换成 $e^{j\omega T_s}$,即可得到离散系统的频率特性 $H(e^{j\omega T_s})$。因为 $H(z)$ 的收敛域包括单位圆在内,或者说 $H(z)$ 在单位圆上 $z=e^{j\omega T_s}$(即 $r=1,\theta=\omega T_s$),其频率特性还可以写作

$$H(z)\big|_{z=e^{j\omega T_s}}=H(e^{j\omega T_s})=\left|H(e^{j\omega T_s})\right|e^{j\phi(\omega)} \tag{6-53}$$

其中 $\left|H(e^{j\omega T_s})\right|$ 为幅频特性,$\phi(\omega)$ 为相频特性。又因为 $e^{j\omega T_s}$ 为 ω 的周期函数,所以 $H(e^{j\omega T_s})$ 也是 ω 的周期函数,周期为 2π。这是离散系统区别于连续系统的突出特点。以上内容可概括为要点 6.11。

> **要点 6.11**
> 离散系统的系统函数是周期函数。

而且与连续系统的频响特性相似,离散系统的幅频特性为频率 ω 的偶函数;相频特性为频率 ω 的奇函数。

2. 特殊激励的零状态响应

因为系统零状态响应为单位函数响应 $h(k)$ 与激励 $x(k)$ 的卷积和为 $y_{zs}(k)=h(k)*x(k)$,当激励 $x(k)=e^{j\omega k}$ 时,根据式(6-52),系统零状态响应为

$$y_{zs}(k)=H(e^{j\omega})e^{j\omega k} \tag{6-54}$$

或

$$y_{zs}(k)=\left|H(e^{j\omega})\right|e^{j[\omega k+\phi(\omega)]} \tag{6-55}$$

注意:除非遇到无法用 z 变换求解离散系统稳态响应的问题,一般频域分析法很少用于求解离散系统的响应,它仅限于用来描述系统的频率特性。

6.7.6　系统函数的求解方法

正如连续系统的系统函数 $H(s)$ 一样,离散系统的系统函数 $H(z)$ 也是反映系统特性的重要参数。要点 6.12 总结并给出了一些求离散系统函数 $H(z)$ 的方法。

> **要点 6.12**
> 求离散系统函数 $H(z)$ 的 5 种方法:
> (1) 已知激励 $x(k)\leftrightarrow X(z)$ 和零状态响应 $y_{zs}(k)\leftrightarrow Y_{zs}(z)$,
> 根据定义式 $H(z)=\dfrac{Y_{zs}(z)}{X(z)}$ 求解。
> (2) 已知系统的单位函数响应 $h(k)$,应用系统函数的物理意义 $H(z)=\mathscr{Z}[h(k)]$ 求取。
> (3) 已知系统差分方程,零状态下对差分方程两边求 z 变换,导出 $H(z)=\dfrac{Y_{zs}(z)}{X(z)}$(或直接通过差分方程写出系统函数)。
> (4) 已知系统模拟图,根据输入激励与输出响应的关系,写出系统差分方程后得到 $H(z)=\dfrac{Y_{zs}(z)}{X(z)}$。
> (5) 已知系统函数零极图,写出 $H(z)=\dfrac{Y_{zs}(z)}{X(z)}=\dfrac{N(z)}{D(z)}=H_0\dfrac{\prod\limits_{r=1}^{m}(z-z_r)}{\prod\limits_{i=1}^{n}(z-p_i)}$。

例 6-16 某 LTI 离散系统,已知当激励 $x(k)=(-0.5)^k\varepsilon(k)$时,其零状态响应为

$$y(k)=\left[1.5(0.5)^k+4\left(-\frac{1}{3}\right)^k-4.5(-0.5)^k\right]\varepsilon(k)$$

求:(1) 系统函数 $H(z)$;

(2) 单位函数响应 $h(k)$;

(3) 描述系统的差分方程。

解:

将激励 z 变换:

$$x(k)=(-0.5)^k\varepsilon(k)\leftrightarrow X(z)=\frac{z}{z+0.5}$$

将系统零状态响应 z 变换:

$$y_{zs}(k)=\left[1.5(0.5)^k+4\left(-\frac{1}{3}\right)^k-4.5(-0.5)^k\right]\varepsilon(k)$$

$$Y_{zs}(z)=\frac{1.5z}{z-0.5}+\frac{4z}{z+\frac{1}{3}}-\frac{4.5z}{z+0.5}$$

整理得

$$Y_{zs}(z)=\frac{z^3+2z^2}{(z-0.5)\left(z+\frac{1}{3}\right)(z+0.5)}$$

根据系统函数定义

$$H(z)=\frac{Y_{zs}(z)}{X(z)}=\frac{z^2+2z}{(z-0.5)\left(z+\frac{1}{3}\right)}=\frac{z^2+2z}{z^2-\frac{1}{6}z-\frac{1}{6}}=\frac{1+2z^{-1}}{1-\frac{1}{6}z^{-1}-\frac{1}{6}z^{-2}}$$

单位函数响应

$$h(k)=\mathscr{Z}^{-1}[H(z)]=\mathscr{Z}^{-1}\left[\frac{-2z}{z+\frac{1}{3}}+\frac{3z}{z-\frac{1}{2}}\right]=\left[-2\left(-\frac{1}{3}\right)^k+3\left(\frac{1}{2}\right)^k\right]\varepsilon(k)$$

描述系统的差分方程为

$$y(k+2)-\frac{1}{6}y(k+1)-\frac{1}{6}y(k)=x(k+2)+2x(k+1)$$

或

$$y(k)-\frac{1}{6}y(k-1)-\frac{1}{6}y(k-2)=x(k)+2x(k-1)$$

例 6-17 某离散系统模拟图如图 6-9 所示。

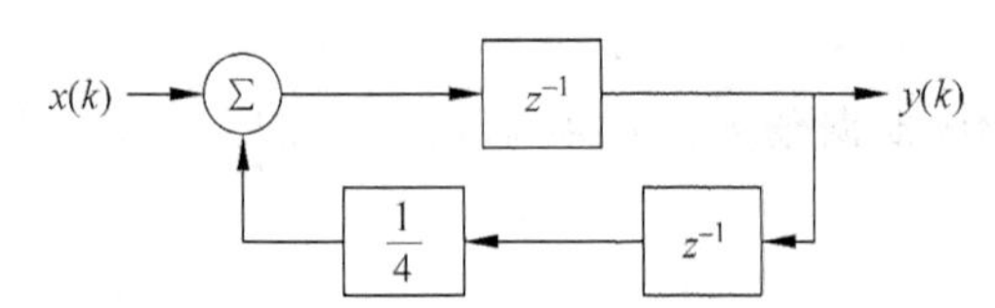

图 6-9 例 6-17 离散系统模拟图

求:(1) 系统差分方程;

(2) 系统函数 $H(z)$;

(3) 单位函数响应 $h(k)$;

(4) 系统函数的零、极图。

解:

直接可以写出系统的差分方程为 $y(k+1)-\frac{1}{4}y(k-1)=x(k)$

零状态下将上方程两边 z 变换 $zY(z)-\frac{1}{4}z^{-1}Y(z)=X(z)$

根据系统函数定义 $H(z)=\frac{Y_{zs}(z)}{X(z)}=\frac{1}{z-\frac{1}{4}z^{-1}}=\frac{z}{z^2-\frac{1}{4}}=\frac{z}{z-\frac{1}{2}}-\frac{z}{z+\frac{1}{2}}$

单位函数响应 $h(k)=\mathscr{Z}^{-1}[H(z)]=\left[\left(\frac{1}{2}\right)^k-\left(-\frac{1}{2}\right)^k\right]\varepsilon(k)$

系统函数有 $z=0$ 的零点和 $z=-\frac{1}{2}$、$z=\frac{1}{2}$ 的极点。

系统函数零、极图如图 6-10 所示。

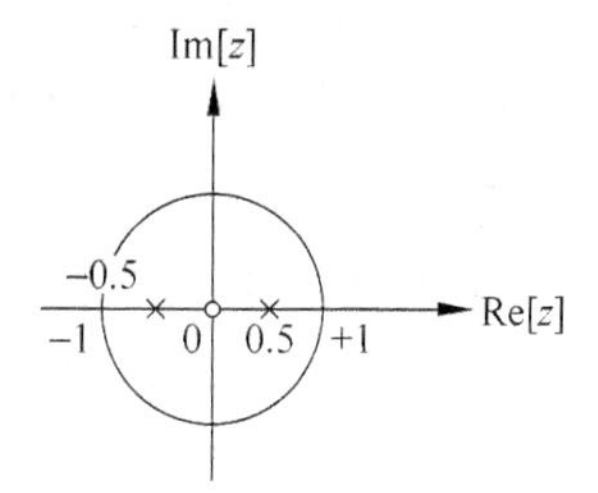

图 6-10 例 6-17 的系统函数零、极图

6.7.7 离散时间系统的并、级联结构

在连续系统中,可以通过把系统函数 $H(s)$ 分解为一系列子系统函数的和或积,从而可以将系统转换成一系列子系统的并联(parallel interconnection)或级联(series or cascade interconnection)。在离散系统中也可以通过将系统函数 $H(z)$ 分解为一系列子系统函数的和或积,从而也可以将系统转换成一系列子系统的并联和级联。其原理和构成方法与连续系统相同,此处不再赘述,离散时间系统并联、级联结构及系统函数如图 6-11 所示。

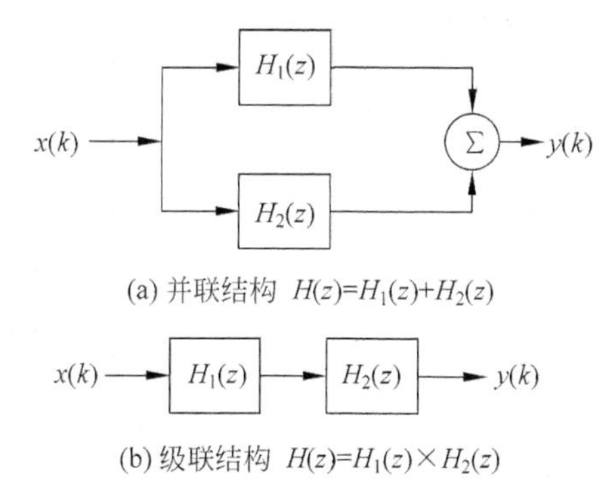

(a) 并联结构 $H(z)=H_1(z)+H_2(z)$

(b) 级联结构 $H(z)=H_1(z)\times H_2(z)$

图 6-11 离散时间系统的并、级联结构

6.8 LTI 离散系统的稳定性

1. 从时域角度

如果离散系统对任一有界激励 $x(k)$,其零状态响应 $y(k)$ 都是有界的,则系统是稳定的。即对所有的 k 都有 $|x(k)|\leqslant M_x$,则 $|y(k)|\leqslant M_y$,M_x、M_y 为有限正常数。

根据上述定义可以推导出离散系统稳定的充分必要条件是其单位函数响应序列绝对可和,即

$$\sum_{k=-\infty}^{\infty} |h(k)| < \infty \tag{6-56}$$

2. 从 z 域角度

根据系统函数 $H(z)$ 的极点分布可以判断离散系统的稳定性。由图 6-7 所示可以看出，对于一个因果的离散系统，若系统函数 $H(z)$ 的全部极点位于 z 平面的单位圆内，则系统稳定，否则系统不稳定或临界稳定。因为对一个因果系统，当 $k<0$，$h(k)=0$。系统函数为

$$H(z) = \mathscr{Z}[h(k)] = \sum_{k=0}^{+\infty} h(k) z^{-k}$$

$H(z)$ 收敛的充分必要条件是 $|z|<1$，即 $H(z)$ 的全部极点位于 z 平面的单位圆内。

以上内容可概括为要点 6.13。

> **要点 6.13**
>
> 因果稳定的 LTI 离散系统的系统函数全部极点应位于 z 平面的单位圆内。即因果稳定的 LTI 离散系统的单位函数响应必是衰减的。

6.9 LTI 离散系统与 LTI 连续系统的比较

离散系统 z 域分析和连续系统的 s 域分析有许多相对应之处，但并不完全相同，具有平行相似性。为了更好地理解离散系统与连续系统的分析方法，离散系统与连续系统的对应比较见表 6-3。

表 6-3 LTI 离散系统与 LTI 连续系统的比较

	离散系统	连续系统
数学描述 (一阶系统为例)	激励、响应的左移序差分方程 $y(k+1)+ay(k)=b_1x(k+1)+b_0x(k)$	激励、响应的微分方程 $y'(t)+ay(t)=b_1x'(t)+b_0x(t)$
系统函数	$H(z)=\dfrac{b_1z+b_0}{z+a}$	$H(s)=\dfrac{b_1s+b_0}{s+a}$
系统稳定条件	系统函数 $H(z)$ 的全部极点位于 z 平面的单位圆内	系统函数 $H(s)$ 的全部极点位于 s 平面的左半面
零输入响应(特征根为单实根)	$y_{zi}(k)=cv^k$ $v=-a$	$y_{zi}(t)=ce^{\lambda t}$ $\lambda=-a$
零状态响应	$Y_{zs}(z)=H(z)X(z)$ $y_{zs}(k)=h(k)*x(k)$ $y_{zs}(k)=\sum_{j=0}^{k}x(j)h(k-j)$	$Y_{zs}(s)=H(s)X(s)$ $y_{zs}(t)=h(t)*x(t)$ $y_{zs}(t)=\int_0^t x(\tau)h(t-\tau)\mathrm{d}\tau$

6.10 LTI 离散系统的 z 域分析实例

例 6-18 离散系统模拟图如图 6-12 所示。求：

(1) 系统函数 $H(z)$ 及单位函数响应 $h(k)$。

(2) 系统 $y_{zi}(0)=y_{zi}(1)=2$，激励为 $x(k)=\varepsilon(k)$ 的零输入响应 $y_{zi}(k)$、零状态响应

$y_{zs}(k)$和全响应 $y(k)$。

(3) 判断系统稳定与否。

(4) 若激励为 $x(k)=e^{j\omega k}$，$0<k<\infty$的零状态响应 $y_{zs}(k)=$?

(5) 若激励为 $x(k)=2\cos\left(\frac{\pi}{2}k+45^{\circ}\right)\varepsilon(k)$的零状态响应 $y_{zs}(k)=$?

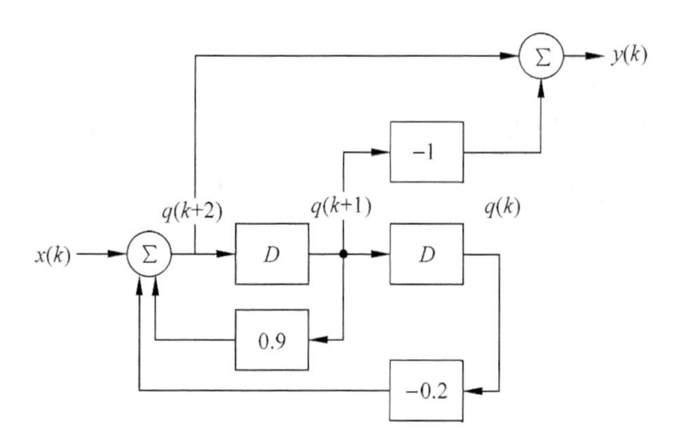

图 6-12　例 6-18 离散系统的模拟图

解：

步骤如下：

(1) 写出系统差分方程 $y(k+2)-0.9y(k+1)+0.2y(k)=e(k+2)-e(k+1)$

(2) 系统函数 $H(z)=\dfrac{z^2-z}{z^2-0.9z+0.2}=\dfrac{-5z}{z-0.5}+\dfrac{6z}{z-0.4}$

(3) 单位函数响应 $h(k)=[-5(0.5)^k+6(0.4)^k]\varepsilon(k)$

(4) 零输入响应 $Y_{zi}(z)=\dfrac{(z^2-0.9z)y(0)+zy(1)}{z^2-0.9z+0.2}=\dfrac{2z^2+0.2z}{(z-0.4)(z-0.5)}$

$$y_{zi}(k)=\frac{2z^2+0.2z}{z-0.5}z^{k-1}\bigg|_{z=0.4}+\frac{2z^2+0.2z}{z-0.4}z^{k-1}\bigg|_{z=0.5}=[-10(0.4)^k+12(0.5)^k]\varepsilon(k)$$

(5) 零状态响应 $Y_{zs}(z)=H(z)X(z)=\dfrac{z^2-z}{z^2-0.9z+0.2}\times\dfrac{z}{z-1}=\dfrac{z^2}{(z-0.4)(z-0.5)}$

$$y_{zs}(k)=\frac{z^2}{z-0.5}z^{k-1}\bigg|_{z=0.4}+\frac{z^2}{z-0.4}z^{k-1}\bigg|_{z=0.5}=[-4(0.4)^k+5(0.5)^k]\varepsilon(k)$$

(6) 全响应

$$y(k)=y_{zi}(k)+y_{zs}(k)=[-14(0.4)^k+17(0.5)^k]\varepsilon(k)$$

由于系统函数的全部极点 $z=0.4$ 和 $z=0.5$ 均在单位圆内，即$|z|<1$，所以该系统稳定。

(7) 若激励为 $x(k)=e^{j\omega k}$，$0<k<\infty$的零状态响应为 $y_{zs}(k)=H(e^{j\omega})e^{j\omega k}$

(8) 因为 $H(z)=\dfrac{z^2-z}{z^2-0.9z+0.2}=\dfrac{-5z}{z-0.5}+\dfrac{6z}{z-0.4}$

则 $H(z)\Big|_{z=e^{j\omega}}=\dfrac{-5e^{j\omega}}{e^{j\omega}-0.5}+\dfrac{6e^{j\omega}}{e^{j\omega}-0.4}$；$y_{zs}(k)=\left[\dfrac{-5e^{j\omega}}{e^{j\omega}-0.5}+\dfrac{6e^{j\omega}}{e^{j\omega}-0.4}\right]e^{j\omega k}$

(9) 若激励为 $x(k)=2\cos\left(\frac{\pi}{2}k+45^{\circ}\right)\varepsilon(k)$时，即 $\omega=\frac{\pi}{2}$。

$$H(z)\big|_{z=e^{j\frac{\pi}{2}}}=H(e^{j\frac{\pi}{2}})=\frac{e^{j\frac{\pi}{2}}(e^{j\frac{\pi}{2}}-1)}{(e^{j\frac{\pi}{2}}-0.5)(e^{j\frac{\pi}{2}}-0.4)}=\frac{j(-1+j)}{(-0.5+j)(-0.4+j)}$$

$$H(e^{j\frac{\pi}{2}})=\frac{\sqrt{1^2+1^2}}{\sqrt{0.5^2+1^2}\sqrt{0.4^2+1^2}}\angle[90^\circ+\arctan(-1)]-\angle[\arctan(-2)+\arctan(-2.5)]$$
$$=1.172e^{-j3.37^\circ}$$

即 $|H(e^{j\frac{\pi}{2}})|=1.172,\phi\left(\frac{\pi}{2}\right)=-3.37^\circ$。

因此系统的正弦稳态响应为

$$y_{zs}(k)=2\times1.172\cos\left(\frac{\pi}{2}k+45^\circ-3.37^\circ\right)$$
$$=2.344\cos\left(\frac{\pi}{2}k+41.63^\circ\right)$$

本章学习小结

1. 信号分析

(1) z 变换建立了离散时间信号(序列)与 z 域之间的对应关系,成为离散时间信号与系统分析的有力数学工具。由于 z 变换是一个幂级数,存在幂级数收敛与否(收敛域)的问题,因此收敛域应当作为 z 变换的一部分才能使序列 $f(k)$ 与其 z 变换 $F(z)$ 成为一一对应的关系。即:z 变换及反 z 变换必须标明收敛域。

(2) z 变换的性质同样地反映了离散信号的时域与 z 域之间的关系,熟练掌握 z 变换的基本性质及常用信号的 z 变换将有利于 z 变换的应用。

2. 系统分析

(1) 离散系统的 z 域分析法是利用 z 变换把时域的差分方程变换为 z 域的代数方程来求解,并通过反 z 变换获得系统响应时域解。与连续系统应用拉普拉斯变换求解微分方程过程相似,z 变换也能将系统的初始状态自动引入,因而可以方便地得到系统的零输入响应、零状态响应和全响应。由于在求反 z 变换时,可以采用部分分式法或留数法,使得求解系统的时域响应形式变得容易多了。z 变换在离散系统分析中的地位与作用,类似于连续系统中的拉普拉斯变换。离散信号与系统 z 域分析与连续信号与系统的 s 域分析的很多内容具有平行相似性。

(2) 离散系统的系统函数等于离散系统的零状态响应像函数与系统激励像函数之比,即

$$H(z)=\frac{Y_{zs}(z)}{X(z)}。$$

也是系统单位函数响应的 z 变换,即:$\mathscr{Z}[h(k)]=H(z)$。

它只与系统本身的结构和组成系统的元件参数有关,反映系统的传输特性。

(3) 系统函数 $H(z)$ 的零、极点在 z 平面的分布决定系统的时域特性 $h(k)$ 和频域特性 $H(e^{j\omega})$。研究系统函数零、极点在 z 平面的分布情况可以为数字系统的设计提供理论基础。

(4) z 平面与 s 平面存在着一定的对应关系。

习题练习 6

基础练习

6-1　求下列序列的 z 变换 $F(z)$，并标明收敛域。

(1) $\left(\frac{1}{2}\right)^k\varepsilon(k)$　(2) $\left(\frac{1}{2}\right)^k\varepsilon(k)+\delta(k)$　(3) $k[\varepsilon(k)-\varepsilon(k-5)]$

(4) $\left(\frac{1}{2}\right)^k\varepsilon(-k)$　(5) $\delta(k+1)$　(6) $\left(\frac{1}{2}\right)^k\varepsilon(k)+\left(\frac{1}{3}\right)^k\varepsilon(k)$

(7) $\delta(k)-\frac{1}{8}\delta(k-3)$　(8) $|3-k|\varepsilon(k)$

6-2　运用 z 变换的性质求下列序列的 z 变换。

(1) $f(k)=\frac{1}{2}[1+(-1)^k]\varepsilon(k)$　(2) $f(k)=\varepsilon(k)-\varepsilon(k-4)$

(3) $f(k)=k\,(-1)^k\varepsilon(k)$　(4) $f(k)=k(k-1)\varepsilon(k)$

(5) $f(k)=k\left(\frac{1}{2}\right)^k\varepsilon(k)$

6-3　求下列序列的双边 z 变换。

(1) $f(k)=\left(\frac{1}{2}\right)^k\varepsilon(-k-1)$　(2) $f(k)=\left(\frac{1}{3}\right)^k\varepsilon(k)+2^k\varepsilon(-k-1)$

(3) $f(k)=\left(\frac{1}{2}\right)^{|k|}$

6-4　求出下列 z 变换 $F(z)$ 的原序列 $f(k)$。

(1) $7z^{-1}+3z^{-2}-8z^{-10}$，　$|z|>0$　(2) $2z+3+4z^{-1}$，　$0<|z|\leqslant\infty$

(3) $\frac{z-5}{z+2}$，　$|z|>2$　(4) $\frac{z^4-1}{z^4-z^3}$，　$|z|>1$

(5) $\frac{z^{-5}}{z+2}$，　$|z|>2$

6-5　已知下列因果序列 $f(k)$ 的 z 变换为 $F(z)$，求该序列的初值 $f(0)$ 和终值 $f(\infty)$。

(1) $F(z)=\frac{1+z^{-1}+z^{-2}}{(1-z^{-1})(1-2z^{-1})}$　(2) $F(z)=\frac{z^{-1}}{(1-0.5z^{-1})(1+0.5z^{-1})}$

(3) $F(z)=\frac{z^2}{z^2-1.5z+0.5}$　(4) $F(z)=\frac{2z^2-\frac{7}{3}z}{(z-2)\left(z-\frac{1}{3}\right)}$

6-6　用部分分式展开法或留数法求下列 $F(z)$ 对应的原右序列 $f(k)$。

(1) $F(z)=\frac{10z^2}{(z-1)(z+1)}$　(2) $F(z)=\frac{z^2+2z}{(z^2-1)(z+0.5)}$

(3) $F(z)=\frac{z^{-1}}{1-1.5z^{-1}+0.5z^{-2}}$　(4) $F(z)=\frac{8(1-z^{-1}-z^{-2})}{2+5z^{-1}+2z^{-2}}$

(5) $F(z)=\frac{z^3+2z^2+1}{z(z-1)(z-0.5)}$　(6) $F(z)=\frac{2z^2-3z+1}{z^2-4z-5}$

(7) $F(z)=\dfrac{z^{-2}}{1-5z^{-1}+6z^{-2}}$ (8) $F(z)=\dfrac{z}{(z-1)^2(z-2)}$

6-7 用卷积定理求下列卷积和。

(1) $5^k\varepsilon(k)*\delta(k-2)$ (2) $5^k\varepsilon(k)*\varepsilon(k+1)$

(3) $5^k\varepsilon(k)*2^k\varepsilon(k)$ (4) $5^k\varepsilon(k)*2^k\varepsilon(-k)$

(5) $5^k\varepsilon(k)*\varepsilon(k-1)$

6-8 用 z 变换分析法求下列差分方程描述的系统的全响应。

(1) $y(k+1)-0.2y(k)=x(k+1),y(0)=1,x(k)=\varepsilon(k)$

(2) $y(k+1)-y(k)=x(k+1),y_{zi}(0)=-1,x(k)=\varepsilon(k)$

(3) $2y(k+2)+3y(k+1)+y(k)=x(k),y(0)=0,y(1)=-1,x(k)=0.5^k\varepsilon(k)$

(4) $y(k+2)-3y(k+1)+2y(k)=x(k+1)-2x(k),y_{zi}(0)=0,y_{zi}(1)=1,x(k)=2^k\varepsilon(k)$

(5) $y(k)-0.9y(k-1)=0.1x(k),y(-1)=2,x(k)=\varepsilon(k)$

(6) $y(k)+3y(k-1)+2y(k-2)=x(k),y(-1)=0,y(-2)=\dfrac{1}{2},x(k)=\varepsilon(k)$

6-9 描述某离散系统的差分方程为 $y(k)-y(k-1)-2y(k-2)=x(k)$,已知 $y(-1)=-1,y(-2)=\dfrac{1}{4},x(k)=\varepsilon(k)$,求该系统的零输入响应 $y_{zi}(k)$、零状态响应 $y_{zs}(k)$ 及全响应 $y(k)$。

6-10 已知一阶离散系统的差分方程为 $y(k)+3y(k-1)=x(k)$,

(1) 求系统单位函数响应 $h(k)$;

(2) 若 $y(0)=1,x(k)=4^k\varepsilon(k)$,求全响应 $y(k)$。

6-11 由下列差分方程画出离散系统的模拟图,并求系统函数 $H(z)$ 及单位函数响应 $h(k)$。

(1) $3y(k)-6y(k-1)=x(k)$

(2) $y(k)=x(k)-5x(k-1)+8x(k-3)$

(3) $y(k+1)-\dfrac{1}{2}y(k)=x(k+1)$

(4) $y(k+2)-5y(k+1)+6y(k)=x(k+2)-3x(k)$

6-12 (1) 某离散系统激励为 $x(k)=\varepsilon(k)$时的零状态响应为 $y_{zs}(k)=2(1-0.5^k)\varepsilon(k)$,求激励为 $x(k)=0.5^k\varepsilon(k)$的零状态响应。

(2) 已知一离散系统的单位函数响应为 $h(k)=[(0.5)^k-(0.4)^k]\varepsilon(k)$,写出该系统的差分方程。

6-13 已知系统函数如下,画出系统直接形式、并联形式及级联形式的模拟图。

(1) $H(z)=\dfrac{3+3.6z^{-1}+0.6z^{-2}}{1+0.1z^{-1}-0.2z^{-2}}$

(2) $H(z)=\dfrac{1+z^{-1}+z^{-2}}{1-0.2z^{-1}+z^{-2}}$

6-14 证明图 T6-1 所示两系统为同一系统,求出系统的系统函数 $H(z)$,画出零极图。

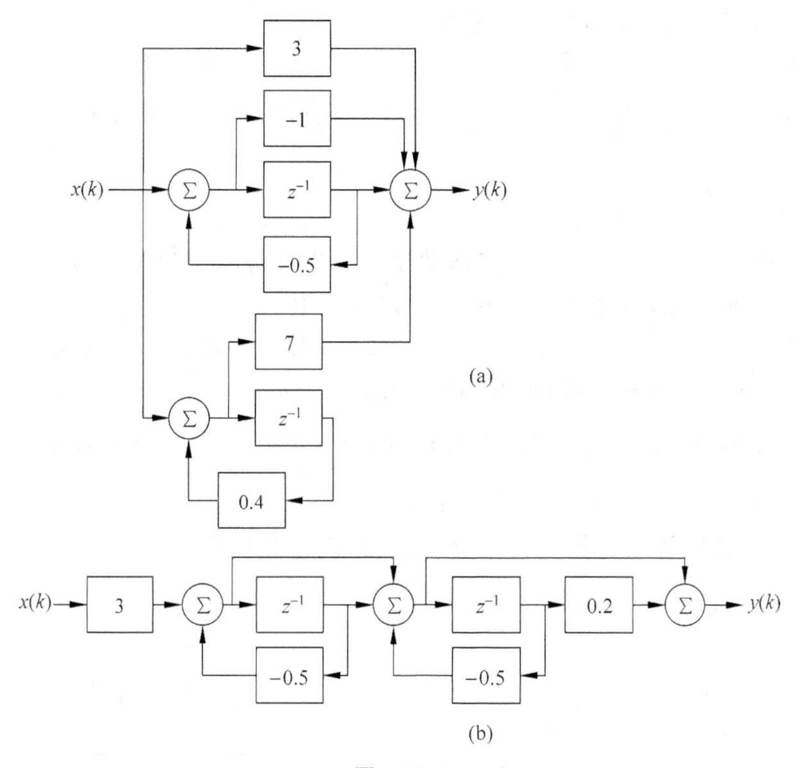

图　T6-1

6-15　离散系统函数 $H(z)=\dfrac{z(z+2)}{(z-0.8)(z-0.6)(z+0.4)}$

(1) 画出系统的零极图；

(2) 画出该系统的直接形式、并联形式的信号流图。

6-16　求如图 T6-2 所示系统的单位函数响应与单位阶跃序列响应。

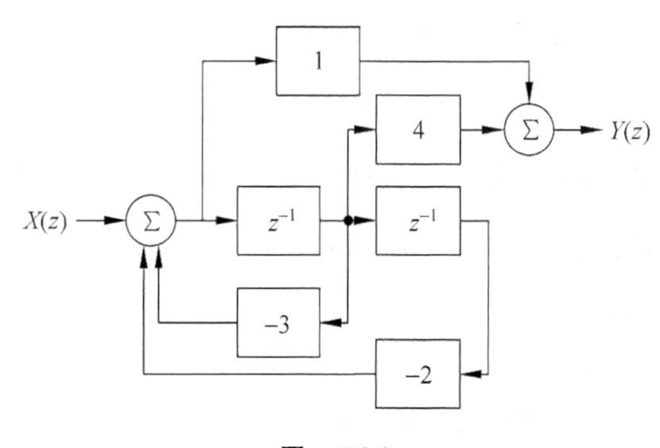

图　T6-2

综合练习

6-17　已知离散信号 $f(k)$如图 T6-3 所示，试求 $f(k+1)\varepsilon(k)$的 z 变换。

6-18　画出 $F(z)=\dfrac{-3z^{-1}}{2-5z^{-1}+2z^{-2}}$零极图，求在三种收敛域下，哪种情况对应左边序

列、右边序列、双边序列？并求出各对应序列。

(1) $|z|>2$　　(2) $|z|<0.5$　　(3) $0.5<|z|<2$

6-19　求 $F(z)=\dfrac{z+2}{2z^2-7z+3}$ 在三种收敛域下的原序列，哪种情况对应左边序列、右边序列、双边序列？

(1) $|z|>3$　　(2) $|z|<0.5$　　(3) $0.5<|z|<3$

6-20　当输入为 $x(k)=\varepsilon(k)$ 时某离散系统的零状态响应为 $y_{zs}(k)=[2-(0.5)^k+(-1.5)^k]\varepsilon(k)$，求其系统函数和描述该系统的差分方程。

6-21　某 LTI 离散系统，当输入 $x(k)=\varepsilon(k)-\varepsilon(k-2)$ 时，其零状态响应为 $y_{zs}(k)=2\varepsilon(k-1)$，求当输入为 $x(k)=\varepsilon(k)$ 时的零状态响应 $y_{zs}(k)$。

6-22　已知线性非时变系统的差分方程为 $y(k+2)-\dfrac{7}{2}y(k+1)+\dfrac{3}{2}y(k)=x(k)$，

(1) 若 $x(k)=\varepsilon(k)$，求系统的零状态响应 $y_{zs}(k)$；

(2) 若 $x(k)$ 如图 T6-4 所示，求 $k=2$ 时系统的零状态响应 $y_{zs}(k)$。

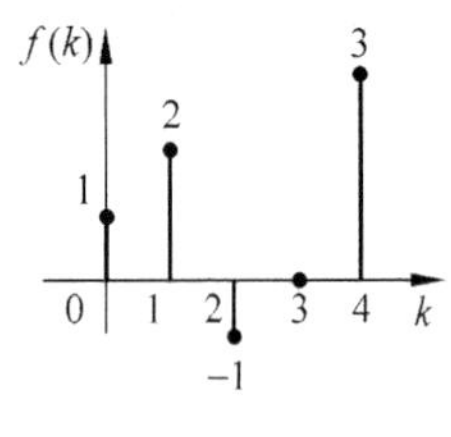

图　T6-3

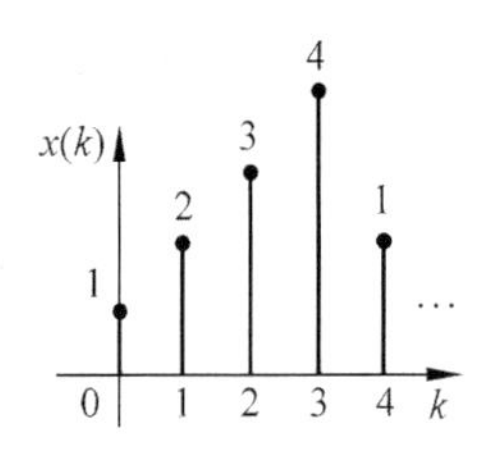

图　T6-4

6-23　已知一阶 LTI 离散系统的单位函数响应为 $h(k)=\left(\dfrac{1}{2}\right)^k[\varepsilon(k)-\varepsilon(k-1)]$，

(1) 写出系统的差分方程；

(2) 画出系统模拟图；

(3) 求激励为 $x(k)=e^{j\Omega k}$ 的系统零状态响应；

(4) 求激励为 $x(k)=\cos\left(\dfrac{\pi}{2}k+45^\circ\right)$ 系统零状态响应。

6-24　已知一个离散系统函数在 z 平面的零极点分布如图 T6-5 所示，且已知系统的 $\lim\limits_{k\to\infty}h(k)=\dfrac{1}{3}$，系统的初始条件为 $y(0)=2, y(1)=1$，

(1) 求系统函数 $H(z)$；

(2) 零输入响应 $y_{zi}(k)$；

(3) 若系统激励为 $(-3)^k\varepsilon(k)$，求零状态响应 $y_{zs}(k)$。

6-25　如图 T6-6 所示的复合系统由三个子系统组成，若已知各子系统的单位函数响应或系统函数分别为 $h_1(k)=\varepsilon(k)$，$H_2(z)=\dfrac{z}{z+1}$，$H_3(z)=\dfrac{1}{z}$，求系统输入 $x(k)=\varepsilon(k)-\varepsilon(k-2)$ 时的零状态响应 $y_{zs}(k)$。

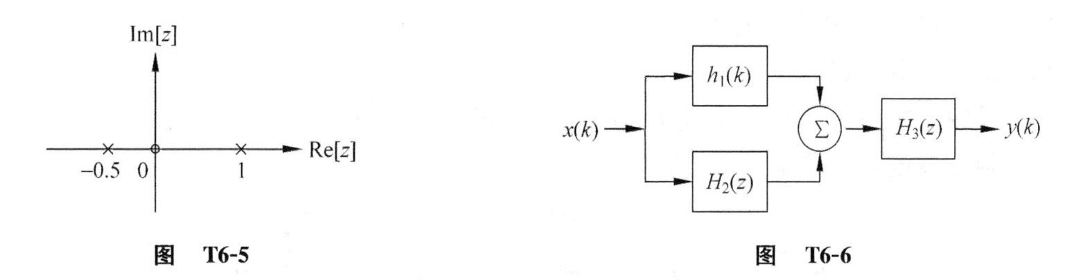

图　T6-5　　　　图　T6-6

6-26　对输入 $x(k)$、输出 $y(k)$的线性时不变离散系统，若对于所有的 k，$x(k)=(-2)^k$，则有 $y(k)=0$；若 $x(k)=(0.5)^k\varepsilon(k)$，则 $y(k)=\delta(k)+a\,(0.25)^k\varepsilon(k)$。

(1) 试确定常数 a 的值；

(2) 若对所有的 k，$x(k)=1$，确定 $y(k)$。

6-27　已知一离散因果时不变系统的 $h(k)$满足差分方程

$$h(k)+2h(k-1)=b\,(-4)^k\varepsilon(k)$$

当该系统的输入 $x(k)=8^k$(对所有 k)时，系统的零状态响应 $y(k)=(8)^{k+1}$(对所有的 k)，求差分方程中的未知常量 b 和系统的 $H(z)$。

6-28　LTI 离散时间系统如图 T6-7 所示。$H(z)\Big|_{z=8}=8$。

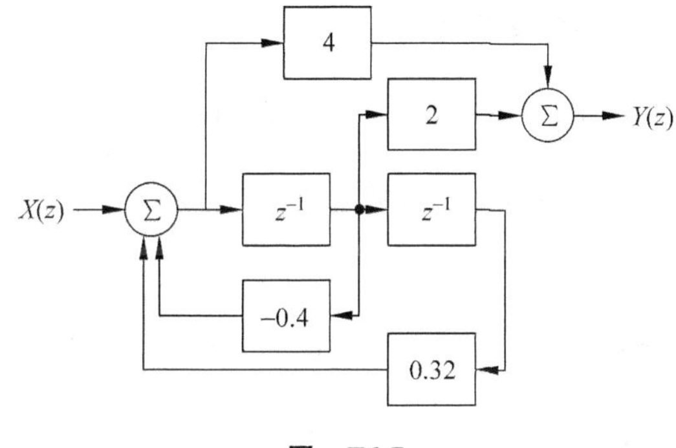

图　T6-7

(1) 求系统差分方程；

(2) 求系统函数 $H(z)$；

(3) 判断系统的稳定性；

(4) 画出 $H(z)$的零、极点图；

(5) 求激励 $x(k)=10\cos\dfrac{\pi}{2}k$ 时的正弦稳态响应。

6-29　LTI 离散时间系统函数为 $H(z)=\dfrac{A}{(1-0.5z^{-1})(1-bz^{-1})}$，求：

(1) 使系统稳定的 b 的范围；

(2) 画出系统模拟图；

(3) 当 $b=\dfrac{1}{3}$ 时，已知系统对输入信号 $x(k)=\cos k\pi$ 的响应为 $y(k)$，且 $y(1)=-2$，求 A 值。

6-30　LTI离散时间系统如图T6-8所示，$y_{zi}(0)=y_{zi}(1)=1$，$x(k)=\varepsilon(k)$，求：

(1) 系统差分方程；

(2) 零输入响应 $y_{zi}(k)$，零状态响应 $y_{zs}(k)$ 及全响应 $y(k)$；

(3) 判断系统是否稳定。

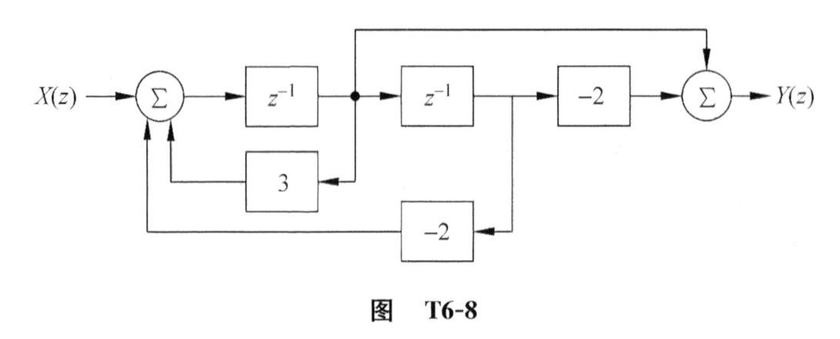

图　T6-8

自测题

1. 如果序列 $f(k)\varepsilon(k)$ 的 z 变换为 $\dfrac{z+1}{z-1}$，则 $f(1)$ 的值为(　　)。

a. 0　　b. 1　　c. 2　　d. 3

2. $k\varepsilon(k)-(k-1)\varepsilon(k-1)$ 的 z 变换为(　　)。

a. $\dfrac{1}{z(z-1)}$　　b. $\dfrac{1}{(z-1)}$　　c. $\dfrac{z}{z-1}$　　d. $\dfrac{z^2}{z-1}$

3. 已知某线性离散系统的单位函数响应为 $h(k)=\left(\dfrac{1}{2}\right)^k\varepsilon(k)$，其单位阶跃响应为(　　)。

a. $\left[2+\left(\dfrac{1}{2}\right)^k\right]\varepsilon(k)$　　b. $\left[2-\left(\dfrac{1}{2}\right)^k\right]\varepsilon(k)$

c. $\left[2+\left(\dfrac{1}{2}\right)^{-k}\right]\varepsilon(k)$　　d. $\left[2-\left(\dfrac{1}{2}\right)^{-k}\right]\varepsilon(k)$

4. z 变换 $F(z)=\dfrac{1}{z-1}$ 的原函数为(　　)。

a. $\varepsilon(k)$　　b. $\varepsilon(k-1)$　　c. $k\varepsilon(k)$　　d. $(k-1)\varepsilon(k-1)$

5. 为使LTI离散系统是稳定的，则系统函数 $H(z)$ 的全部极点必须在 z 平面的(　　)。

a. 单位圆内　　b. 单位圆外　　c. 左半面　　d. 右半面

6. 信号 $(k-3)\varepsilon(k-3)$ 的 z 变换为(　　)。

a. $\dfrac{z}{(z-1)^2}$　　b. $\dfrac{1}{(z-1)^2}$　　c. $\dfrac{1}{z^2(z-1)^2}$　　d. $\dfrac{1}{z(z-1)^2}$

7. 信号 $f(k)=\left[\left(\dfrac{1}{2}\right)^k-\left(-\dfrac{1}{2}\right)^k\right]\varepsilon(k)$ 的 z 变换为(　　)。

a. $\dfrac{4}{4z^2-1}$　　b. $\dfrac{4z}{4z^2-1}$　　c. $\dfrac{4}{4z^2+1}$　　d. $\dfrac{4z}{4z^2+1}$

8. 求 $F(z)=\dfrac{z^2+1}{z^2+3z+2}$ 所对应的右序列为(　　)。

a. $\frac{1}{2}\delta(k)+2(-2)^k\varepsilon(k)$

b. $\frac{1}{2}\delta(k)-2(-1)^k\varepsilon(k)+2.5(-2)^k\varepsilon(k)$

c. $-2(-1)^k\varepsilon(k)+2.5(-2)^k\varepsilon(k)$

d. $\frac{1}{2}\delta(k)+2(-1)^k+2.5(-2)^k$

9. $F(z)=\frac{1}{z}+\frac{1}{z-1}$的反变换 $f(k)$为(　　)。

a. $\delta(k-1)+\delta(k+1)$

b. $\delta(k-1)+\varepsilon(k-1)$

c. $\delta(k)+\varepsilon(k)$

d. $\delta(k-2)+\varepsilon(k-2)$

10. $F(z)=\frac{z^2}{(z-1)^2}$的反变换 $f(k)$为(　　)。

a. $k\varepsilon(k)$

b. $(k-1)\varepsilon(k-1)$

c. $(k+1)\varepsilon(k+1)$

d. $(k+1)\varepsilon(k)$

11. 序列 $x(k)=\left(\frac{1}{3}\right)^k[\varepsilon(k)-\varepsilon(k-8)]$的 z 变换收敛域为(　　)。

a. $|z|>0$

b. $|z|>\frac{1}{3}$

c. $|z|<\frac{1}{3}$

d. $|z|>3$

12. $H(z)=\frac{1}{z^2-5z+6}$的单位函数响应 $h(k)$为(　　)。

a. $[(-2)^k+(-3)^k]\varepsilon(k)$

b. $[-2^{k-1}+3^{k-1}]\varepsilon(k-1)$

c. $[2^{k-1}+3^{k-1}]\varepsilon(k)$

d. $[2^k+3^k]\varepsilon(k)$

13. LTI 离散系统的差分方程为 $y(k+1)+0.5y(k)=x(k)$，则单位函数响应 $h(k)$ 为(　　)。

a. $(-0.5)^k\varepsilon(k)$

b. $(-0.5)^{k-1}\varepsilon(k-1)$

c. $(-0.5)^k\varepsilon(k-1)$

d. $(-0.5)^{k-1}\varepsilon(k)$

14. LTI 离散系统的单位函数响应为 $h(k)=\left(\frac{1}{2}\right)^k\varepsilon(k)$，激励为 $x(k)=\left(\frac{1}{3}\right)^k\varepsilon(k)$，则系统零状态响应 $y_{zs}(k)$为(　　)。

a. $\left[\left(\frac{1}{2}\right)^{k+1}-\left(\frac{1}{3}\right)^{k+1}\right]\varepsilon(k)$

b. $\left[3\left(\frac{1}{2}\right)^k+2\left(\frac{1}{3}\right)^k\right]\varepsilon(k)$

c. $\left[\left(\frac{1}{2}\right)^k-\left(\frac{1}{3}\right)^k\right]\varepsilon(k)$

d. $\left[3\left(\frac{1}{2}\right)^k-2\left(\frac{1}{3}\right)^k\right]\varepsilon(k)$

第7章

线性系统的状态变量分析

本章学习目标

- 了解何谓状态变量法及其优点和适用性。
- 理解状态、状态变量、状态方程、输出方程、系统方程等概念及含义。
- 熟练掌握在已知电系统、系统模拟图、微分方程、差分方程、系统函数条件下，正确选择状态变量，列出状态方程和输出方程，并写成标准矩阵形式的方法。
- 掌握变换域(拉普拉斯变换或 z 变换)方法与时域方法求解系统的状态方程和输出方程，包括求状态变量的零输入解、零状态解、全解，零输入响应、零状态响应、全响应。
- 深刻理解状态过渡矩阵的意义，熟练掌握其求解方法。
- 理解系统函数矩阵及其物理意义，掌握从系统状态方程与输出方程求系统函数矩阵、单位冲激响应矩阵及单位函数响应矩阵的方法。

7.1 引言

通过前面的研究讨论可知，分析一个系统首先要将此系统的工作状态表示成数学模型，即应用适当的数学表达式描述该系统的工作状态。描述系统的方法依采用数学模型的不同可以分成两大类：输入-输出描述和状态变量描述。

1. 输入-输出描述(input-output description)

前面所学习的分析方法(时域和变域分析)尽管各有不同的特点，但是都着眼于激励-响应(输入-输出)的直接关系(外部特性)，对单输入-单输出(single-input single-output，SISO)系统，这种描述和处理方法很方

便。但是现代工程中所采用的系统日趋复杂，而且往往是多输入-多输出(multiple-input multiple-output，MIMO)系统，同时又要完成许多功能，技术要求也日趋苛刻，分析这种系统是很艰辛的工作。如果采用输入-输出描述法与分析，计算工作太繁重。特别是人们对控制系统不再仅仅满足于输出量的变化，对系统内部的一些变量变化也同样感兴趣，为了设计和控制这些参数以达到最佳控制目的，使用输入-输出描述和分析无法知晓系统内部的一些必要情况，对系统的特性无法进行全面的描述。例如有的系统的系统函数是稳定的，但是系统内部却存在不稳定的部分，采用状态变量描述与分析就能有效发现这种情况。输入-输出描述对应的分析方法称为外部法。

2. 状态变量描述(state-variable description)

对于多输入-多输出系统，状态变量描述与分析具有明显的优越性。它不仅可以描述系统外部特性，还可以描述系统内部特性；它不仅适用于线性时不变系统，也适用于非线性或时变系统，还可以用来研究经济系统、生物系统和其他一些系统。尤其是状态变量分析法的数学描述模型特别适用于计算机进行数值计算。状态变量描述对应的方法称为内部法。

1) 状态变量分析法的优点及应用范围

前面曾提及过输入-输出法对研究单输入-单输出系统较为方便，但现代工程系统很复杂，往往是多输入-多输出系统，且同时要完成各种功能，所以这种系统分析方法将使分析工作繁重也无法知晓系统内部情况。在这种情况下，要运用状态变量分析法。

(1) 状态变量分析法具有如下优点：

① 由于它是研究每一个变量情况，因此便于研究系统内部所需的信息。例如：可以研究系统中在何处可能存在不稳定因素或薄弱环节，以便采取必要的预防手段，这一点是很重要的。

② 它适用于多输入-多输出系统，可以提供更多的有关系统的信息。

③ 由状态方程的标准型可见，状态方程是一组一阶微分或差分方程组，因此它是把输入-输出法的一个高阶微分或差分方程简化成状态变量的许多一阶微分或差分方程。由于状态方程又有统一的标准矩阵形式，所以便于计算机辅助求解。

(2) 应用范围。状态变量分析法可以用于分析复杂的线性系统，甚至可以扩展到线性时变系统及非线性系统，但是简单系统用此方法反而会显得繁琐，其优势难以显现。因此不同的分析方法各有其适用范围及局限，使用时要加以注意。

状态变量分析法内容丰富，涉及问题广泛，由于篇幅所限，这里仅研究给定系统、系统模拟图等直接列写状态方程和输出方程的方法；研究连续和离散系统状态方程的求解方法，并以变换域方法为主；理解多输入-多输出系统的系统函数矩阵、冲激响应矩阵以及状态过渡矩阵的概念及意义；最后将简单地讨论系统的稳定性问题。

2) 状态变量分析法的主要内容

(1) 正确选择状态变量；

(2) 建立系统的状态方程，按所要求的输出写出输出方程；

(3) 列写状态方程，求出状态变量；

(4) 将状态变量代入输出方程得到所有要求的输出量。

其中，状态方程和输出方程的建立是系统状态变量分析法的核心内容。

7.2 状态和状态变量的概念及意义

7.2.1 状态

1. 状态的概念

状态(state)是指一个系统在 $t=t_0$ 时的状态,即 $x_1(t_0),x_2(t_0),x_3(t_0),\cdots,x_n(t_0)$。是描述系统所需要的一组最少物理量。利用这组物理量连同系统的模型和给定在 $t=t_0$ 时的输入激励,足以唯一确定 $t\geqslant t_0$ 时的系统工作情况。

例如:由简单的 RLC 系统分析可知,只要知道电容上的初始电压 $u_C(0^+)$和电感上的初始电流 $i_L(0^+)$,系统结构参数及输入激励就可以确定 $t\geqslant 0$ 时系统的全部响应,所以 $t=0$ 时的 $u_C(0^+)$、$i_L(0^+)$就称为状态。

2. 状态的实质

状态的实质是反映了系统储能状态的变化,从某种意义上说可以是系统的初值。纯电阻系统只能耗能,不能储能。即该时刻系统中各处电压或电流值仅由该时刻激励决定,与系统过去的工作情况无关,也不影响系统未来的工作,因此纯电阻系统无状态可言。

7.2.2 状态变量

状态变量(state variable)是表征系统状态的变量,是系统中一组独立的动态变量,即 $x_1(t),x_2(t),x_3(t),\cdots,x_n(t)$或 $u_C(t)$、$i_L(t)$。

一般,系统状态变量的个数等于系统的阶数,也等于系统储能元件的个数。另外,电系统中的状态变量并不一定都是 $u_C(t)$、$i_L(t)$,也就是说状态变量的选取并不唯一,但是选择 $u_C(t)$、$i_L(t)$作为状态变量直观又方便。

7.3 连续和离散系统状态方程和输出方程的标准矩阵形式

7.3.1 状态方程的标准矩阵形式

1. 连续系统的状态方程(state equation)标准矩阵形式

连续系统的状态方程是描述状态变量变化规律的一组一阶微分方程组,其中每个等式左边是状态变量的一阶导数;右边是含系统参数的状态变量和激励的一般函数表达式,没有变量的微分和积分运算,记为矢量微分方程(vector differential equation)。

其标准矩阵形式如下:

$$\dot{\boldsymbol{x}}(t)=\boldsymbol{A}\boldsymbol{x}(t)+\boldsymbol{B}\boldsymbol{e}(t)\quad 或\quad \boldsymbol{x}'(t)=\boldsymbol{A}\boldsymbol{x}(t)+\boldsymbol{B}\boldsymbol{e}(t) \tag{7-1}$$

其中,每组方程均由状态变量一阶导数、状态变量及激励组成。

2. 离散系统的状态方程标准矩阵形式

离散系统的状态方程是描述状态变量变化规律的一组一阶差分方程组,其中每个等式左边是状态变量的移序1形式;右边是含系统参数的状态变量和激励的一般函数表达式,没有变量的移序,记为矢量差分方程(vector difference equation)。

其标准矩阵形式如下：

$$\boldsymbol{x}(k+1)=\boldsymbol{A}\boldsymbol{x}(k)+\boldsymbol{B}\boldsymbol{e}(k) \tag{7-2}$$

其中，每组方程均由状态变量移序 1、状态变量及激励组成。

7.3.2　输出方程的标准矩阵形式

1. 连续系统的输出方程(output equation)标准矩阵形式

连续系统的输出方程是描述系统输出与状态变量之间关系的一组代数方程组，其中每个等式左边是输出变量；右边是只含系统参数的状态变量及激励的一般函数表达式，没有变量的微分和积分运算。

其标准矩阵形式如下：

$$\boldsymbol{y}(t)=\boldsymbol{C}\boldsymbol{x}(t)+\boldsymbol{D}\boldsymbol{e}(t) \tag{7-3}$$

其中，每组方程均由输出变量、状态变量及激励组成。

2. 离散系统的输出方程标准矩阵形式

离散系统的输出方程是描述系统输出与状态变量之间关系的一组代数方程组，其中每个等式左边是输出变量；右边是只含系统参数的状态变量及激励的一般函数表达式，没有变量的移序。

其标准矩阵形式如下：

$$\boldsymbol{y}(k)=\boldsymbol{C}\boldsymbol{x}(k)+\boldsymbol{D}\boldsymbol{e}(k) \tag{7-4}$$

其中，每组方程均由输出变量、状态变量及激励组成。

对线性时不变系统 $\boldsymbol{A}$、$\boldsymbol{B}$、$\boldsymbol{C}$、$\boldsymbol{D}$ 均为常数矩阵，$\boldsymbol{x}$ 称为状态矢量(state vector)，$\boldsymbol{e}$ 称为激励矢量(excitation vector)，$\boldsymbol{y}$ 称为输出矢量(output vector)。

7.4　连续系统的状态方程及输出方程的建立

7.4.1　由电系统建立状态方程和输出方程

1. 状态变量的选取原则

(1) 选取电感上的电流及电容上的电压最为直观方便。因为它们直接与系统的能量状态发生联系，当然必要时也可以选取其他变量。

(2) 选取的状态变量必须相互独立，即选取的状态变量之间无依赖关系，状态变量间不可以互求。状态变量的个数一般为储能元件的个数，即系统的阶数。

(3) 对同一系统选取不同状态变量，其状态方程也不同，所以状态变量的选取不是唯一的，状态方程也不是唯一的。

以上内容可概括为要点 7.1。

要点 7.1

电系统状态变量的一般选取原则：

选择电感上的电流 $i_L(t)$ 及电容上的电压 $u_C(t)$ 作为状态变量。

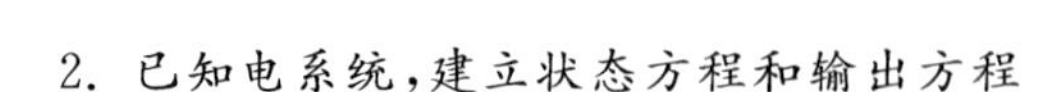

2. 已知电系统，建立状态方程和输出方程

对具体的电系统直接列写状态方程和输出方程称为直观编写法。直观编写法可概括为要点7.2。

> **要点 7.2**
>
> 直观编写法的具体步骤：
>
> (1) 对电容所在节点列写KCL方程，将电容电流写在等式的左端，即 $i_C=\dfrac{\mathrm{d}u_C}{\mathrm{d}t}=\sum i$
>
> 对电感所在回路列写KVL方程，将电感电压写在等式的左端，即 $u_L=\dfrac{\mathrm{d}i_L}{\mathrm{d}t}=\sum u$
>
> (2) 用状态变量和激励替换掉状态方程中不应有的变量。
>
> (3) 整理所得方程形式，写成状态方程的标准矩阵形式。
>
> (4) 根据要求的输出，写出输出方程的标准矩阵形式。

例 7-1 电系统及参数如图7-1所示，建立状态方程和输出方程。

(1) 输出为节点电压 y_1 和 y_2；

(2) 输出为 i_1、i_{C1}、u_{L2}、i_{C3}、i_4。

解：选取状态变量 $x_1=u_{C1}$，$x_2=i_{L2}$，$x_3=u_{C3}$；

对电容所在节点列KCL方程：

$$i_{C1}=i_1-x_2,\quad C_1\frac{\mathrm{d}u_{C1}}{\mathrm{d}t}=i_1-x_2,\quad x_1'=2(i_1-x_2)$$

$$u_{L2}=x_1-x_3,\quad L_2\frac{\mathrm{d}i_L}{\mathrm{d}t}=x_1-x_3,\quad x_2'=x_1-x_3$$

$$i_{C3}=x_2-i_4,\quad C_3\frac{\mathrm{d}u_{C3}}{\mathrm{d}t}=x_2-i_4,\quad x_3'=2(x_2-i_4)$$

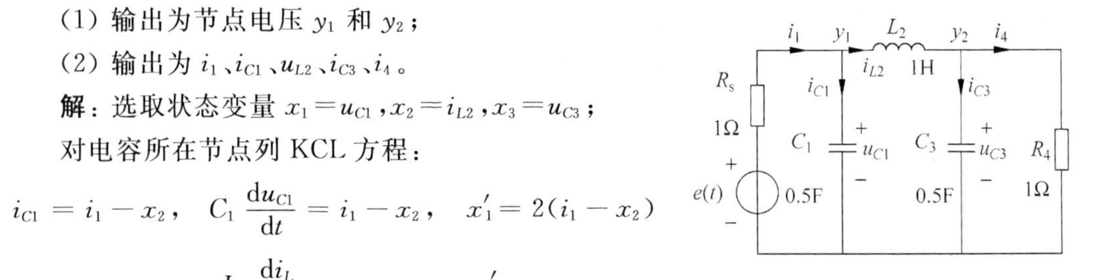

图 7-1 例 7-1 电系统

用状态变量和激励替换掉状态方程中不应有的变量 i_1 和 i_4：

因为

$$x_1=-i_1\times 1+e(t)$$

所以 $i_1=-x_1+e(t)$，$i_4=\dfrac{x_3}{1}=x_3$

整理方程形式，写成状态方程的标准矩阵形式：

$$x_1'=-2x_1-2x_2+2e(t),\quad x_2'=x_1-x_3,\quad x_3'=2x_2-2x_3$$

$$\begin{pmatrix}x_1'\\x_2'\\x_3'\end{pmatrix}=\begin{pmatrix}-2&-2&0\\1&0&-1\\0&2&-2\end{pmatrix}\begin{pmatrix}x_1\\x_2\\x_3\end{pmatrix}+\begin{pmatrix}2\\0\\0\end{pmatrix}e(t)$$

根据要求的输出，写出输出方程的标准矩阵形式

(1) 输出为节点电压 y_1 和 y_2。

因为 $y_1=x_1$，$y_2=x_3$，所以以 y_1 和 y_2 为输出的输出方程的标准矩阵形式为

$$\begin{pmatrix}y_1\\y_2\end{pmatrix}=\begin{bmatrix}1&0&0\\0&0&1\end{bmatrix}\begin{pmatrix}x_1\\x_2\\x_3\end{pmatrix}+0\cdot e(t)$$

(2) 输出为 i_1、i_{C1}、u_{L2}、i_{C3}、i_4。

因为

$$i_1 = -x_1 + e(t),\quad i_{C1} = i_1 - x_2 = -x_1 - x_2 + e(t)$$

$$u_{L2} = x_1 - x_3,\quad i_{C3} = x_2 - i_4 = x_2 - x_3,\quad i_4 = x_3$$

所以以 i_1、i_{C1}、u_{L2}、i_{C3}、i_4 为输出的输出方程的标准矩阵形式为

$$\begin{bmatrix} i_1 \\ i_{C1} \\ u_{L2} \\ i_{C3} \\ i_4 \end{bmatrix} = \begin{bmatrix} -1 & 0 & 0 \\ -1 & -1 & 0 \\ 1 & 0 & -1 \\ 0 & 1 & -1 \\ 0 & 0 & 1 \end{bmatrix} \begin{bmatrix} x_1 \\ x_2 \\ x_3 \end{bmatrix} + \begin{bmatrix} 1 \\ 1 \\ 0 \\ 0 \\ 0 \end{bmatrix} e(t)$$

例 7-2　试建立如图 7-2 所示的滤波系统的状态方程。

解：

(1) 选择状态变量。

由于该系统存在由三个电容组成的回路，因此只有两个独立的电容电压，所以需要从三个电容电压中任选其中两个电压作为状态变量，并选择电感电流为状态变量：

$$x_1 = i_L,\quad x_2 = u_{C2},\quad x_3 = u_{C3}$$

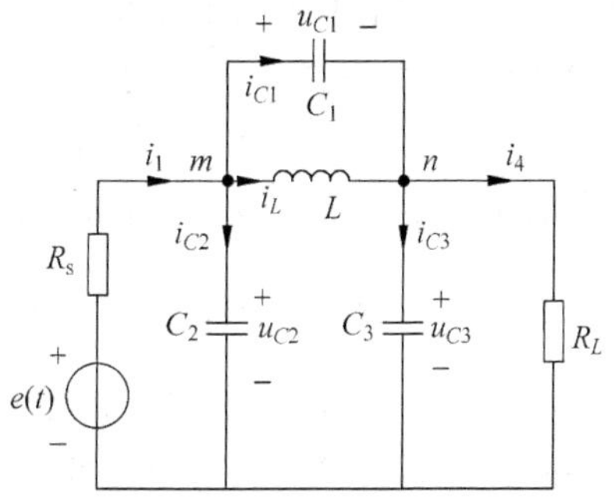

图 7-2　例 7-2 滤波系统

(2) 对电感所在回路列写 KVL 方程：

$$u_L = L\frac{\mathrm{d}x_1}{\mathrm{d}t} = x_2 - x_3$$

对电容所在节点列写 KCL 方程：

$$i_{C2} = C_2\frac{\mathrm{d}x_2}{\mathrm{d}t} = i_1 - i_{C1} - x_1 \tag{7-5}$$

$$i_{C3} = C_3\frac{\mathrm{d}x_3}{\mathrm{d}t} = -i_4 + i_{C1} + x_1 \tag{7-6}$$

(3) 用状态变量和激励替换掉状态方程中不应有的变量 i_1、i_{C1} 和 i_4。

因为 $i_1=\dfrac{e(t)-x_2}{R_s}$，$i_4=\dfrac{x_3}{R_L}$，$i_{C1}=C_1\dfrac{\mathrm{d}u_{C1}}{\mathrm{d}t}=C_1(x_2'-x_3')$，将它们代入式(7-5)和式(7-6)中并整理得

$$(C_2+C_1)x_2' - C_1x_3' = \frac{e(t)-x_2}{R_s} - x_1$$

$$-C_1x_2' + (C_1+C_3)x_3' = -\frac{x_3}{R_L} + x_1$$

这还不是状态方程形式，可以通过消元法消去多余的状态变量的导数，整理得到

$$x_2' = -\frac{C_3}{|C|}x_1 - \frac{C_1+C_3}{|C|R_s}x_2 - \frac{C_1}{|C|R_L}x_3 + \frac{C_1+C_3}{|C|R_s}e(t)$$

$$x_3' = \frac{C_2}{|C|}x_1 - \frac{C_1}{|C|R_s}x_2 - \frac{C_1+C_2}{|C|R_L}x_3 + \frac{C_1}{|C|R_s}e(t)$$

其中，$|C|=C_1C_2+C_3C_2+C_1C_3$，连同 $x_1'=\frac{1}{L}x_2-\frac{1}{L}x_3$ 式构成系统完整的状态方程矩阵形式：

$$\begin{pmatrix} x_1' \\ x_2' \\ x_3' \end{pmatrix}=\begin{pmatrix} 0 & -\frac{1}{L} & -\frac{1}{L} \\ -\frac{C_3}{|C|} & -\frac{C_1+C_3}{|C|R_s} & -\frac{C_1}{|C|R_L} \\ \frac{C_2}{|C|} & -\frac{C_1}{|C|R_s} & -\frac{C_1+C_2}{|C|R_L} \end{pmatrix}\begin{pmatrix} x_1 \\ x_2 \\ x_3 \end{pmatrix}+\begin{pmatrix} 0 \\ \frac{C_1+C_3}{|C|R_s} \\ \frac{C_1}{|C|R_s} \end{pmatrix}e(t)$$

说明：

(1) 该滤波系统虽然含四个储能元件，按一般情况应该有四个状态变量，但由于这四个状态变量中三个电容的电压状态变量中只有两个是独立的，所以只能任选其二，加上电感电流状态变量，共三个状态变量。

(2) 在写状态方程时如果等式中出现了多个状态变量的导数，可以用消元法计算，消去多余的状态变量的导数，写出状态方程形式。

7.4.2 由输入-输出方程或模拟图建立状态方程和输出方程

到目前为止，已经研究了系统的两种描述方法，即输入-输出描述(激励、响应的微分方程)和状态变量描述(状态变量的一阶微分方程组)。

对同一系统描述方式虽然不同，两种描述方式之间必有一定的关系，就像输入-输出描述法中的输入-输出方程、模拟图、系统函数等可以描述同一系统一样，它们之间可以相互转换，所以输入-输出描述与状态变量描述二者之间也是可以相互转换的。

1. 由输入-输出描述的系统直接模拟图、系统函数、微分方程建立状态方程和输出方程

状态变量的选取原则是，选择直接模拟图中积分号的输出为状态变量。

例 7-3 LTI 连续系统的系统函数为

$$H(s)=\frac{4s+10}{s^3+8s^2+19s+12}=\frac{Y(s)}{E(s)}$$

系统方程为

$$y'''+8y''+19y'+12y=4e'+10e$$

系统直接模拟图(direct simulation graph)如图 7-3 所示。

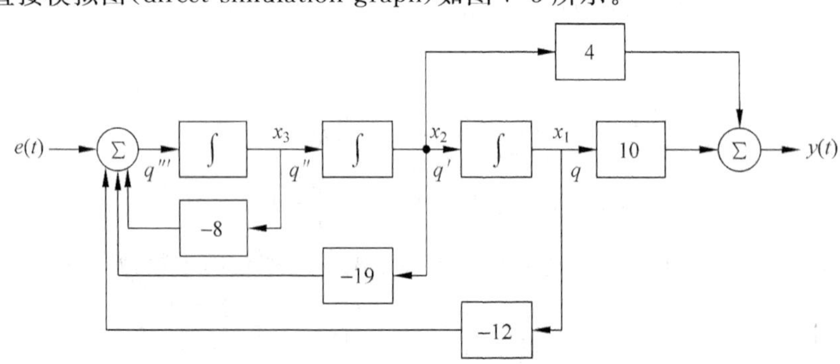

图 7-3 例 7-3 LTI 连续系统的直接模拟图

解：选取每个积分器输出的变量作为状态变量：

$$x_1' = x_2,\quad x_2' = x_3$$

$$x_3' = -12x_1 - 19x_2 - 8x_3 + e$$

状态方程标准矩阵形式为

$$\begin{pmatrix} x_1' \\ x_2' \\ x_3' \end{pmatrix} = \begin{pmatrix} 0 & 1 & 0 \\ 0 & 0 & 1 \\ -12 & -19 & -8 \end{pmatrix}\begin{pmatrix} x_1 \\ x_2 \\ x_3 \end{pmatrix} + \begin{pmatrix} 0 \\ 0 \\ 1 \end{pmatrix} e(t) = \boldsymbol{A}\boldsymbol{x}(t) + \boldsymbol{B}\boldsymbol{e}(t)$$

输出方程标准矩阵形式为

$$\boldsymbol{y}(t) = (10\quad 4\quad 0)\cdot\begin{pmatrix} x_1 \\ x_2 \\ x_3 \end{pmatrix} + 0\cdot e(t) = \boldsymbol{C}\boldsymbol{x}(t) + \boldsymbol{D}\boldsymbol{e}(t)$$

这种状态方程矩阵和输出方程矩阵的系数矩阵是有规律的。

系数矩阵书写规律：

(1) 矩阵 $\boldsymbol{A}$ 的最后一行是 $H(s)$的分母多项式系数负值倒着写，其他各行除对角线右边元素为 1 外全为零；

(2) 矩阵 $\boldsymbol{B}$ 是列阵，其最后一行为 1；

(3) 矩阵 $\boldsymbol{C}$ 是行阵，为 $H(s)$分子多项式系数倒着写，最后一个元素补零；

(4) 矩阵 $\boldsymbol{D}$ 为零。

这种方法得到的状态方程的状态变量称为相变量(phase variable)。

2. 由系统函数并联模拟图(parallel simulation)建立状态方程和输出方程

状态变量的选取原则：选择并联模拟图中每个部分分式的输出为状态变量。

例 7-4　已知某系统的系统函数为

$$H(s) = \frac{1}{s+1} + \frac{2}{s+3} - \frac{3}{s+4}$$

系统并联模拟图如图 7-4 所示，求该系统的状态方程和输出方程。

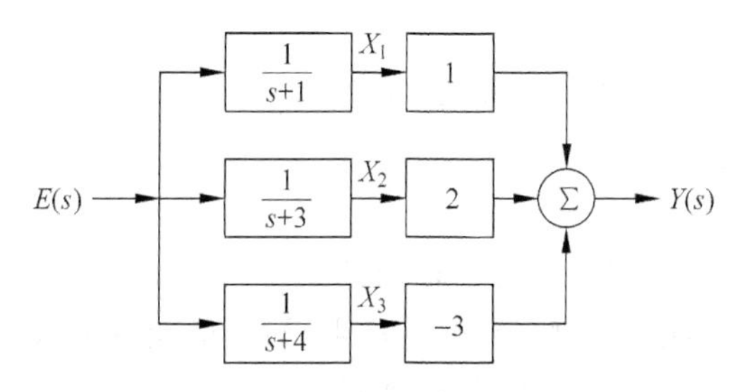

图 7-4　例 7-4 复频域并联模拟图

解：

选取每个部分分式输出的变量作为状态变量。

由于部分分式的系统函数分量为 $H_1(s) = \dfrac{1}{s+1} = \dfrac{X_1(s)}{E(s)}$，对应的系统状态方程为 $x_1' = -x_1 + e$。同理

$$H_2(s) = \frac{1}{s+3},\quad x_2' = -3x_2 + e$$

$$H_3(s)=\frac{1}{s+4},\quad x_3'=-4x_3+e$$

状态方程矩阵标准形式为

$$\begin{pmatrix}x_1'\\x_2'\\x_3'\end{pmatrix}=\begin{pmatrix}-1&0&0\\0&-3&0\\0&0&-4\end{pmatrix}\begin{pmatrix}x_1\\x_2\\x_3\end{pmatrix}+\begin{pmatrix}1\\1\\1\end{pmatrix}e(t)=\boldsymbol{Ax}(t)+\boldsymbol{Be}(t)$$

输出方程矩阵标准形式为

$$\boldsymbol{y}(t)=(1\quad 2\quad -3)\cdot\begin{pmatrix}x_1\\x_2\\x_3\end{pmatrix}+0\cdot e(t)=\boldsymbol{Cx}(t)+\boldsymbol{De}(t)$$

这种状态方程矩阵和输出方程矩阵的系数矩阵也是有规律的。

系数矩阵书写规律：

(1) 矩阵 **A** 为对角线阵，其对角线上的元素是 $H(s)$的极点值，其他元素全为零；

(2) 矩阵 **B** 为1列阵；

(3) 矩阵 **C** 是行阵，依次为 $H(s)$部分分式的系数；

(4) 矩阵 **D** 为零。

这种状态变量称为对角线变量(diagonal variable)。

还可以有其他方法建立状态方程和输出方程，但以上两种较为常用。由这些模拟方法得到的状态变量并不一定在物理上真实存在，是人为定义出来的，因此对这些状态变量无法进行观测。

注意：只有图7-3和图7-4类型的模拟图可以用以上规律直接写出状态方程及输出方程，其他类型的模拟图可以选取积分号后面或极点分式之后的变量作为状态变量逐步建立状态方程和输出方程。

以上内容可概括为要点7.3。

> **要点 7.3**
>
> 由系统模拟图建立状态方程的具体编写步骤：
>
> (1) 选取状态变量。
>
> 状态变量的选取原则：
>
> ① 对级联时域模拟图选每个积分器输出的变量为状态变量；
>
> ② 对并联 s 域模拟图选每个部分分式(极点)输出的变量为状态变量。
>
> (2) 写出状态变量一阶导数与状态变量及激励的关系，并写成状态方程的标准矩阵形式。
>
> (3) 写出输出变量与状态变量及激励的关系，并写出输出方程的标准矩阵形式。

7.5 LTI 连续系统的状态方程复频域求解

前面已经分别介绍了在给定系统结构、模拟图或系统函数等情况下，如何列写状态方程和输出方程，进一步是如何求解这些方程的问题。由于输出方程只是代数方程，求解过程很简单，无须特别研究。求解状态方程的实质是解连续系统的一阶微分方程组，

求解一阶微分方程组的方法不同,具体可以分为时域的卷积积分法和变换域的拉普拉斯变换法。

7.5.1　拉普拉斯变换求解状态方程

拉普拉斯变换求解状态方程也称连续系统状态方程的复频域求解。

状态方程都可以记成矩阵形式,矩阵方程中作为状态变量的时间函数或者作为输入激励的时间函数,分别是一个状态矢量或一个输入矢量。对状态方程进行拉普拉斯变换时,就要对这些时间的矢量进行变换。一个矢量函数的拉普拉斯变换是该矢量函数中相应各个元素的拉普拉斯变换。

状态变量矩阵的拉普拉斯变换 $\boldsymbol{x}(t)\leftrightarrow\boldsymbol{X}(s)$,即

$$\begin{pmatrix} x_1 \\ x_2 \\ \vdots \\ x_n \end{pmatrix} \leftrightarrow \begin{pmatrix} X_1(s) \\ X_2(s) \\ \vdots \\ X_n(s) \end{pmatrix} \tag{7-7}$$

输入变量的矩阵的拉普拉斯变换 $\boldsymbol{e}(t)\leftrightarrow\boldsymbol{E}(s)$,即

$$\begin{pmatrix} e_1 \\ e_2 \\ \vdots \\ e_m \end{pmatrix} \leftrightarrow \begin{pmatrix} E_1(s) \\ E_2(s) \\ \vdots \\ E_m(s) \end{pmatrix} \tag{7-8}$$

因为一个标量函数的一阶导数的拉普拉斯变换为

$$x'(t)\leftrightarrow sX(s)-x(0)$$

所以一个矢量函数的一阶导数的拉普拉斯变换为

$$\boldsymbol{x}'(t)\leftrightarrow s\boldsymbol{X}(s)-\boldsymbol{x}(0) \tag{7-9}$$

因此状态方程 $\boldsymbol{x}'(t)=\boldsymbol{A}\boldsymbol{x}(t)+\boldsymbol{B}\boldsymbol{e}(t)$ 的拉普拉斯变换为

$$s\boldsymbol{X}(s)-\boldsymbol{x}(0)=\boldsymbol{A}\boldsymbol{X}(s)+\boldsymbol{B}\boldsymbol{E}(s) \tag{7-10}$$

将上式移项,并引用 $n\times n$ 阶单位矩阵 $\boldsymbol{I}$(为除对角线上元素为 1 外,其他元素为零的对角线矩阵)以便将含有 $\boldsymbol{X}(s)$ 的项合并,即得

$$\boldsymbol{X}(s)=(s\boldsymbol{I}-\boldsymbol{A})^{-1}\boldsymbol{x}(0)+(s\boldsymbol{I}-\boldsymbol{A})^{-1}\boldsymbol{B}\cdot\boldsymbol{E}(s) \tag{7-11}$$

这就是状态变量的复频域解形式,其中 $(s\boldsymbol{I}-\boldsymbol{A})^{-1}$ 为 $(s\boldsymbol{I}-\boldsymbol{A})$ 的逆矩阵。取式(7-11)的反变换,得到状态变量的时间矢量函数形式为

$$\boldsymbol{x}(t)=\mathscr{L}^{-1}[\boldsymbol{X}(s)]=\mathscr{L}^{-1}[(s\boldsymbol{I}-\boldsymbol{A})^{-1}\boldsymbol{x}(0)+(s\boldsymbol{I}-\boldsymbol{A})^{-1}\boldsymbol{B}\cdot\boldsymbol{E}(s)] \tag{7-12}$$

式(7-11)和式(7-12)都由两部分组成:零输入部分和零状态部分。

状态变量的零输入部分仅由初始状态决定,而与输入激励无关,即

$$\boldsymbol{X}_{zi}(s)=(s\boldsymbol{I}-\boldsymbol{A})^{-1}\boldsymbol{x}(0) \tag{7-13}$$

状态变量的零状态部分仅由输入激励决定,而与初始状态无关,即

$$\boldsymbol{X}_{zs}(s)=(s\boldsymbol{I}-\boldsymbol{A})^{-1}\boldsymbol{B}\cdot\boldsymbol{E}(s) \tag{7-14}$$

7.5.2　输出方程形式

输出方程只是简单的代数方程,只要将得到的状态变量代入输出方程,即可得到输出响应函数。

将输出方程 $\boldsymbol{y}(t)=\boldsymbol{C}\boldsymbol{x}(t)+\boldsymbol{D}\boldsymbol{e}(t)$拉普拉斯变换得

$$\boldsymbol{Y}(s)=\boldsymbol{C}\boldsymbol{X}(s)+\boldsymbol{D}\boldsymbol{E}(s) \tag{7-15}$$

将式(7-11)代入式(7-15)得

$$\begin{aligned}\boldsymbol{Y}(s)&=\boldsymbol{C}(s\boldsymbol{I}-\boldsymbol{A})^{-1}\boldsymbol{x}(0)+[\boldsymbol{C}(s\boldsymbol{I}-\boldsymbol{A})^{-1}\boldsymbol{B}+\boldsymbol{D}]\cdot\boldsymbol{E}(s)\\&=\boldsymbol{Y}_{zi}(s)+\boldsymbol{Y}_{zs}(s)\end{aligned} \tag{7-16}$$

其中,零输入响应为

$$\boldsymbol{Y}_{zi}(s)=\boldsymbol{C}(s\boldsymbol{I}-\boldsymbol{A})^{-1}\boldsymbol{x}(0) \tag{7-17}$$

零状态响应为

$$\boldsymbol{Y}_{zs}(s)=[\boldsymbol{C}(s\boldsymbol{I}-\boldsymbol{A})^{-1}\boldsymbol{B}+\boldsymbol{D}]\cdot\boldsymbol{E}(s) \tag{7-18}$$

以上内容可概括为要点7.4。

要点7.4

状态方程复频域解形式:$\boldsymbol{X}(s)=(s\boldsymbol{I}-\boldsymbol{A})^{-1}\boldsymbol{x}(0)+(s\boldsymbol{I}-\boldsymbol{A})^{-1}\boldsymbol{B}\cdot\boldsymbol{E}(s)$

输出方程的响应复频域形式:$\boldsymbol{Y}(s)=\boldsymbol{C}(s\boldsymbol{I}-\boldsymbol{A})^{-1}\boldsymbol{x}(0)+[\boldsymbol{C}(s\boldsymbol{I}-\boldsymbol{A})^{-1}\boldsymbol{B}+\boldsymbol{D}]\cdot\boldsymbol{E}(s)$

7.5.3 状态过渡矩阵复频域形式

由以上可以看出,在复频域中求解状态方程时,矩阵$(s\boldsymbol{I}-\boldsymbol{A})^{-1}$具有重要的作用,令

$$\boldsymbol{\Phi}(s)=(s\boldsymbol{I}-\boldsymbol{A})^{-1} \tag{7-19}$$

则由式(7-13)可知,状态变量的零输入部分可以写成 $\boldsymbol{X}(s)=\boldsymbol{\Phi}(s)\cdot\boldsymbol{x}(0)$,将其拉普拉斯反变换,得到零输入状态变量为

$$\boldsymbol{x}(t)=\boldsymbol{\varphi}(t)\cdot\boldsymbol{x}(0) \tag{7-20}$$

其中,$\boldsymbol{\varphi}(t)=\mathscr{L}^{-1}[\boldsymbol{\Phi}(s)]=\mathscr{L}^{-1}[(s\boldsymbol{I}-\boldsymbol{A})^{-1}]$

或

$$\boldsymbol{\varphi}(t)=\mathscr{L}^{-1}[\boldsymbol{\Phi}(s)]=\mathscr{L}^{-1}[(s\boldsymbol{I}-\boldsymbol{A})^{-1}]=\mathscr{L}^{-1}\left[\frac{\mathrm{adj}(s\boldsymbol{I}-\boldsymbol{A})}{|s\boldsymbol{I}-\boldsymbol{A}|}\right] \tag{7-21}$$

式(7-21)称为状态过渡矩阵,其中 $\mathrm{adj}(s\boldsymbol{I}-\boldsymbol{A})$称为伴随矩阵,$|s\boldsymbol{I}-\boldsymbol{A}|$为行列式。

可见在零输入系统中 $t=0$ 时,状态 $\boldsymbol{x}(0)$与$\boldsymbol{\varphi}(t)$相乘可以转变到任何 $t\geqslant 0$ 的状态,$\boldsymbol{\varphi}(t)$是$(s\boldsymbol{I}-\boldsymbol{A})^{-1}$的拉普拉斯反变换,它起着从系统的一个状态过渡到另一个状态的桥梁作用,因此称为状态过渡矩阵或称为状态转移矩阵(state transition matrix),亦称特征矩阵(characteristic matrix)。实际上 $t=0$ 只是参考点,在设定时有一定的任意性,故而利用$\boldsymbol{\varphi}(t)$实际上可以在系统任意两个时刻的状态之间转变。这个矩阵在时域分析法中也具有十分重要的意义,而且求状态变量和输出响应均需要先求出它。

7.5.4 多输入-多输出系统的系统函数

在式(7-18)中系统零状态响应为$\boldsymbol{Y}_{zs}(s)=[\boldsymbol{C}(s\boldsymbol{I}-\boldsymbol{A})^{-1}\boldsymbol{B}+\boldsymbol{D}]\cdot\boldsymbol{E}(s)$,对于单输入-单输出系统,系统零状态响应为$Y_{zs}(s)=H(s)E(s)$,其中 $H(s)$为系统函数;在多输入-多输出系统中,系统函数矩阵(system function matrix)$\boldsymbol{H}(s)$也可以在零状态响应矢量式中定义,即

$$\boldsymbol{H}(s)=\boldsymbol{C}(s\boldsymbol{I}-\boldsymbol{A})^{-1}\boldsymbol{B}+\boldsymbol{D}=\boldsymbol{C}\cdot\boldsymbol{\Phi}(s)\cdot\boldsymbol{B}+\boldsymbol{D} \tag{7-22}$$

该矩阵仅由系统的 $\boldsymbol{A}$、$\boldsymbol{B}$、$\boldsymbol{C}$、$\boldsymbol{D}$ 矩阵决定，它具有 n 行 m 列，这里 n 是输出数目，m 是输入数目。系统函数矩阵 $\boldsymbol{H}(s)$中第 i 行第 j 列的元素 $H_{ij}(s)$表示在输入 $e_j(t)$单独作用于系统时，将输出响应函数 $y_i(t)$与输入激励函数 $e_j(t)$之间联系起来的系统函数，即

$$H_{ij}(s)=\frac{Y_i(s)}{E_j(s)}$$

由此可见，已知系统的状态方程和输出方程，就可以从式(7-22)中求得系统函数矩阵。前面曾经研究过已知单输入-单输出系统的系统函数，求系统的状态方程和输出方程的方法，这里则是反过来由后者求前者。根据式(7-22)可见，系统函数矩阵 $\boldsymbol{H}(s)$的极点取决于 $\boldsymbol{\Phi}(s)$的极点，因为$\boldsymbol{\Phi}(s)=(s\boldsymbol{I}-\boldsymbol{A})^{-1}=\dfrac{\operatorname{adj}(s\boldsymbol{I}-\boldsymbol{A})}{|s\boldsymbol{I}-\boldsymbol{A}|}$，所以系统函数矩阵 $\boldsymbol{H}(s)$的极点实质是 $|s\boldsymbol{I}-\boldsymbol{A}|=0$的 s 的根值。系统的稳定与否也将取决于系统函数矩阵 $\boldsymbol{H}(s)$的极点是否全部位于 s 平面的左半面。

例 7-5 系统模拟图如图 7-5 所示，已知系统初始状态 $x_1(0)=1$，$x_2(0)=2$，输入激励为一单位阶跃信号 $e(t)=\varepsilon(t)$。

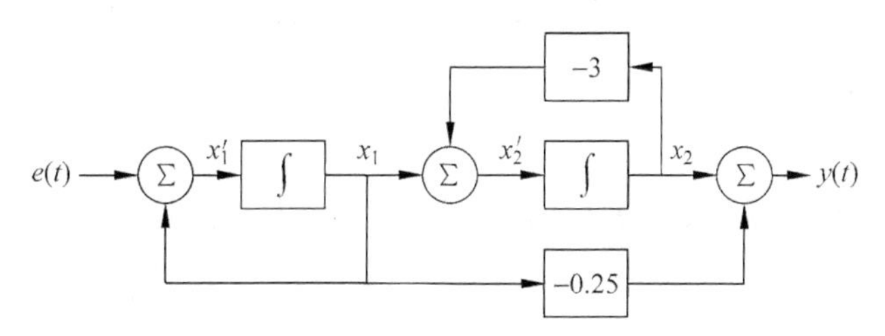

图 7-5 例 7-5 系统模拟图

求：(1) 系统的状态方程、输出方程；

(2) 状态过渡矩阵；

(3) 系统输出响应 $y(t)$；

(4) 系统函数矩阵；

(5) 系统输入输出方程。

解：

(1) 建立状态方程和输出方程。

状态方程：

$$x_1'=x_1+e(t),\quad x_2'=x_1-3x_2$$

$$\begin{pmatrix}x_1'\\x_2'\end{pmatrix}=\begin{pmatrix}1&0\\1&-3\end{pmatrix}\begin{pmatrix}x_1\\x_2\end{pmatrix}+\begin{pmatrix}1\\0\end{pmatrix}e(t)$$

输出方程：

$$y(t)=-0.25x_1+x_2,\quad y(t)=(-0.25\quad 1)\begin{pmatrix}x_1\\x_2\end{pmatrix}$$

(2) 状态过渡矩阵：

$$\boldsymbol{\Phi}(s)=(s\boldsymbol{I}-\boldsymbol{A})^{-1}=\begin{pmatrix}s-1&0\\-1&s+3\end{pmatrix}^{-1}=\frac{\begin{pmatrix}s+3&0\\1&s-1\end{pmatrix}}{\begin{vmatrix}s-1&0\\-1&s+3\end{vmatrix}}=\begin{pmatrix}\dfrac{1}{s-1}&0\\\dfrac{1}{(s-1)(s+3)}&\dfrac{1}{s+3}\end{pmatrix}$$

(3) 系统响应：

初始状态为 $\boldsymbol{x}(0)=\begin{bmatrix}x_1(0)\\x_2(0)\end{bmatrix}=\begin{pmatrix}1\\2\end{pmatrix}$，利用式(7-15)和式(7-16)可得

$$\boldsymbol{Y}_{zi}(s)=\boldsymbol{C}(s\boldsymbol{I}-\boldsymbol{A})^{-1}\boldsymbol{x}(0)=\begin{pmatrix}-\frac{1}{4} & 1\end{pmatrix}\begin{bmatrix}\frac{1}{s-1} & 0\\ \frac{1}{(s-1)(s+3)} & \frac{1}{s+3}\end{bmatrix}\begin{pmatrix}1\\2\end{pmatrix}=\frac{7}{4}\times\frac{1}{s+3}$$

$$\boldsymbol{Y}_{zs}(s)=[\boldsymbol{C}(s\boldsymbol{I}-\boldsymbol{A})^{-1}\boldsymbol{B}+\boldsymbol{D}]\cdot\boldsymbol{E}(s)=\begin{pmatrix}-\frac{1}{4} & 1\end{pmatrix}\begin{bmatrix}\frac{1}{s-1} & 0\\ \frac{1}{(s-1)(s+3)} & \frac{1}{s+3}\end{bmatrix}\begin{pmatrix}1\\0\end{pmatrix}\frac{1}{s}$$

$$=\frac{1}{12}\times\left(\frac{1}{s+3}-\frac{1}{s}\right)$$

将以上零输入响应和零状态响应分别进行反变换后相加，即可得系统的全响应：

$$y(t)=\mathscr{L}^{-1}[Y_{zi}(s)+Y_{zs}(s)]=\frac{7}{4}\mathrm{e}^{-3t}\varepsilon(t)+\frac{1}{12}\mathrm{e}^{-3t}\varepsilon(t)-\frac{1}{12}\varepsilon(t)=\left[\frac{11}{6}\mathrm{e}^{-3t}-\frac{1}{12}\right]\varepsilon(t)$$

(4) 系统函数矩阵：

$$\boldsymbol{H}(s)=\boldsymbol{C}(s\boldsymbol{I}-\boldsymbol{A})^{-1}\boldsymbol{B}+\boldsymbol{D}=\boldsymbol{C}\cdot\boldsymbol{\Phi}(s)\cdot\boldsymbol{B}+\boldsymbol{D}=\begin{pmatrix}-\frac{1}{4} & 1\end{pmatrix}\begin{bmatrix}\frac{1}{s-1} & 0\\ \frac{1}{(s-1)(s+3)} & \frac{1}{s+3}\end{bmatrix}\begin{pmatrix}1\\0\end{pmatrix}$$

$$=-\frac{1}{4}\times\frac{1}{s+3}$$

因为该系统是单输入-单输出系统，所以系统函数矩阵中只有一个元素。但这是一个二阶系统，系统函数的完整形式应是

$$H(s)=-\frac{1}{4}\times\frac{s-3}{(s+3)(s-3)}=\frac{-0.25s+0.75}{s^2-9}$$

该式表明该系统是不稳定的，但是由于$(s-3)$作为分子分母的公共因子会被消去，所以在输出响应中并没有出现相应的 e^t 这一随时间增长项。而在状态变量解出后，可看到 e^t 这一项存在于状态变量中，说明系统中隐藏着一个不稳定因素。如果系统参数的变化导致 e^t 这一项在输出方程中不能抵消，输出响应将随时间不断增大，使系统稳定性遭到破坏。故而利用状态变量分析法可以预见到这种隐患，并采取必要的预防措施。而着眼于输入输出关系的输入-输出法就不可能做出这种处理。因此通过 $|s\boldsymbol{I}-\boldsymbol{A}|=0$ 的根可以实现对系统稳定性的全面考察。这也是本章之初提及的状态变量分析法的优点之一。

(5) 系统输入输出方程可以写成 $y''-9y=-0.25e'+0.75e$。

由上题的求解过程可见，就这样一个简单的单输入-单输出二阶系统，采用状态变量分析，其运算过程也十分冗繁，所以分析简单系统，采用状态变量分析并没有什么好处。但是对于复杂系统，状态变量分析的优越性就会体现出来。下面看一个多输入-多输出系统的分析实例。

例 7-6 已知一个多输入-多输出系统的状态方程和输出方程矩阵形式为

$$\begin{bmatrix}x_1'\\x_2'\end{bmatrix}=\begin{pmatrix}1 & 0\\1 & -3\end{pmatrix}\begin{bmatrix}x_1\\x_2\end{bmatrix}+\begin{pmatrix}1 & 0\\0 & 1\end{pmatrix}\begin{bmatrix}e_1(t)\\e_2(t)\end{bmatrix};\quad\begin{bmatrix}y_1\\y_2\end{bmatrix}=\begin{pmatrix}-0.25 & 1\\2 & -1\end{pmatrix}\begin{bmatrix}x_1\\x_2\end{bmatrix}$$

系统初始状态 $x_1(0)=1, x_2(0)=2$，输入激励为一单位阶跃信号 $e_1(t)=e_2(t)=\varepsilon(t)$，求系统输出响应。

解：

先计算状态过渡矩阵：

$$\boldsymbol{\Phi}(s)=(s\boldsymbol{I}-\boldsymbol{A})^{-1}=\begin{pmatrix}s-1 & 0\\ -1 & s+3\end{pmatrix}^{-1}=\frac{\begin{pmatrix}s+3 & 0\\ 1 & s-1\end{pmatrix}}{\begin{vmatrix}s-1 & 0\\ -1 & s+3\end{vmatrix}}=\begin{bmatrix}\dfrac{1}{s-1} & 0\\ \dfrac{1}{(s-1)(s+3)} & \dfrac{1}{s+3}\end{bmatrix}$$

由此可得系统零输入响应和零状态响应：

$$\boldsymbol{Y}_{zi}(s)=\boldsymbol{C}(s\boldsymbol{I}-\boldsymbol{A})^{-1}\boldsymbol{x}(0)=\begin{pmatrix}-0.25 & 1\\ 2 & -1\end{pmatrix}\begin{bmatrix}\dfrac{1}{s-1} & 0\\ \dfrac{1}{(s-1)(s+3)} & \dfrac{1}{s+3}\end{bmatrix}\begin{pmatrix}1\\ 2\end{pmatrix}$$

$$=\begin{bmatrix}\dfrac{-0.25}{s+3} & \dfrac{1}{s+3}\\ \dfrac{0.25}{s+3}+\dfrac{1.75}{s-1} & -\dfrac{1}{s+3}\end{bmatrix}\begin{pmatrix}1\\ 2\end{pmatrix}=\begin{bmatrix}\dfrac{1.75}{s+3}\\ \dfrac{1.75}{s-1}-\dfrac{1.75}{s+3}\end{bmatrix}$$

$$\boldsymbol{Y}_{zs}(s)=[\boldsymbol{C}(s\boldsymbol{I}-\boldsymbol{A})^{-1}\boldsymbol{B}+\boldsymbol{D}]\cdot\boldsymbol{E}(s)=\begin{pmatrix}-0.25 & 1\\ 2 & -1\end{pmatrix}\begin{bmatrix}\dfrac{1}{s-1} & 0\\ \dfrac{1}{(s-1)(s+3)} & \dfrac{1}{s+3}\end{bmatrix}\begin{pmatrix}1 & 0\\ 0 & 1\end{pmatrix}\begin{bmatrix}\dfrac{1}{s}\\ \dfrac{1}{s}\end{bmatrix}$$

$$=\begin{bmatrix}\dfrac{-0.25}{s+3} & \dfrac{1}{s+3}\\ \dfrac{0.25}{s+3}+\dfrac{1.75}{s-1} & -\dfrac{1}{s+3}\end{bmatrix}\begin{bmatrix}\dfrac{1}{s}\\ \dfrac{1}{s}\end{bmatrix}=\begin{bmatrix}\dfrac{0.25}{s}-\dfrac{0.25}{s+3}\\ \dfrac{1.75}{s-1}-\dfrac{2}{s}+\dfrac{0.25}{s+3}\end{bmatrix}$$

将以上零输入响应和零状态响应分别进行反变换后相加，即可得系统的全响应：

$$\boldsymbol{Y}(s)=\boldsymbol{Y}_{zi}(s)+\boldsymbol{Y}_{zs}(s)=\begin{bmatrix}\dfrac{0.25}{s}+\dfrac{1.5}{s+3}\\ \dfrac{3.5}{s-1}-\dfrac{2}{s}-\dfrac{1.5}{s+3}\end{bmatrix}$$

$$\boldsymbol{y}(t)=\mathscr{L}^{-1}[\boldsymbol{Y}(s)]=\begin{pmatrix}0.25(1+6\mathrm{e}^{-3t})\\ 0.25(14\mathrm{e}^{t}-8-6\mathrm{e}^{-3t})\end{pmatrix}\varepsilon(t)$$

对上面两个例题求解过程的比较可见，对于状态变量法，分析多输入-多输出系统与分析简单的单输入-单输出系统相比并不复杂多少。而应用输入-输出法分析这个两输入-两输出系统，可能要解 4 个二阶微分方程才能得到全响应。所以在分析多输入-多输出的复杂系统时，应用状态变量分析法具有很多优越性。

7.6 LTI 连续系统的状态方程时域求解

解矩阵方程和解标量方程在本质上是相同的，标量微分方程可以用拉普拉斯变换在复频域中求解，也可以利用卷积在时域中求解。矩阵微分方程也一样可以用这两种方法求解。上一节已经研究了矩阵微分方程的变换域(复频域)求解方法，本节讨论矩阵微分方程的卷积解法，即 LTI 连续系统状态方程的时域求解。

7.6.1 一阶标量微分方程到一阶矩阵微分方程的时域求解

一阶矩阵微分方程的时域求解问题的实质是在寻求一阶微分方程组的时域解法。为了说明求解过程,先说明一阶标量微分方程的解法,再把这种方法比照推广到一阶矩阵微分方程。

一阶微分方程为

$$y'(t) = ay(t) + bx(t) \tag{7-23}$$

将式(7-23)两边均乘以 e^{-at},并移项得

$$e^{-at}y'(t) - ae^{-at}y(t) = e^{-at}bx(t) \tag{7-24}$$

式(7-24)左边即为 $e^{-at}y(t)$的导数,可以将上式写成

$$\frac{d}{dt}[e^{-at}y(t)] = e^{-at}bx(t) \tag{7-25}$$

将式(7-25)两边均取定积分,并将时间上下限 t 和 0 代入方程,则有

$$e^{-a\tau}y(\tau)\Big|_0^t = \int_0^t e^{-a\tau}bx(\tau)d\tau \text{ 或 } e^{-at}y(t) - y(0) = \int_0^t e^{-a\tau}bx(\tau)d\tau$$

两边均乘以 e^{at} 并移项得

$$y(t) = e^{at}y(0) + \int_0^t e^{a(t-\tau)}bx(\tau)d\tau \tag{7-26}$$

这就是式(7-23)的解。式(7-26)中等号右侧第一项是对初始条件 $y(0)$的响应,即为响应的零输入分量

$$y_{zi}(t) = e^{at}y(0) \tag{7-27}$$

第二项是对输入激励 $x(t)$的响应,即为响应的零状态分量

$$y_{zs}(t) = be^{at} * x(t) \tag{7-28}$$

这个积分项实质是冲激响应 be^{at}与激励 $x(t)$的卷积积分

$$y(t) = e^{at}y(0) + be^{at} * x(t) = y_{zi}(t) + y_{zs}(t) \tag{7-29}$$

依照一阶标量微分方程的时域求解过程,同样可以推导出一阶矩阵微分方程的时域求解,从而可以求解状态方程。矩阵状态方程为 $\boldsymbol{x}'(t)=\boldsymbol{A}\boldsymbol{x}(t)+\boldsymbol{B}\boldsymbol{e}(t)$,则有

$$e^{-\boldsymbol{A}t}\boldsymbol{x}'(t) - e^{-\boldsymbol{A}t}\boldsymbol{A}\cdot\boldsymbol{x}(t) = e^{-\boldsymbol{A}t}\boldsymbol{B}\cdot\boldsymbol{e}(t)$$

$$\frac{d}{dt}[e^{-\boldsymbol{A}t}\boldsymbol{x}(t)] = e^{-\boldsymbol{A}t}\boldsymbol{B}\cdot\boldsymbol{e}(t)$$

$$e^{-\boldsymbol{A}\tau}\boldsymbol{x}(\tau)\Big|_0^t = \int_0^t e^{-\boldsymbol{A}\tau}\boldsymbol{B}\cdot\boldsymbol{e}(\tau)d\tau$$

$$e^{-\boldsymbol{A}t}\boldsymbol{x}(t) - \boldsymbol{x}(0) = \int_0^t e^{-\boldsymbol{A}\tau}\boldsymbol{B}\cdot\boldsymbol{e}(\tau)d\tau$$

$$\boldsymbol{x}(t) = e^{\boldsymbol{A}t}\boldsymbol{x}(0) + \int_0^t e^{\boldsymbol{A}(t-\tau)}\boldsymbol{B}\cdot\boldsymbol{e}(\tau)d\tau \tag{7-30a}$$

或

$$\boldsymbol{x}(t) = e^{\boldsymbol{A}t}\boldsymbol{x}(0) + e^{\boldsymbol{A}t} * \boldsymbol{B}\cdot\boldsymbol{e}(t) \tag{7-30b}$$

式(7-30)就是状态方程时域解公式,可以看出,它和式(7-26)或式(7-29)所示的一阶标量方程的解有严格的对应关系。

通过以上分析可见,这里是把输入-输出法的一个激励和一个响应的高阶微分方程转化成状态变量法的多个激励和多个响应的一阶微分方程组,就可以利用线性代数把处理一

阶微分方程的方法推广到处理矩阵形式的状态方程，为复杂系统的分析找到了一个新的途径。因为解一阶微分方程要容易得多，而且计算机容易解决此类问题。

总之，输入-输出描述是一个 N 阶微分方程，状态变量法描述是 N 个一阶微分方程。所以状态变量法是通过增加方程的数目来降低方程的阶数的。当然，用状态变量法分析简单问题，反而会增加计算的复杂性。

7.6.2　输出方程形式

将式(7-30a)代入输出方程 $\boldsymbol{y}(t)=\boldsymbol{Cx}(t)+\boldsymbol{De}(t)$，即可得到

$$\boldsymbol{y}(t)=\boldsymbol{Cx}(t)+\boldsymbol{De}(t)=\boldsymbol{C}\cdot \mathrm{e}^{\boldsymbol{A}t}\boldsymbol{x}(0)+\int_0^t \boldsymbol{C}\cdot \mathrm{e}^{\boldsymbol{A}(t-\tau)}\boldsymbol{B}\cdot \boldsymbol{e}(\tau)\mathrm{d}\tau+\boldsymbol{D}\cdot \boldsymbol{e}(t) \tag{7-31a}$$

$$\boldsymbol{y}(t)=\boldsymbol{Cx}(t)+\boldsymbol{De}(t)=\boldsymbol{C}\cdot[\mathrm{e}^{\boldsymbol{A}t}\boldsymbol{x}(t)+\mathrm{e}^{\boldsymbol{A}t}*\boldsymbol{B}\cdot \boldsymbol{e}(t)]+\boldsymbol{D}\cdot \boldsymbol{e}(t) \tag{7-31b}$$

因为 $\delta(t)*e(t)=e(t)$，则 $\boldsymbol{D}\cdot \boldsymbol{e}(t)=\boldsymbol{D}[\delta(t)\boldsymbol{I}]*\boldsymbol{e}(t)$，其中 $\delta(t)\boldsymbol{I}$ 是标量函数 $\delta(t)$ 与 $m\times m$ 阶方阵 $\boldsymbol{I}$ 的乘积(m 是输入激励数目)，其结果为一个除对角线上元素为单位冲激函数 $\delta(t)$ 外其他元素均为零的对角线矩阵。可以将方程变成

$\boldsymbol{y}(t)=\boldsymbol{C}\cdot[\mathrm{e}^{\boldsymbol{A}t}\boldsymbol{x}(0)+\mathrm{e}^{\boldsymbol{A}t}*\boldsymbol{B}\cdot \boldsymbol{e}(t)]+\boldsymbol{D}\cdot[\delta(t)\cdot \boldsymbol{I}]*\boldsymbol{e}(t)$，整理成为

$$\boldsymbol{y}(t)=\boldsymbol{C}\cdot \mathrm{e}^{\boldsymbol{A}t}\boldsymbol{x}(0)+\{\boldsymbol{C}\cdot \mathrm{e}^{\boldsymbol{A}t}\boldsymbol{B}+\boldsymbol{D}\cdot[\delta(t)\cdot \boldsymbol{I}]\}*\boldsymbol{e}(t) \tag{7-32}$$

可见响应的第一项为零输入响应 $\boldsymbol{y}_{zi}(t)$，响应的第二项为零状态响应 $\boldsymbol{y}_{zs}(t)$：

$$\boldsymbol{y}_{zi}(t)=\boldsymbol{C}\cdot \mathrm{e}^{\boldsymbol{A}t}\boldsymbol{x}(0) \tag{7-33}$$

$$\boldsymbol{y}_{zs}(t)=\{\boldsymbol{C}\cdot \mathrm{e}^{\boldsymbol{A}t}\boldsymbol{B}+\boldsymbol{D}\cdot[\delta(t)\cdot \boldsymbol{I}]\}*\boldsymbol{e}(t) \tag{7-34}$$

在标量方程中，零状态响应等于单位冲激响应与激励的卷积，即 $y_{zs}(t)=e(t)*h(t)$，在式(7-34)矩阵方程中，情况也类似。可将式(7-34)写成 $\boldsymbol{y}_{zs}(t)=\boldsymbol{h}(t)*\boldsymbol{e}(t)$，
其中

$$\boldsymbol{h}(t)=\boldsymbol{C}\cdot \mathrm{e}^{\boldsymbol{A}t}\boldsymbol{B}+\boldsymbol{D}\cdot[\delta(t)\cdot \boldsymbol{I}] \tag{7-35}$$

则 $\boldsymbol{h}(t)$称为单位冲激响应矩阵(unit impulse response matrix)。

7.6.3　状态过渡矩阵时域形式

通过以上分析可见，在时域中求解状态变量，必须先求 $\mathrm{e}^{\boldsymbol{A}t}$ 矩阵。求此矩阵的方法很多，这里仅介绍两种。

(1) 方法 1

应用公式 $\mathrm{e}^{\boldsymbol{A}t}=\boldsymbol{I}+\boldsymbol{I}t+\dfrac{\boldsymbol{A}^2t^2}{2!}+\dfrac{\boldsymbol{A}^3t^3}{3!}+\cdots+\dfrac{\boldsymbol{A}^nt^n}{n!}+\cdots$ 计算，但是计算量太大且很麻烦。

(2) 方法 2

因为状态变量复频域形式为 $\boldsymbol{X}(s)=(s\boldsymbol{I}-\boldsymbol{A})^{-1}\boldsymbol{x}(0)+(s\boldsymbol{I}-\boldsymbol{A})^{-1}\boldsymbol{B}\cdot \boldsymbol{E}(s)$，状态变量时域形式为 $\boldsymbol{x}(t)=\mathrm{e}^{\boldsymbol{A}t}\boldsymbol{x}(0)+\mathrm{e}^{\boldsymbol{A}t}*\boldsymbol{B}\cdot \boldsymbol{e}(t)$，令 $\mathrm{e}^{\boldsymbol{A}t}=\boldsymbol{\varphi}(t)$
对应可得

$$\boldsymbol{\varphi}(t)\leftrightarrow \boldsymbol{\Phi}(s)=(s\boldsymbol{I}-\boldsymbol{A})^{-1} \text{ 或 } \boldsymbol{\varphi}(t)=\mathscr{L}^{-1}[(s\boldsymbol{I}-\boldsymbol{A})^{-1}]$$

因此 $\mathrm{e}^{\boldsymbol{A}t}$ 实质是状态过渡矩阵 $\boldsymbol{\varphi}(t)$，可以通过 $\boldsymbol{\Phi}(s)=(s\boldsymbol{I}-\boldsymbol{A})^{-1}=\dfrac{\mathrm{adj}(s\boldsymbol{I}-\boldsymbol{A})}{|s\boldsymbol{I}-\boldsymbol{A}|}$ 的拉普拉斯反变换获得。这就是所提供的另一种矩阵指数函数 $\mathrm{e}^{\boldsymbol{A}t}$ 的计算方法。

7.6.4　冲激响应矩阵

由式(7-35)可见，冲激响应矩阵为 $\boldsymbol{h}(t)=\boldsymbol{C}\cdot \mathrm{e}^{\boldsymbol{A}t}\boldsymbol{B}+\boldsymbol{D}\cdot[\delta(t)\cdot \boldsymbol{I}]$，它具有 n 行 m 列，

这里 n 是输出数目,m 是输入数目。单位冲激响应矩阵 $\boldsymbol{h}(t)$ 中第 i 行第 j 列的元素 $h_{ij}(t)$ 表示在第 j 个输入激励为 $\delta(t)$ 作用于系统时第 i 个输出的零状态响应。比较式(7-22)与式(7-35),显然两式为正反拉普拉斯变换关系,即

$$\boldsymbol{h}(t)=\boldsymbol{C}\cdot e^{\boldsymbol{A}t}\boldsymbol{B}+\boldsymbol{D}\cdot[\delta(t)\cdot\boldsymbol{I}]\leftrightarrow\boldsymbol{H}(s)=\boldsymbol{C}(s\boldsymbol{I}-\boldsymbol{A})^{-1}\boldsymbol{B}+\boldsymbol{D}=\boldsymbol{C}\cdot\boldsymbol{\Phi}(s)\cdot\boldsymbol{B}+\boldsymbol{D}$$

$$\boldsymbol{H}(s)=\mathscr{L}[\boldsymbol{h}(t)]$$

或

$$\boldsymbol{h}(t)=\mathscr{L}^{-1}[\boldsymbol{H}(s)] \tag{7-36}$$

可见式(7-36)提供了系统函数矩阵和冲激响应矩阵的互求关系。

例 7-7 应用时域分析法求解例 7-5 的系统在单位阶跃激励下的输出响应。

解:

例 7-5 的系统状态方程和输出方程为

$$\begin{pmatrix}x_1'\\x_2'\end{pmatrix}=\begin{pmatrix}1&0\\1&-3\end{pmatrix}\begin{pmatrix}x_1\\x_2\end{pmatrix}+\begin{pmatrix}1\\0\end{pmatrix}e(t),\quad y(t)=(-0.25\quad 1)\begin{pmatrix}x_1\\x_2\end{pmatrix}$$

初始状态为

$$\boldsymbol{x}(0)=\begin{pmatrix}x_1(0)\\x_2(0)\end{pmatrix}=\begin{pmatrix}1\\2\end{pmatrix}$$

则状态过渡矩阵:

$$\boldsymbol{\Phi}(s)=(s\boldsymbol{I}-\boldsymbol{A})^{-1}=\begin{pmatrix}s-1&0\\1&s+3\end{pmatrix}^{-1}=\frac{\begin{pmatrix}s+3&0\\1&s-1\end{pmatrix}}{\begin{vmatrix}s-1&0\\1&s+3\end{vmatrix}}=\begin{bmatrix}\dfrac{1}{s-1}&0\\\dfrac{1}{(s-1)(s+3)}&\dfrac{1}{s+3}\end{bmatrix}$$

$$\boldsymbol{\varphi}(t)=e^{\boldsymbol{A}t}=\mathscr{L}^{-1}[(s\boldsymbol{I}-\boldsymbol{A})^{-1}]=\begin{bmatrix}e^{t}&0\\\dfrac{1}{4}(e^{t}-e^{-3t})&e^{-3t}\end{bmatrix}\varepsilon(t)$$

利用式(7-33)和式(7-34)可得

$$\boldsymbol{y}_{zi}(t)=\boldsymbol{C}\cdot e^{\boldsymbol{A}t}\boldsymbol{x}(0)=(-0.25\quad 1)\begin{pmatrix}e^{t}&0\\0.25e^{t}-0.25e^{-3t}&e^{-3t}\end{pmatrix}\begin{pmatrix}1\\2\end{pmatrix}\varepsilon(t)$$

$$=(-0.25e^{-3t}\quad e^{-3t})\begin{pmatrix}1\\2\end{pmatrix}\varepsilon(t)=1.75e^{-3t}\varepsilon(t)$$

$$\boldsymbol{y}_{zs}(t)=\{\boldsymbol{C}\cdot e^{\boldsymbol{A}t}\boldsymbol{B}+\boldsymbol{D}\cdot[\delta(t)\cdot\boldsymbol{I}]\}*\boldsymbol{e}(t)=\boldsymbol{C}\cdot\boldsymbol{\varphi}(t)\cdot\boldsymbol{B}*\boldsymbol{e}(t)$$

$$=(-0.25\quad 1)\begin{pmatrix}e^{t}&0\\0.25e^{t}-0.25e^{-3t}&e^{-3t}\end{pmatrix}\begin{pmatrix}1\\0\end{pmatrix}*\varepsilon(t)$$

$$=(-0.25e^{-3t}\quad e^{-3t})\begin{pmatrix}1\\0\end{pmatrix}*\varepsilon(t)=-0.25e^{-3t}*\varepsilon(t)=\frac{1}{12}(e^{-3t}-1)\varepsilon(t)$$

可见与例 7-5 求得的全响应结果一致。

本系统的冲激响应为

$$\boldsymbol{h}(t)=\boldsymbol{C}\cdot e^{\boldsymbol{A}t}\boldsymbol{B}+\boldsymbol{D}\cdot[\delta(t)\cdot\boldsymbol{I}]=\boldsymbol{C}\cdot\boldsymbol{\varphi}(t)\cdot\boldsymbol{B}$$

$$=(-0.25\quad 1)\begin{pmatrix}e^{t}&0\\0.25e^{t}-0.25e^{-3t}&e^{-3t}\end{pmatrix}\begin{pmatrix}1\\0\end{pmatrix}\varepsilon(t)=-0.25e^{-3t}\varepsilon(t)$$

这个结果就是例 7-5 求得的系统函数的反变换。

以上内容可概括为要点7.5。

> **要点 7.5**
>
> 状态过渡矩阵：$\boldsymbol{\varphi}(t)=\mathrm{e}^{\boldsymbol{A}t}=\mathscr{L}^{-1}[\boldsymbol{\Phi}(s)]=\mathscr{L}^{-1}[(s\boldsymbol{I}-\boldsymbol{A})^{-1}]=\mathscr{L}^{-1}\left[\dfrac{\mathrm{adj}(s\boldsymbol{I}-\boldsymbol{A})}{|s\boldsymbol{I}-\boldsymbol{A}|}\right]$
>
> 系统函数矩阵：$\boldsymbol{H}(s)=\boldsymbol{C}(s\boldsymbol{I}-\boldsymbol{A})^{-1}\boldsymbol{B}+\boldsymbol{D}=\boldsymbol{C}\cdot\boldsymbol{\Phi}(s)\cdot\boldsymbol{B}+\boldsymbol{D}$
>
> 冲激响应矩阵：$\boldsymbol{h}(t)=\mathscr{L}^{-1}[\boldsymbol{H}(s)]=\mathscr{L}^{-1}[\boldsymbol{C}\cdot(s\boldsymbol{I}-\boldsymbol{A})^{-1}\boldsymbol{B}+\boldsymbol{D}]\leftrightarrow\boldsymbol{H}(s)$

7.7　LTI离散系统的状态方程及输出方程的建立

7.7.1　由系统模拟图建立状态方程和输出方程

离散系统的状态方程和输出方程形式与连续系统的相似，只不过将t变成k，一阶导数变成移序1，将连续系统的一阶微分方程组变成离散系统一阶差分方程组。

状态方程的矩阵标准形式为

$$\boldsymbol{x}(k+1)=\boldsymbol{A}\cdot\boldsymbol{x}(k)+\boldsymbol{B}\cdot\boldsymbol{e}(k)$$

输出方程的矩阵标准形式为

$$\boldsymbol{y}(k)=\boldsymbol{C}\cdot\boldsymbol{x}(k)+\boldsymbol{D}\cdot\boldsymbol{e}(k)$$

对线性时不变离散系统，$\boldsymbol{A}$、$\boldsymbol{B}$、$\boldsymbol{C}$、$\boldsymbol{D}$矩阵均为常数矩阵，$\boldsymbol{x}(k)$称为状态矢量(state vector)，$\boldsymbol{e}(k)$称为激励矢量(excitation vector)，$\boldsymbol{y}(k)$称为输出矢量(output vector)。

正是由于离散系统与连续系统的平行相似性，所以离散系统的状态方程和输出方程的建立方法同连续系统相似，对直接模拟图只是选取移序器输出(输入)的变量作为状态变量$x_j(k)$，对并联模拟图也是选取$H(z)$的每个分式输出的变量(或选取z^{-1}输出变量)作为状态变量$X_j(z)$。

例 7-8　已知离散系统的直接模拟图如图7-6所示，建立状态方程和输出方程。

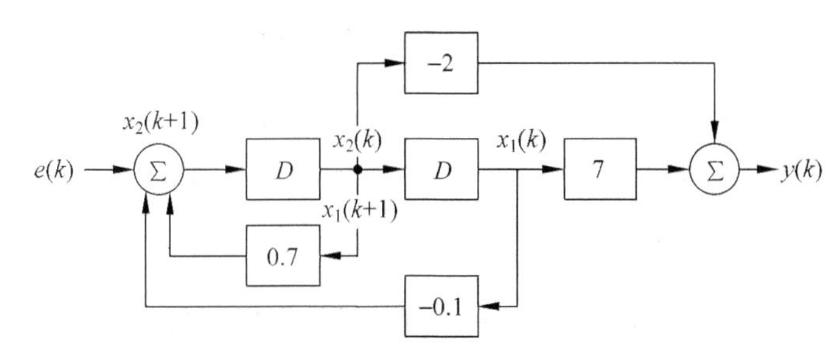

图7-6　例7-8离散系统模拟图

解：

选取移序器输出的变量作为状态变量，则状态方程

$$x_1(k+1)=x_2(k)$$

$$x_2(k+1)=-0.1x_1(k)+0.7x_2(k)+e(k)$$

可写成矩阵形式：

$$\begin{bmatrix}x_1(k+1)\\x_2(k+1)\end{bmatrix}=\begin{pmatrix}0&1\\-0.1&0.7\end{pmatrix}\begin{bmatrix}x_1(k)\\x_2(k)\end{bmatrix}+\begin{pmatrix}0\\1\end{pmatrix}e(k)$$

输出方程：

$$y(k)=7x_1(k)-2x_2(k)$$

可写成矩阵形式：

$$\mathbf{y}(k)=(7\quad -2)\begin{pmatrix}x_1(k)\\x_2(k)\end{pmatrix}+0\times e(k)$$

例 7-9 已知离散系统的并联模拟图如图 7-7 所示，建立状态方程和输出方程。

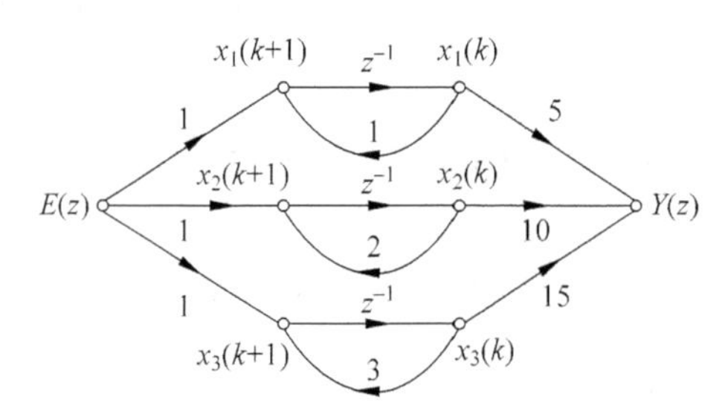

图 7-7 例 7-9 离散系统并联模拟图

解：

选取每个 z^{-1}输出的变量作为状态变量(即选取移序器输出的变量作为状态变量)，

$$H_1(z)=\frac{1}{z-1}\cdots\cdots\cdots\cdots x_1(k+1)-x_1(k)=e(k)$$

$$H_2(z)=\frac{1}{z-2}\cdots\cdots\cdots\cdots x_2(k+1)-2x_2(k)=e(k)$$

$$H_3(z)=\frac{1}{z-3}\cdots\cdots\cdots\cdots x_3(k+1)-3x_3(k)=e(k)$$

则状态方程：

$$x_1(k+1)=x_1(k)+e(k)$$
$$x_2(k+1)=2x_2(k)+e(k)$$
$$x_3(k+1)=3x_3(k)+e(k)$$

写成矩阵形式：

$$\begin{pmatrix}x_1(k+1)\\x_2(k+1)\\x_3(k+1)\end{pmatrix}=\begin{pmatrix}1&0&0\\0&2&0\\0&0&3\end{pmatrix}\begin{pmatrix}x_1(k)\\x_2(k)\\x_3(k)\end{pmatrix}+\begin{pmatrix}1\\1\\1\end{pmatrix}e(k)$$

输出方程：

$$y(k)=5x_1(k)+10x_2(k)+15x_3(k)$$

写成矩阵形式：

$$\mathbf{y}(k)=(5\quad 10\quad 15)\begin{pmatrix}x_1(k)\\x_2(k)\\x_3(k)\end{pmatrix}+0\times e(k)$$

可见系数矩阵列写规则与连续系统的并联模拟图相同。

系数矩阵列写规则：

(1) 矩阵 $\boldsymbol{A}$ 为对角线阵，其对角线上的元素是 $H(z)$的极点值，其他元素全为零；

(2) 矩阵 $\boldsymbol{B}$ 为 1 列阵；

(3) 矩阵 $\boldsymbol{C}$ 是行阵，依次为 $H(z)$部分分式的系数；

(4) 矩阵 $\boldsymbol{D}$ 为零。

7.7.2　由输入-输出方程建立状态方程和输出方程

例 7-10　已知离散系统输入-输出方程 $y(k+2)-0.7y(k+1)+0.1y(k)=-2x(k+1)+7x(k)$，试建立状态方程和输出方程。

解：

可以直接写出该离散系统的系统函数 $H(z)=\dfrac{-2z+7}{z^2-0.7z+0.1}$，该离散系统的模拟图如图 7-6 所示。

按例 7-8 的方法可得状态方程和输出方程的矩阵形式：

$$\begin{pmatrix} x_1(k+1) \\ x_2(k+1) \end{pmatrix} = \begin{pmatrix} 0 & 1 \\ -0.1 & 0.7 \end{pmatrix}\begin{pmatrix} x_1(k) \\ x_2(k) \end{pmatrix} + \begin{pmatrix} 0 \\ 1 \end{pmatrix} e(k)$$

$$\boldsymbol{y}(k) = (7 \quad -2)\begin{pmatrix} x_1(k) \\ x_2(k) \end{pmatrix} + 0 \times e(k)$$

可见系数矩阵列写规则与连续系统的直接模拟图的矩阵列写规则相同。

系数矩阵列写规则：

(1) 矩阵 $\boldsymbol{A}$ 的最后一行是 $H(z)$ 的分母多项式系数负值倒着写，其他各行除对角线右边元素为 1 外全为零；

(2) 矩阵 $\boldsymbol{B}$ 是列阵，其最后一行为 1；

(3) 矩阵 $\boldsymbol{C}$ 是行阵，为 $H(z)$ 分子多项式系数倒着写；

(4) 矩阵 $\boldsymbol{D}$ 为零。

以上内容可概括为要点 7.6。

要点 7.6

具体编写步骤如下：

(1) 选取状态变量。

模拟图上状态变量的选取原则：

① 对级联时域模拟图选取每个移序器输出的变量作为状态变量；

② 对并联 z 域模拟图选取每个 z^{-1} 输出的变量作为状态变量。

(2) 写出状态变量一阶导数与状态变量及激励的关系，并写成状态方程的标准矩阵形式。

(3) 写出输出变量与状态变量及激励的关系，并写出输出方程的标准矩阵形式。

7.8　LTI 离散系统的状态方程 z 域求解

7.8.1　z 变换求解状态方程

正如对于一个矩阵函数进行拉普拉斯变换是将矩阵函数的每一个元素进行拉普拉斯变换一样，对矩阵函数进行 z 变换也是将该矩阵的每一个元素进行 z 变换。因此对状态方程 $\boldsymbol{x}(k+1)=\boldsymbol{A}\cdot\boldsymbol{x}(k)+\boldsymbol{B}\cdot\boldsymbol{e}(k)$ 两边进行 z 变换，经整理移项可以得到

$$\boldsymbol{X}(z) = (z\boldsymbol{I}-\boldsymbol{A})^{-1}z\boldsymbol{x}(0) + (z\boldsymbol{I}-\boldsymbol{A})^{-1}\boldsymbol{B}\cdot\boldsymbol{E}(z) \tag{7-37}$$

可见式(7-37)也是由两项构成的,一项为零输入分量,一项为零状态分量。

零输入分量为

$$\boldsymbol{X}_{zi}(z)=(z\boldsymbol{I}-\boldsymbol{A})^{-1}z\boldsymbol{x}(0) \tag{7-38}$$

零状态分量为

$$\boldsymbol{X}_{zs}(z)=(z\boldsymbol{I}-\boldsymbol{A})^{-1}\boldsymbol{B}\cdot\boldsymbol{E}(z) \tag{7-39}$$

令$\boldsymbol{\Phi}(z)=(z\boldsymbol{I}-\boldsymbol{A})^{-1}z$,则式(7-37)可以写作:

$$\boldsymbol{X}(z)=\boldsymbol{\Phi}(z)\boldsymbol{x}(0)+\boldsymbol{\Phi}(z)z^{-1}\boldsymbol{B}\cdot\boldsymbol{E}(z) \tag{7-40}$$

将式(7-40)反z变换获得状态变量:

$$\boldsymbol{x}(k)=\mathscr{Z}^{-1}[\boldsymbol{X}(z)]=\mathscr{Z}^{-1}[(z\boldsymbol{I}-\boldsymbol{A})^{-1}z\boldsymbol{x}(0)+(z\boldsymbol{I}-\boldsymbol{A})^{-1}\boldsymbol{B}\cdot\boldsymbol{E}(z)] \tag{7-41}$$

7.8.2 输出方程形式

对输出方程$\boldsymbol{y}(k)=\boldsymbol{C}\cdot\boldsymbol{x}(k)+\boldsymbol{D}\cdot\boldsymbol{e}(k)$两边进行$z$变换,并代入式(7-37)可得

$$\boldsymbol{Y}(z)=\boldsymbol{C}(z\boldsymbol{I}-\boldsymbol{A})^{-1}z\boldsymbol{x}(0)+[\boldsymbol{C}(z\boldsymbol{I}-\boldsymbol{A})^{-1}\boldsymbol{B}+\boldsymbol{D}]\cdot\boldsymbol{E}(z) \tag{7-42}$$

可见也是由两项构成,即零输入响应和零状态响应。

零输入响应为

$$\boldsymbol{Y}_{zi}(z)=\boldsymbol{C}(z\boldsymbol{I}-\boldsymbol{A})^{-1}z\boldsymbol{x}(0) \tag{7-43}$$

零状态响应为

$$\boldsymbol{Y}_{zs}(z)=[\boldsymbol{C}(z\boldsymbol{I}-\boldsymbol{A})^{-1}\boldsymbol{B}+\boldsymbol{D}]\cdot\boldsymbol{E}(z) \tag{7-44}$$

将式(7-42)反z变换得到输出响应矩阵:

$$\boldsymbol{y}(k)=\mathscr{Z}^{-1}[\boldsymbol{Y}(z)]=\mathscr{Z}^{-1}\{\boldsymbol{C}(z\boldsymbol{I}-\boldsymbol{A})^{-1}z\boldsymbol{x}(0)+[\boldsymbol{C}(z\boldsymbol{I}-\boldsymbol{A})^{-1}\boldsymbol{B}+\boldsymbol{D}]\cdot\boldsymbol{E}(z)\} \tag{7-45}$$

$$\boldsymbol{y}(k)=\mathscr{Z}^{-1}[\boldsymbol{Y}(z)]=\mathscr{Z}^{-1}\{\boldsymbol{C}\cdot\boldsymbol{\Phi}(k)\cdot\boldsymbol{x}(0)+[\boldsymbol{C}\cdot\boldsymbol{\Phi}(z)z^{-1}\boldsymbol{B}+\boldsymbol{D}]\cdot\boldsymbol{E}(z)\} \tag{7-46}$$

以上内容可概括为要点7.7。

要点7.7

状态方程的z域解形式:$\boldsymbol{X}(z)=(z\boldsymbol{I}-\boldsymbol{A})^{-1}z\boldsymbol{x}(0)+(z\boldsymbol{I}-\boldsymbol{A})^{-1}\boldsymbol{B}\cdot\boldsymbol{E}(z)$

输出方程的响应z域形式:$\boldsymbol{Y}(z)=\boldsymbol{C}(z\boldsymbol{I}-\boldsymbol{A})^{-1}z\boldsymbol{x}(0)+[\boldsymbol{C}(z\boldsymbol{I}-\boldsymbol{A})^{-1}\boldsymbol{B}+\boldsymbol{D}]\cdot\boldsymbol{E}(z)$

7.8.3 状态过渡矩阵z域形式

由以上内容可以看出,在z域中求解状态方程时,矩阵$\boldsymbol{\Phi}(z)=(z\boldsymbol{I}-\boldsymbol{A})^{-1}z$具有重要的作用,令

$$\boldsymbol{\Phi}(z)=(z\boldsymbol{I}-\boldsymbol{A})^{-1}z \tag{7-47}$$

则由式(7-38)可知,状态变量的零输入部分可以写成$\boldsymbol{X}(z)=\boldsymbol{\Phi}(z)\boldsymbol{x}(0)$,将其反$z$变换,得到零输入状态变量为

$$\boldsymbol{x}(k)=\boldsymbol{\varphi}(k)\boldsymbol{x}(0) \tag{7-48}$$

其中

$$\boldsymbol{\varphi}(k)=\mathscr{Z}^{-1}[\boldsymbol{\Phi}(z)]=\mathscr{Z}^{-1}[(s\boldsymbol{I}-\boldsymbol{A})^{-1}z]$$

或

$$\boldsymbol{\varphi}(k)=\mathscr{Z}^{-1}[\boldsymbol{\Phi}(z)]=\mathscr{Z}^{-1}[(z\boldsymbol{I}-\boldsymbol{A})^{-1}z]=\mathscr{Z}^{-1}\left[\frac{\operatorname{adj}(z\boldsymbol{I}-\boldsymbol{A})}{|z\boldsymbol{I}-\boldsymbol{A}|}z\right] \tag{7-49}$$

式(7-49)称为状态过渡矩阵,其中$\operatorname{adj}(z\boldsymbol{I}-\boldsymbol{A})$称为伴随矩阵,$|z\boldsymbol{I}-\boldsymbol{A}|$为行列式。

可见在零输入系统中$k=0$状态$\boldsymbol{x}(0)$与$\boldsymbol{\varphi}(k)$相乘可以转变到任何$t\geqslant 0$的状态,$\boldsymbol{\varphi}(k)$是$(z\boldsymbol{I}-\boldsymbol{A})^{-1}z$的反$z$变换,它起着从系统的一个状态过渡到另一个状态的桥梁作用,因此称为状态过渡矩阵或称为状态转移矩阵(state transition matrix),亦称特征矩阵

(characteristic matrix)。实际上 $k=0$ 只是参考点，在设定时有一定的任意性，故而利用 $\boldsymbol{\varphi}(k)$ 实际上可以在系统任意两个时刻的状态之间转变。这个矩阵在时域分析法中也具有十分重要的意义，而且求状态变量和输出响应均需要先求出这个矩阵。$\boldsymbol{\Phi}(z)=(z\boldsymbol{I}-\boldsymbol{A})^{-1}z$ 的反 z 变换为 $\boldsymbol{\varphi}(k)=\boldsymbol{A}^k$，这为时域求取 $\boldsymbol{\varphi}(k)=\boldsymbol{A}^k$ 提供了很好的途径。

7.8.4 系统函数矩阵

在式(7-44)中有系统零状态响应为 $\boldsymbol{Y}_{zs}(z)=[\boldsymbol{C}(z\boldsymbol{I}-\boldsymbol{A})^{-1}\boldsymbol{B}+\boldsymbol{D}]\cdot\boldsymbol{E}(z)$，单输入-单输出系统，系统零状态响应为 $Y_{zs}(z)=H(z)E(z)$，其中 $H(z)$ 为系统函数；在多输入-多输出系统中，系统函数矩阵(system function matrix)$\boldsymbol{H}(z)$ 也可以在零状态响应矢量式中定义：

$$\boldsymbol{H}(z)=\boldsymbol{C}(z\boldsymbol{I}-\boldsymbol{A})^{-1}\boldsymbol{B}+\boldsymbol{D}=\boldsymbol{C}\cdot\boldsymbol{\Phi}(z)z^{-1}\cdot\boldsymbol{B}+\boldsymbol{D}。\tag{7-50}$$

该矩阵仅由系统的 $\boldsymbol{A}$、$\boldsymbol{B}$、$\boldsymbol{C}$、$\boldsymbol{D}$ 矩阵决定，它具有 n 行 m 列，这里 n 是输出数目，m 是输入数目。系统函数矩阵 $\boldsymbol{H}(z)$ 中第 i 行第 j 列的元素 $H_{ij}(z)$ 表示在输入 $e_j(k)$ 单独作用于系统时，将输出响应函数 $y_i(k)$ 与输入激励函数 $e_j(k)$ 之间联系起来的系统函数，即

$$H_{ij}(z)=\frac{Y_i(z)}{E_j(z)}$$

由此可见，已知系统的状态方程和输出方程，就可以从式(7-50)中获得系统函数矩阵。在前面曾经研究过已知单输入-单输出系统的系统函数求系统的状态方程和输出方程的方法，这里则是反过来由后者求前者。

根据式(7-50)可知，系统函数矩阵 $\boldsymbol{H}(z)$ 的极点取决于 $\boldsymbol{\Phi}(z)$ 的极点，因为 $\boldsymbol{\Phi}(z)=\mathscr{Z}^{-1}[(z\boldsymbol{I}-\boldsymbol{A})^{-1}z]=\dfrac{\operatorname{adj}(z\boldsymbol{I}-\boldsymbol{A})}{|z\boldsymbol{I}-\boldsymbol{A}|}z$，所以系统函数矩阵 $\boldsymbol{H}(z)$ 的极点实质是 $|z\boldsymbol{I}-\boldsymbol{A}|=0$ 的 z 值。系统稳定与否取决于系统函数矩阵 $\boldsymbol{H}(z)$ 的极点是否位于 z 平面的单位圆内。

7.9 LTI 离散系统的状态方程时域求解

7.9.1 一阶标量差分方程到一阶矩阵差分方程的时域求解

对于状态方程 $\boldsymbol{x}(k+1)=\boldsymbol{A}\cdot\boldsymbol{x}(k)+\boldsymbol{B}\cdot\boldsymbol{e}(k)$，当已知输入激励函数 $e(k)$ 和初始状态 $x(0)$ 时，可以用迭代法。只要把式中的 k 依次用 $0,1,2,3,\cdots$ 值反复代入，直到得到所需求的 $x(k)$ 数值。状态矢量为

$$\boldsymbol{x}(k)=\boldsymbol{A}^k\boldsymbol{x}(0)+\sum_{j=0}^{k-1}\boldsymbol{A}^{k-1-j}\boldsymbol{B}\cdot\boldsymbol{e}(j)\tag{7-51}$$

令

$$\boldsymbol{\varphi}(k)=\boldsymbol{A}^k\tag{7-52}$$

则

$$\boldsymbol{x}(k)=\boldsymbol{\varphi}(k)\boldsymbol{x}(0)+\sum_{j=0}^{k-1}\boldsymbol{\varphi}(k-1-j)\cdot\boldsymbol{B}\cdot\boldsymbol{e}(j)\tag{7-53}$$

式(7-51)和式(7-53)也是由两项构成，即零输入分量和零状态分量。

零输入分量：

$$\boldsymbol{x}_{zi}(k)=\boldsymbol{A}^k\boldsymbol{x}(0)=\boldsymbol{\varphi}(k)\boldsymbol{x}(0)\tag{7-54}$$

零状态分量：

$$\boldsymbol{x}_{zs}(k)=\sum_{j=0}^{k-1}\boldsymbol{A}^{k-1-j}\boldsymbol{B}\cdot\boldsymbol{e}(j)=\sum_{j=0}^{k-1}\boldsymbol{\varphi}(k-1-j)\cdot\boldsymbol{B}\cdot\boldsymbol{e}(j)\tag{7-55}$$

与连续系统状态矢量的时域解 $\boldsymbol{x}(t)=\mathrm{e}^{\boldsymbol{A}t}\boldsymbol{x}(0)+\int_0^t \mathrm{e}^{\boldsymbol{A}(t-\tau)}\boldsymbol{B}\cdot\boldsymbol{e}(\tau)\mathrm{d}\tau$ 相当。

7.9.2 输出方程形式

将式(7-51)和式(7-53)分别代入 $\boldsymbol{y}(k)=\boldsymbol{C}\cdot\boldsymbol{x}(k)+\boldsymbol{D}\cdot\boldsymbol{e}(k)$ 得到输出矢量:

$$\boldsymbol{y}(k)=\boldsymbol{C}\cdot\boldsymbol{A}^k\boldsymbol{x}(0)+\sum_{j=0}^{k-1}\boldsymbol{C}\cdot\boldsymbol{A}^{k-1-j}\boldsymbol{B}\cdot\boldsymbol{e}(j)+\boldsymbol{D}\cdot\boldsymbol{e}(k) \tag{7-56a}$$

$$\boldsymbol{y}(k)=\boldsymbol{C}\cdot\boldsymbol{\varphi}(k)\boldsymbol{x}(0)+\sum_{j=0}^{k-1}\boldsymbol{C}\cdot\boldsymbol{\varphi}(k-1-j)\cdot\boldsymbol{B}\cdot\boldsymbol{e}(j)+\boldsymbol{D}\cdot\boldsymbol{e}(k) \tag{7-56b}$$

式(7-56)与连续系统输出矢量的时域解 $\boldsymbol{y}(t)=\boldsymbol{C}\cdot\mathrm{e}^{\boldsymbol{A}t}\boldsymbol{x}(0)+\int_0^t\boldsymbol{C}\cdot\mathrm{e}^{\boldsymbol{A}(t-\tau)}\boldsymbol{B}\cdot\boldsymbol{e}(\tau)\mathrm{d}\tau+\boldsymbol{D}\cdot\boldsymbol{e}(t)$ 相当。

7.9.3 状态过渡矩阵时域形式

通过前面的讨论可见,求状态矢量和输出矢量都要计算 $\boldsymbol{A}^k$,这个矩阵当然可以用矩阵 $\boldsymbol{A}$ 自乘 k 次计算,可是当 k 值太大时,计算量很大。求 $\boldsymbol{A}^k$ 的简便方法是 z 域分析。

还可以通过连续系统与离散系统的平行相似比较获得状态过渡矩阵的时域形式,将式(7-51)与 $\boldsymbol{x}(t)=\mathrm{e}^{\boldsymbol{A}t}\boldsymbol{x}(0)+\int_0^t\mathrm{e}^{\boldsymbol{A}(t-\tau)}\boldsymbol{B}\cdot\boldsymbol{e}(\tau)\mathrm{d}\tau$ 比较,两者相似关系是很明显的,但是又不完全相对应。因为 $\boldsymbol{A}^k$ 与 $\mathrm{e}^{\boldsymbol{A}t}$ 相当,而 $\boldsymbol{\varphi}(t)=\mathrm{e}^{\boldsymbol{A}t}$ 称为状态过渡矩阵,所以 $\boldsymbol{\varphi}(k)=\boldsymbol{A}^k$ 也就称为离散系统的状态过渡矩阵。

将 $\boldsymbol{x}(k)=\boldsymbol{A}^k\boldsymbol{x}(0)+\sum_{j=0}^{k-1}\boldsymbol{A}^{k-1-j}\boldsymbol{B}\cdot\boldsymbol{e}(j)$ 与 $\boldsymbol{X}(z)=(z\boldsymbol{I}-\boldsymbol{A})^{-1}z\boldsymbol{x}(0)+(z\boldsymbol{I}-\boldsymbol{A})^{-1}\boldsymbol{B}\cdot\boldsymbol{E}(z)$ 比较可知 $\boldsymbol{\Phi}(z)=(z\boldsymbol{I}-\boldsymbol{A})^{-1}z\leftrightarrow\boldsymbol{\varphi}(k)=\boldsymbol{A}^k$,因此状态过渡矩阵 $\boldsymbol{A}^k$ 的简便求法为 $\boldsymbol{\Phi}(z)=(z\boldsymbol{I}-\boldsymbol{A})^{-1}z$ 的反 z 变换。

7.9.4 单位函数响应矩阵

离散系统的系统函数的反 z 变换就是离散系统的单位函数响应矩阵(unit function response matrix):

$$\boldsymbol{h}(k)=\mathscr{Z}^{-1}[\boldsymbol{H}(z)]=\mathscr{Z}^{-1}[\boldsymbol{C}(z\boldsymbol{I}-\boldsymbol{A})^{-1}\boldsymbol{B}+\boldsymbol{D}]=\mathscr{Z}^{-1}[\boldsymbol{C}\cdot\boldsymbol{\Phi}(z)z^{-1}\cdot\boldsymbol{B}+\boldsymbol{D}]$$

它具有 n 行 m 列,这里 n 是输出数目,m 是输入数目。单位函数响应矩阵 $\boldsymbol{h}(k)$ 中第 i 行第 j 列的元素 h_{ij} 表示第 j 个输入 $e_j(k)$ 为单位函数信号 $\delta(k)$ 的第 i 个输出的零状态响应 $y_i(k)$。

7.10 LTI 连续和 LTI 离散系统的状态变量分析实例

例 7-11 电系统及参数如图 7-8 所示,已知系统初始状态 $x_1(0)=1$,$x_2(0)=1$,输入激励为 $e(t)=\delta(t)$。

求:

(1) 以 $x_1(t)$、$x_2(t)$ 为状态变量,以 $x_1(t)$、$x_2(t)$ 为响应变量,列写状态方程和输出方程;

(2) 状态过渡矩阵;

(3) 系统输出响应;

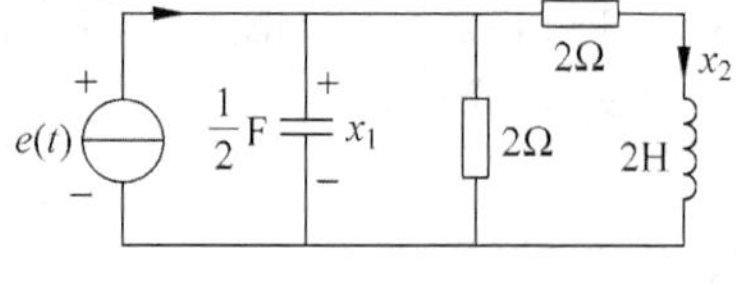

图 7-8 例 7-11 电系统

(4) 关于输出变量 $x_1(t)$、$x_2(t)$的微分方程。

解：

(1) 对电容所在节点列 KCL 方程：

$$\frac{1}{2}x_1'(t) = -\frac{1}{2}x_1(t) - x_2(t) + e(t)$$

对电感所在回路列 KVL 方程：

$$2x_2'(t) = x_1(t) - 2x_2(t)$$

写成矩阵形式：

$$\begin{pmatrix} x_1' \\ x_2' \end{pmatrix} = \begin{pmatrix} -1 & -2 \\ \frac{1}{2} & -1 \end{pmatrix}\begin{pmatrix} x_1 \\ x_2 \end{pmatrix} + \begin{pmatrix} 2 \\ 0 \end{pmatrix} e(t)$$

以 $x_1(t)$、$x_2(t)$为响应变量的输出方程为 $y_1(t)=x_1(t)$，$y_2(t)=x_2(t)$，写成矩阵形式：

$$\begin{pmatrix} y_1 \\ y_2 \end{pmatrix} = \begin{pmatrix} 1 & 0 \\ 0 & 1 \end{pmatrix}\begin{pmatrix} x_1 \\ x_2 \end{pmatrix} + [0]e(t)$$

(2) 状态过渡矩阵

$$\boldsymbol{\Phi}(s) = [s\boldsymbol{I} - \boldsymbol{A}]^{-1} = \begin{pmatrix} s+1 & 2 \\ -\frac{1}{2} & s+1 \end{pmatrix}^{-1} = \frac{\begin{pmatrix} s+1 & -2 \\ \frac{1}{2} & s+1 \end{pmatrix}}{s^2+2s+2}$$

反变换

$$\boldsymbol{\varphi}(t) = \begin{pmatrix} e^{-t}\cos t & -2e^{-t}\sin t \\ \frac{1}{2}e^{-t}\sin t & e^{-t}\cos t \end{pmatrix}\varepsilon(t)$$

(3) 系统响应

$$\boldsymbol{Y}_{zi}(s) = \boldsymbol{C}(s\boldsymbol{I} - \boldsymbol{A})^{-1}\boldsymbol{x}(0) = \begin{pmatrix} 1 & 0 \\ 0 & 1 \end{pmatrix}\begin{pmatrix} \frac{s+1}{(s+1)^2+1} & -\frac{2}{(s+1)^2+1} \\ \frac{\frac{1}{2}}{(s+1)^2+1} & \frac{s+1}{(s+1)^2+1} \end{pmatrix}\begin{pmatrix} 1 \\ 1 \end{pmatrix}$$

$$\begin{pmatrix} Y_{zi1}(s) \\ Y_{zi2}(s) \end{pmatrix} = \begin{pmatrix} X_1(s) \\ X_2(s) \end{pmatrix} = \begin{pmatrix} \frac{s+1}{(s+1)^2+1} - \frac{2}{(s+1)^2+1} \\ \frac{s+1}{(s+1)^2+1} + \frac{\frac{1}{2}}{(s+1)^2+1} \end{pmatrix} = \begin{pmatrix} \frac{s-1}{(s+1)^2+1} \\ \frac{s+\frac{3}{2}}{(s+1)^2+1} \end{pmatrix}$$

$$\begin{pmatrix} y_{zi1}(t) \\ y_{zi2}(t) \end{pmatrix} = \begin{pmatrix} x_1(t) \\ x_2(t) \end{pmatrix} = \begin{pmatrix} e^{-t}\cos t - 2e^{-t}\sin t \\ e^{-t}\cos t + \frac{1}{2}e^{-t}\sin t \end{pmatrix}\varepsilon(t)$$

$$\boldsymbol{Y}_{zs}(s) = [\boldsymbol{C}(s\boldsymbol{I} - \boldsymbol{A})^{-1}\boldsymbol{B} + \boldsymbol{D}] \cdot \boldsymbol{E}(s) = \begin{pmatrix} 1 & 0 \\ 0 & 1 \end{pmatrix}\begin{pmatrix} \frac{s+1}{(s+1)^2+1} & -\frac{2}{(s+1)^2+1} \\ \frac{\frac{1}{2}}{(s+1)^2+1} & \frac{s+1}{(s+1)^2+1} \end{pmatrix}\begin{pmatrix} 2 \\ 0 \end{pmatrix}$$

$$\begin{pmatrix} Y_{zs1}(s) \\ Y_{zs2}(s) \end{pmatrix} = \begin{pmatrix} \dfrac{s+1}{(s+1)^2+1} & -\dfrac{2}{(s+1)^2+1} \\ \dfrac{\frac{1}{2}}{(s+1)^2+1} & \dfrac{s+1}{(s+1)^2+1} \end{pmatrix} \begin{pmatrix} 2 \\ 0 \end{pmatrix} = \begin{pmatrix} \dfrac{2(s+1)}{(s+1)^2+1} \\ \dfrac{1}{(s+1)^2+1} \end{pmatrix}$$

$$\begin{pmatrix} y_{zs1}(t) \\ y_{zs2}(t) \end{pmatrix} = \begin{pmatrix} 2e^{-t}\cos t \\ \dfrac{1}{2}e^{-t}\sin t \end{pmatrix} \varepsilon(t)$$

全响应

$$\begin{pmatrix} y_1(t) \\ y_2(t) \end{pmatrix} = \begin{pmatrix} y_{zi1}(t) + y_{zs1}(t) \\ y_{zi2}(t) + y_{zs2}(t) \end{pmatrix} = \begin{pmatrix} 3e^{-t}\cos t - 2e^{-t}\sin t \\ e^{-t}\cos t + e^{-t}\sin t \end{pmatrix} \varepsilon(t)$$

(4) 关于输出变量 $x_1(t)$、$x_2(t)$ 的微分方程，因为

$$\boldsymbol{Y}_{zs}(s) = [\boldsymbol{C}(s\boldsymbol{I} - \boldsymbol{A})^{-1}\boldsymbol{B} + \boldsymbol{D}] \cdot \boldsymbol{E}(s)$$

系统函数：

$$\boldsymbol{H}(s) = [\boldsymbol{C}(s\boldsymbol{I} - \boldsymbol{A})^{-1}\boldsymbol{B} + \boldsymbol{D}] = \begin{pmatrix} \dfrac{2(s+1)}{(s+1)^2+1} \\ \dfrac{1}{(s+1)^2+1} \end{pmatrix}$$

$$\boldsymbol{Y}(s) = \begin{pmatrix} Y_1(s) \\ Y_2(s) \end{pmatrix} = \begin{pmatrix} \dfrac{2(s+1)}{s^2+2s+2} \\ \dfrac{1}{s^2+2s+2} \end{pmatrix} E(s)$$

则系统微分方程为

$$x_1''(t) + 2x_1'(t) + 2x_1(t) = 2e'(t) + 2e(t)$$

$$x_2''(t) + 2x_2'(t) + 2x_2(t) = e(t)$$

例 7-12 已知离散系统的模拟图如图 7-9 所示。若激励为 $e(k)=\varepsilon(k)$；系统初始状态 $x_1(k)=1$，$x_2(k)=2$。

求：(1) 状态方程和输出方程；

(2) 状态过渡矩阵 $\boldsymbol{A}^k$；

(3) 状态变量矩阵；

(4) 系统输出响应；

(5) 系统函数及冲激响应。

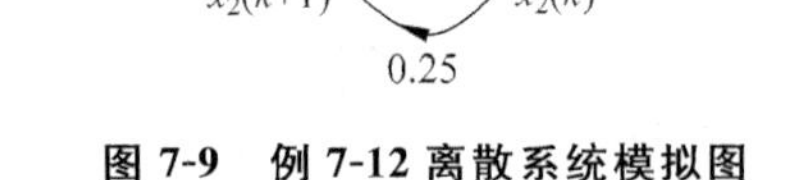

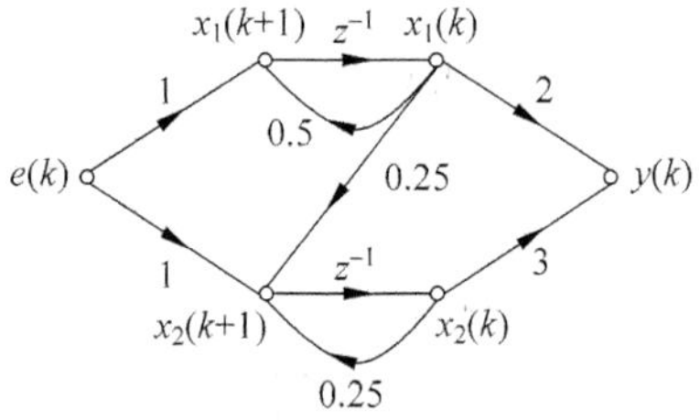

图 7-9 例 7-12 离散系统模拟图

解：

(1) 离散系统的状态方程及输出方程为

$$x_1(k+1) = 0.5x_1(k) + e(k)$$

$$x_2(k+1) = 0.25x_1(k) + 0.25x_2(k) + e(k)$$

$$y(k) = 2x_1(k) + 3x_2(k)$$

状态方程及输出方程的矩阵形式：

$$\begin{pmatrix} x_1(k+1) \\ x_2(k+1) \end{pmatrix} = \begin{pmatrix} 0.5 & 0 \\ 0.25 & 0.25 \end{pmatrix} \begin{pmatrix} x_1(k) \\ x_2(k) \end{pmatrix} + \begin{pmatrix} 1 \\ 1 \end{pmatrix} e(k),\ y(k) = (2 \quad 3) \begin{pmatrix} x_1(k) \\ x_2(k) \end{pmatrix}$$

(2) 状态过渡矩阵：

$$\boldsymbol{\Phi}(z)=(z\boldsymbol{I}-\boldsymbol{A})^{-1}z=\begin{pmatrix} z-0.5 & 0 \\ -0.25 & z-0.25 \end{pmatrix}^{-1}z=\begin{pmatrix} \dfrac{z}{z-0.5} & 0 \\ \dfrac{0.25z}{(z-0.5)(z-0.25)} & \dfrac{z}{z-0.25} \end{pmatrix}$$

$$\boldsymbol{A}^k=\mathscr{Z}^{-1}[\boldsymbol{\Phi}(z)]=\begin{pmatrix} 0.5^k & 0 \\ 0.5^k-0.25^k & 0.25^k \end{pmatrix}\varepsilon(k)$$

(3) 状态变量矩阵：

零输入分量：

$$\boldsymbol{X}_{zi}(z)=(z\boldsymbol{I}-\boldsymbol{A})^{-1}z\boldsymbol{x}(0)=\begin{pmatrix} \dfrac{z}{z-0.5} & 0 \\ \dfrac{0.25z}{(z-0.5)(z-0.25)} & \dfrac{z}{z-0.25} \end{pmatrix}\begin{pmatrix} 1 \\ 2 \end{pmatrix}$$

$$=\begin{pmatrix} \dfrac{z}{z-0.5} \\ \dfrac{z}{z-0.5}+\dfrac{z}{z-0.25} \end{pmatrix}$$

零状态分量：

$$\boldsymbol{X}_{zs}(z)=(z\boldsymbol{I}-\boldsymbol{A})^{-1}\boldsymbol{B}\cdot\boldsymbol{E}(z)=\begin{pmatrix} \dfrac{z}{z-0.5} & 0 \\ \dfrac{0.25z}{(z-0.5)(z-0.25)} & \dfrac{z}{z-0.25} \end{pmatrix}z^{-1}\begin{pmatrix} 1 \\ 1 \end{pmatrix}\dfrac{z}{z-1}$$

$$=\begin{pmatrix} \dfrac{z}{(z-0.5)(z-1)} \\ \dfrac{z}{(z-0.5)(z-1)} \end{pmatrix}=\begin{pmatrix} \dfrac{2z}{z-1}-\dfrac{2z}{z-0.5} \\ \dfrac{2z}{z-1}-\dfrac{2z}{z-0.5} \end{pmatrix}$$

$$\boldsymbol{X}(z)=\boldsymbol{X}_{zi}(z)+\boldsymbol{X}_{zs}(z)=\begin{pmatrix} X_1(z) \\ X_2(z) \end{pmatrix}=\begin{pmatrix} \dfrac{2z}{z-1}-\dfrac{z}{z-0.5} \\ \dfrac{2z}{z-1}-\dfrac{z}{z-0.5}+\dfrac{z}{z-0.25} \end{pmatrix}$$

$$\boldsymbol{x}(k)=\begin{pmatrix} x_1(k) \\ x_2(k) \end{pmatrix}=\begin{pmatrix} 2-0.5^k \\ 2-0.5^k+0.25^k \end{pmatrix}\varepsilon(k)$$

(4) 系统输出响应：

$$\boldsymbol{y}(k)=(2\quad 3)\begin{pmatrix} x_1(k) \\ x_2(k) \end{pmatrix}=(2\quad 3)\begin{pmatrix} 2-0.5^k \\ 2-0.5^k+0.25^k \end{pmatrix}\varepsilon(k)$$

$$=[10-5\times 0.5^k+3\times 0.25^k]\varepsilon(k)$$

(5) 系统函数矩阵：

$$\boldsymbol{H}(z)=\boldsymbol{C}(z\boldsymbol{I}-\boldsymbol{A})^{-1}\boldsymbol{B}+\boldsymbol{D}=(2\quad 3)\begin{pmatrix} \dfrac{z}{z-0.5} & 0 \\ \dfrac{0.25z}{(z-0.5)(z-0.25)} & \dfrac{z}{z-0.25} \end{pmatrix}z^{-1}\begin{pmatrix} 1 \\ 1 \end{pmatrix}$$

$$=\frac{5(z-0.25)}{z^2-0.75z+0.125}=\frac{5}{(z-0.5)}$$

$$\boldsymbol{h}(k)=\mathscr{Z}^{-1}[\boldsymbol{H}(z)]=5\times0.5^{k-1}\varepsilon(k-1)$$

可见由于该系统函数的$|z\boldsymbol{I}-\boldsymbol{A}|=0$的全部$z$根均小于1,所以该离散系统是稳定的。

以上内容可概括为要点7.8。

> **要点7.8**
>
> 状态过渡矩阵:$\boldsymbol{\varphi}(k)=\mathscr{Z}^{-1}[\boldsymbol{\Phi}(z)]=\mathscr{Z}^{-1}[(z\boldsymbol{I}-\boldsymbol{A})^{-1}z]=\mathscr{Z}^{-1}\left[\frac{\mathrm{adj}(z\boldsymbol{I}-\boldsymbol{A})}{|z\boldsymbol{I}-\boldsymbol{A}|}z\right]$
>
> 系统函数矩阵:$\boldsymbol{H}(z)=\boldsymbol{C}(z\boldsymbol{I}-\boldsymbol{A})^{-1}\boldsymbol{B}+\boldsymbol{D}=\boldsymbol{C}\cdot\boldsymbol{\Phi}(z)z^{-1}\cdot\boldsymbol{B}+\boldsymbol{D}$
>
> 单位函数响应矩阵:$\boldsymbol{h}(k)=\mathscr{Z}^{-1}[\boldsymbol{H}(z)]=\mathscr{Z}^{-1}[\boldsymbol{C}(z\boldsymbol{I}-\boldsymbol{A})^{-1}\boldsymbol{B}+\boldsymbol{D}]=\mathscr{Z}^{-1}[\boldsymbol{C}\cdot\boldsymbol{\Phi}(z)z^{-1}\cdot\boldsymbol{B}+\boldsymbol{D}]$

本章学习小结

1. 系统的状态与状态变量

(1) 动态系统的状态是指能够完全描述系统时域行为的一组最少物理量,组中物理量的个数称为系统的阶数。

(2) 表示系统状态的变量称为状态变量。

n阶连续系统的状态变量记为$x_i(t)$,$i=1,2,3,\cdots,n$。

n阶离散系统的状态变量记为$x_i(k)$,$i=1,2,3,\cdots,n$。

2. 系统的状态变量描述

(1) 状态方程的矩阵形式

连续系统:

$$\boldsymbol{x}'(t)=\boldsymbol{A}\cdot\boldsymbol{x}(t)+\boldsymbol{B}\cdot\boldsymbol{e}(t)$$

离散系统:

$$\boldsymbol{x}(k+1)=\boldsymbol{A}\cdot\boldsymbol{x}(k)+\boldsymbol{B}\cdot\boldsymbol{e}(k)$$

(2) 输出方程的矩阵形式

连续系统:

$$\boldsymbol{y}(t)=\boldsymbol{C}\cdot\boldsymbol{x}(t)+\boldsymbol{D}\cdot\boldsymbol{e}(t)$$

离散系统:

$$\boldsymbol{y}(k)=\boldsymbol{C}\cdot\boldsymbol{x}(k)+\boldsymbol{D}\cdot\boldsymbol{e}(k)$$

3. 状态方程和输出方程的建立

连续系统:根据电路结构建立,根据系统的微分方程或模拟图建立,根据系统函数建立。

离散系统:根据系统的差分方程或模拟图建立,根据系统函数建立。

4. 状态方程和输出方程的变换域求解

连续系统的拉普拉斯变换为

$$\boldsymbol{X}(s)=(s\boldsymbol{I}-\boldsymbol{A})^{-1}\boldsymbol{x}(0)+(s\boldsymbol{I}-\boldsymbol{A})^{-1}\boldsymbol{B}\cdot\boldsymbol{E}(s)$$

$$\boldsymbol{Y}(s)=\boldsymbol{C}(s\boldsymbol{I}-\boldsymbol{A})^{-1}\boldsymbol{x}(0)+[\boldsymbol{C}(s\boldsymbol{I}-\boldsymbol{A})^{-1}\boldsymbol{B}+\boldsymbol{D}]\cdot\boldsymbol{E}(s)$$

离散系统的z变换为

$$\boldsymbol{X}(z) = (z\boldsymbol{I} - \boldsymbol{A})^{-1} z\boldsymbol{x}(0) + (z\boldsymbol{I} - \boldsymbol{A})^{-1}\boldsymbol{B} \cdot \boldsymbol{E}(z)$$

$$\boldsymbol{Y}(z) = \boldsymbol{C}(z\boldsymbol{I} - \boldsymbol{A})^{-1} z\boldsymbol{x}(0) + [\boldsymbol{C}(z\boldsymbol{I} - \boldsymbol{A})^{-1}\boldsymbol{B} + \boldsymbol{D}] \cdot \boldsymbol{E}(z)$$

5. 状态方程和输出方程的时域求解

6. 连续系统的卷积为

$$\boldsymbol{x}(t) = \mathrm{e}^{\boldsymbol{A}t}\boldsymbol{x}(0) + \int_0^t \mathrm{e}^{\boldsymbol{A}(t-\tau)}\boldsymbol{B} \cdot \boldsymbol{e}(\tau)\mathrm{d}\tau$$

$$\boldsymbol{y}(t) = \boldsymbol{C} \cdot \mathrm{e}^{\boldsymbol{A}t}\boldsymbol{x}(0) + \int_0^t \boldsymbol{C} \cdot \mathrm{e}^{\boldsymbol{A}(t-\tau)}\boldsymbol{B} \cdot \boldsymbol{e}(\tau)\mathrm{d}\tau + \boldsymbol{D} \cdot \boldsymbol{e}(t)$$

离散系统的卷积和为

$$\boldsymbol{x}(k) = \boldsymbol{A}^k\boldsymbol{x}(0) + \sum_{j=0}^{k-1}\boldsymbol{A}^{k-1-j}\boldsymbol{B} \cdot \boldsymbol{e}(j)$$

$$\boldsymbol{y}(k) = \boldsymbol{C} \cdot \boldsymbol{A}^k\boldsymbol{x}(0) + \sum_{j=0}^{k-1}\boldsymbol{C} \cdot \boldsymbol{A}^{k-1-j}\boldsymbol{B} \cdot \boldsymbol{e}(j) + \boldsymbol{D} \cdot \boldsymbol{e}(k)$$

7. 状态过渡矩阵

连续系统：

$$\boldsymbol{\Phi}(s) = [s\boldsymbol{I} - \boldsymbol{A}]^{-1} \leftrightarrow \boldsymbol{\varphi}(t) = \mathrm{e}^{\boldsymbol{A}t}$$

离散系统：

$$\boldsymbol{\Phi}(z) = [z\boldsymbol{I} - \boldsymbol{A}]^{-1} z \leftrightarrow \boldsymbol{\varphi}(k) = \boldsymbol{A}^k$$

8. 根据系统状态方程判断系统的稳定性

连续系统：$|s\boldsymbol{I}-\boldsymbol{A}|=0$ 的 s 全部根位于 s 平面的左半面。

离散系统：$|z\boldsymbol{I}-\boldsymbol{A}|=0$ 的 z 全部根位于 z 平面的单位圆内。

总之，状态变量分析法的数学描述为状态方程和输出方程。状态方程是一组一阶微分或差分方程组，而一阶的微分或差分方程人们已经做了较为透彻的研究，现在它是把输入-输出法的数学描述——一个高阶微分或差分方程简化成矩阵形式的状态变量的一阶微分或差分方程。可以利用线性代数，把处理一阶线性微分或差分方程的方法推广到处理矩阵形式的状态方程。为解决复杂系统的分析提供了新的途径。另外，适于多输入-多输出的复杂系统的分析，又有统一的标准矩阵形式，所以便于计算机求解；且由于状态变量分析可以用于分析系统的每一个变量情况，因此便于研究系统内部的信息。

习题练习 7

基础练习

7-1　列写如图 T7-1 所示电系统的状态方程和(a)、(b)输出为 u_C、i_1、i_L、u_L、u_2 的输出方程，以及(c)输出为 y_1、y_2 的输出方程。

7-2　由下列微分方程列写系统的相变量状态方程和输出方程：

(1) $y'''(t)+5y''(t)+7y'(t)+3y(t)=e(t)$；

(2) $y''(t)+4y'(t)+3y(t)=e'(t)+e(t)$；

(3) $y''(t)+4y(t)=e(t)$。

7-3　对如下系统函数列写系统的相变量状态方程与输出方程：

(1) $H(s)=\dfrac{2s^2+9s}{s^2+4s+29}$；　　(2) $H(s)=\dfrac{4s}{(s+1)(s+2)^2}$；

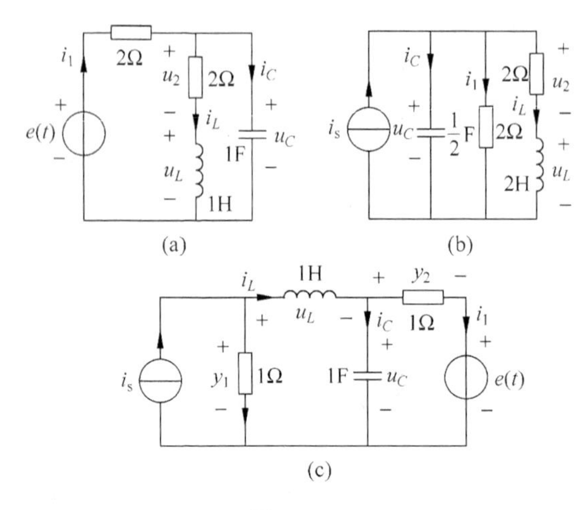

图　T7-1

(3) $H(s)=\dfrac{4s^3+16s^2+23s+13}{(s+1)^3(s+2)}$。

7-4　对如下系统函数列写系统的相变量与对角线变量的状态方程：

(1) $H(s)=\dfrac{3s+10}{s^2+7s+12}$；　　(2) $H(s)=\dfrac{2s^2+10s+14}{(s+1)(s+2)(s+3)}$。

7-5　写出如图 T7-2 所示连续系统的状态方程及输出方程。

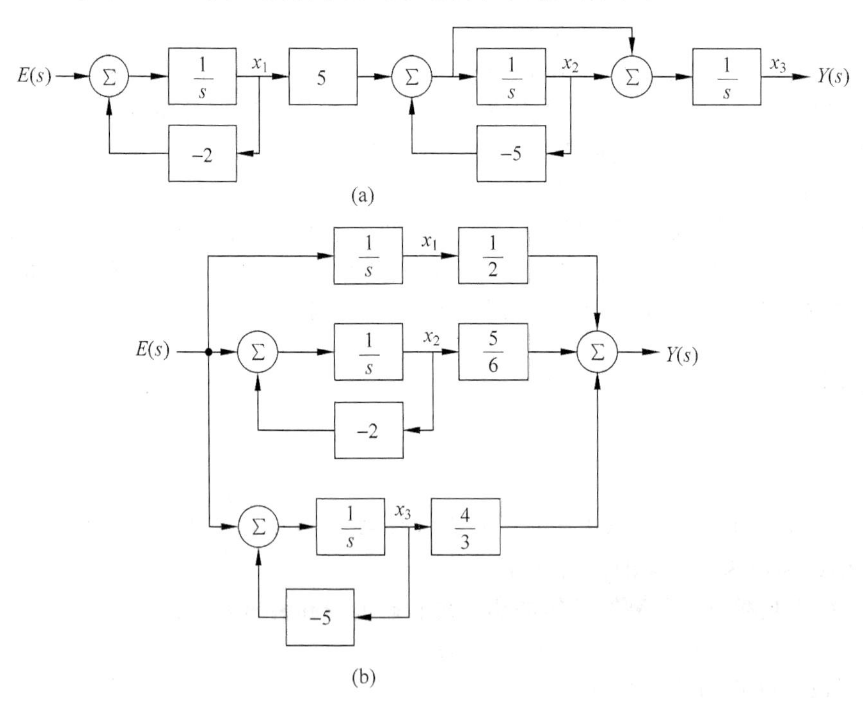

图　T7-2

7-6　离散系统由下列差分方程描述，列写该系统的状态方程与输出方程：

(1) $y(k+2)+2y(k+1)+y(k)=e(k+2)$；

(2) $y(k+2)+3y(k+1)+2y(k)=e(k+1)+e(k)$；

(3) $y(k)+3y(k-1)+2y(k-2)+y(k-3)=e(k-1)+2e(k-2)+e(k-3)$。

7-7 列写下列差分方程所示离散系统的状态方程与输出方程，并据此画出系统的模拟图：

(1) $y(k+2)+11y(k+1)+28y(k)=e(k)$；

(2) $y(k+3)+3y(k+2)+3y(k+1)+y(k)=2e(k+1)+e(k)$。

7-8 写出如图 T7-3 所示离散系统的状态方程及输出方程。

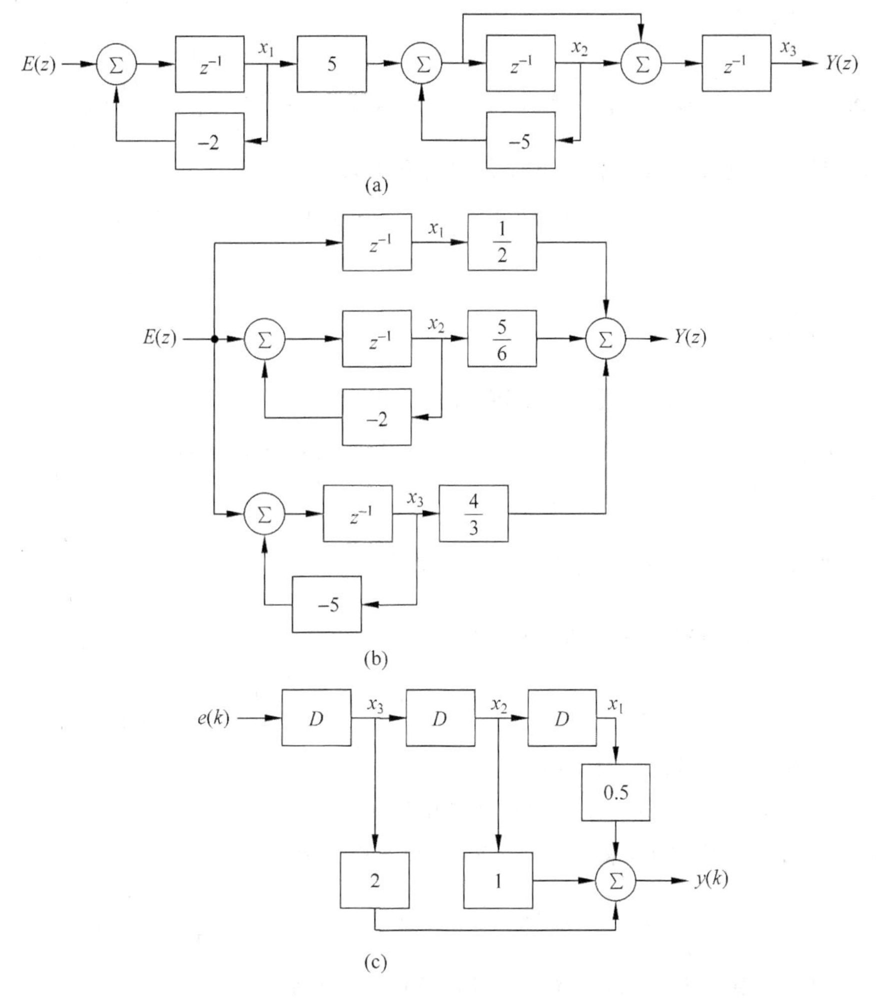

图 T7-3

7-9 (1) 已知系统函数 $H(s)=\dfrac{2s+5}{s^2+5s+6}$，列写直接形式、并联形式、级联形式模拟图的状态方程和输出方程；

(2) 已知系统函数 $H(z)=\dfrac{1}{1-z^{-1}-0.11z^{-2}}$，列写直接形式模拟图的状态方程和输出方程。

7-10 已知连续系统矩阵方程参数如下，求系统函数矩阵、零输入响应及零状态响应：

(1) $\boldsymbol{A}=\begin{pmatrix}-3 & 1\\ -2 & 0\end{pmatrix}$, $\boldsymbol{B}=\begin{pmatrix}1\\ 0\end{pmatrix}$, $\boldsymbol{C}=(0\quad 1)$, $\boldsymbol{D}=0$, $e(t)=\varepsilon(t)$, $\boldsymbol{x}(0)=\begin{pmatrix}2\\ 0\end{pmatrix}$;

(2) $\boldsymbol{A}=\begin{pmatrix}-1 & 1\\ -1 & -1\end{pmatrix}$, $\boldsymbol{B}=\begin{pmatrix}0\\ 1\end{pmatrix}$, $\boldsymbol{C}=(1\quad 1)$, $\boldsymbol{D}=1$, $e(t)=\varepsilon(t)$, $\boldsymbol{x}(0)=\begin{pmatrix}2\\ 1\end{pmatrix}$。

7-11　已知离散系统矩阵方程参数如下,求系统函数矩阵、零输入响应及零状态响应:

(1) $\boldsymbol{A}=\begin{bmatrix}\frac{1}{2} & 0\\ \frac{1}{4} & \frac{1}{4}\end{bmatrix}$, $\boldsymbol{B}=\begin{bmatrix}1\\ 1\end{bmatrix}$, $\boldsymbol{C}=(2\quad 3)$, $\boldsymbol{D}=0$, $e(k)=\varepsilon(k)$, $\boldsymbol{x}(0)=\begin{bmatrix}0\\ 0\end{bmatrix}$;

(2) $\boldsymbol{A}=\begin{bmatrix}0 & 1\\ -6 & 5\end{bmatrix}$, $\boldsymbol{B}=\begin{bmatrix}0\\ 1\end{bmatrix}$, $\boldsymbol{C}=(1\quad 1)$, $\boldsymbol{D}=0$, $e(k)=\delta(k)$, $\boldsymbol{x}(0)=\begin{bmatrix}2\\ 1\end{bmatrix}$。

7-12　某 LTI 连续系统的状态方程和输出方程为

$$\begin{bmatrix}\dot{x}_1\\ \dot{x}_2\end{bmatrix}=\begin{bmatrix}-2 & 1\\ 0 & -1\end{bmatrix}\begin{bmatrix}x_1\\ x_2\end{bmatrix}+\begin{bmatrix}1\\ 0\end{bmatrix}e(t),\quad \begin{bmatrix}y_1(t)\\ y_2(t)\end{bmatrix}=(1\quad 0)\begin{bmatrix}x_1(t)\\ x_2(t)\end{bmatrix}$$

初始状态 $\boldsymbol{x}(0)=\begin{bmatrix}1\\ 1\end{bmatrix}$,输入 $e(t)=\varepsilon(t)$,求响应 $y(t)$。

7-13　某 LTI 连续系统的状态方程和输出方程为

$$\begin{bmatrix}\dot{x}_1\\ \dot{x}_2\end{bmatrix}=\begin{bmatrix}-1 & 0\\ 1 & 0\end{bmatrix}\begin{bmatrix}x_1\\ x_2\end{bmatrix}+\begin{bmatrix}1\\ 1\end{bmatrix}e(t),\quad \begin{bmatrix}y_1(t)\\ y_2(t)\end{bmatrix}=\begin{bmatrix}1 & 0\\ 0 & 1\end{bmatrix}\begin{bmatrix}x_1(t)\\ x_2(t)\end{bmatrix}+\begin{bmatrix}1\\ 0\end{bmatrix}e(t)$$

初始状态 $\boldsymbol{x}(0)=\begin{bmatrix}1\\ 1\end{bmatrix}$,输入 $e(t)=e^{2t}\varepsilon(t)$,求响应 $y(t)$。

7-14　已知离散因果系统的状态方程为

$$\begin{bmatrix}x_1(k+1)\\ x_2(k+1)\end{bmatrix}=\begin{bmatrix}0 & 1\\ -6 & 5\end{bmatrix}\begin{bmatrix}x_1(k)\\ x_2(k)\end{bmatrix}+\begin{bmatrix}0\\ 1\end{bmatrix}e(t),\quad \begin{bmatrix}y_1(k)\\ y_2(k)\end{bmatrix}=\begin{bmatrix}1 & 1\\ 2 & -1\end{bmatrix}\begin{bmatrix}x_1(k)\\ x_2(k)\end{bmatrix}$$

(1) 求状态方程的解和系统的输出;

(2) 求系统函数 $H(z)$和系统的单位函数响应 $h(k)$。

7-15　已知 $\boldsymbol{A}$ 矩阵如下,求状态过渡矩阵$\boldsymbol{\Phi}(s)$以及 $e^{\boldsymbol{A}t}$:

(1) $\boldsymbol{A}=\begin{bmatrix}-1 & 1\\ 0 & -2\end{bmatrix}$;　(2) $\boldsymbol{A}=\begin{bmatrix}0 & 2\\ -1 & -2\end{bmatrix}$;　(3) $\boldsymbol{A}=\begin{bmatrix}-4 & -3\\ 1 & 0\end{bmatrix}$。

7-16　已知 $\boldsymbol{A}$ 矩阵如下,求状态过渡矩阵$\boldsymbol{\Phi}(z)$以及 $\boldsymbol{A}^k$:

(1) $\boldsymbol{A}=\begin{bmatrix}1 & 2\\ 0 & -1\end{bmatrix}$;　(2) $\boldsymbol{A}=\begin{bmatrix}\frac{1}{2} & 0\\ \frac{1}{4} & \frac{1}{4}\end{bmatrix}$;　(3) $\boldsymbol{A}=\begin{bmatrix}0 & 1\\ -6 & 5\end{bmatrix}$;　(4) $\boldsymbol{A}=\begin{bmatrix}\frac{3}{4} & 0\\ \frac{1}{2} & \frac{1}{2}\end{bmatrix}$。

综合练习

7-17　如图 T7-4 所示的因果系统,以 $x_1(t)$、$x_2(t)$、$x_3(t)$为状态变量,以 $y(t)$为响应:

(1) 列写系统的状态方程和输出方程;

(2) 为使系统稳定,试求 k 的取值范围。

7-18　电系统如图 T7-5 所示,开关动作前电路已处于稳态,当开关在 $t=0$ 时闭合,应用状态变量分析法求系统的响应 $u(t)$。

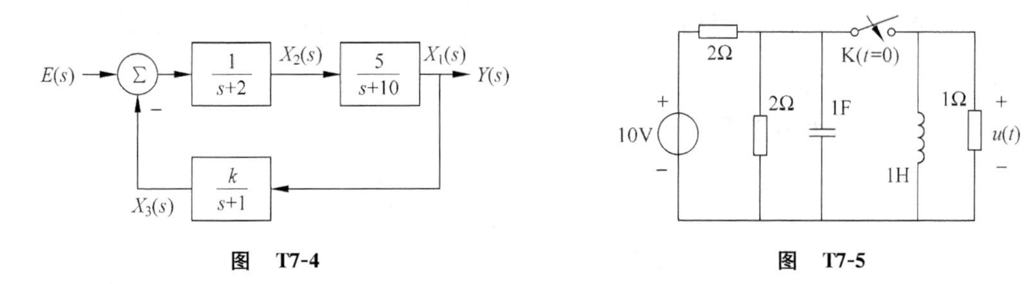

图　T7-4　　　　图　T7-5

7-19　如图 T7-1(b)所示电系统中,$u_C(t)=x_1(t)$,$i_L(t)=x_2(t)$;已知 $x_1(0)=1\text{V}$,$x_2(0)=1\text{A}$。以 $x_1(t)$、$x_2(t)$为状态变量和输出。求:

(1) 零输入响应与单位冲激响应;

(2) 关于 $x_1(t)$、$x_2(t)$的微分方程。

7-20　已知离散因果系统的状态方程为

$$\begin{pmatrix} x_1(k+1) \\ x_2(k+1) \end{pmatrix} = \begin{pmatrix} 0 & 1 \\ -6 & 5 \end{pmatrix}\begin{pmatrix} x_1(k) \\ x_2(k) \end{pmatrix} + \begin{pmatrix} 0 \\ 1 \end{pmatrix} e(t), \quad \begin{pmatrix} y_1(k) \\ y_2(k) \end{pmatrix} = \begin{pmatrix} 1 & 1 \\ 2 & -1 \end{pmatrix}\begin{pmatrix} x_1(k) \\ x_2(k) \end{pmatrix}$$

(1) 求状态方程的解和系统的输出;

(2) 求系统函数 $H(z)$和系统的单位函数响应 $h(k)$;

(3) 求系统的差分方程。

7-21　已知线性时不变系统的状态过渡矩阵分别为

(1) $\boldsymbol{\varphi}(t)=\begin{pmatrix} e^{-2t} & te^{-2t} \\ 0 & e-2t \end{pmatrix}$;

(2) $\boldsymbol{\varphi}(t)=\begin{bmatrix} e^{-t} & 0 & 0 \\ 0 & (1-2t)e^{-2t} & 4te^{-2t} \\ 0 & -te^{-2t} & (1+2t)e^{-2t} \end{bmatrix}$。

求各自相应的矩阵 $\mathbf{A}$。

7-22　系统模拟图如图 T7-6 所示。求:

(1) 系统的状态方程、输出方程;

(2) 系统函数 $H(s)$及输入-输出方程;

(3) 状态过渡矩阵 $\boldsymbol{\Phi}(s)=\mathcal{L}[e^{\mathbf{A}t}]$;

(4) 判断系统稳定与否。

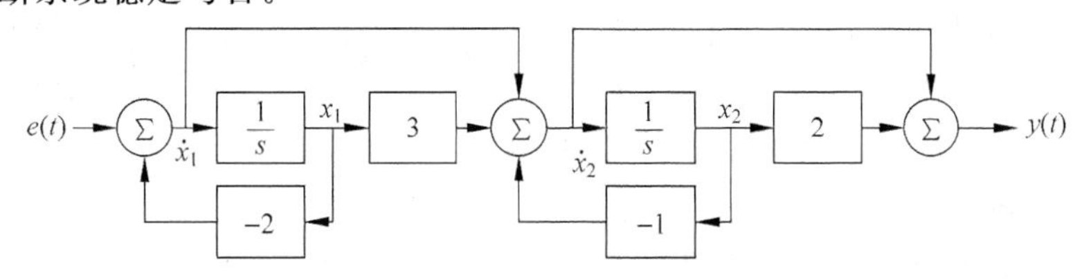

图　T7-6

7-23　对如图 T7-7 所示系统，

(1) 列写状态方程与输出方程；

(2) 求系统的微分方程；

(3) 已知 $e(t)=\varepsilon(t)$时系统的全响应 $y(t)=\left(\frac{1}{3}+\frac{1}{2}\mathrm{e}^{-t}-\frac{5}{6}\mathrm{e}^{-3t}\right)\varepsilon(t)$，求系统的零输入响应 $r_{zs}(t)$与起始状态 $x(0^-)$；

(4) 求系统的单位冲激响应 $h(t)$。

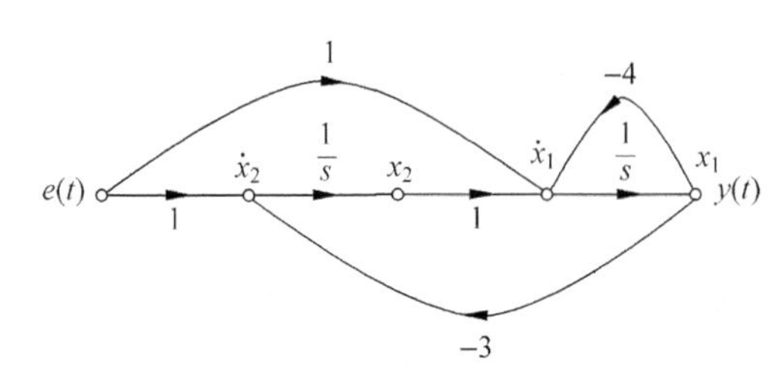

图　T7-7

7-24　设系统状态方程和输出方程为

$$\begin{pmatrix}\dot{x}_1\\ \dot{x}_2\end{pmatrix}=\boldsymbol{A}\begin{pmatrix}x_1\\ x_2\end{pmatrix}+\boldsymbol{B}e(t),\quad y(t)=\boldsymbol{C}\begin{pmatrix}x_1\\ x_2\end{pmatrix}+\boldsymbol{D}e(t)$$

状态转移矩阵为

$$\boldsymbol{\Phi}(t)=\begin{pmatrix}2\mathrm{e}^{-t}-\mathrm{e}^{-2t} & -2\mathrm{e}^{-t}+2\mathrm{e}^{-2t}\\ \mathrm{e}^{-t}-\mathrm{e}^{-2t} & -\mathrm{e}^{-t}+2\mathrm{e}^{-2t}\end{pmatrix}\varepsilon(t)$$

在 $e(t)=\delta(t)$的作用下，状态变量零状态解和零状态响应分别为

$$\begin{pmatrix}x_1\\ x_2\end{pmatrix}=\begin{pmatrix}12\mathrm{e}^{-t}-12\mathrm{e}^{-2t}\\ 6\mathrm{e}^{-t}-12\mathrm{e}^{-2t}\end{pmatrix}\varepsilon(t),\quad y(t)=\delta(t)+(6\mathrm{e}^{-t}-12\mathrm{e}^{-12t})\varepsilon(t)$$

求系统的 $\boldsymbol{A}$、$\boldsymbol{B}$、$\boldsymbol{C}$、$\boldsymbol{D}$ 矩阵。

7-25　如图 T7-8 所示的电系统，以 x_1、x_2 为状态变量，以 y_1、y_2 为响应变量。

(1) 列写状态方程和输出方程；

(2) 求状态过渡矩阵；

(3) 当激励为 $e(t)=12\varepsilon(t)$时，求状态变量的零状态解；

(4) 若初始状态为 $x_1(0)=2$，$x_2(0)=0$，激励为 $e(t)=12\delta(t)$，求系统零状态响应、零输入响应及全响应。

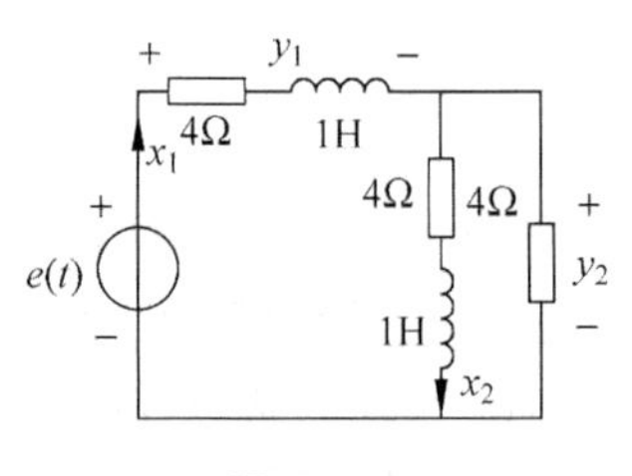

图　T7-8

7-26　已知离散系统状态方程和输出方程为

$$\begin{pmatrix}x_1(k+1)\\ x_2(k+1)\end{pmatrix}=\begin{pmatrix}1 & -2\\ a & b\end{pmatrix}\begin{pmatrix}x_1(k)\\ x_2(k)\end{pmatrix}+\begin{pmatrix}1\\ 0\end{pmatrix}e(t),y(k)=(1\quad 1)\begin{pmatrix}x_1(k)\\ x_2(k)\end{pmatrix}$$

零输入响应 $y(k)=[8(-1)^k-5(-2)^k]\varepsilon(k)$，求：

(1) 常数 a 和 b；

(2) 状态变量 $x_1(k)$和 $x_2(k)$的解。

7-27　设题 7-9(2)所示离散系统初始状态为零且激励 $e(t)=\delta(k)$，求状态变量 $\overline{\boldsymbol{x}}(k)$与

输出 $y(k)$。

7-28　对于如图 T7-9 所示离散系统，

(1) 取延迟的输出 x_1、x_2、x_3 为状态变量，列写状态方程和输出方程；

(2) 已知初始状态 $x_1(0)=1$，$x_2(0)=2$，$x_3(0)=3$，激励 $e(k)=\delta(k)$，求系统零输入响应、零状态响应及全响应；

(3) 判断系统稳定与否。

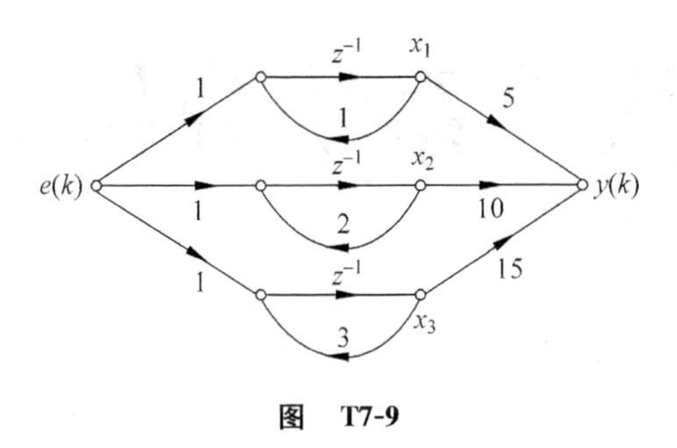

图　T7-9

7-29　一个离散系统如图 T7-10 所示。当激励为 $e(k)=\delta(k)$时，求：

(1) 状态变量 $x_1(k)$及输出 $y(k)$；

(2) 列出系统的差分方程。

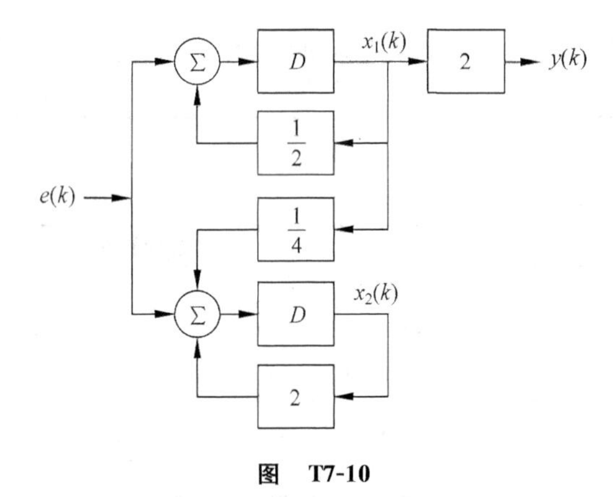

图　T7-10

7-30　已知一个离散系统的状态方程和输出方程为 $x_1(k+1)=x_1(k)-x_2(k)$，$x_2(k+1)=-x_1(k)-x_2(k)$；$y(k)=x_1(k)+x_2(k)+e(k)$。

(1) 给定初始状态 $x_1(0)=2$，$x_2(0)=2$，求状态方程的零输入解；

(2) 写出系统的差分方程；

(3) 当激励 $e(k)=2^k\varepsilon(k)$时，系统初始状态同(1)，求输出响应 $y(k)$。

信号与线性系统分析方法综述

确定信号分析方法综述以列表形式概括说明如下。

1. 信号的描述法

		信号的种类	
		连续时间信号	离散时间信号
信号的描述方法	时域描述法	函数式 $f(t)$和波形图	函数式 $f(k)$和波形图
	变换域描述法	像函数式 $F(\omega)$和频谱图 像函数式 $F(s)$	像函数式 $F(z)$ 像函数式 $F(e^{j\omega})$和频谱图

2. 信号的分析法

		信号的种类	
		连续时间信号	离散时间信号
信号的分析方法	时域分析法	信号 $f(t)$的运算与变换 (平移、反褶、比例)	信号 $f(k)$的运算与变换 (平移、反褶、比例)
	变换域分析法	傅里叶变换 $F(\omega)$ 拉普拉斯变换 $F(s)$	z 变换 $F(z)$

确定信号激励下线性系统的分析方法综述以列表形式概括说明如下。

1. 系统描述法

		系统种类	
		LTI 连续时间系统	LTI 离散时间系统
系统描述方法	输入-输出描述法	一个激励、响应的(单变量)高阶线性常系数微分方程	一个激励、响应的(单变量)高阶线性常系数差分方程
	状态变量描述法	n 个激励、响应的(多变量)联立一阶线性常系数微分方程组	n 个激励、响应的(多变量)联立一阶线性常系数差分方程组

2. 系统分析法

<table>
<tr><th colspan="2" rowspan="2"></th><th colspan="2">系统种类</th></tr>
<tr><th>LTI 连续系统</th><th>LTI 离散系统</th></tr>
<tr><td rowspan="2">系统分析法</td><td>时域分析法</td><td>卷积积分</td><td>卷积和</td></tr>
<tr><td>变域分析法</td><td>拉普拉斯变换和傅里叶变换
求解激励、响应的代数方程</td><td>z 变换
求解激励、响应的代数方程</td></tr>
</table>

中英文关键名词索引(按中文拼音为序)

B

贝尔　Bel
边带　sideband
边界稳定　marginally stable
变换域分析法　transform domain method
标量乘法器　scalar multiplier
伯德图　Bode plot(Bode diagram)
不连续频谱　non-continuous spectrum
部分调幅度　partial modulation factor(coefficient) of amplitude modulation
部分分式展开法　partial-fraction expansion method
闭环　close loop
巴特沃思滤波器　Butterworth filter
不相关　uncorrelated

C

残留边带　vestigial sideband, residual sideband
策动点函数　driving-point function
冲激偶　doublet
冲激响应(格林函数)　impulse response(Green's function)
出支路　outgoing branch
初始状态(初始条件)　initial state(initial condition)
传输值　transmittance
差分方程　difference equation
冲激响应不变变换法　impulse-invariance design method
初值定理　initial value theorem

D

单边带　single sideband
单边拉普拉斯变换　unilateral(single-sided) Laplace transform
单边指数信号　single-sided exponential signal
单环　single loop
单位冲激函数(狄拉克函数,δ函数)　unit impulse function(Dirac dela function, delta function)
单位阶跃函数　unit step function
等起伏型滤波器(切比雪夫滤波器)　epual ripple type filter(Chebyshev filter)
狄利克里条件　Dirichlet condition
叠加积分　superposition integral
叠加积分法　superposition integral method
叠加性　superposition property
断点　break point
对数增益　logarithmic gain
多环　multiple loop
单边序列　unilateral sequence, single-sided sequence
单边余弦序列　single-sided cosine sequence
单边指数序列　single-sided exponential sequence
单边冲激响应矩阵　unit impulse response matrix
单位函数　unit function
单位函数响应矩阵　unit function response matrix
单位阶跃序列　unit step sequence
对角线变量　diagonal variable

F

反馈路径　feedback path
反馈系统　feedback system
非时变系统(时不变系统,定常系统)　time-invariant system(fixed system)
非线性系统　nonlinear system
非周期信号　non periodic signal

连续信号(连续时间信号) continuous signal (continuous-time signal)
临界阻尼 critical damping
零点 zero
零输入响应 zero-input response
零状态响应 zero-state response
路径 path
路径因子 path facor
罗斯-霍尔维兹判据 Routh-Hurwitz criterion
罗斯-霍尔维兹阵列 Routh-Hurwitz array
罗斯-霍尔维兹数列 Routh-Hurwitz series
理想采样信号 ideal sampled signal
临界稳定 marginally stable
留数法 residue method
滤波器 filter

M

脉冲调制 pulse modulation
脉冲幅度调制 pulse-amplitude modulation(PAM)
梅森公式 Mason's formula
门函数 gate function
模型 model
密度函数 density function
幂级数展开法 power-series expansion method
模拟-数字(A/D)转换 analog-to-digital (A/D) conversion

N

能量频谱 energy frequency spectrum
能量信号 energy signal
奈奎斯特采样间隔 Nyquist sampling interval
奈奎斯特采样率 Nyquist sampling rate

O

偶函数 even function
偶谐函数 even harmonic function

P

帕塞瓦尔定理 Parseval's theorem
佩利-维纳准则 Palely-Wiener criterion
频带 frequency band
频带宽度 frequency band width
频分复用 frequency division multiple access (FDMA)
频率特性曲线 frequency characteristic curve
频谱 frequency spectrum, spectrum
频谱密度 frequency spectrum density
频谱密度函数 frequency spectrum density function
频域分析法 frequency-domain analysis method

Q

齐次性 homogeneity
奇函数 odd function
奇谐函数 odd harmonic function
奇异函数 singularity function
前向路径 forward path
欠阻尼 under damping
采样函数 sampling function
采样性质 sampling property
全通函数 all-pass function
确定信号 determinate signal
采样 sampling
采样间隔 sampling interval
采样频率 sampling frequency
采样信号 sampling signal

R

入支路 incoming branch

S

三角傅里叶级数 trigonometric Fourier series
上边带 upper Sideband
失真 distortion
时变系统 time-varying system
时分复用 time-division multiplexing access (TDMA)
时间常数 time constant
时域分析法 time-domain analysis method
实有理函数 real rational function
收敛边界 boundary of convergence
收敛轴 axis of convergence
收敛域 region of convergence(ROC)
收敛坐标 abscissa of convergence
受迫响应 forced response
输入-输出方程 input-output equation
输入函数 input function
衰减常数 damping constant
双边拉普拉斯变换 bilateral(two-sided) Laplace transform
双边指数信号 two-sided exponential signal

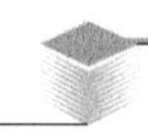

T

W

X

Y

Z

指数阶函数　function of exponential order
周期信号　periodic signal
周期信号的频谱　frequency spectrum of periodic signal
转换器　transducer
转移函数　transfer function
转移函数的并联模拟　parallel simulation of transfer function
转移函数的直接模拟　direct simulation of transfer function
转移算子　transfer operator
状态方程(状态变量方程,状态微分方程)　state equation (state variable equation, state differential equation)
自环　self loop
自然频率　natural frequency
自然响应　natural response
最平坦型滤波器(巴特沃思滤波器)　maximally flat type filter (Butterworth filter)
最小相移函数　minimum-phase function
噪声　noise
增序　left shift
直接模拟法　direct simulation
转移函数矩阵　transfer function matrix
状态变量　state variable
状态方程　state equation
状态轨迹　state trajectory
状态过渡矩阵　state-transition matrix
状态空间　state space
状态矢量　state vector
状态转移矩阵　state transition matrix
最佳线性系统　optimum linear system
左边序列　left sequence, anticausal sequence
z变换　z-transform
z变换分析法　z-transform analysis method

常用数学用表

1. 三角恒等式

序　　号	名　　称	公　　式
1	正弦和差公式	$\sin(A\pm B)=\sin A\cos B\pm\cos A\sin B$
2	余弦和差公式	$\cos(A\pm B)=\cos A\cos B\pm\sin A\sin B$
3	积化和差公式	$\cos A\cos B=\frac{1}{2}[\cos(A+B)+\cos(A-B)]$
4		$\sin A\sin B=\frac{1}{2}[\cos(A-B)-\cos(A+B)]$
5		$\sin A\cos B=\frac{1}{2}[\sin(A+B)+\sin(A-B)]$
6	和差化积公式	$\sin A+\sin B=2\sin\frac{A+B}{2}\cos\frac{A-B}{2}$
7		$\sin A-\sin B=2\sin\frac{A-B}{2}\cos\frac{A+B}{2}$
8		$\cos A+\cos B=2\cos\frac{A+B}{2}\cos\frac{A-B}{2}$
9		$\cos A-\cos B=-2\sin\frac{A+B}{2}\sin\frac{A-B}{2}$
10	倍角公式	$\sin 2A=2\sin A\cos A$
11		$\cos 2A=\cos^2 A-\sin^2 A=2\cos^2 A-1=1-2\sin^2 A$
12	半角公式	$\sin\frac{A}{2}=\sqrt{\frac{1-\cos A}{2}}, \sin^2\frac{A}{2}=\frac{1-\cos A}{2}$
13		$\cos\frac{A}{2}=\sqrt{\frac{1+\cos A}{2}}, \cos^2\frac{A}{2}=\frac{1+\cos A}{2}$
14	欧拉公式	$\sin x=\frac{e^{jx}-e^{-jx}}{2j}, \cos x=\frac{e^{jx}+e^{-jx}}{2}$
15		$e^{jx}=\cos x+j\sin x$
16		$A\cos(\omega t+\phi)+B\sin(\omega t+\varphi)=C\cos(\omega t+\beta)$ 其中 $C=\sqrt{A^2+B^2-2AB\cos(\varphi-\phi)}$ $\beta=\arctan\frac{A\sin\phi+B\sin\varphi}{A\cos\phi+B\cos\varphi}$
17	正余弦转换公式	$\sin(\omega t+\varphi)=\cos(\omega t+\varphi-90°)$
18	正余弦转换公式	$-\cos(\omega t+\varphi)=\cos(\omega t+\varphi+180°)$

2. 几何级数的求和公式

序　　号	求和公式	说　　明
1	$\sum_{k=k_1}^{k_2} a^k = \begin{cases} k_2 - k_1 + 1, & a = 1 \\ \dfrac{a^{k_1} - a^{k_2+1}}{1-a}, & a \neq 1 \end{cases}$	k_1 与 k_2 均为实整数,且 $k_1 \leqslant k_2$
2	$\sum_{k=k_1}^{\infty} a^k = \dfrac{a^{k_1}}{1-a}, \mid a \mid < 1$	无穷递减等比级数和,公比为 a,首项为 a^{k_1}
3	$\sum_{k=k_1}^{k_2} k = \dfrac{(k_1 + k_2)(k_2 - k_1 + 1)}{2}$	k_1 与 k_2 均为实整数,且 $k_1 \leqslant k_2$

部分习题练习参考答案

第1章　习题练习1

基础练习

1-1　(1) 是周期信号,周期为 $T=2\pi$　　(2) 不是周期信号

1-2　(1) 是周期信号,周期为 $N=8$　　(2) 不是周期信号

1-4　(1) 线性　(2) 非线性　(3) 非线性　(4) 线性

综合练习

1-5　(1) 线性时不变因果系统　(2) 线性时不变非因果系统

1-6　(1) 线性、非时变　(2) 非线性、非时变　(3) 非线性、时变

(4) 非线性、时变　(5) 线性、时变

1-7　(1) $r_3(t)=[4\cos(t)-\mathrm{e}^{-t}]\varepsilon(t)$

(2) $r_4(t)=[3\cos(t-1)-3\mathrm{e}^{-(t-1)}]\varepsilon(t-1)+[2\mathrm{e}^{-t}+\cos t]\varepsilon(t)$

1-8　$r(t)=3\delta(t)+[3\mathrm{e}^{-t}+\mathrm{e}^{-2t}]\varepsilon(t)$

1-9　(1) $r(t)=(5.5\mathrm{e}^{-3t}+0.5\sin 2t)\varepsilon(t)$

(2) $r(t)=3\mathrm{e}^{-3t}\varepsilon(t)+[-\mathrm{e}^{-3(t-t_0)}+\sin 2(t-t_0)]\varepsilon(t-t_0)$

第2章　习题练习2

基础练习

2-4　(1) $f(-t_0)$　(2) $f(t_0)$　(3) $\begin{cases}1, & t_0\geqslant 0\\ 0, & t_0<0\end{cases}$　(4) $\begin{cases}0, & t_0>0\\ 1, & t_0\leqslant 0\end{cases}$

2-5　(1) $\sin\theta$　(2) $\dfrac{1}{8}$　(3) 1　(4) 1　(5) $\dfrac{1}{2}$　(6) $-\mathrm{e}^{-1}$　(7) 0　(8) 0

2-6　(1) $f(t)=t\varepsilon(t)$

(2) $f(t)=t\varepsilon(t)-(t-1)\varepsilon(t-1)-(t-2)\varepsilon(t-2)+(t-3)\varepsilon(t-3)$

(3) $f(t)=[1-\mathrm{e}^{-t}]\varepsilon(t)$

(4) $f(t)=\frac{1}{2\pi}[1-\cos(2\pi t)][\varepsilon(t)-\varepsilon(t-1)]$

2-8 $r_{zs}(t)=[1-e^{-(t-2)}]\varepsilon(t-2)-[1-e^{-(t-3)}]\varepsilon(t-3)$

综合练习

2-9 (1) $f(t)=\left(1-\frac{|t|}{2}\right)[\varepsilon(t+2)-\varepsilon(t-2)]$

(2) $f(t)=\varepsilon(t)+\varepsilon(t-1)+\varepsilon(t-2)$

(3) $f(t)=(t+2)[\varepsilon(t+2)-\varepsilon(t)]-\frac{1}{2}(t-4)[\varepsilon(t)-\varepsilon(t-2)]$

(4) $f(t)=\sin(\pi t)[\varepsilon(t)-\varepsilon(t-1)]$

2-12 (1) $$f(t)=\begin{cases} 0, & t\leqslant -1 \\ \frac{1}{2}t^2+t+\frac{1}{2}, & -1<t\leqslant 0 \\ -\frac{1}{2}t^2+t+\frac{1}{2}, & 0<t\leqslant 1 \\ -\frac{1}{2}t^2+t+\frac{1}{2}, & 1<t\leqslant 2 \\ \frac{1}{2}t^2-3t+\frac{9}{2}, & 2<t\leqslant 3 \\ 0, & t>3 \end{cases}$$

(2) $$f(t)=\begin{cases} \frac{1}{2}(t^2-1), & 1\leqslant t<2 \\ \frac{1}{2}[4-(t-1)^2], & 2\leqslant t<3;\ f(1)=0 \\ 0, & t<1, t\geqslant 3 \end{cases}$$

2-13 $f_1(t)=e^{-t}\varepsilon(t)$; $f_2(t)=\varepsilon(t)-\varepsilon(t-1)$

2-14 $h(t)=\delta(t-1)+\delta(t-2)+\varepsilon(t-2)-\varepsilon(t-5)$

2-15 $y(6)=6$

2-16 $r_{zs}(t)=(2e^{-2t}-1)\varepsilon(t)-2[2e^{-2(t-2)}-1]\varepsilon(t-2)+[2e^{-2(t-3)}-1]\varepsilon(t-3)$

2-17 $h(t)=\varepsilon(t-1)-\varepsilon(t-3)$

第3章 习题练习3

基础练习

3-3 $F_2(j\omega)=F_1(-j\omega)e^{-j\omega t_0}$

3-4 $F_1(j\omega)=j\frac{2}{\omega}(\cos\omega-\mathrm{Sa}\omega)$; $F_2(j\omega)=\frac{2}{\omega^2}[\cos\omega-\cos(2\omega)]$

$F_3(j\omega)=2\mathrm{Sa}\omega-\mathrm{Sa}^2\left(\frac{\omega}{2}\right)$; $F_4(j\omega)=\frac{1}{j\omega}\left[1-\frac{1}{2}(e^{-j\omega}+e^{-j2\omega})\right]$

$F_5(j\omega)=\frac{4\pi\cos\omega}{\pi^2-4\omega^2}$; $F_6(j\omega)=\pi\{\mathrm{Sa}[\pi(\omega+5)]+\mathrm{Sa}[\pi(\omega-5)]\}e^{-j2\pi\omega}$

3-5 $F_2(\mathrm{j}\omega)=2\pi\sum_{n=-\infty}^{+\infty}\mathrm{Re}[F_1(\mathrm{j}n\pi)]\delta(\omega-n\pi)$

3-7 $h(t)=-\delta(t)+2\mathrm{e}^{-t}\varepsilon(t)$；$r_\varepsilon(t)=(1-2\mathrm{e}^{-t})\varepsilon(t)$；$r_{zs}(t)=(2\mathrm{e}^{-t}-3\mathrm{e}^{-2t})\varepsilon(t)$

3-8 （1）$H(\mathrm{j}\omega)=\dfrac{3(3+\mathrm{j}\omega)}{(4+\mathrm{j}\omega)(2+\mathrm{j}\omega)}$ （2）$h(t)=\dfrac{3}{2}(\mathrm{e}^{-4t}+\mathrm{e}^{-2t})\varepsilon(t)$

（3）$y''(t)+6y'(t)+8y(t)=3e'(t)+9e(t)$

3-9 $h(t)=(\mathrm{e}^{-2t}-\mathrm{e}^{-4t})\varepsilon(t)$

3-10 $y''(t)+3y'(t)+2y(t)=x'(t)$，$h(t)=(2\mathrm{e}^{-2t}-\mathrm{e}^{-t})\varepsilon(t)$

综合练习

3-11 （1）$F_1(\mathrm{j}\omega)=\dfrac{1}{2}\mathrm{j}\dfrac{\mathrm{d}F\left(\dfrac{\mathrm{j}\omega}{2}\right)}{\mathrm{d}\omega}$

（2）$F_2(\mathrm{j}\omega)=\mathrm{j}\dfrac{\mathrm{d}F(\mathrm{j}\omega)}{\mathrm{d}\omega}-2F(\mathrm{j}\omega)$

（3）$F_3(\mathrm{j}\omega)=-F\left(-\dfrac{\mathrm{j}\omega}{2}\right)+\dfrac{\mathrm{j}}{2}\dfrac{\mathrm{d}F\left(-\dfrac{\mathrm{j}\omega}{2}\right)}{\mathrm{d}\omega}$

（4）$F_4(\mathrm{j}\omega)=-F(\mathrm{j}\omega)-\omega\dfrac{\mathrm{d}F(\mathrm{j}\omega)}{\mathrm{d}\omega}$

（5）$F_5(\mathrm{j}\omega)=F(-\mathrm{j}\omega)\mathrm{e}^{-\mathrm{j}\omega}$

（6）$F_6(\mathrm{j}\omega)=-\mathrm{j}\mathrm{e}^{-\mathrm{j}\omega}\dfrac{\mathrm{d}F(-\mathrm{j}\omega)}{\mathrm{d}\omega}$

（7）$F_7(\mathrm{j}\omega)=\dfrac{1}{4}F\left(\mathrm{j}\dfrac{\omega-1}{-2}\right)\mathrm{e}^{\mathrm{j}\frac{5}{2}(\omega-1)}+\dfrac{1}{4}F\left(\mathrm{j}\dfrac{\omega+1}{-2}\right)\mathrm{e}^{\mathrm{j}\frac{5}{2}(\omega+1)}$

（8）$F_8(\mathrm{j}\omega)=\dfrac{1}{2}F[\mathrm{j}(\omega+3)]\mathrm{e}^{\mathrm{j}12}+\dfrac{1}{2}F[\mathrm{j}(\omega-3)]\mathrm{e}^{-\mathrm{j}12}$

（9）$F_9(\mathrm{j}\omega)=\dfrac{\mathrm{j}\pi}{2}\dfrac{\mathrm{d}F\left(-\dfrac{\mathrm{j}\omega}{2}\right)}{\mathrm{d}\omega}\Bigg|_{\omega=0}\delta(\omega)+\dfrac{\mathrm{e}^{-\mathrm{j}2\omega}}{2\omega}\dfrac{\mathrm{d}F\left(-\dfrac{\mathrm{j}\omega}{2}\right)}{\mathrm{d}\omega}$

3-12 （1）$F_1(\mathrm{j}\omega)=\dfrac{\pi}{3}g_6(\omega)$ （2）$F_2(\mathrm{j}\omega)=\dfrac{\pi}{2}g_4(\omega)\mathrm{e}^{-\mathrm{j}\omega}$

（3）$F_3(\mathrm{j}\omega)=g_{4\pi}(\omega)\mathrm{e}^{-\mathrm{j}2\omega}$ （4）$F_4(\mathrm{j}\omega)=2\pi\mathrm{e}^{-\alpha|\omega|}$

（5）$F_5(\mathrm{j}\omega)=\dfrac{1}{2}\left(1-\dfrac{|\omega|}{4\pi}\right)g_{8\pi}(\omega)$

（6）$F_6(\mathrm{j}\omega)=\pi G_4(\omega-1000)+\pi G_4(\omega+1000)$

3-13 （1）$f(t)=\dfrac{1}{\mathrm{j}\pi}\sin(\omega_0 t)$ （2）$f(t)=0.5g_4(t)$

（3）$f(t)=t\mathrm{e}^{-\alpha t}\varepsilon(t)$ （4）$f(t)=t\,\mathrm{sgn}t$

3-14 $F(\mathrm{j}\omega)=\pi\delta(\omega)+\dfrac{1}{\mathrm{j}\omega}\mathrm{Sa}\left(\dfrac{\omega}{2}\right)\mathrm{e}^{-\mathrm{j}\left(\frac{\omega}{2}\right)}$

3-15 $F_1(\mathrm{j}\omega)=\pi A\sum_{n=-\infty}^{+\infty}\mathrm{Sa}\left(\dfrac{n\pi}{2}\right)\delta\left(\omega-\dfrac{n\pi}{2}\right)$；$F_2(\mathrm{j}\omega)=\dfrac{2}{n^2\pi}\sum_{n=-\infty}^{+\infty}(1-\cos n\pi)\delta(\omega-n\pi)$

3-16 $F(\omega)=\frac{\pi^2}{2}g_2(\omega)$

3-17 $h(t)=\frac{1}{2\pi}+\frac{1}{\pi}\mathrm{Sa}(t-1)$

3-18 $y(t)=\frac{\sin 2t}{t}\sin 4t$

3-19 $y(t)=\frac{2}{\pi}\mathrm{Sa}(t)\cos 5t$

3-20 $y(t)=-2\omega_0\cos\omega_0 t\varepsilon(t)$

3-21 (1) $y(t)=\sin\pi t$ (2) $y(t)=\frac{1}{2}\cos 3\pi t$ (3) $y(t)=2\pi\sin\pi t+\frac{3}{2}\pi\cos 3\pi t$

3-22 $y(t)=\frac{1}{2\pi}\mathrm{Sa}(t)\cos 1000t$

3-23 $y(t)=\frac{1}{2\pi}\mathrm{Sa}(t)$

3-24 (1) $\frac{1}{2}g_{2\omega_c}(\omega)$ (2) $\frac{1}{2}\cos\frac{\omega_c}{2}t$

3-25 $h(t)=\delta(t-t_0)-\frac{\omega_c}{\pi}\mathrm{Sa}[\omega_c(t-t_0)]$

第4章 习题练习4

基础练习

4-1 (1) $F_1(s)=\frac{1}{s+3}e^{2s}$ (2) $F_2(s)=-\frac{(s+2)}{(s+1)^2}e^{-2(s+1)}$

(3) $F_3(s)=\frac{1}{s^2}-\frac{1}{s}e^{-s}-\frac{1}{s^2}e^{-s}$ (4) $F_4(s)=\frac{1}{s^2}e^{-s}+\frac{1}{s}e^{-s}$

(5) $F_5(s)=\frac{s+2}{s+1}$ (6) $F_6(s)=\frac{1}{(s+2)^2}e^{-(s+2)}+\frac{1}{s+2}e^{-(s+2)}$

(7) $F_7(s)=\frac{4s}{s^4+10s^2+9}$

(8) $F_8(s)=\frac{2}{(s+1)^3}e^{-(s+1)}+\frac{2}{(s+1)^2}e^{-(s+1)}+\frac{1}{s+1}e^{-(s+1)}$

(9) $F_9(s)=\frac{s+2}{(s+2)^2+4}$ (10) $F_{10}(s)=\frac{2^n n!}{s^{n+1}}$

4-2 (1) $F_1(s)=\frac{1}{s}(e^{-s}-e^{-2s})$ (2) $F_2(s)=\frac{1}{s^2}(1-e^{-s}-se^{-s})$

(3) $F_3(s)=\frac{1}{s^2}(1-2e^{-s}+e^{-2s})$ (4) $F_4(s)=e^{-2s}+\frac{1}{s}-\frac{1}{s^2}(1-e^{-s})$

(5) $F_5(s)=\frac{\pi}{s^2+\pi^2}(1-e^{-2s})$ (6) $F_6(s)=\frac{1}{s^2}(1-e^{-s})$

(7) $F_7(s)=\frac{1}{s}\left(\frac{1-e^{-s}}{1+e^{-s}}\right)$ (8) $F_8(s)=\frac{1}{1-e^{-s}}$

4-3 (1) $aF(as+1)$ (2) $aF(as+a^2)$

4-4 (1) $(2te^{-t}-e^{-t}+e^{-2t})\varepsilon(t)$ (2) $\left(\frac{100}{3}-20e^{-t}-\frac{10}{3}e^{-3t}\right)\varepsilon(t)$

(3) $(\sin 2t+1-\cos 2t)\varepsilon(t)$ (4) $\delta'(t)+(2e^{-2t}-4e^{-4t})\varepsilon(t)$

(5) $\left[e^{-2t}\cos 3t-\frac{2}{3}e^{-2t}\sin 3t\right]\varepsilon(t)$ (6) $(-e^{-\frac{1}{2}t}+4e^{-2t})\varepsilon(t)$

4-5 (1) $f(t)=e^{-t}\varepsilon(t)+e^{-(t-1)}\varepsilon(t-1)+e^{-(t-2)}\varepsilon(t-2)$

(2) $f(t)=\sum_{j=0}^{+\infty}(-1)^j\delta(t-j)$ (3) $f(t)=\sum_{j=0}^{+\infty}\varepsilon(t-j)$

(4) $f(t)=t\varepsilon(t)-2(t-1)\varepsilon(t-1)+(t-2)\varepsilon(t-2)$

4-6 (1) $f(0^+)=1, f(\infty)=0$ (2) $f(0^+)=10, f(\infty)=4$

(3) $f(0^+)=0, f(\infty)=0$ (4) $f(0^+)=0, f(\infty)=0$

(5) $f(0^+)=2, f(\infty)=1$ (6) $f(0^+)=3, f(\infty)=0$

4-7 (1) $e(t)=\left(\frac{1}{2}-\frac{1}{4}e^{-2t}\right)\varepsilon(t)$ (2) $y'(t)+2y(t)=4e(t)$

4-8 $y(t)=4(e^{-t}-e^{-2t})\varepsilon(t)$

4-9 (1) $h(t)=e^{-2t}\varepsilon(t)$ (2) $h(t)=\frac{1}{2}e^{-4t}\varepsilon(t)$

(3) $h(t)=2\delta(t)-6e^{-3t}\varepsilon(t)$

4-10 (1) $y_{zs}(t)=\left(\frac{3}{2}e^{-t}-2e^{-2t}+\frac{1}{2}e^{-3t}\right)\varepsilon(t), y_{zi}(t)=(4e^{-t}-3e^{-2t})\varepsilon(t)$

$y(t)=\left(\frac{11}{2}e^{-t}-5e^{-2t}+\frac{1}{2}e^{-3t}\right)\varepsilon(t)$

(2) $H(s)=\frac{s+4}{s^2+3s+2}, h(t)=(3e^{-t}-2e^{-2t})\varepsilon(t), r_\varepsilon(t)=(2-3e^{-t}+e^{-2t})\varepsilon(t)$

4-11 $H(s)=\frac{6}{5}\frac{(s+2)(s^2+4)}{(s+4)(s^2+2s+5)}$

4-12 (2) $y'''(t)+4y''(t)+5'y(t)=2e''(t)+6e'(t)+4e(t)$

4-14 (a) 冲激响应 $i_C(t)=\delta(t)-e^{-t}\varepsilon(t)\text{A}, u_R(t)=e^{-t}\varepsilon(t)\text{V}$

阶跃响应 $i_C(t)=e^{-t}\varepsilon(t)\text{A}, u_R(t)=(1-e^{-t})\varepsilon(t)\text{V}$

(b) 冲激响应 $i_L(t)=e^{-t}\varepsilon(t)\text{A}, u_L(t)=\delta(t)-e^{-t}\varepsilon(t)\ \text{V}$

阶跃响应 $i_L(t)=(1-e^{-t})\varepsilon(t)\text{A}, u_L(t)=e^{-t}\varepsilon(t)\text{V}$

4-15 (1) $i_C=(2e^{-2t}-e^{-t})\varepsilon(t), i_L(t)=\frac{5}{2}(e^{-t}-\cos t+\sin t)\varepsilon(t)$

(2) $i_C(t)=-\frac{5}{2}(1-\cos t-\sin t)\varepsilon(t), i_L(t)=(e^{-t}-e^{-2t})\varepsilon(t)$

4-16 (a) $H(s)=\frac{s}{s+4}$ (b) $H(s)=\frac{2s+3}{s^2+6s+8}$

4-17 $H(s)=\frac{3s+2}{s+5}, y'(t)+5y(t)=3e'(t)+2e(t)$

4-18 (1) $k>-1$ (2) $k>2$ (3) $0<k<16$ (4) $k>-2$

4-20 $u_0(t)=10e^{-t}\varepsilon(t)\text{V}$

4-21 $i(t)=\delta(t)-11\mathrm{e}^{-t}\varepsilon(t)\mathrm{A}$

4-22 (1) $u_{C1}(t)=(\mathrm{e}^{-t}-\mathrm{e}^{-2t})\varepsilon(t)\mathrm{V}$

(2) $u_{C2}(t)=\mathrm{e}^{-t}\varepsilon(t)\mathrm{V}$

(3) $u_{C3}(t)=(2\mathrm{e}^{-t}-\mathrm{e}^{-2t})\varepsilon(t)\mathrm{V}$

(4) $u_{C4}(t)=\varepsilon(t)\mathrm{V}$

4-23 $h(t)=\frac{1}{2}\delta(t)+(\mathrm{e}^{-2t}-2\mathrm{e}^{-3t})\varepsilon(t)$

综合练习

4-24 (1) $\frac{s^2-10}{(s^2+2s+10)^2}$

(2) $\frac{1}{s^3+2s^2+10s}$

(3) $\frac{3\mathrm{e}^{-2s}}{s^2+6s+90}$

(4) $\frac{1/2\mathrm{j}}{(s-\mathrm{j}\omega_0)^2+2(s-\mathrm{j}\omega_0)+10}-\frac{1/2\mathrm{j}}{(s+\mathrm{j}\omega_0)^2+2(s+\mathrm{j}\omega_0)+10}$

4-25 (1) $f(t)=\mathrm{e}^{-(t-1)}\cos[2(t-1)]\varepsilon(t-1)+\frac{1}{2}\mathrm{e}^{-(t-1)}\sin[2(t-1)]\varepsilon(t-1)$

(2) $f(t)=2\delta(t)+\frac{1}{2}(t-3)^2\mathrm{e}^{-(t-3)}\varepsilon(t-3)$

(3) $f(t)=2\mathrm{e}^{-2t}\varepsilon(t)+\mathrm{e}^{-3t}\varepsilon(t)-[2\mathrm{e}^{-2(t-1)}+\mathrm{e}^{-3(t-1)}]\varepsilon(t-1)$

(4) $f(t)=\mathrm{e}^{-t}\sin(2t)\varepsilon(t)+\frac{1}{2}\mathrm{e}^{-t}\sin[2(t-1)]\varepsilon(t-1)$

(5) $f(t)=\mathrm{e}^{-t}[\varepsilon(t)-\varepsilon(t-1)]+\mathrm{e}^{-(t-2)}[\varepsilon(t-2)-\varepsilon(t-3)]+\cdots$

(6) $f(t)=\frac{1-\mathrm{e}^{-t}}{t}$

4-26 (1) $h(t)=i_C(t)=\delta(t)+\mathrm{e}^{-t}\varepsilon(t)\mathrm{A}$

$r_\varepsilon(t)=i_C(t)=\mathrm{e}^{-t}\varepsilon(t)\mathrm{A}$

(2) $\frac{\mathrm{d}i_C(t)}{\mathrm{d}t}+i_C(t)=\frac{\mathrm{d}e(t)}{\mathrm{d}t}$

(3) $i_{Czs}(t)=2[\mathrm{e}^{-t}\varepsilon(t)-\mathrm{e}^{-(t-1)}\varepsilon(t-1)]\mathrm{A}$

4-27 $u_{Czi}(t)=\left(\frac{3}{4}\mathrm{e}^{-t}-\frac{1}{4}\mathrm{e}^{-\frac{3}{2}t}\right)\varepsilon(t)\mathrm{V}$

$u_{Czs}(t)=\left(\frac{2}{3}-\mathrm{e}^{-t}+\frac{1}{3}\mathrm{e}^{-\frac{3}{2}t}\right)\varepsilon(t)\mathrm{V}$

$u(t)=\left(\frac{2}{3}-\frac{1}{4}\mathrm{e}^{-t}+\frac{1}{12}\mathrm{e}^{-\frac{3}{2}t}\right)\varepsilon(t)\mathrm{V}$

4-28 $u_C(t)=(10+6\mathrm{e}^{-3t}-10\mathrm{e}^{-4t})\varepsilon(t)\mathrm{V}$

4-29 $u_C(t)=(2-t\mathrm{e}^{-t})\varepsilon(t)-\mathrm{e}^{-t}\varepsilon(t)=(2-t\mathrm{e}^{-t}-\mathrm{e}^{-t})\varepsilon(t)\mathrm{V}$

4-30 $i(t)=\left(\frac{3}{2}+\frac{1}{2}\mathrm{e}^{-0.2t}-\mathrm{e}^{-5t}\right)\varepsilon(t)\mathrm{A}$

4-31　$i(t)=5\left(1-\frac{1}{2}e^{-t}\right)\varepsilon(t)\mathrm{A}, u_{L1}(t)=\frac{5}{2}[-\delta(t)+e^{-t}\varepsilon(t)]\mathrm{V}$

4-32　$u(t)=\left(1+\frac{1}{3}e^{-t}\cos t-\frac{1}{3}e^{-t}\sin t\right)\varepsilon(t)\mathrm{V}$

4-33　(a) $H(s)=\frac{s+1}{s^2+s+1}$　(b) $H(s)=\frac{2s^2+2s+1}{s^2+s+1}$

4-34　$h(t)=\left(\frac{4}{5}e^{-t}+\frac{1}{5}e^{-6t}\right)\varepsilon(t), r_\varepsilon(t)=\left(\frac{5}{6}-\frac{4}{5}e^{-t}-\frac{1}{30}e^{-6t}\right)\varepsilon(t)$

4-35　(a) $H(s)=\frac{2s+1}{s+3}$　(b) $H(s)=\frac{3(s+1)(s+5)}{s^2+6s+8}$

(c) $H(s)=\frac{s(s+2)}{(s+1)(s+3)(s+4)}$

4-36　$H(s)=\frac{5(s+1)}{s^3+13s^2+32s+25}, y'''(t)+13y''(t)+32y'(t)+25y(t)=5e'(t)+5e(t)$

4-37　(a) $H(s)=-\frac{\alpha s^2+\beta s+\gamma}{as^2+bs+c}$　(b) $H(s)=\frac{1}{s(s+3)}$

4-38　$H(s)=\frac{s+\frac{1}{R_1C}}{s+\frac{R_1+R_2}{R_1R_2C}}, e(t)=Ae^{-\frac{t}{R_1C}}\varepsilon(t)$

4-39　$H(s)=10\,\frac{s-1}{s(s+1)}$

4-40　$R=1\Omega, L=\frac{1}{2}\mathrm{H}, C=\frac{8}{5}\mathrm{F}$

4-41　(a) $5<k<8$　(b) $0<k<30$

4-42　(1) $H(s)=\frac{ks}{s^2+(4-k)s+4}$　(2) $k\leqslant 4$　(3) $h(t)=4\cos(2t)\varepsilon(t)$

4-43　(1) $H(s)=\frac{ks}{s^2+(3-k)s+1}$　(2) $k\leqslant 3$

4-44　$h(t)=(1-e^{-t}-e^{-2t})\varepsilon(t)$

4-45　$y_{zi}(t)=e^{-t}\varepsilon(t), y(t)=(2-t)e^{-t}\varepsilon(t)$

4-46　$y(t)=\varepsilon(t)$

4-47　$y_{zi}(t)=2e^{-t}\varepsilon(t)$；$y_{zs3}(t)=\varepsilon(t)-\varepsilon(t-1)-e^{-t}\varepsilon(t)+e^{-(t-1)}\varepsilon(t-1)$

$y_3(t)=y_{zs3}(t)+y_{zi}(t)=\varepsilon(t)-\varepsilon(t-1)+e^{-t}\varepsilon(t)+e^{-(t-1)}\varepsilon(t-1)$

4-48　$y(t)=20\delta(t-2)-20e^{-(t-2)}\varepsilon(t-2)$

4-49　$e(t)=2(1+2e^{-3t})\varepsilon(t)$

第5章　习题练习5

基础练习

5-3　$f_1(t)=2[\varepsilon(k)-\varepsilon(k-5)]$

$f_2(t)=\frac{1}{2}(1+k)\varepsilon(k)$

$f_3(t)=-\varepsilon(k+3)+2\varepsilon(k)-\varepsilon(k-4)$

$f_4(t)=2[\varepsilon(k+3)+\varepsilon(k+2)+\varepsilon(k+1)-\varepsilon(k-2)-\varepsilon(k-3)-\varepsilon(k-4)]$

5-4 $n_{\min}=24\,000$

5-6 (1) 非线性时不变因果系统 (2) 线性时变因果系统

(3) 线性时不变因果系统 (4) 线性时不变因果系统

(5) 线性时变因果系统 (6) 线性时不变非因果系统

5-7 (a) $y(k+1)+ay(k)=bx(k)$

(b) $y(k)+ay(k-1)=bx(k)$

(c) $y(k)=bx(k-1)+ax(k)$

(d) $y(k+2)+(a+b)y(k+1)+(ab-c)y(k)=x(k)$

5-9 (1) $y_{zi}(k)=(-2)^k\varepsilon(k)$

(2) $y_{zi}(k)=[5(-1)^k-3(-2)^k]\varepsilon(k)$

(3) $y_{zi}(k)=4(3)^k\left[\cos\left(\frac{\pi}{2}k\right)\right]\varepsilon(k)$

(4) $y_{zi}(k)=(1-k)(-1)^k\varepsilon(k)$

(5) $y_{zi}(k)=(\sqrt{2})^k\left[\sin\left(\frac{3\pi}{4}k\right)\right]\varepsilon(k)$

5-10 (1) $y_{zi}(k)=(-0.5)^{k+1}\varepsilon(k)$

(2) $y_{zi}(k)=(2)^{k-1}\varepsilon(k)$

(3) $y_{zi}(k)=[2(-1)^k-4(-2)^k]\varepsilon(k)$

(4) $y_{zi}(k)=(2k+1)(-1)^k\varepsilon(k)$

(5) $y_{zi}(k)=\left[\cos\left(\frac{\pi}{2}k\right)+2\sin\left(\frac{\pi}{2}k\right)\right]\varepsilon(k)$

5-11 (1) $h(k)=(-0.2)^{k-1}\varepsilon(k-1)$

(2) $h(k)=[0.8(0.8)^k+0.2(-0.2)^k]\varepsilon(k)$

(3) $h(k)=(-2)^{k-1}\varepsilon(k-1)$

(4) $h(k)=\left[\frac{1}{3}(-1)^k+\frac{2}{3}(2)^k\right]\varepsilon(k)$

5-12 $h(k)=2\delta(k)-(0.5)^k\varepsilon(k)$

5-14 (1) $(k+1)\varepsilon(k)$ (2) $[2-(0.5)^k]\varepsilon(k)$ (3) $[3(3)^k-2(2)^k]\varepsilon(k)$

(4) $(k-1)\varepsilon(k-1)$

5-15 $y_{zs}(k)=\left[\frac{6}{5}(3)^k-\frac{1}{5}(0.5)^k\right]\varepsilon(k)$

5-16 $y_{zs}(k)=3\delta(k)+5\delta(k-1)+12\delta(k-2)+13\delta(k-3)+7\delta(k-4)+2\delta(k-5)$

5-17 $y_{zi}(k)=(0.5)^k\varepsilon(k)$, $y_{zs}(k)=\left[\frac{6}{5}(3)^k-\frac{1}{5}(0.5)^k\right]\varepsilon(k)$

$y(k)=\left[\frac{6}{5}(3)^k+\frac{4}{5}(0.5)^k\right]\varepsilon(k)$

综合练习

5-19 (a) $b_0y(k)-b_1y(k-1)=a_0x(k)+a_1x(k-1)$ 一阶

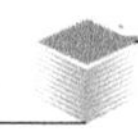

(b) $y(k+1)-c_4y(k-1)=c_2c_3x(k)+c_1c_3x(k-1)$ 二阶

5-20 (1) $f_s=\frac{100}{\pi}, T_s=\frac{\pi}{100}$ (2) $f_s=\frac{200}{\pi}, T_s=\frac{\pi}{200}$

(3) $f_s=\frac{100}{\pi}, T_s=\frac{\pi}{100}$ (4) $f_s=\frac{120}{\pi}, T_s=\frac{\pi}{120}$

5-21 $y(k)=[4+3(0.5)^k-(-0.5)^k]\varepsilon(k)$

5-22 (1) $y(k+1)+0.5y(k)=0.5x(k+1)+x(k)$

$h(k)=(-0.5)^{k+1}\varepsilon(k)+(-0.5)^{k-1}\varepsilon(k-1)$

(2) $y(k)-0.5y(k-1)=x(k)-x(k-1), h(k)=\delta(k)-(0.5)^k\varepsilon(k-1)$

5-23 (1) $y_{zs}(k)=0.5[2^k+(-2)^k]\varepsilon(k)$ (2) $y_{zs}(k)=0.25[2^k-(-2)^k]\varepsilon(k)$

(3) 同(1) (4) 同(2)

5-24 (1) $y_{zi}(k)=-2(-2)^k\varepsilon(k), y_{zs}(k)=0.5[2^k+(-2)^k]\varepsilon(k)$

$y(k)=[2^{k-1}-(-2)^k]\varepsilon(k)$

(2) $y_{zi}(k)=(-2)^k\varepsilon(k), y_{zs}(k)=0.25[2^k-(-2)^k]\varepsilon(k)$

$y(k)=0.25(2)^k\varepsilon(k)+0.75(-2)^k\varepsilon(k)$

5-25 $r_{zs}(k)=2\cos\left(\frac{k\pi}{4}\right)$

5-26 $h_1(k)=0.4\delta(k)+0.6\delta(k-1), h_2(k)=(3)^{k-2}\varepsilon(k-2)$

$h(k)=0.4(3)^{k-2}\varepsilon(k-2)+0.6(3)^{k-3}\varepsilon(k-3)$

5-27 $h(k)=[1-(-1)^k]\varepsilon(k)$

5-28 $h(k)=0.5[1+(-1)^k](0.5)^k\varepsilon(k)$

5-29 $y_{zs}(k)=2k0.5^k\varepsilon(k)$

5-30 $y_{zi}(k)=\varepsilon(k), y_{zs}(k)=k\varepsilon(k), y(k)=[1+k]\varepsilon(k)$

5-31 $T_s=7.77283\times10^{-3}\text{s}(f_s=125\text{Hz})$

若求不产生频谱混叠,则信号 $e(t)$ 的最高频率 $f_m\leqslant62.5\text{Hz}$

第6章 习题练习6

基础练习

6-1 (1) $\frac{2z}{2z-1}$ $\left(|z|>\frac{1}{2}\right)$ (2) $\frac{4z-1}{2z-1}$ $\left(|z|>\frac{1}{2}\right)$

(3) $\frac{z^3+2z^2+3z+4}{z^4}$ $(|z|>0)$ (4) $\frac{1}{1-2z}$ $\left(|z|<\frac{1}{2}\right)$

(5) z $(|z|<\infty)$ (6) $\frac{z\left(2z-\frac{5}{6}\right)}{\left(z-\frac{1}{2}\right)\left(z-\frac{1}{3}\right)}$ $\left(|z|>\frac{1}{2}\right)$

(7) $1-\frac{1}{8}z^{-3}$ $(|z|>0)$ (8) $\frac{3z^4-4z^3+2}{z^2(z-1)^2}$ $(|z|>1)$

6-2 (1) $F(z)=\frac{z^2}{z^2-1}$ $(|z|>1)$ (2) $F(z)=\frac{z-z^{-3}}{z-1}$ $(|z|>1)$

(3) $F(z)=\frac{-z}{(z+1)^2}\quad(|z|>1)$　　(4) $F(z)=\frac{2z}{(z-1)^3}\quad(|z|>1)$

(5) $F(z)=\frac{2z}{(2z-1)^2}\quad\left(|z|>\frac{1}{2}\right)$

6-3　(1) $F(z)=\frac{-2z}{2z-1}\quad\left(|z|<\frac{1}{2}\right)$

(2) $F(z)=\frac{-5z}{(z-2)(3z-1)}\quad\left(\frac{1}{3}<|z|<2\right)$

(3) $F(z)=\frac{-3z}{(z-2)(2z-1)}\quad\left(\frac{1}{2}<|z|<2\right)$

6-4　(1) $7\delta(k-1)+3\delta(k-2)-8\delta(k-10)$　　(2) $2\delta(k+1)+3\delta(k)+4\delta(k-1)$

(3) $\delta(k)-7(-2)^{k-1}\varepsilon(k-1)$　　(4) $\varepsilon(k)-\varepsilon(k-4)$

(5) $(-2)^{k-6}\varepsilon(k-6)$

6-5　(1) $f(0)=1, f(\infty)$不存在　　(2) $f(0)=0, f(\infty)=0$

(3) $f(0)=1, f(\infty)=2$　　(4) $f(0)=2, f(\infty)$不存在

6-6　(1) $5[1+(-1)^k]\varepsilon(k)$　　(2) $[1+(-1)^k-2(-0.5)^k]\varepsilon(k)$

(3) $2[1-(0.5)^k]\varepsilon(k)$　　(4) $-4\delta(k)+\left[\frac{20}{3}(-2)^k+\frac{4}{3}(-0.5)^k\right]\varepsilon(k)$

(5) $\delta(k)+3.5\delta(k-1)+[8-13(0.5)^k]\varepsilon(k-2)$

(6) $2\delta(k)-[(-1)^{k-1}-6(5)^{k-1}]\varepsilon(k-1)$

(7) $[3^{k-1}-2^{k-1}]\varepsilon(k-1)$　　(8) $(2^k-k-1)\varepsilon(k)$

6-7　(1) $5^{k-2}\varepsilon(k-2)$　　(2) $\frac{1}{4}(5^{k+2}-1)\varepsilon(k+1)$　　(3) $\frac{1}{3}(5^{k+1}-2^{k+1})\varepsilon(k)$

(4) $-\frac{2}{3}[5^k\varepsilon(k)+2^k\varepsilon(-k-1)]$　　(5) $\frac{1}{4}(5^k-1)\varepsilon(k)$

6-8　(1) $y(k)=\frac{1}{4}[5-(0.2)^k]\varepsilon(k)$　　(2) $y(k)=k\varepsilon(k)$

(3) $y(k)=\left[(-0.5)^k-\frac{4}{3}(-1)^k+\frac{1}{3}(0.5)^k\right]\varepsilon(k)$　(4) $y(k)=2(2^k-1)\varepsilon(k)$

(5) $y(k)=[1+(0.9)^{k+1}]\varepsilon(k)$　(6) $y(k)=\left[\frac{1}{6}+\frac{1}{2}(-1)^k-\frac{2}{3}(-2)^k\right]\varepsilon(k)$

6-9　$y_{zi}(k)=\left[\frac{1}{2}(-1)^k-(2)^k\right]\varepsilon(k), y_{zs}(k)=\left[-\frac{1}{2}+\frac{1}{6}(-1)^k+\frac{4}{3}(2)^k\right]\varepsilon(k)$

$y(k)=\left[-\frac{1}{2}+\frac{2}{3}(-1)^k+\frac{1}{3}(2)^k\right]\varepsilon(k)$

6-10　(1) $h(k)=(-3)^k\varepsilon(k)$　(2) $y(k)=\frac{1}{5}[(4)^{k+1}-(-1)^{k+1}]\varepsilon(k)$

6-11　(1) $h(k)=\frac{1}{3}(2)^k\varepsilon(k)$　　(2) $h(k)=\delta(k)-5\delta(k-1)+8\delta(k-3)$

(3) $h(k)=\left(\frac{1}{2}\right)^k\varepsilon(k)$　　(4) $h(k)=-\frac{1}{2}\delta(k)-\frac{1}{2}(2)^k\varepsilon(k)+2(3)^k\varepsilon(k)$

6-12　(1) $y_{zs}(k)=2k0.5^k\varepsilon(k)$　(2) $y(k+2)-0.9y(k+1)+0.2y(k)=0.1x(k+1)$

6-14　$H(z)=\dfrac{3(z+1)(z+0.2)}{(z+0.5)(z-0.4)}$

6-16　$h(k)=[3(-1)^k-2(-2)^k]\varepsilon(k)$，$r_\varepsilon(k)=\left[\dfrac{3}{2}(-1)^k-\dfrac{4}{3}(-2)^k+\dfrac{5}{6}\right]\varepsilon(k)$

综合练习

6-17　$\mathscr{Z}[f(k+1)\varepsilon(k)]=2-z^{-1}+3z^{-3}$

6-18　(1) $[(0.5)^k-2^k]\varepsilon(k)$　　(2) $[2^k-(0.5)^k]\varepsilon(-k-1)$

(3) $(0.5)^k\varepsilon(k)+2^k\varepsilon(-k-1)$

6-19　(1) $\dfrac{2}{3}\delta(k)+\left[\dfrac{1}{3}(3)^k-\left(\dfrac{1}{2}\right)^k\right]\varepsilon(k)$

(2) $\dfrac{2}{3}\delta(k)-\left[\dfrac{1}{3}(3)^k-\left(\dfrac{1}{2}\right)^k\right]\varepsilon(-k-1)$

(3) $\dfrac{2}{3}\delta(k)-\dfrac{1}{3}(3)^k\varepsilon(-k-1)-\left(\dfrac{1}{2}\right)^k\varepsilon(k)$

6-20　$H(z)=\dfrac{2z^2+0.5}{z^2+z-0.75}$，$y(k)+y(k-1)-0.75y(k-2)=2x(k)+0.5x(k-2)$或
$y(k+2)+y(k+1)-0.75y(k)=2x(k+2)+0.5x(k)$

6-21　$y_{zs}(k)=\left[\dfrac{1}{2}+k-\dfrac{1}{2}(-1)^k\right]\varepsilon(k)$

6-22　(1) $y_{zs}(k)=\left[\dfrac{4}{5}\left(\dfrac{1}{2}\right)^k+\dfrac{1}{5}(3)^k-1\right]\varepsilon(k)$

(2) $r_{zs}(2)=1$

6-23　(1) $y(k)-\dfrac{1}{2}y(k-1)=x(k)+\dfrac{1}{2}x(k-1)$　(3) $y_{zs}(k)=\mathrm{e}^{\mathrm{j}\Omega k}\dfrac{1+0.5\mathrm{e}^{\mathrm{j}\Omega}}{1-0.5\mathrm{e}^{\mathrm{j}\Omega}}$

(4) $y_{zs}(k)=\cos\left(\dfrac{n\pi}{2}-8.13^\circ\right)$

6-24　(1) $H(z)=\dfrac{z}{2(z-1)\left(z+\dfrac{1}{2}\right)}$，　(2) $y_{zi}(k)=\left[\dfrac{4}{3}+\dfrac{2}{3}\left(-\dfrac{1}{2}\right)^k\right]\varepsilon(k)$

(3) $y_{zs}(k)=\left[\dfrac{1}{12}+\dfrac{1}{15}\left(-\dfrac{1}{2}\right)^k-\dfrac{3}{20}(-3)^k\right]\varepsilon(k)$

6-25　$y_{zs}(k)=2\varepsilon(k-1)$

6-26　(1) $a=-1.125$　(2) $r(k)=-0.25$

6-27　$b=15$；$H(z)=\dfrac{15z^2}{(z+2)(z+4)}$

6-28　(1) $y(k+2)+0.4y(k+1)-0.32y(k)=4x(k+2)+2x(k+1)$

(2) $H(z)=\dfrac{4z^2+2z}{z^2+0.4z-0.32}$　(3) 稳定　(5) $y(k)=324\cos\left(\dfrac{\pi}{2}k-10^\circ\right)$

6-29　(1) $|z|<1$，　(3) $A=4$

6-30　(1) $y(k+2)-3y(k+1)+2y(k)=x(k+1)-2x(k)$

(2) $y_{zi}(k)=\varepsilon(k)$，$y_{zs}(k)=k\varepsilon(k)$，$y(k)=(1+k)\varepsilon(k)$

(3) 不稳定

第7章 习题练习7

基础练习

7-1 (a) $\begin{pmatrix} i_L' \\ u_C' \end{pmatrix}=\begin{pmatrix} -2 & 1 \\ -1 & -\frac{1}{2} \end{pmatrix}\begin{pmatrix} i_L \\ u_C \end{pmatrix}+\begin{pmatrix} 0 \\ \frac{1}{2} \end{pmatrix}e(t)$, $\begin{pmatrix} u_C \\ i_1 \\ i_L \\ u_L \\ u_2 \end{pmatrix}=\begin{pmatrix} 0 & 1 \\ 0 & -\frac{1}{2} \\ 1 & 0 \\ -2 & 1 \\ 2 & 0 \end{pmatrix}\begin{pmatrix} i_L \\ u_C \end{pmatrix}+\begin{pmatrix} 0 \\ \frac{1}{2} \\ 0 \\ 0 \\ 0 \end{pmatrix}e(t)$

(b) $\begin{pmatrix} u_C' \\ i_L' \end{pmatrix}=\begin{pmatrix} -1 & -2 \\ \frac{1}{2} & -1 \end{pmatrix}\begin{pmatrix} u_C \\ i_L \end{pmatrix}+\begin{pmatrix} 2 \\ 0 \end{pmatrix}i_s(t)$, $\begin{pmatrix} u_C \\ i_1 \\ i_L \\ u_L \\ u_2 \end{pmatrix}=\begin{pmatrix} 1 & 0 \\ \frac{1}{2} & 0 \\ 0 & 1 \\ 1 & -2 \\ 0 & 2 \end{pmatrix}\begin{pmatrix} u_C \\ i_L \end{pmatrix}+0\times i_s(t)$

(c) $\begin{pmatrix} i_L' \\ u_C' \end{pmatrix}=\begin{pmatrix} -1 & -1 \\ 1 & -1 \end{pmatrix}\begin{pmatrix} i_L \\ u_C \end{pmatrix}+\begin{pmatrix} 1 & 0 \\ 0 & 1 \end{pmatrix}\begin{pmatrix} i_s(t) \\ e(t) \end{pmatrix}$

$\begin{pmatrix} y_1 \\ y_2 \end{pmatrix}=\begin{pmatrix} -1 & 0 \\ 0 & 1 \end{pmatrix}\begin{pmatrix} i_L \\ u_L \end{pmatrix}+\begin{pmatrix} 1 & 0 \\ 0 & -1 \end{pmatrix}\begin{pmatrix} i_s(t) \\ e(t) \end{pmatrix}$

7-2 (1) $\begin{pmatrix} \dot{x}_1 \\ \dot{x}_2 \\ \dot{x}_3 \end{pmatrix}=\begin{pmatrix} 0 & 1 & 0 \\ 0 & 0 & 1 \\ -3 & -7 & -5 \end{pmatrix}\begin{pmatrix} x_1 \\ x_2 \\ x_3 \end{pmatrix}+\begin{pmatrix} 0 \\ 0 \\ 1 \end{pmatrix}e(t), y(t)=(1\quad 0\quad 0)\begin{pmatrix} x_1 \\ x_2 \\ x_3 \end{pmatrix}$

(2) $\begin{pmatrix} \dot{x}_1 \\ \dot{x}_2 \end{pmatrix}=\begin{pmatrix} 0 & 1 \\ -3 & -4 \end{pmatrix}\begin{pmatrix} x_1 \\ x_2 \end{pmatrix}+\begin{pmatrix} 0 \\ 1 \end{pmatrix}e(t), y(t)=(1\quad 1)\begin{pmatrix} x_1 \\ x_2 \end{pmatrix}$

(3) $\begin{pmatrix} \dot{x}_1 \\ \dot{x}_2 \end{pmatrix}=\begin{pmatrix} 0 & 1 \\ -4 & 0 \end{pmatrix}\begin{pmatrix} x_1 \\ x_2 \end{pmatrix}+\begin{pmatrix} 0 \\ 1 \end{pmatrix}e(t), y(t)=(1\quad 0)\begin{pmatrix} x_1 \\ x_2 \end{pmatrix}$

7-3 (1) $\begin{pmatrix} \dot{x}_1 \\ \dot{x}_2 \end{pmatrix}=\begin{pmatrix} 0 & 1 \\ -29 & -4 \end{pmatrix}\begin{pmatrix} x_1 \\ x_2 \end{pmatrix}+\begin{pmatrix} 0 \\ 1 \end{pmatrix}e(t), y(t)=(-58\quad 1)\begin{pmatrix} x_1 \\ x_2 \end{pmatrix}+2e$

(2) $\begin{pmatrix} \dot{x}_1 \\ \dot{x}_2 \\ \dot{x}_3 \end{pmatrix}=\begin{pmatrix} 0 & 1 & 0 \\ 0 & 0 & 1 \\ -4 & -8 & -5 \end{pmatrix}\begin{pmatrix} x_1 \\ x_2 \\ x_3 \end{pmatrix}+\begin{pmatrix} 0 \\ 0 \\ 1 \end{pmatrix}e(t), y(t)=(0\quad 4\quad 0)\begin{pmatrix} x_1 \\ x_2 \\ x_3 \end{pmatrix}$

(3) $\begin{pmatrix} \dot{x}_1 \\ \dot{x}_2 \\ \dot{x}_3 \\ \dot{x}_4 \end{pmatrix}=\begin{pmatrix} 0 & 1 & 0 & 0 \\ 0 & 0 & 1 & 0 \\ 0 & 0 & 0 & 1 \\ -2 & -7 & -9 & -5 \end{pmatrix}\begin{pmatrix} x_1 \\ x_2 \\ x_3 \\ x_4 \end{pmatrix}+\begin{pmatrix} 0 \\ 0 \\ 0 \\ 1 \end{pmatrix}e(t), y(t)=(13\quad 23\quad 16\quad 4)\begin{pmatrix} x_1 \\ x_2 \\ x_3 \\ x_4 \end{pmatrix}$

7-4 (1) $\begin{bmatrix}\dot{x}_1\\ \dot{x}_2\end{bmatrix}=\begin{pmatrix}0 & 1\\ -12 & -7\end{pmatrix}\begin{bmatrix}x_1\\ x_2\end{bmatrix}+\begin{pmatrix}0\\ 1\end{pmatrix}e(t), y(t)=(10\quad 3)\begin{bmatrix}x_1\\ x_2\end{bmatrix}$

$\begin{bmatrix}\dot{x}_1\\ \dot{x}_2\end{bmatrix}=\begin{pmatrix}-3 & 0\\ 0 & -4\end{pmatrix}\begin{bmatrix}x_1\\ x_2\end{bmatrix}+\begin{pmatrix}1\\ 1\end{pmatrix}e(t), y(t)=(1\quad 2)\begin{bmatrix}x_1\\ x_2\end{bmatrix}$

(2) $\begin{bmatrix}\dot{x}_1\\ \dot{x}_2\\ \dot{x}_3\end{bmatrix}=\begin{bmatrix}0 & 1 & 0\\ 0 & 0 & 1\\ -6 & -11 & -6\end{bmatrix}\begin{bmatrix}x_1\\ x_2\\ x_3\end{bmatrix}+\begin{bmatrix}0\\ 0\\ 1\end{bmatrix}e(t), y(t)=(14\quad 10\quad 2)\begin{bmatrix}x_1\\ x_2\\ x_3\end{bmatrix}$

$\begin{bmatrix}\dot{x}_1\\ \dot{x}_2\\ \dot{x}_3\end{bmatrix}=\begin{bmatrix}-1 & 0 & 0\\ 0 & -2 & 0\\ 0 & 0 & -3\end{bmatrix}\begin{bmatrix}x_1\\ x_2\\ x_3\end{bmatrix}+\begin{bmatrix}1\\ 1\\ 1\end{bmatrix}e(t), y(t)=(3\quad -2\quad 1)\begin{bmatrix}x_1\\ x_2\\ x_3\end{bmatrix}$

7-5 (a) $\begin{bmatrix}\dot{x}_1\\ \dot{x}_2\\ \dot{x}_3\end{bmatrix}=\begin{bmatrix}-2 & 0 & 0\\ 5 & -5 & 0\\ 5 & -4 & 0\end{bmatrix}\begin{bmatrix}x_1\\ x_2\\ x_3\end{bmatrix}+\begin{bmatrix}1\\ 0\\ 0\end{bmatrix}e(t), y(t)=(0\quad 0\quad 1)\begin{bmatrix}x_1\\ x_2\\ x_3\end{bmatrix}$

(b) $\begin{bmatrix}\dot{x}_1\\ \dot{x}_2\\ \dot{x}_3\end{bmatrix}=\begin{bmatrix}0 & 0 & 0\\ 0 & -2 & 0\\ 0 & 0 & -5\end{bmatrix}\begin{bmatrix}x_1\\ x_2\\ x_3\end{bmatrix}+\begin{bmatrix}1\\ 1\\ 1\end{bmatrix}e(t), y(t)=\left(\frac{1}{2}\quad \frac{5}{6}\quad \frac{4}{3}\right)\begin{bmatrix}x_1\\ x_2\\ x_3\end{bmatrix}$

7-6 (1) $\begin{bmatrix}x_1(k+1)\\ x_2(k+1)\end{bmatrix}=\begin{pmatrix}0 & 1\\ -1 & -2\end{pmatrix}\begin{bmatrix}x_1(k)\\ x_2(k)\end{bmatrix}+\begin{pmatrix}0\\ 1\end{pmatrix}e(k), y(k)=(-1\quad -2)\begin{bmatrix}x_1(k)\\ x_2(k)\end{bmatrix}+e(k)$

(2) $\begin{bmatrix}x_1(k+1)\\ x_2(k+1)\end{bmatrix}=\begin{pmatrix}0 & 1\\ -2 & -3\end{pmatrix}\begin{bmatrix}x_1(k)\\ x_2(k)\end{bmatrix}+\begin{pmatrix}0\\ 1\end{pmatrix}e(k), y(k)=(1\quad 1)\begin{bmatrix}x_1(k)\\ x_2(k)\end{bmatrix}$

(3) $\begin{bmatrix}x_1(k+1)\\ x_2(k+1)\\ x_3(k+1)\end{bmatrix}=\begin{bmatrix}0 & 1 & 0\\ 0 & 0 & 1\\ -1 & -2 & -3\end{bmatrix}\begin{bmatrix}x_1(k)\\ x_2(k)\\ x_3(k)\end{bmatrix}+\begin{bmatrix}0\\ 0\\ 1\end{bmatrix}e(k), y(k)=(1\quad 2\quad 1)\begin{bmatrix}x_1(k)\\ x_2(k)\\ x_3(k)\end{bmatrix}$

7-8 (a) $\begin{bmatrix}x_1(k+1)\\ x_2(k+1)\\ x_3(k+1)\end{bmatrix}=\begin{bmatrix}-2 & 0 & 0\\ 5 & -5 & 0\\ 5 & -4 & 0\end{bmatrix}\begin{bmatrix}x_1(k)\\ x_2(k)\\ x_3(k)\end{bmatrix}+\begin{bmatrix}1\\ 0\\ 0\end{bmatrix}e(k), y(k)=(0\quad 0\quad 1)\begin{bmatrix}x_1(k)\\ x_2(k)\\ x_3(k)\end{bmatrix}$

(b) $\begin{bmatrix}x_1(k+1)\\ x_2(k+1)\\ x_3(k+1)\end{bmatrix}=\begin{bmatrix}0 & 0 & 0\\ 0 & -2 & 0\\ 0 & 0 & -5\end{bmatrix}\begin{bmatrix}x_1(k)\\ x_2(k)\\ x_3(k)\end{bmatrix}+\begin{bmatrix}1\\ 1\\ 1\end{bmatrix}e(k), y(k)=\left(\frac{1}{2}\quad \frac{5}{6}\quad \frac{4}{3}\right)\begin{bmatrix}x_1(k)\\ x_2(k)\\ x_3(k)\end{bmatrix}$

(c) $\begin{bmatrix}x_1(k+1)\\ x_2(k+1)\\ x_3(k+1)\end{bmatrix}=\begin{bmatrix}0 & 1 & 0\\ 0 & 0 & 1\\ 0 & 0 & 0\end{bmatrix}\begin{bmatrix}x_1(k)\\ x_2(k)\\ x_3(k)\end{bmatrix}+\begin{bmatrix}0\\ 0\\ 1\end{bmatrix}e(k), y(k)=(0.5\quad 1\quad 2)\begin{bmatrix}x_1(k)\\ x_2(k)\\ x_3(k)\end{bmatrix}$

7-9 (1) a. 直接形式模拟图的状态方程和输出方程为

$$\begin{bmatrix}\dot{x}_1\\ \dot{x}_2\end{bmatrix}=\begin{pmatrix}0 & 1\\ -6 & -5\end{pmatrix}\begin{bmatrix}x_1\\ x_2\end{bmatrix}+\begin{pmatrix}0\\ 1\end{pmatrix}e(t), y(t)=(5\quad 2)\begin{bmatrix}x_1\\ x_2\end{bmatrix}$$

b. 并联形式模拟图的状态方程和输出方程为

$$\begin{bmatrix}\dot{x}_1\\ \dot{x}_2\end{bmatrix}=\begin{pmatrix}-2 & 0\\ 0 & -3\end{pmatrix}\begin{bmatrix}x_1\\ x_2\end{bmatrix}+\begin{pmatrix}1\\ 1\end{pmatrix}e(t),\ y(t)=(1\quad 1)\begin{bmatrix}x_1\\ x_2\end{bmatrix}$$

c. 级联形式模拟图的状态方程和输出方程为

$$\begin{bmatrix}\dot{x}_1\\ \dot{x}_2\end{bmatrix}=\begin{pmatrix}-3 & 2\\ 0 & -2\end{pmatrix}\begin{bmatrix}x_1\\ x_2\end{bmatrix}+\begin{pmatrix}0\\ 1\end{pmatrix}e(t),\ y(t)=\left(-\frac{1}{2}\quad 2\right)\begin{bmatrix}x_1\\ x_2\end{bmatrix}$$

(2) $\begin{bmatrix}x_1(k+1)\\ x_2(k+1)\end{bmatrix}=\begin{pmatrix}0 & 1\\ 0.11 & 1\end{pmatrix}\begin{bmatrix}x_1(k)\\ x_2(k)\end{bmatrix}+\begin{pmatrix}0\\ 1\end{pmatrix}e(k),\ y(k)=(0.11\quad 1)\begin{bmatrix}x_1(k)\\ x_2(k)\end{bmatrix}+e(k)$

7-10 (1) $H(s)=\dfrac{-2}{s^2+3s+2},\ y_{zi}(t)=(-4e^{-t}+4e^{-2t})\varepsilon(t)$

$$y_{zs}(t)=(-1+2e^{-t}-e^{-2t})\varepsilon(t)$$

(2) $H(s)=\dfrac{s^2+3s+4}{(s+1)^2+1},\ y_{zi}(t)=e^{-t}(3\cos t-\sin t)\varepsilon(t)$

$$y_{zs}(t)=(2-e^{-t}\cos t)\varepsilon(t)$$

7-11 (1) $H(z)=\dfrac{5z-1.25}{z^2-0.75z+0.125},\ y_{zi}(k)=0$

$y_{zs}(k)=10[1-(0.5)^k]\varepsilon(t)$

(2) $H(s)=\dfrac{z+1}{z^2-5z+6},\ y_{zi}(k)=[15(2)^k-12(3)^k]\varepsilon(k)$

$y_{zs}(k)=\dfrac{1}{6}\delta(k)+\left[\dfrac{10}{3}(3)^k-\dfrac{5}{2}(2)^k\right]\varepsilon(t)$

7-12 $y(t)=(0.5+e^{-t}-0.5e^{-2t})\varepsilon(t)$

7-13 $\begin{bmatrix}y_1(t)\\ y_2(t)\end{bmatrix}=\begin{bmatrix}\dfrac{2}{3}e^{-t}+\dfrac{4}{3}e^{2t}\\ 1-\dfrac{2}{3}e^{-t}+\dfrac{2}{3}e^{2t}\end{bmatrix}$

7-14 (1) $\begin{bmatrix}x_1(k)\\ x_2(k)\end{bmatrix}=\begin{bmatrix}\dfrac{1}{2}[1+(3)^k]\\ \dfrac{1}{2}[1+3(3)^k]\end{bmatrix}\varepsilon(k),\ \begin{bmatrix}y_1(k)\\ y_2(k)\end{bmatrix}=\begin{bmatrix}1+2(3)^k\\ \dfrac{1}{2}[1-(3)^k]\end{bmatrix}\varepsilon(k)$

(2) $H(z)=\begin{bmatrix}\dfrac{z+1}{(z-2)(z-3)}\\ \dfrac{-1}{z-3}\end{bmatrix},h(k)=\begin{bmatrix}4(3)^{k-1}-3(2)^{k-1}\\ -(3)^{k-1}\end{bmatrix}\varepsilon(k-1)$

7-15 (1) $e^{At}=\begin{bmatrix}e^{-t} & e^{-t}-e^{-2t}\\ 0 & e^{-2t}\end{bmatrix}\varepsilon(t)$

(2) $e^{At}=\begin{bmatrix}e^{-t}(\cos t+\sin t) & e^{-t}\sin t\\ -e^{-t}\sin t & e^{-t}(\cos t-\sin t)\end{bmatrix}\varepsilon(t)$

(3) $e^{At}=\begin{bmatrix}-0.5e^{-t}+1.5e^{-3t} & -1.5e^{-t}+1.5e^{-3t}\\ 0.5e^{-t}+0.5e^{-3t} & 1.5e^{-t}-0.5e^{-3t}\end{bmatrix}\varepsilon(t)$

7-16 (1) $\bar{\boldsymbol{A}}^k=\begin{pmatrix}1 & 1-(-1)^k\\ 0 & (-1)^k\end{pmatrix}\varepsilon(k)$ (2) $\bar{\boldsymbol{A}}^k=\begin{pmatrix}0.5^k & 0\\ 0.5^k-0.25^k & 0.25^k\end{pmatrix}\varepsilon(k)$

(3) $\bar{\boldsymbol{A}}^k=\begin{pmatrix}3\times2^k-2\times3^k & 3^k-2^k\\ 6\times3^k-6\times2^k & 3\times3^k-2\times2^k\end{pmatrix}\varepsilon(k)$

(4) $\boldsymbol{A}^k=\begin{bmatrix}\left(\frac{3}{4}\right)^k & 0\\ 2\left(\frac{3}{4}\right)^k-2\left(\frac{1}{2}\right)^k & \left(\frac{1}{2}\right)^k\end{bmatrix}$

综合练习

7-17 (1) $\begin{pmatrix}\dot{x}_1\\ \dot{x}_2\\ \dot{x}_3\end{pmatrix}=\begin{pmatrix}-10 & 5 & 0\\ 0 & -2 & 1\\ k & 0 & -1\end{pmatrix}\begin{pmatrix}x_1\\ x_2\\ x_3\end{pmatrix}+\begin{pmatrix}0\\ 1\\ 0\end{pmatrix}e(t),y(t)=(1\quad 0\quad 0)\begin{pmatrix}x_1\\ x_2\\ x_3\end{pmatrix}$

(2) $k<-79.6$

7-18 $u(t)=5\mathrm{e}^{-t}\varepsilon(t),u_{zi}(t)=5\mathrm{e}^{-t}(1-t)\varepsilon(t),u_{zs}(t)=5t\mathrm{e}^{-t}\varepsilon(t)$

7-19 (1) $\begin{pmatrix}y_1(t)\\ y_2(t)\end{pmatrix}=\begin{pmatrix}\mathrm{e}^{-t}(\cos t-2\sin t)\\ \mathrm{e}^{-t}(\cos t+0.5\sin t)\end{pmatrix}\varepsilon(t),h(t)=\begin{pmatrix}2\mathrm{e}^{-t}\cos t\\ \mathrm{e}^{-t}\sin t\end{pmatrix}\varepsilon(t)$

(2) $x_1''(t)+2x_1'(t)+2x_1(t)=2i_s'(t)+2i_s(t)$

$x_2''(t)+2x_2'(t)+2x_2(t)=i_s(t)$

7-20 (1) $\begin{pmatrix}x_1(k)\\ x_2(k)\end{pmatrix}=\begin{bmatrix}\frac{1}{2}[1+(3)^k]\\ \frac{1}{2}[1+3(3)^k]\end{bmatrix}\varepsilon(k),\begin{pmatrix}y_1(k)\\ y_2(k)\end{pmatrix}=\begin{bmatrix}1+2(3)^k\\ \frac{1}{2}[1-(3)^k]\end{bmatrix}\varepsilon(k)$

(2) $H(z)=\begin{bmatrix}\dfrac{z+1}{(z-2)(z-3)}\\ \dfrac{-1}{z-3}\end{bmatrix},h(k)=\begin{pmatrix}4(3)^{k-1}-3(2)^{k-1}\\ -(3)^{k-1}\end{pmatrix}\varepsilon(k-1)$

(3) $y_1(k+2)-5y_1(k+1)+6y_1(k)=e(k+1)+e(k)$

$y_2(k+1)-3y_2(k)=-e(k)$

7-21 (1) $\boldsymbol{A}=\begin{pmatrix}-2 & 1\\ 0 & -2\end{pmatrix}$ (2) $\boldsymbol{A}=\begin{pmatrix}-1 & 0 & 0\\ 0 & -4 & 4\\ 0 & -1 & 0\end{pmatrix}$

7-22 (1) $\begin{pmatrix}\dot{x}_1\\ \dot{x}_2\end{pmatrix}=\begin{pmatrix}-2 & 0\\ 1 & -1\end{pmatrix}\begin{pmatrix}x_1\\ x_2\end{pmatrix}+\begin{pmatrix}1\\ 1\end{pmatrix}e(t),\quad y(t)=(1\quad 1)\begin{pmatrix}x_1\\ x_2\end{pmatrix}+e(t)$

(2) $H(s)=\dfrac{(s+3)(s+2)}{(s+1)(s+2)},y''+3y'+2y=f''+5f'+6f$

(3) $\boldsymbol{\Phi}(s)=\mathscr{L}[\mathrm{e}^{\boldsymbol{A}t}]=\begin{bmatrix}\dfrac{1}{s+2} & 0\\ \dfrac{1}{s+1}-\dfrac{1}{s+2} & \dfrac{1}{s+1}\end{bmatrix}$或$\boldsymbol{\phi}(t)=\mathrm{e}^{\boldsymbol{A}t}=\begin{pmatrix}\mathrm{e}^{-2t} & 0\\ \mathrm{e}^{-t}-\mathrm{e}^{-2t} & \mathrm{e}^{-t}\end{pmatrix}\varepsilon(t)$

7-23 (1) $\begin{bmatrix}\dot{x}_1\\ \dot{x}_2\end{bmatrix}=\begin{pmatrix}-4 & 1\\ -3 & 0\end{pmatrix}\begin{pmatrix}x_1\\ x_2\end{pmatrix}+\begin{pmatrix}1\\ 1\end{pmatrix}e(t),y(t)=(1\quad 0)\begin{pmatrix}x_1\\ x_2\end{pmatrix}$

(2) $y''(t)+4y'(t)+3y(t)=e'(t)+e(t)$

(3) $y_{zs}(t)=\left(\frac{1}{2}\mathrm{e}^{-t}-\frac{1}{2}\mathrm{e}^{-3t}\right)\varepsilon(t),x_1(0)=0,x_2(0)=1$

(4) $h(t)=\mathrm{e}^{-3t}\varepsilon(t)$

7-24 $\boldsymbol{A}=\begin{pmatrix}0 & -2\\ 1 & -3\end{pmatrix}$, $\boldsymbol{B}=\begin{pmatrix}0\\ 6\end{pmatrix}$, $\boldsymbol{C}=(0\quad 1)$, $\boldsymbol{D}=1$

7-25 (1) $\begin{bmatrix}\dot{x}_1\\ \dot{x}_2\end{bmatrix}=\begin{pmatrix}-8 & 4\\ 4 & -8\end{pmatrix}\begin{pmatrix}x_1\\ x_2\end{pmatrix}+\begin{pmatrix}1\\ 0\end{pmatrix}e(t),\begin{pmatrix}y_1\\ y_2\end{pmatrix}=\begin{pmatrix}-4 & 4\\ 4 & -4\end{pmatrix}\begin{pmatrix}x_1\\ x_2\end{pmatrix}+\begin{pmatrix}1\\ 0\end{pmatrix}e(t)$

(2) $\boldsymbol{\Phi}(s)=\frac{1}{(s+4)(s+12)}\begin{pmatrix}s+8 & 4\\ 4 & s+4\end{pmatrix}$

(3) $\begin{pmatrix}x_1\\ x_2\end{pmatrix}=\begin{pmatrix}2-0.5\mathrm{e}^{-12t}-1.5\mathrm{e}^{-4t}\\ 1+0.5\mathrm{e}^{-12t}-1.5\mathrm{e}^{-4t}\end{pmatrix}\varepsilon(t)$

(4) $\begin{pmatrix}y_{1zi}\\ y_{2zi}\end{pmatrix}=\begin{pmatrix}-8\mathrm{e}^{-12t}\\ 8\mathrm{e}^{-12t}\end{pmatrix}\varepsilon(t),\begin{pmatrix}y_{1zs}\\ y_{2zs}\end{pmatrix}=\begin{pmatrix}12\delta(t)-48\mathrm{e}^{-12t}\\ 48\mathrm{e}^{-12t}\end{pmatrix}\varepsilon(t)$

$\begin{pmatrix}y_1\\ y_2\end{pmatrix}=\begin{pmatrix}12\delta(t)-56\mathrm{e}^{-12t}\\ 56\mathrm{e}^{-12t}\end{pmatrix}\varepsilon(t)$

7-26 (1) $a=3,b=-4$ (2) $\begin{pmatrix}x_1(k)\\ x_2(k)\end{pmatrix}=\begin{pmatrix}4(-1)^k-2(-2)^k\\ 4(-1)^k-3(-2)^k\end{pmatrix}$

7-27 $\bar{\boldsymbol{x}}(k)=\begin{bmatrix}\frac{5}{6}(1.1)^{k-1}\varepsilon(k-1)-\frac{5}{6}(-0.1)^{k-1}\varepsilon(k-1)\\ \frac{11}{12}(1.1)^{k-1}\varepsilon(k-1)+\frac{1}{12}(-0.1)^{k-1}\varepsilon(k-1)\end{bmatrix}$

$y(k)=\left(\frac{11}{12}(1.1)^k+\frac{1}{12}(-0.1)^k\right)\varepsilon(k)$

7-28 (1) $\begin{bmatrix}x_1(k+1)\\ x_2(k+1)\\ x_3(k+1)\end{bmatrix}=\begin{bmatrix}1 & 0 & 0\\ 0 & 2 & 0\\ 0 & 0 & 3\end{bmatrix}\begin{bmatrix}x_1(k)\\ x_2(k)\\ x_3(k)\end{bmatrix}+\begin{bmatrix}1\\ 1\\ 1\end{bmatrix}\mathrm{e}(k),y(k)=(5\quad 10\quad 5)\begin{bmatrix}x_1(k)\\ x_2(k)\\ x_3(k)\end{bmatrix}$

(2) $y_{zi}(k)=[50+20(2)^k+45(3)^k]\varepsilon(k),y_{zs}(k)=[5+10(2)^{k-1}+15(3)^{k-1}]\varepsilon(k-1)$

7-29 (1) $x_1(k)=\left(\frac{1}{2}\right)^{k-1}\varepsilon(k-1),x_2(k)=\frac{1}{6}\left[7\left(\frac{1}{2}\right)^{-k+1}-\left(\frac{1}{2}\right)^{k-1}\right]\varepsilon(k-1)$

$y(k)=\left(\frac{1}{2}\right)^{k-2}\varepsilon(k-1)$

(2) $y(k+1)-\frac{1}{2}y(k)=2e(k)$

7-30 (1) $\bar{\boldsymbol{x}}(k)=\begin{bmatrix}[1+(-1)^k](\sqrt{2})^k\varepsilon(k)\\ [(1-\sqrt{2})+(-1)^k(1+\sqrt{2})](\sqrt{2})^k\varepsilon(k)\end{bmatrix}$

(2) $y(k+2)-4y(k)=e(k+2)-4e(k)$

(3) $y(k)=[3(2)^k+2(-2)^k]\varepsilon(k)$

参 考 文 献

1. 管致中，夏恭恪，孟桥．信号与系统．第四版．北京：高等教育出版社，2004
2. 吴大正．信号与线性系统分析．第三版．北京：高等教育出版社，2004
3. 王宝祥．信号与系统．修订版．哈尔滨：哈尔滨工业大学出版社，2005
4. 吴京．信号与系统分析．长沙：国防科技大学出版社，1999
5. 陈后金，李丰．信号与系统．北京：中国铁道出版社，1998
6. 燕庆明．信号与系统．第二版．北京：高等教育出版社，2001
7. 周涛，王俊红．信号与系统．北京：中国水利水电出版社，2004
8. 张小虹．信号与系统． 西安：西安电子科技大学出版社，2004
9. Alanv. Oppenheim，Alnans. Willsky，Withs. Hamid Nawab 著．信号与系统．刘树棠译．西安：西安交通大学出版社，1998
10. 于慧敏，凌明芳，史笑兴，杭国强．信号与系统学习指导．北京：化学工业出版社，2004
11. 王宝祥．信号与系统习题集．哈尔滨：哈尔滨工业大学出版社，1998
12. 范世贵．信号与系统典型解析及测试题．西安：西北工业大学出版社，2001
13. 张永瑞．电路、信号与系统辅导．西安：西安电子科技大学出版社，2001